21世纪高等学校规划教材 | 计算机应用

普通高等教育“十一五”国家级规划教材

计算机控制技术

（第3版）

姜学军 等 主编

清華大學出版社
北 京

内容简介

本书系统地阐述了计算机控制系统的分析方法、设计方法以及工程实际的应用。主要内容有计算机控制系统概述，信号的采样与恢复、Z变换、Z传递函数，离散系统的稳定性分析、过渡响应分析、稳态准确度分析、输出响应、根轨迹分析、频率分析，计算机控制系统的离散化设计，计算机控制系统的模拟化设计，线性离散系统状态空间分析，线性离散系统状态空间设计，复杂控制规律系统设计，预测控制系统设计，智能控制系统设计，计算机控制系统设计与实现。本书既注重理论体系的完整性，又注重工程实际的应用性；体现了理论联系实际，并解决了工程实际中常出现的问题。

本书可作为高等院校计算机、电子、自动控制及自动化专业的本科教材，也可作为有关科研技术人员的参考书。

图书在版编目(CIP)数据

计算机控制技术/姜学军等主编. —3版. —北京：清华大学出版社，2020.1(2025.1重印)
21世纪高等学校规划教材·计算机应用
ISBN 978-7-302-53691-8

Ⅰ.①计… Ⅱ.①姜… Ⅲ.①计算机控制－高等学校－教材 Ⅳ.①TP273

中国版本图书馆CIP数据核字(2019)第187556号

责任编辑：闫红梅　张爱华
封面设计：傅瑞学
责任校对：焦丽丽
责任印制：宋　林

出版发行：清华大学出版社
网　　址：https://www.tup.com.cn，https://www.wqxuetang.com
地　　址：北京清华大学学研大厦A座　　**邮　　编**：100084
社 总 机：010-83470000　　**邮　　购**：010-62786544
投稿与读者服务：010-62776969，c-service@tup.tsinghua.edu.cn
质量反馈：010-62772015，zhiliang@tup.tsinghua.edu.cn
课件下载：https://www.tup.com.cn，010-83470236
印 装 者：三河市铭诚印务有限公司
经　　销：全国新华书店
开　　本：185mm×260mm　　**印　　张**：20.25　　**字　　数**：493千字
版　　次：2005年8月第1版　2020年1月第3版　　**印　　次**：2025年1月第8次印刷
印　　数：13001～15000
定　　价：59.00元

产品编号：083412-02

出版说明

随着我国改革开放的进一步深化，高等教育也得到了快速发展，各地高校紧密结合地方经济建设发展需要，科学运用市场调节机制，加大了使用信息科学等现代科学技术提升、改造传统学科专业的投入力度，通过教育改革合理调整和配置了教育资源，优化了传统学科专业，积极为地方经济建设输送人才，为我国经济社会的快速、健康和可持续发展以及高等教育自身的改革发展做出了巨大贡献。但是，高等教育质量还需要进一步提高以适应经济社会发展的需要，不少高校的专业设置和结构不尽合理，教师队伍整体素质亟待提高，人才培养模式、教学内容和方法需要进一步转变，学生的实践能力和创新精神亟待加强。

教育部一直十分重视高等教育质量工作。2007 年 1 月，教育部下发了《关于实施高等学校本科教学质量与教学改革工程的意见》，计划实施"高等学校本科教学质量与教学改革工程(简称'质量工程')"，通过专业结构调整、课程教材建设、实践教学改革、教学团队建设等多项内容，进一步深化高等学校教学改革，提高人才培养的能力和水平，更好地满足经济社会发展对高素质人才的需要。在贯彻和落实教育部"质量工程"的过程中，各地高校发挥师资力量强、办学经验丰富、教学资源充裕等优势，对其特色专业及特色课程(群)加以规划、整理和总结，更新教学内容、改革课程体系，建设了一大批内容新、体系新、方法新、手段新的特色课程。在此基础上，经教育部相关教学指导委员会专家的指导和建议，清华大学出版社在多个领域精选各高校的特色课程，分别规划出版系列教材，以配合"质量工程"的实施，满足各高校教学质量和教学改革的需要。

为了深入贯彻落实教育部《关于加强高等学校本科教学工作，提高教学质量的若干意见》精神，紧密配合教育部已经启动的"高等学校教学质量与教学改革工程精品课程建设工作"，在有关专家、教授的倡议和有关部门的大力支持下，我们组织并成立了"清华大学出版社教材编审委员会"(以下简称"编委会")，旨在配合教育部制定精品课程教材的出版规划，讨论并实施精品课程教材的编写与出版工作。"编委会"成员皆来自全国各类高等学校教学与科研第一线的骨干教师，其中许多教师为各校相关院、系主管教学的院长或系主任。

按照教育部的要求，"编委会"一致认为，精品课程的建设工作从开始就要坚持高标准、严要求，处于一个比较高的起点上；精品课程教材应该能够反映各高校教学改革与课程建设的需要，要有特色风格、有创新性(新体系、新内容、新手段、新思路，教材的内容体系有较高的科学创新、技术创新和理念创新的含量)、先进性(对原有的学科体系有实质性的改革和发展，顺应并符合 21 世纪教学发展的规律，代表并引领课程发展的趋势和方向)、示范性(教材所体现的课程体系具有较广泛的辐射性和示范性)和一定的前瞻性。教材由个人申报或各校推荐(通过所在高校的"编委会"成员推荐)，经"编委会"认真评审，最后由清华大学出版社审定出版。

目前,针对计算机类和电子信息类相关专业成立了两个“编委会”,即“清华大学出版社计算机教材编审委员会”和“清华大学出版社电子信息教材编审委员会”。推出的特色精品教材包括:

(1) 21世纪高等学校规划教材·计算机应用——高等学校各类专业,特别是非计算机专业的计算机应用类教材。

(2) 21世纪高等学校规划教材·计算机科学与技术——高等学校计算机相关专业的教材。

(3) 21世纪高等学校规划教材·电子信息——高等学校电子信息相关专业的教材。

(4) 21世纪高等学校规划教材·软件工程——高等学校软件工程相关专业的教材。

(5) 21世纪高等学校规划教材·信息管理与信息系统。

(6) 21世纪高等学校规划教材·财经管理与应用。

(7) 21世纪高等学校规划教材·电子商务。

(8) 21世纪高等学校规划教材·物联网。

清华大学出版社经过三十多年的努力,在教材尤其是计算机和电子信息类专业教材出版方面树立了权威品牌,为我国的高等教育事业做出了重要贡献。清华版教材形成了技术准确、内容严谨的独特风格,这种风格将延续并反映在特色精品教材的建设中。

清华大学出版社教材编审委员会

联系人:魏江江

E-mail:weijj@tup.tsinghua.edu.cn

计算机控制技术作为计算机技术与控制理论融合的产物，如今已经在军事、航天技术、工农业、交通运输、生产管理和经济管理、能源开发与利用等领域得到了广泛的应用。计算机控制技术实现了生产的现代化和自动化，自动地处理生产过程中较为复杂的工作，节约了人力资源、提高了生产效率。计算机控制理论与技术越来越显示出它的生命力。

本书系统地阐述了计算机控制系统的分析、设计方法以及工程实际的应用。主要内容有计算机控制系统概述，信号的采样与恢复、Z 变换、Z 传递函数，离散系统的稳定性分析、过渡响应分析、稳态准确度分析、输出响应、根轨迹分析、频率分析，计算机控制系统的离散化设计，计算机控制系统的模拟化设计，线性离散系统的状态空间分析，线性离散系统状态空间设计，复杂控制规律系统设计，预测控制系统设计，智能控制系统设计，计算机控制系统设计与实现。

本书从工程技术角度出发，突出基本理论、基本概念和基本方法；叙述力求简练，深入浅出，选材实用；注重理论与应用结合，设计与实现结合，具有系统性和实用性。

编写本书时，力求做到理论分析计算与应用技术并重，以使读者牢固建立计算机控制系统的整体概念；力求做到重点突出，层次分明，语言易懂。在编写过程中还注意理论与实际的结合，重视解决工程实际问题，其中包括了编者多年来从事计算机控制系统设计工作的体会和经验，根据计算机控制系统的目前发展的最新情况，有重点地引入了一些新的概念和方法，更新了一些陈旧内容。

通过对本书的学习，读者能够掌握计算机控制的基本原理和基本控制技术，具有研究和开发新的计算机控制系统、解决实际工程问题的初步能力。

本书可作为高等院校计算机、电子、自动控制及自动化专业的本科教材，也可作为有关科研技术人员的参考书。

本书由姜学军、李筠、李晓静主编，王海涛、曹烨、王永堃参编。

限于水平，书中难免存在疏漏之处，敬请读者批评指正。

编　者

2019 年 5 月

第 1 章　绪论 ······ 1

1.1　计算机控制系统概述 ······ 1

1.1.1　自动控制系统 ······ 1

1.1.2　计算机控制系统 ······ 2

1.1.3　计算机控制系统的特点 ······ 3

1.2　计算机控制系统的组成 ······ 4

1.3　计算机控制系统的分类 ······ 5

1.4　计算机控制系统发展趋势 ······ 8

习题 1 ······ 9

第 2 章　计算机控制理论基础 ······ 10

2.1　信号的采样与恢复 ······ 10

2.1.1　信号的采样过程 ······ 11

2.1.2　采样定理 ······ 13

2.1.3　信号的恢复过程和零阶保持器 ······ 16

2.2　Z 变换 ······ 18

2.2.1　Z 变换的定义 ······ 18

2.2.2　常用信号的 Z 变换 ······ 21

2.2.3　Z 变换的基本定理 ······ 22

2.2.4　Z 反变换 ······ 29

2.2.5　广义 Z 变换 ······ 32

2.3　线性定常离散系统的差分方程及其解 ······ 34

2.4　Z 传递函数 ······ 35

2.4.1　Z 传递函数的定义 ······ 35

2.4.2　Z 传递函数的物理可实现性 ······ 43

2.4.3　在扰动作用下的线性离散系统 ······ 44

2.4.4　广义 Z 传递函数 ······ 45

习题 2 ······ 46

第 3 章　计算机控制系统分析 ······ 48

3.1　S 平面与 Z 平面的关系 ······ 48

3.2　离散系统的稳定性分析 ······ 50

3.2.1 离散系统输出响应的一般关系式 …… 50
3.2.2 离散系统稳定性判据 …… 51
3.2.3 离散系统开环增益、采样周期与稳定性的关系 …… 56
3.3 离散系统的过渡响应分析 …… 57
3.4 离散系统的稳态准确度分析 …… 61
3.5 离散系统的输出响应 …… 66
3.5.1 离散系统在采样点间的输出响应 …… 67
3.5.2 被控对象含延时的输出响应 …… 68
3.6 离散系统的根轨迹分析 …… 69
3.7 离散系统的频率分析 …… 72
习题3 …… 75

第4章 计算机控制系统的离散化设计 …… 77

4.1 最少拍控制系统的设计 …… 77
4.1.1 最少拍系统设计的基本原则 …… 78
4.1.2 任意广义对象的最少拍控制器设计 …… 87
4.1.3 最少拍系统的改进 …… 90
4.2 无波纹最少拍控制系统设计 …… 96
4.3 在扰动作用下控制系统设计 …… 100
4.3.1 针对扰动作用的设计 …… 100
4.3.2 抑制扰动作用的设计 …… 101
4.3.3 复合控制系统设计 …… 103
4.4 数字控制器的根轨迹设计法 …… 105
4.5 数字控制器的频域设计法 …… 108
4.6 数字控制器的计算机程序实现 …… 110
4.6.1 直接程序法 …… 111
4.6.2 串行程序法 …… 112
4.6.3 并行程序法 …… 113
习题4 …… 115

第5章 计算机控制系统的模拟化设计 …… 118

5.1 概述 …… 118
5.2 模拟控制器的离散化方法 …… 120
5.2.1 脉冲响应不变法 …… 120
5.2.2 阶跃响应不变法 …… 121
5.2.3 差分变换法 …… 122
5.2.4 双线性变换法 …… 125
5.2.5 频率预畸变双线性变换法 …… 127
5.2.6 零极点匹配法 …… 129

5.3 数字 PID 控制 …… 130
5.3.1 PID 控制的基本形式及数字化 …… 130
5.3.2 数字 PID 控制器的控制效果 …… 132
5.3.3 数字 PID 控制算法 …… 134
5.4 数字 PID 控制算法的改进 …… 136
5.4.1 积分分离 PID 算法 …… 136
5.4.2 不完全微分 PID 算法 …… 137
5.4.3 微分先行 PID 算法 …… 138
5.4.4 带死区 PID 算法 …… 139
5.4.5 抗积分饱和 PID 算法 …… 139
5.5 数字 PID 控制器的参数整定 …… 140
5.5.1 凑试法 …… 141
5.5.2 扩充临界比例度法 …… 142
5.5.3 扩充响应曲线法 …… 143
习题 5 …… 144

第 6 章 线性离散系统状态空间分析 …… 145

6.1 线性离散系统状态方程 …… 146
6.1.1 由高阶差分方程求状态方程 …… 146
6.1.2 由 Z 传递函数求状态方程 …… 147
6.2 连续状态方程的离散化 …… 152
6.3 计算机控制系统闭环离散状态方程 …… 154
6.4 线性离散系统的传递函数矩阵与特征值 …… 156
6.5 线性离散状态方程的求解 …… 158
6.5.1 递推法 …… 158
6.5.2 Z 变换法 …… 161
6.6 线性离散系统的稳定性、可控性和可测性 …… 162
6.6.1 线性离散系统的稳定性 …… 162
6.6.2 线性离散系统的可控性 …… 165
6.6.3 线性离散系统的可测性 …… 166
6.6.4 可控标准型与可测标准型 …… 167
6.6.5 可控性、可测性与传递函数矩阵的关系 …… 170
习题 6 …… 172

第 7 章 线性离散系统状态空间设计 …… 175

7.1 线性离散系统输出反馈设计 …… 175
7.1.1 在单位阶跃信号作用下单变量最少拍系统设计 …… 175
7.1.2 在单位速度信号作用下单变量最少拍系统设计 …… 181
7.1.3 在单位阶跃信号作用下多变量最少拍系统设计 …… 183

7.2 线性离散系统的极点配置与观测器 …… 188
7.2.1 用状态反馈实现指定的极点配置 …… 188
7.2.2 状态观测器 …… 193
7.3 Liapunov 最优状态反馈设计 …… 199
7.4 最小能量控制系统设计 …… 202
7.5 离散最优控制 …… 205
7.5.1 离散极小值原理 …… 205
7.5.2 离散动态规划法 …… 209
习题 7 …… 214

第 8 章 复杂控制规律系统设计 …… 216

8.1 纯滞后补偿控制系统设计 …… 216
8.1.1 大林算法 …… 216
8.1.2 史密斯预估算法 …… 224
8.1.3 纯滞后信号的产生 …… 229
8.2 串级控制系统设计 …… 230
8.3 前馈控制系统设计 …… 234
8.4 解耦控制系统设计 …… 237
8.4.1 解耦控制原理 …… 238
8.4.2 解耦控制器设计 …… 239
习题 8 …… 241

第 9 章 预测控制系统设计 …… 242

9.1 概述 …… 242
9.2 模型算法控制 …… 244
9.3 动态矩阵控制 …… 246
习题 9 …… 249

第 10 章 智能控制系统设计 …… 250

10.1 模糊控制系统设计 …… 250
10.1.1 模糊控制原理 …… 250
10.1.2 模糊控制器设计 …… 255
10.2 专家控制系统设计 …… 262
10.2.1 专家控制系统基本原理 …… 263
10.2.2 专家控制系统设计 …… 265
10.3 神经网络控制系统设计 …… 272
10.3.1 神经网络的模型与算法 …… 273
10.3.2 神经网络控制系统的设计 …… 277
习题 10 …… 282

第 11 章 计算机控制系统设计与实现 …… 284

11.1 计算机控制系统设计原则 …… 284

11.2 计算机控制系统设计步骤 …… 286

11.3 计算机控制系统输入输出通道设计 …… 293

11.3.1 过程输入输出通道的组成与功能 …… 293

11.3.2 过程输入输出通道的控制方式 …… 293

11.3.3 输入通道 …… 295

11.3.4 输出通道 …… 297

11.4 计算机控制系统抗干扰技术 …… 298

11.4.1 干扰的来源 …… 299

11.4.2 干扰的抑制方法 …… 300

11.5 计算机控制系统应用实例 …… 305

习题 11 …… 310

参考文献 …… 311

第1章 绪论

计算机控制系统是在自动控制技术和计算机技术飞速发展的基础上产生的。20世纪50年代中期,经典的控制理论已经发展成熟和完备,并在不少工程技术领域中得到了成功的应用。在这个基础上发展起来的模拟式自动控制系统也达到了相当完善的程度,直到现在,它仍然在许多工业部门占有相当重要的地位,许多元件和系统都已经形成标准化和系列化产品。尽管这种模拟式控制系统对单输入单输出系统是很有效的,对一些较复杂的多输入和多输出的参数相互耦合的系统也曾起过积极的作用,但在控制规律的实现、系统的优化、可靠性等方面越来越不能满足更高的要求。现代控制理论的发展为自动控制系统的分析、设计与综合增添了理论基础,而计算机技术的发展为新型控制规律的实现提供了非常有效的手段,两者的结合极大地推动了自动控制技术的发展。

1.1 计算机控制系统概述

计算机在控制工程中的主要用途有两个方面:在复杂的控制系统的分析、综合任务中进行数字仿真并完成复杂的工程计算;作为控制系统中的一个重要组成部分,完成预先规定的各种控制任务。

1.1.1 自动控制系统

自动控制无须人直接参与,而是通过一个特定的装置产生某种规律的信号并施加到被控对象,以使被控对象产生所希望的行为或变化。这样的特定装置能够按照人的安排接收某种信息,并按某种设定好的规则处理这些信息后产生信号再作用到被控对象,这样的装置称为控制器。

自动控制系统是以实现功能为目的,通过控制来达到特定目标的系统。它是由单元部件、设备、过程等若干要素按照一定结构组成的相互作用的对象的集合,能够按照预先设定的目标对被控对象的行为进行校正。

控制器的控制规律是人们事先设定的,当输入信号进入到控制器后,控制器就能按照其规律对输入信号进行处理后产生输出信号再作用于被控对象。控制器的输入信号一是来自系统的参考输入信号;二是来自被控对象状态信号,称为反馈信号。把被控对象的状态信号再送回到控制器的过程称为反馈。系统中是否采用了反馈对系统性能的影响极大,因此系统的基本结构也就按有无反馈分成两大类:开环控制系统和闭环控制系统。

图 1.1 是开环控制系统,控制器的输入信号只有系统的参考输入信号,不包括被控对象的状态信号,即不需要被控对象的反馈信号。控制器直接根据给定参考输入信号去控制被控对象工作,这种系统不能自动消除被控参数偏离给定值带来的误差,控制系统中产生的误差全部反映在被控参数上。与闭环控制系统相比,开环控制系统控制性能较差。

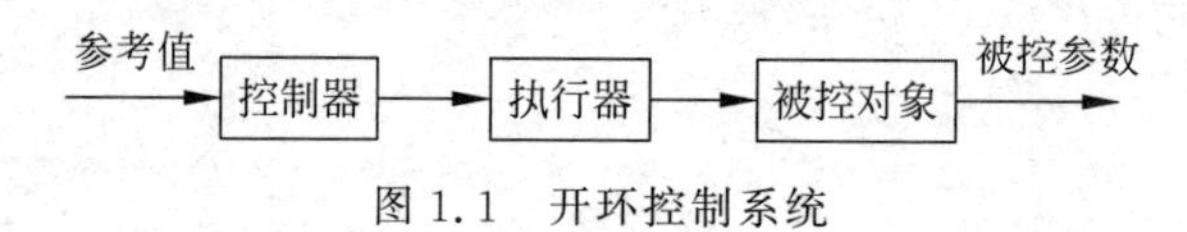

图 1.1　开环控制系统

图 1.2 是闭环控制系统,该系统通过测量元件对被控对象的被控参数(如温度、压力、流量、转速、位移等)进行测量,获得被控对象的状态,由变送器将被测参数变换成电信号,反馈给控制器。控制器将反馈回来的信号与参考输入信号进行比较,如有误差,控制器就产生控制信号驱动执行器工作,使被控参数的值与给定值保持一致,这种负反馈控制是自动控制的基本形式。

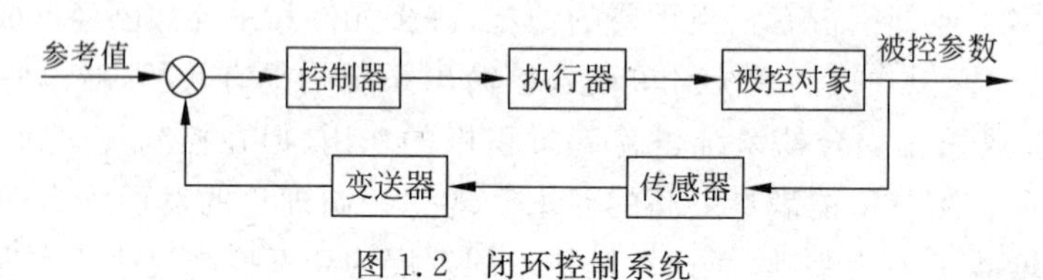

图 1.2　闭环控制系统

由此可见,自动控制系统的基本功能是进行信号的传递、加工和比较,而这些功能是由传感器、变送器、控制器和执行器来完成的。其中控制器是控制系统的关键部分,它决定了控制系统的控制性能和应用范围。

1.1.2　计算机控制系统

将自动控制系统中的控制器的功能用计算机或数字控制装置来实现,就构成了计算机控制系统,其基本框图如图 1.3 所示。简单说来,计算机控制系统就是由各种各样的计算机参与控制的一类控制系统。

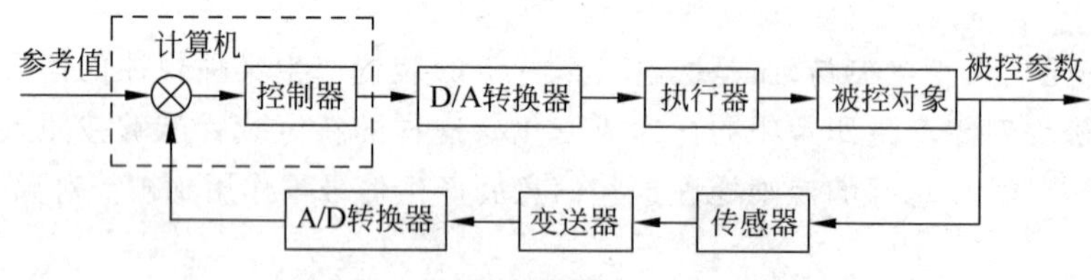

图 1.3　计算机控制系统基本框图

计算机控制系统中,计算机的输入和输出信号都是数字量,因此在这样的系统中,需要将模拟量变成数字量的 A/D 转换器,以及将数字量转换成模拟量的 D/A 转换器。

所谓计算机控制系统,广义地说,是指各种各样以计算机作为其组成部分的控制系统。在计算机控制系统中,计算机的作用主要有 3 个方面:

(1) 对于复杂的控制系统,输入信号和根据控制规律的要求实现的输出偏差信号的计算工作量很大,采用模拟计算装置不能满足精度要求,因而需要采用计算机进行处理。

(2) 用计算机的软件程序实现对控制系统的校正,以保证控制系统具有所要求的动态特性。

(3) 由于计算机具有快速完成复杂的工程计算的能力，因而可以实现对系统的最优控制、自适应控制等高级控制功能及多功能计算调节。

在一般的模拟控制系统中，控制规律是由硬件电路产生的，要改变控制规律就要更改硬件电路。而在计算机控制系统中，控制规律是用软件实现的，计算机执行预定的控制程序，就能实现对被控参数的控制。因此，要改变控制规律，只要改变控制程序就可以了，这就使控制系统的设计更加灵活方便。特别是可以利用计算机强大的计算、逻辑判断、记忆和信息传递能力，实现更为复杂的控制规律，如非线性控制、逻辑控制、自适应控制、自学习控制及智能控制等。

从本质上来看，计算机控制系统的控制过程可以归结为以下 4 个步骤。

(1) 实时数据采集。计算机每隔一定的时间就对被控参数的瞬时值进行检测并进行转换后输入到计算机中。

(2) 实时决策。对采集到的表征被控参数的状态量与给定的参考值进行比较形成误差信号，以此作为输入并按已定的控制规律做出决策，决定进一步的控制过程。

(3) 实时控制。根据决策，适时地对控制机构发出控制信号并作用于执行单元，使被控对象产生相应的校正动作。

(4) 实时管理。主要是数据库对工作过程中产生的数据进行实时管理，并且与远程工作人员或其他控制器共享这些数据。

上述过程不断重复，可使整个系统按照一定的动态品质指标进行工作，并且对被控参数和设备本身出现的异常状态及时监督并做出迅速处理。

在计算机控制系统的一般概念中，计算机直接连在系统中工作，而不必通过其他中间记录介质来间接对过程进行输入输出及决策。生产过程设备直接与计算机连接的方式，称为联机方式或在线方式；生产过程设备不直接受计算机控制，而是通过中间记录介质，靠人进行联系并作相应操作的方式，称为脱机方式或离线方式。离线方式不能实时地对系统进行控制。

所谓实时是指信号的输入、计算和输出都要在一定的时间范围内完成，也即计算机对输入信息以足够快的速度进行处理，并在一定的时间内做出反应或进行控制，超出这个时间，就失去了控制的时机，控制也就失去了意义，这就是计算机控制系统的实时性。实时的概念不能脱离具体过程，如炼钢炉的炉温控制，延迟 1s，仍然认为是实时的。而一个火炮控制系统，当目标状态量变化时，一般必须在几十毫秒甚至几毫秒之内及时控制，否则就不能击中目标了。实时性指标涉及如下一系列的时间延迟：一次仪表的延迟、过程量输入的延迟、计算和逻辑判断的延迟、控制量输出的延迟、数据传输的延迟等。一个在线系统不一定是一个实时系统，但一个实时控制系统必定是在线系统。例如，一个只用于数据采集的微型机系统是在线系统，但它不一定是实时系统；而计算机直接数字控制系统，必定是一个在线系统。

1.1.3 计算机控制系统的特点

计算机控制系统和一般常规模拟控制系统相比有如下特点。

(1) 由于计算机的运算速度快、精度高，含丰富的逻辑判断功能和大容量的存储单元，因此能实现复杂的控制规律，从而达到较高的控制质量。计算机控制实现了常规系统难以实现的多变量控制、最优控制、自适应控制、参数自整定等。

(2) 由于计算机具有分时操作的功能,所以一台计算机能代替多台控制仪器,可以实现群控。对于连续控制系统,控制回路越多或控制规律越复杂,所需硬件也就越多越复杂,成本也越高。而对于计算机控制系统来说,增加一个控制回路的费用是很少的,控制规律的改变和复杂程度的提高由编制程序实现,不需要改变硬件而增加成本,有很高的性能价格比。

(3) 由于软件功能丰富,编程方便和硬件体积小,重量轻以及结构设计上的模块化、标准化,使计算机控制系统有很强的灵活性。如一些工控机有操作简易的结构化、组态化控制软件。硬件配置上可装配性、可扩充性好。

(4) 由于采取有效的抗干扰、抗噪声办法,并采用各种冗余、容错等技术,使计算机控制系统有很高的可靠性。

(5) 由于计算机有监控、报警、自诊断功能,使计算机控制系统有很强的可维护性。如有的工控机出现故障,能迅速指出故障点和处理办法,便于立即修复。

1.2 计算机控制系统的组成

计算机控制系统由计算机、输入通道、输出通道、外部设备、检测装置、执行机构、操作台、被控对象以及相应的软件组成,如图 1.4 所示。

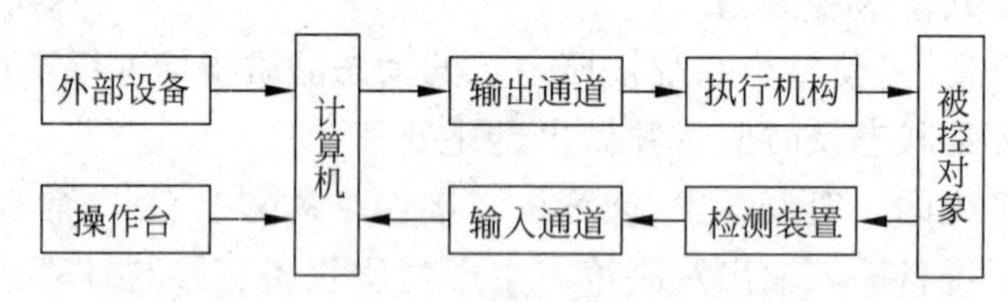

图 1.4 计算机控制系统的组成

1. 计算机

计算机是计算机控制系统的核心。其主要功能是通过执行相应的程序来控制整个系统,对相关现场信息进行实时采集与处理,按设定的控制规律进行各种数值计算与逻辑判断,并根据运算结果做出控制决策,然后输出给执行机构;通过接口可以向系统的各个部分发出各种命令,同时对被控对象的被控参数进行实时检测及处理。计算机的具体功能是完成程序存储、程序执行、数值计算、逻辑判断和数据处理等工作。

2. 输入输出通道

输入输出通道是计算机和被控对象(或生产过程)之间设置的信息传送和转换的连接通道。输入通道把被控对象(或生产过程)的被控参数转换成计算机可以接收的数字代码。输出通道把计算机输出的控制命令和数据,转换成可以对被控对象(或生产过程)进行控制的信号。输入输出通道一般分为模拟量输入通道、模拟量输出通道、开关量输入通道、开关量输出通道。

3. 外部设备

实现计算机和外界交换信息的设备称为外部设备(简称外设),包括人机通信设备、输入输出设备和外存储器等。

4. 检测装置

检测装置一般包括传感检测单元与变送单元，即通过传感器件将被控参数的非电量转换成电信号，再经过变送单元将其变换成易于传输的统一、标准的电信号，以便后续处理。

5. 执行机构

执行机构是直接连接于被控过程的控制或驱动部件，其功能是根据来自计算机的控制指令信号，产生相应的动作，以调节或改变被控过程的某些状态，使生产过程符合预期的要求。

6. 操作台

操作台是操作人员与计算机控制系统进行“对话”的，主要包括如下几部分。

（1）显示装置：如显示屏幕或荧光数码显示器，用于显示操作人员要求显示的内容或报警信号。

（2）一组或几组功能键：通过功能键，可向主机申请中断服务。其包括复位键、启动键、打印键、显示键等。

（3）一组或几组数字键：用来送入某些数据或修改控制系统的某些参数。

7. 软件

软件是指能够完成各种功能的计算机控制系统的程序系统。它是计算机系统的神经中枢，整个系统的动作都是在软件的指挥下进行协调动作的。它由系统软件和应用软件组成。

系统软件是指为提高计算机使用效率，扩大功能，为用户使用、维护和管理计算机提供方便的程序的总称。系统软件通常包括操作系统、语言加工系统和诊断系统等，具有一定的通用性，一般随硬件一起由计算机生产厂家提供。

应用软件是用户根据要解决的实际问题而编写的各种程序，在计算机控制系统中则是指完成系统内各种任务的程序，如控制程序、数据采集及处理程序、巡回检测及报警程序等。

1.3 计算机控制系统的分类

计算机控制系统的分类方法很多，可以根据计算机在控制系统中的控制功能和控制目的，将计算机控制系统分为以下几种类型。

1. 计算机操作指导控制系统

计算机操作指导控制系统的结构如图1.5所示，这时计算机只承担数据的采集和处理工作，而不直接参与控制。

计算机操作指导控制系统对生产过程大量参数做巡回检测、处理、分析、记录以及参数的超限报警。对大量参数的积累和实时分析，可以达到对生产过程进行各种趋势分析，为操作人员提供参考，操作人员根据这些结果去改变调节器的给定值或直接操作执行机构。

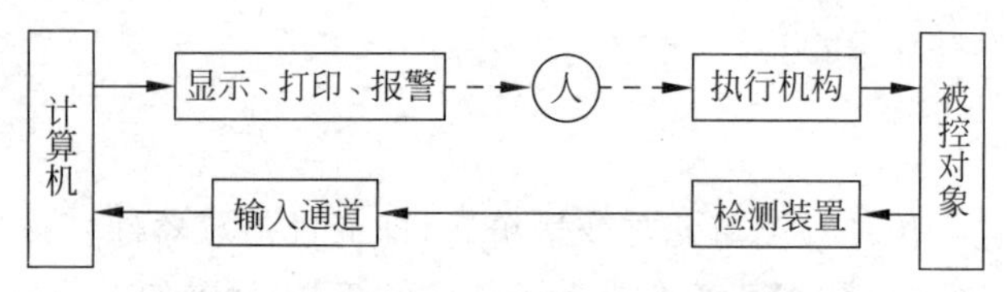

图 1.5 计算机操作指导控制系统的结构

计算机操作指导控制系统是一种开环控制结构。该系统的优点是系统结构简单,系统控制灵活和安全;缺点是要人工操作,速度受到限制,故不适合用于快速过程的控制和多个对象的控制。

2. 直接数字控制系统

直接数字控制(Direct Digital Control,DDC)系统的结构如图 1.6 所示。

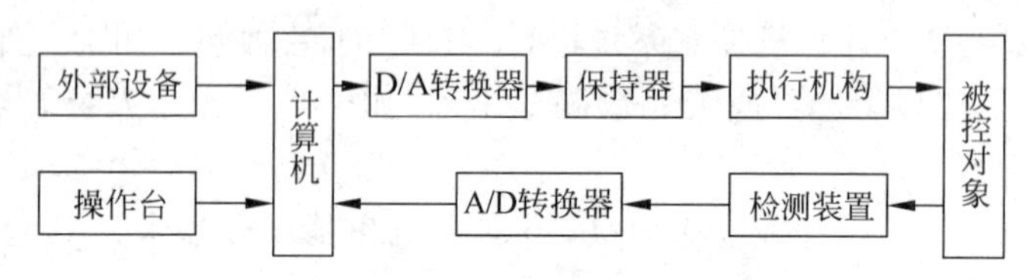

图 1.6 直接数字控制系统的结构

计算机通过测量元件对一个或多个物理量进行巡回检测,经采样、A/D 转换等过程把模拟量转换为数字量,并根据规定的控制规律进行运算,然后发出控制信号直接去控制执行机构,使各个被控制量达到预定的要求。

DDC 系统中的计算机参与闭环控制过程,它不仅能完全取代模拟控制器,实现多回路的控制,而且不需要改变硬件,只通过改变程序就能有效地实现较复杂的控制,如前馈控制、非线性控制、自适应控制、最优控制等。

3. 监督计算机控制系统

在直接数字控制方式中,对生产过程产生直接影响的被控参数给定值是预先设定的,并且存入计算机的内存中。这个给定值不能根据过程条件和生产工艺信息的变化及时修改,故直接数字控制方式无法使生产过程处于最优状态,这显然是不够理想的。

监督计算机控制(Supervisory Computer Control,SCC)系统中,计算机根据原始工艺信息和其他参数,按照描述生产过程的数学模型或其他方法,自动地改变模拟调节器或以直接数字控制方式工作的计算机中的给定值,从而使生产过程始终处于最优状态(如保持高质量、高效率、低消耗、低成本等)。从这个角度上说,它的作用是改变给定值,所以又称给定值控制(Set Point Control,SPC)系统。

监督控制方式的控制效果主要取决于数学模型的优劣。这个数学模型一般是针对其中一个目标函数设计的,如果这一数学模型能使某一目标函数达到最优状态,那么这种控制方式就能实现最优控制。当数学模型不理想时,控制效果也不会太理想。监督控制系统也可以实现自适应控制。监督控制系统有两种不同的结构形式:一种是 SCC+模拟控制器系统,如图 1.7 所示;另一种是 SCC+DDC 系统,如图 1.8 所示。

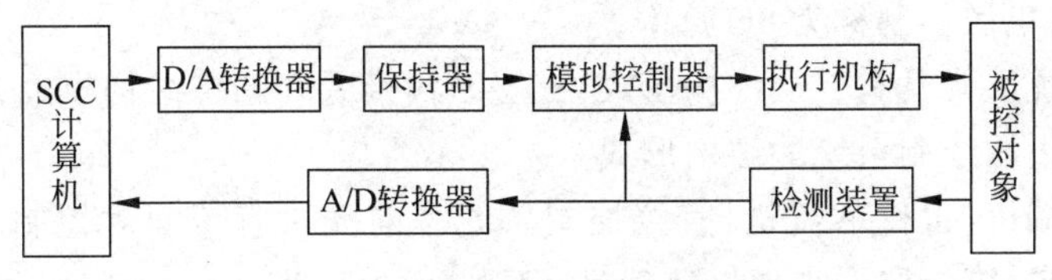

图 1.7 SCC+模拟控制器系统

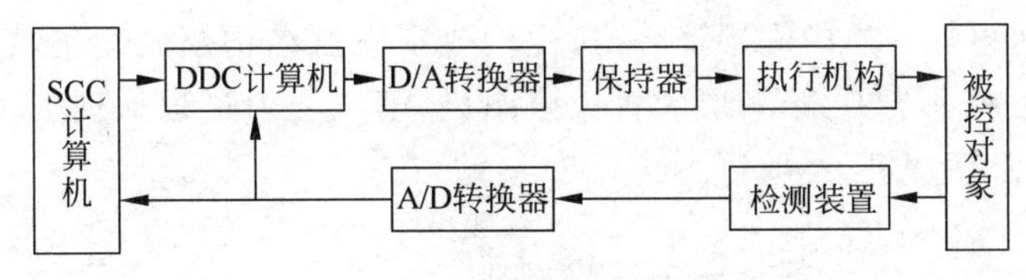

图 1.8 SCC+DDC 系统

4. 计算机分级控制系统

生产过程既存在控制问题,也存在大量的管理问题。同时,设备一般分布在不同的区域,其中各工序、各设备同时并行地工作,基本相互独立,故全系统比较复杂。DDC 系统置于分级控制系统的最底层,管理用计算机置于上层。各级各类计算机之间使用高速通信线路互相连接,传递信息,协调工作。

计算机分级控制系统的结构如图 1.9 所示。其中 DDC 级直接用于控制生产过程,包括数据采集、监督报警等工作。SCC 级既要实现一些高级控制又要向上级反馈信息,以便上一级的管理工作。这种分级(或分布式)计算机控制系统有代替集中控制系统的趋势。该系统的特点是将控制任务分散,用多台计算机分别执行不同的任务,既能进行控制又能实现管理。

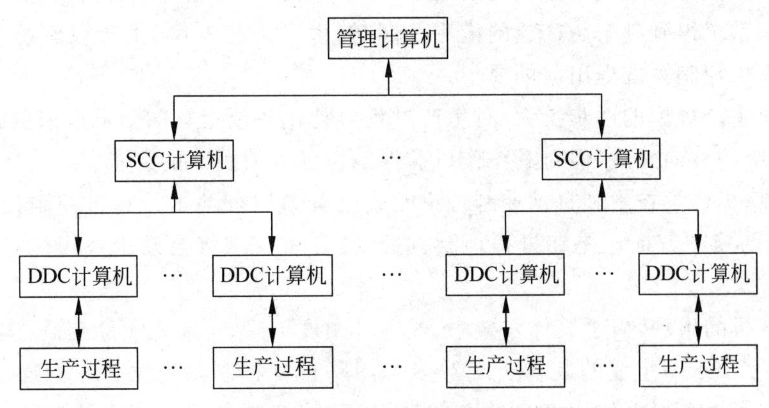

图 1.9 计算机分级控制系统的结构

5. 集散控制系统

集散控制系统(Distributed Control Systems,DCS)是由多台计算机分别控制生产过程中多个控制回路,同时又可集中获取数据和集中管理的自动控制系统。集散控制系统是控制(Control)、计算机(Computer)、数据通信(Communication)和屏幕(CRT)显示技术的综合应用,通常也将集散控制称为4C技术。

集散控制系统通常具有二层结构模式、三层结构模式和四层结构模式。图1.10给出了二层结构模式的集散控制系统的结构形式。

第一级为前端机,也称下位机、直接控制单元。前端机直接面对控制对象完成实时控制、前端处理功能。第二层称为中央处理机,又称上位机,完成后续处理功能。中央处理机不直接与现场设备打交道,中央处理机一旦失效,设备的控制功能依旧能得到保证。在前端机和中央处理机间再加一层中间层计算机,便构成了三层结构模式的集散控制系统。四层结构模式的离散控制系统中,第一层为直接控制机,第二层为过程管理机,第三层为生产管理机,第四层为经营管理机。

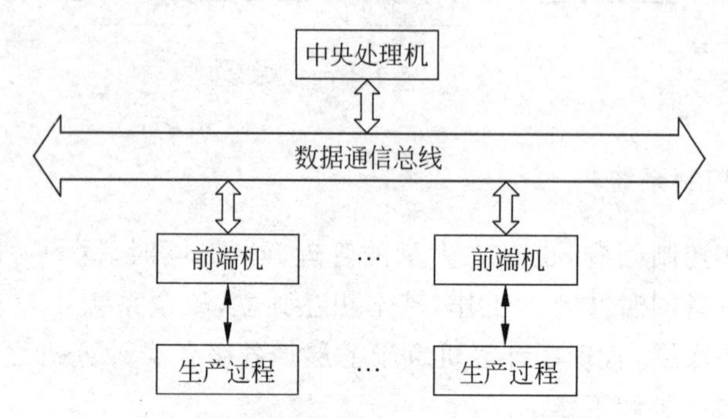

图1.10 二层结构模式的集散控制系统

1.4 计算机控制系统发展趋势

随着大规模及超大规模集成电路的发展,计算机的可靠性和性能价格比越来越高,这使得计算机控制系统得到越来越广泛的应用。同时,生产力的发展、生产规模的扩大,又使人们不断对计算机控制系统提出新的要求。

随着企业生产规模的逐步扩大,对生产过程自动化各项指标的要求愈来愈高,系统向着更复杂、更高级的方向发展,但对其工作可靠性的保证有着更高的要求。

当前,计算机科学技术和自动控制理论的成就有力地推动了计算机控制技术的向前发展,不论在运动控制方面还是在过程控制方面,计算机控制将会逐步替代往日常规的模拟控制。

微型计算机的出现,由于其体积减小、成本大幅度下降、可靠性不断提高,因此改变了以往只使用由一个CPU组成的装置实现对多个回路自动控制的观念。人们通过实践发现,生产过程中的每一个局部位用各自独立的带CPU的控制单元来完成其自动控制作用,其控制功能会得到加强,工作更加可靠,维修更加方便,性能价格比会得到提高。这就是分散型微机控制系统的设计思想。这一设计思想已被愈来愈多的人所接受。

在制造业的自动化生产线上,各道工序都是按规定的时间和条件顺序执行的,对这种自动化生产线进行控制的装置称为顺序控制器。以往顺序控制器主要是由继电器组成,改变生产工序、执行次序和条件需改变硬件连线。随着大规模集成电路和微处理器在顺序控制器中的应用,顺序控制器开始采用类似微型计算机的通用结构,把程序存储在存储器中,用软件实现开关量的逻辑运算、延时等过去用继电器完成的功能，形成了可编程逻辑控制器。

集散控制系统虽然能完成生产过程各个局部的控制作用，但是各单元之间并无直接的联系，于是人们又使用一台档次较高的上位计算机对各分散的下位控制单元进行统一的管理，上位机根据接收到各下位控制单元送来的数据，经过分析和处理后对下位控制单元进行监督控制，实现对整个生产过程控制的协调和优化。上位机必要时还可以对生产过程进行编制计划，对原材料及能源的调度、成本核算、库存管理、打印统计报表等管理工作，这一系统结构形式就是综合分散型系统。这种结构方案20世纪80年代在国外已成为系统设计思想的潮流。到了20世纪90年代，国内在设计较大的系统时都肯定了这一系统结构原则。

由于控制系统的集散化，解决上、下位机之间的数据通信就自然成为当前课题，计算机的数据高速传送技术、计算机局部网络技术、光纤通信技术将逐步进入微机控制的应用领域，这样，就能进一步促进生产管理的微机化、规范化和科学化，使工厂各生产职能管理部门能够利用计算机终端通过电话线路或光纤通信线路与计算机控制系统联网，随时从公用数据库中了解、分析生产情况，便于对下一步的生产和技术改造进行决策，有利于提高生产率、提高产品质量、降低原材料能量消耗、减小环境污染。

近年来，自动控制理论的自校正控制、自适应控制、模糊控制、最优控制等理论的新成就将逐步在计算机控制系统中得到实际应用，使计算机控制更加智能化，人们参与控制过程的作用逐步在减小，逐渐达到真正全自动的境界。

今后，计算机控制系统会在计算机结构和数据通信技术中充分应用容错技术、冗余技术、自诊断技术和自纠错技术使系统可靠性得到不断的提高，这些技术在指导计算机控制系统的设计工作中将起到愈来愈重要的作用。

总之，计算机控制技术在计算机科学和自动控制理论的支持和推动下，今后将会以更高的速度向前发展，它的工作性能和工作可靠性将会有更大幅度的提高。可以预料，在自动控制领域中，计算机控制会起到愈来愈重要的作用，占有愈来愈重要的地位。

习题1

1. 计算机在计算机控制系统中的主要任务是什么？它的输入信息来自哪里？其输出信息又作用于什么地方？

2. 什么是计算机控制的实时性？

3. 简述计算机控制系统的控制过程。

4. 简述计算机控制系统的在线方式与离线方式。

5. 计算机控制系统的硬件一般有哪几大主要组成部分？各部分是怎样互相联系的？其中输入输出通道在系统中起着什么作用？有几种基本类型？

6. 直接数字控制系统的硬件由哪几部分组成？它的基本功能是什么？它的软件承担什么任务？它与监督控制系统的根本区别在哪里？

7. 计算机控制系统由哪几部分组成？画出框图。

计算机控制理论基础

要研究一个实际的物理系统，首先应当解决它的数学模型的建立和数学工具问题。众所周知，线性连续时间控制系统的动态持性可用常系数线性微分方程来描述，并且可以用拉普拉斯变换这个数学方法来分析它的暂态特性和稳态控制精度，分析和设计计算机控制系统必须以它的数学模型为基础，并且根据计算机控制系统的特点进行具体分析和处理。从本质上讲，计算机控制系统属于闭环离散控制系统，它的输出量与输入量之间的关系可用差分方程来描述，用Z变换解差分方程，用脉冲传递函数对离散系统进行暂态和稳态分析。

本章将应用离散系统理论来讨论计算机控制系统的数学模型建立方法及其模型之间的相互转换，为计算机控制系统拟定控制算法奠定必要的理论基础。

2.1 信号的采样与恢复

典型的计算机控制系统的结构如图2.1所示，计算机只能接收和处理数字信号，其输出也是数字量。因此，一方面现场检测的模拟信号必须通过采样并进行A/D转换等量化处理变换为数字信号，才能输入到计算机进行控制运算或其他处理；另一方面，计算机输出的离散的数字信号也必须经过D/A转换再经过保持器后才能形成连续模拟信号作用到被控对象。

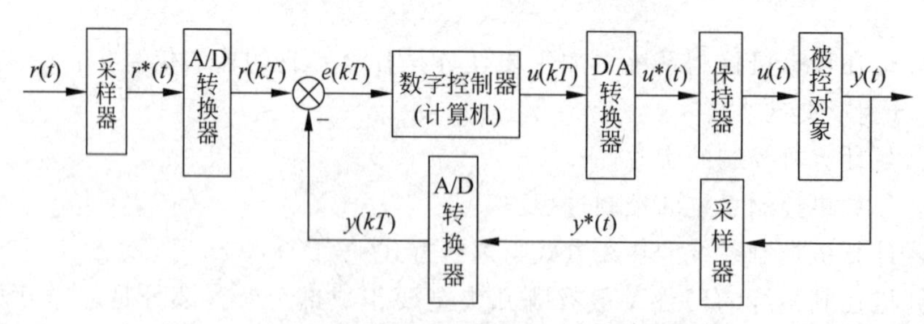

图2.1 典型的计算机控制系统的结构框图

其中，$r(t)$为参考输入连续模拟信号，$r^*(t)$为$r(t)$的离散模拟信号，$r(kT)$为$r(t)$的数字信号，$e(kT)=r(kT)-y(kT)$为误差数字信号，$u(kT)$为数字控制器输出的数字信号，$u^*(t)$为数字控制器输出的离散模拟信号，$u(t)$为数字控制器输出的连续模拟信号，$y(t)$为被控对象输出的连续模拟信号，$y^*(t)$为$y(t)$的离散模拟信号，$y(kT)$为$y(t)$的数字信号。

为了方便进行系统分析，图 2.1 所示的系统可等价地表示为图 2.2 所示的系统。

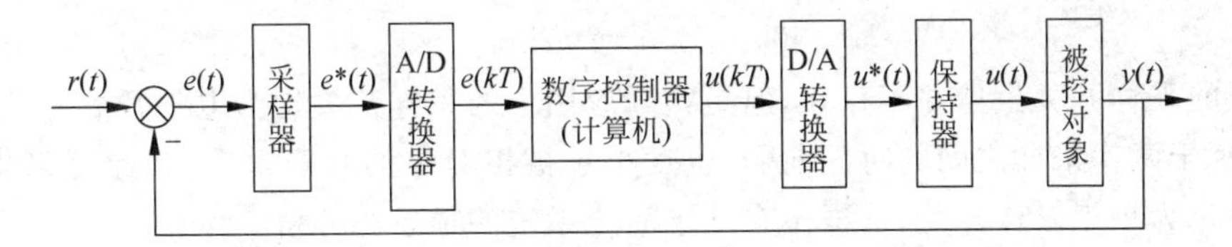

图 2.2 等价的计算机控制系统结构框图

其中，$r(t)$为参考输入连续模拟信号，$e(t)=r(t)-y(t)$为连续模拟误差信号，$e^*(t)$为$e(t)$的离散模拟信号，$e(kT)$为$e(t)$的数字信号，$u(kT)$为数字控制器输出的数字信号，$u^*(t)$为数字控制器输出的离散模拟信号，$u(t)$为数字控制器输出的连续模拟信号，$y(t)$为被控对象输出连续模拟信号。

采样器、保持器和数字控制器的结构形式和控制规律决定系统动态特性，是研究分析的主要对象。控制系统的稳态控制精度主要由 A/D、D/A 转换器的分辨率决定，这就是说 A/D 和 D/A 转换器只影响系统稳态控制精度，不影响动态指标，为了突出重点，以后只讨论影响系统动态特性的基本问题。为了便于数学上分析和综合，在分析和设计计算机控制系统时，常常假定 A/D 和 D/A 转换器的精度足够高，使得量化误差可以忽略，于是 A/D 和 D/A 转换器只存在物理上的意义而无数学上的意义，那么就可以认为数字信号与采样信号即$e(kT)$与$e^*(t)$，$u(kT)$与$u^*(t)$是等价的，因此图 2.2 表示的系统可进一步简化为如图 2.3 所示的系统。

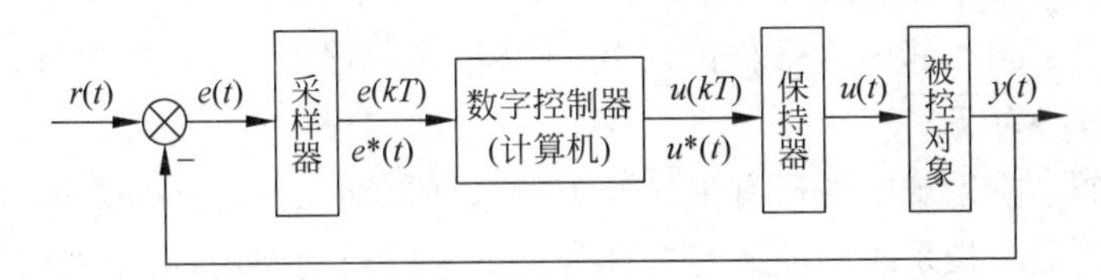

图 2.3 计算机控制系统结构简化框图

2.1.1 信号的采样过程

在计算机控制系统中，计算机进行运算和处理的信号是数字信号，由图 2.3 可以看出，整个系统和被控对象的输入输出都是连续模拟信号，因此必须将连续模拟信号转换成数字信号才能输入到计算机中进行相应的运算和处理。

采样是将连续模拟信号按一定时间间隔抽样成离散模拟信号的过程，实现采样的装置叫作采样开关或采样器。经采样开关采样后的信号在时间上是离散信号，但在幅值上仍为模拟量，必须再经过量化和编码后才能将其转换成数字信号。

信号的采样过程如图 2.4 所示，其中采样开关为理想采样开关，具有瞬时闭合并断开的特性，即从断开到闭合再到断开的时间间隔为零。采样开关平时处于断开状态，其输入为连续模拟信号$f(t)$，在采样时刻，采样开关瞬时闭合并断开，这样在采样开关的输出端就得到采样信号$f^*(t)$，即离散模拟信号。

$$f^*(t)=\begin{cases}f(t), & t=t_k \\ 0, & t\neq t_k\end{cases} \quad k=1,2,3,\cdots$$

理想的采样开关虽然并不存在，但是实际应用中的采样开关均为电子开关，其动作时间极短，远小于两次采样之间的时间向隔，也远小于被控对象的时间常数，因此可以将实际采样开关简化为理想采样开关，这样做有助于简化系统的描述与分析工作。

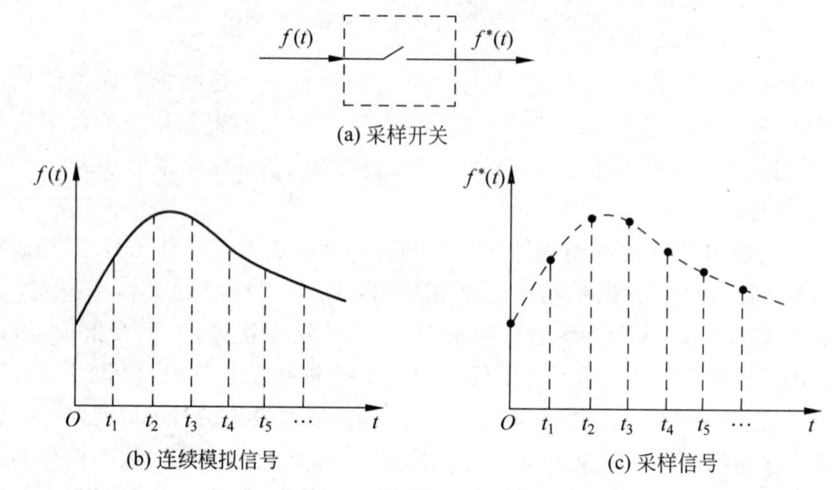

图 2.4 信号的采样过程

根据采样过程的特点，可以将采样分为以下几种类型。

(1) 周期采样：指相邻两次采样的时间间隔相等。这里，相邻两次采样之间的时间间隔称为采样周期，记为 T。

(2) 同步采样：指系统中的所有采样开关的采样周期相同且同时采样。

(3) 非同步采样：指系统中的所有采样开关的采样周期相同，但不同时进行采样。

(4) 多速采样：指系统中每个采样开关都是周期采样的，但采样周期不同。

(5) 随机采样：指系统中采样开关相邻两次采样的时间间隔不相等。

在计算机控制系统中，最常用的采样方法是同步采样，因此，本书只讨论同步采样。

假定 $f(t)$为被采样的连续模拟信号，$f^*(t)$是采样信号，采样开关的采样周期为 T，则采样信号 $f^*(t)$就是 $f(t)$在开关合上瞬时的值，即脉冲序列 $f(0),f(T),f(2T),\cdots,f(kT),\cdots$。

为了方便对采样系统进行分析，其采样过程可以用 δ 函数(单位脉冲函数)来描述，δ 函数具有如下性质：

$$\int_{-\infty}^{+\infty}\delta(t-t_0)\mathrm{d}t=1 \text{ 且 } \delta(t)=\begin{cases}\infty & t=t_0 \\ 0 & t\neq t_0\end{cases}$$

根据 δ 函数的性质，对任意的连续函数 $f(t)$和采样周期 T 以及任意整数 k，有

$$\int_{-\infty}^{+\infty}f(t)\delta(t-kT)\mathrm{d}t=f(kT)$$

可以看出，$\delta(t-kT)$可以把 $f(t)$在 kT 时刻的值提取出来，也就是说，δ 函数具有采样功能。为了方便分析和应用，可以把 δ 函数表示为

$$\delta(t-kT)=\begin{cases}1 & t=kT \\ 0 & t\neq kT\end{cases}$$

那么采样后的脉冲序列 $f^*(t)$可以表示成

$$\begin{aligned}f^*(t)&=f(0)\delta(t)+f(T)\delta(t-T)+f(2T)\delta(t-2T)+\cdots \\ &=\sum_{k=0}^{\infty}f(kT)\delta(t-kT) \quad t=kT\end{aligned}$$

对于实际系统，当 $t<0$ 时，$f(t)=0$，故有

$$f^*(t)=\sum_{k=-\infty}^{\infty}f(kT)\delta(t-kT) \quad t=kT$$

根据 δ 函数的性质，有

$$f^*(t)=f(t)\sum_{k=-\infty}^{\infty}\delta(t-kT)=f(t)\delta_{\mathrm{T}}(t)$$

其中

$$\delta_{\mathrm{T}}(t)=\sum_{k=-\infty}^{\infty}\delta(t-kT) \quad t=kT$$

由此可见，采样信号 $f^*(t)$由理想脉冲序列组成，幅值是 $f(t)$在 $t=kT$ 时刻的值。

2.1.2 采样定理

在计算机控制系统中，用离散信号序列来代表原来的连续信号参与控制运算，显然，所用的离散信号序列是对原来的连续信号进行采样得到的，这就要求离散信号序列能够表达原来连续信号的基本特征，这种参与才是合理有效的。如何对连续信号进行采样，使得采样后的离散信号无失真地恢复原连续信号？例如，有两个不同的连续信号 $f_1(t)$和 $f_2(t)$，假设选择采样周期为 T 对 $f_1(t)$和 $f_2(t)$进行采样，得到的结果是 $f_1(t)$和 $f_2(t)$具有相同的采样信号 $f^*(t)$，如图 2.5 所示。从图 2.5 中可以大致看出：$f^*(t)$可以完全反映或近似地反映连续信号 $f_1(t)$，但未必能完全反映或近似地反映连续信号 $f_2(t)$。

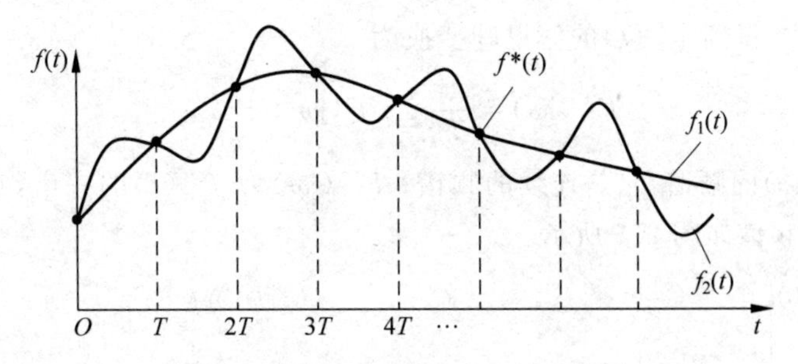

图 2.5 两个不同的连续信号的采样过程

采样是从连续信号抽取离散时间序列的过程，在这个过程中，采样时刻之间的信号被放弃，这些信号所携带的信息必然会有所丢失，这个问题和采样周期的选取是密切相关的。若采样周期选择过大，被放弃的信号相对较多，损失的信息过多，则采样信号含有的原来连续信号的信息量过少，采样信号包含的信息量明显地少于原信号信息量，故无法用采样信号复现连续信号；若采样周期选择足够小，被放弃的信号相对较少，丢失的信息也少，损失的信

息量不会影响原信息的完整性,可以用采样信号复现连续信号。

如何选择采样周期才能使离散信号 $f^*(t)$ 无失真地复现连续信号 $f(t)$? 采样定理定量地描述了在什么条件下,一个连续信号可由它的采样信号唯一确定。

1. 采样定理

一个连续信号 $f(t)$,设其频带宽度是有限的,其最高频率为 $\omega_{\max}$(或 $f_{\max}$),如果在等间隔点上对该信号 $f(t)$ 进行连续采样,为了使采样后的离散信号 $f^*(t)$ 能包含原信号 $f(t)$ 的全部信息量,则采样角频率只有满足下面的关系:

$$\omega_s \geqslant 2\omega_{\max}$$

采样后的离散信号 $f^*(t)$ 才能够无失真地复现 $f(t)$,否则不能从 $f^*(t)$ 中恢复 $f(t)$。其中,$\omega_{\max}$ 是最高角频率,ω_s 是采样角频率,它与采样频率 f_s、采样周期 T 的关系为

$$\omega_s = 2\pi f_s = \frac{2\pi}{T}$$

证明:设连续信号 $f(t)$ 的傅里叶变换为 $F(\mathrm{j}\omega)$,$\omega_{\max}$ 为 $F(\mathrm{j}\omega)$ 的上限频率,T 为采样周期,由于 $f^*(t)=f(t)\delta_T(t)$,将 $\delta_T(t)$ 展开傅里叶级数为

$$\delta_T(t) = \sum_{k=-\infty}^{+\infty} C_k \mathrm{e}^{-\mathrm{j}k\omega_s t}$$

其中 $C_k = \frac{1}{T}\int_{-\frac{T}{2}}^{\frac{T}{2}} \delta_T(t)\mathrm{e}^{-\mathrm{j}k\omega_s t}\mathrm{d}t = \frac{1}{T}$ 为傅里叶系数。所以

$$\delta_T(t) = \sum_{k=-\infty}^{+\infty} \frac{1}{T}\mathrm{e}^{-\mathrm{j}k\omega_s t}$$

$$f^*(t) = \frac{1}{T}\sum_{k=-\infty}^{+\infty} f(t)\mathrm{e}^{-\mathrm{j}k\omega_s t}$$

采样信号的拉普拉斯变换为

$$F^*(s) = \frac{1}{T}\sum_{k=-\infty}^{+\infty} F(s+\mathrm{j}k\omega_s)$$

将 $s=\mathrm{j}\omega$ 带入上式,得到 $f^*(t)$ 的傅里叶变换为

$$F^*(\mathrm{j}\omega) = \frac{1}{T}\sum_{k=-\infty}^{+\infty} F(\mathrm{j}\omega+\mathrm{j}k\omega_s)$$

其中,$F(\mathrm{j}\omega)$ 为 $f(t)$ 的频谱,它是连续的频谱;$F^*(\mathrm{j}\omega)$ 为 $f^*(t)$ 的频谱,它是离散的频谱。连续信号 $f(t)$ 及频谱如图 2.6 所示。

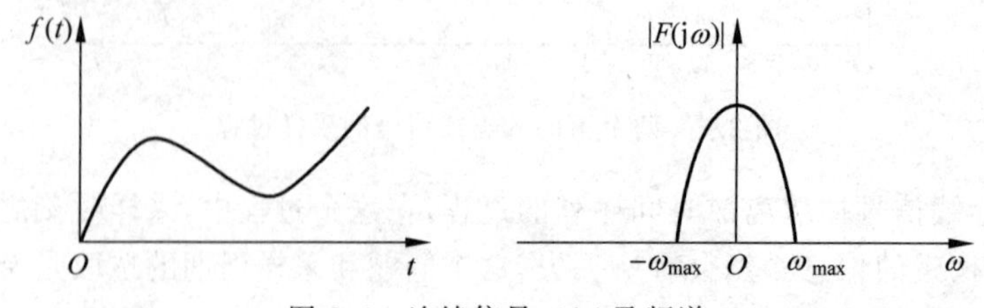

图 2.6 连续信号 $f(t)$ 及频谱

连续信号 $f(t)$ 的频谱 $F(\mathrm{j}\omega)$ 是孤立的非周期频谱,只有在 $-\omega_{\max}$ 与 $\omega_{\max}$ 之间有频谱,

那么,对于采样信号 $f^*(t)$,当 $k=0$ 时,$F^*(\mathrm{j}\omega)$主频谱分量为$\frac{1}{T}F(\mathrm{j}\omega)$。

由此可见,主频谱分量除了幅值相差一个常数之外,与时间连续信号 $f(t)$的傅里叶变换相同,因此其频谱形状相同,上限频率也是 $\omega_{\max}$。当 $k\neq0$ 时,各周期项为主频谱的镜像频谱,其频谱形状与主频谱的形状相同,但是作为 ω 的周期函数,从主频谱分量的中心频率 $\omega=0$ 出发,以 ω_s 的整数倍向频率轴两端做频移。

如果 $\omega_s\geqslant2\omega_{\max}$,镜像频谱与主频谱相互分离,如图 2.7 所示,此时可以采用一个低通滤波器,将采样信号频谱中的镜像频谱滤除,来恢复原连续时间信号。

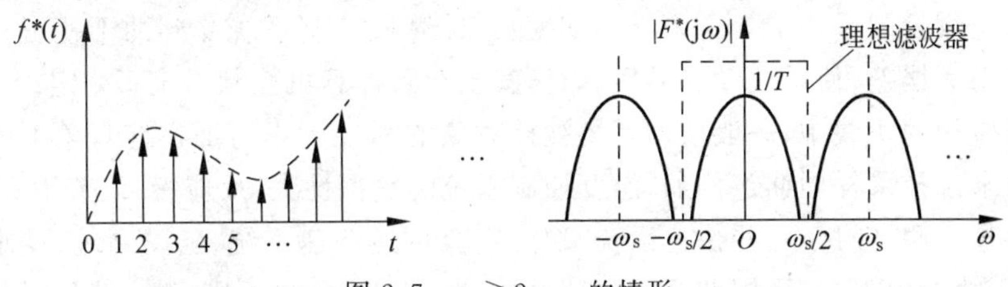

图 2.7 $\omega_s\geqslant2\omega_{\max}$ 的情形

如果 $\omega_s<2\omega_{\max}$,采样信号频谱中的镜像频谱就会与主频谱混叠,如图 2.8 所示,采用低通滤波器的方法恢复的信号中仍混有镜像频谱成分,不能恢复成原连续信号。

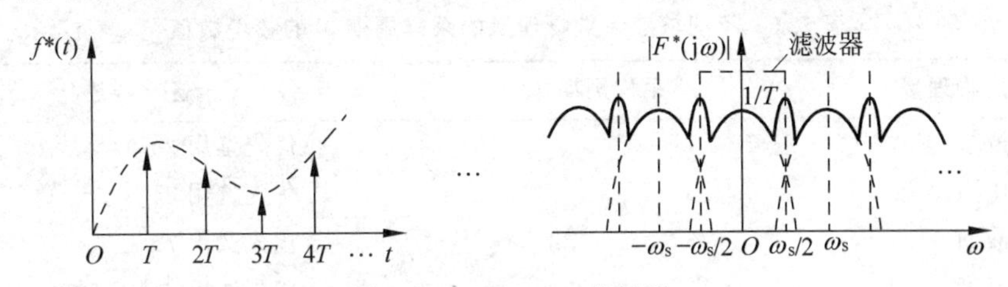

图 2.8 $\omega_s<2\omega_{\max}$ 的情形

$\omega_s/2$ 是个很重要的参数,称为奈奎斯特频率(Nyquist Frequency)。奈奎斯特频率是离散信号系统采样频率的一半,因奈奎斯特(Nyquist)采样定理得名。采样定理指出,只要离散系统的奈奎斯特频率高于采样信号的最高频率或带宽,就可以避免混叠现象。

从理论上说,即使奈奎斯特频率恰好大于信号带宽,也足以通过信号的采样重建原信号,但是重建信号的过程需要以一个低通滤波器或者带通滤波器将在奈奎斯特频率之上的高频分量全部滤除,同时还要保证原信号中频率在奈奎斯特频率以下的分量不发生畸变,而这是不可能实现的。在实际应用中,为了保证抗混叠滤波器的性能,接近奈奎斯特频率的分量在采样和信号重建的过程中可能会发生畸变。因此信号带宽通常会略小于奈奎斯特频率,具体的情况要看所使用的滤波器的性能。

计算机控制系统中的连续信号通常是非周期的连续信号,其频谱中的最高频率可能是无限的,为了避免频率混淆问题,可以在采样前对连续信号进行硬件滤波,滤除掉其中所含的高于奈奎斯特频率的频率分量,使其成为具有有限频谱的连续信号。另外,对于实际系统中非周期的连续信号,其频率幅值随着采样频率的增加,会衰减得很小。因此,只要选择足够高的采样频率,频率混淆现象的影响就会很小,乃至可以忽略不计,基本不影响控制性能。

2. 采样周期 T 的选择方法

采样定理只是作为控制系统确定采样周期的理论指导原则,将采样定理直接用于计算机控制系统中还存在一些问题,主要因为模拟系统 $f(t)$的最高角频率不好确定,所以采样定理在计算机控制系统中的应用还不能从理论上得出确定各种类型系统采样周期的统一公式。目前的应用都是根据设计者的实践与经验公式,先暂定一个采样周期投入系统运行,在系统实际运行过程中不断调整采样周期,最后确定一个最佳的采样周期。

显然,采样周期取值越小,复现精度就越高,也就是说"越真",当 $T\to 0$ 时,计算机控制系统就变成连续控制系统了。若采样周期太长,计算机控制系统受到的干扰就得不到及时克服而带来很大误差,使系统动态品质恶化,甚至导致计算机控制系统不稳定。

在工程应用的实践中,一般根据系统被控对象的惯性大小与加在该对象上的预期干扰程度和性质来选择采样周期。例如,温度控制系统的热惯性大、反应慢,调节不宜过于频繁,采样周期要长一些。对于一些快速系统,如交直流可逆调速系统、随动系统、要求动态响应速度快,抗干扰能力强,采样周期要短些。总之,根据理论指导原则,结合实际被控对象的性质,可以得出采样周期 T 选择的实用公式。表 2.1 列出了不同被控参数物理量的采样周期 T 选择的参考数值。

表 2.1 不同被控参数物理量的采样周期 T 的参考数值

被控物理量	采样周期 T	备　注
流量	1～5s	优先选用 2s
压力	3～10s	优先选用 8s
液面	6～8s	优先选用 7s
温度	15～20s	优先选用纯滞后时间
成分	15～20s	优先选用 18s
位置	10～50ms	优先选用 30ms

2.1.3 信号的恢复过程和零阶保持器

在计算机控制系统中的执行机构和被控对象的输入信号一般为连续信号,这就必须将计算机输出的数字信号还原成连续信号,这就是信号的恢复过程。

由于采样信号只在采样点时刻上才有值,而在两个采样点之间无值,为了使得两个采样点之间为连续信号过渡,以前一时刻的采样值为参考基值作为外推,使得两个采样点之间的值不为零,这样来近似连续信号。将数字信号序列恢复成连续信号的装置叫采样保持器。

已知某一采样点的采样值为 $f(kT)$,将其连续信号 $f(t)$在该点邻域展开成泰勒级数为

$$f(t)_{|t=kT}=f(kT)+f'(kT)(t-kT)+\frac{1}{2!}f''(kT)(t-kT)^2+\cdots$$

外推的项数称为保持器的阶数。

取等式右端第一项近似,有

$$f(t)\approx f(kT)\quad kT\leqslant t<(k+1)T$$

称其为零阶保持器，简称 ZOH。

取等式右端两项之和近似，有

$$\begin{aligned} f(t) &\approx f(kT) + f'(kT)(t-kT) \\ &\approx f(kT) + \frac{f(kT) - f[(k-1)T]}{T}(t-kT) \qquad kT \leqslant t < (k+1)T \end{aligned}$$

称其为一阶保持器。

同样，可以取等式前 $n+1$ 项之和近似，就构成了 n 阶保持器。

在计算机控制系统中，最广泛采用的一类保持器是零阶保持器。零阶保持器将前一个采样时刻 kT 的采样值 $f(kT)$ 恒定地保持到下一个采样时刻 $(k+1)T$ 到来之前，也就是说在区间 $[kT,(k+1)T]$ 内零价保持器的输出为常数，如图 2.9 所示。

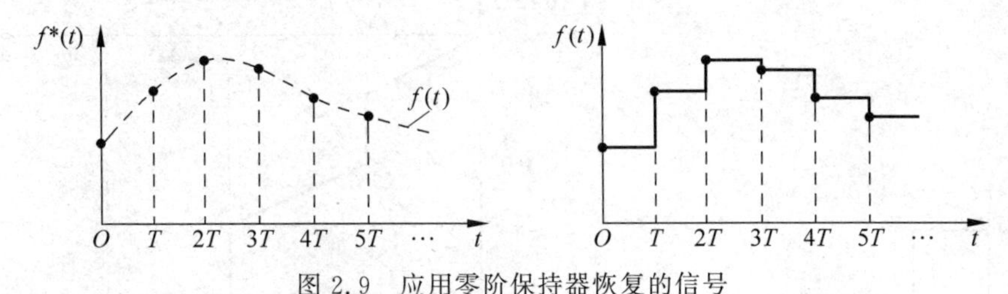

图 2.9　应用零阶保持器恢复的信号

由此可知，零阶保持器所得到的信号是阶梯形信号，它只能近似地恢复连续信号。在分析和综合计算机控制系统时，要用到零阶保持器的传递函数。

可以认为零阶保持器在 $\delta(t)$ 作用下的脉冲响应 $h(t)$，如图 2.10 所示。而 $h(t)$ 又可以看成单位阶跃函数 $1(t)$ 与 $1(t-T)$ 的叠加。

$$h(t) = 1(t) - 1(t-T)$$

取拉普拉斯变换，得零阶保持器的传递函数

$$H(s) = \frac{1 - \mathrm{e}^{-Ts}}{s}$$

其频率特性为

$$H(\mathrm{j}\omega) = \frac{1 - \mathrm{e}^{-\mathrm{j}\omega T}}{\mathrm{j}\omega} = T\,\frac{\sin(\omega T/2)}{\omega T/2}\mathrm{e}^{-\mathrm{j}\omega T/2}$$

其幅频特性为

$$|H(\mathrm{j}\omega)| = T\left|\frac{\sin(\omega T/2)}{\omega T/2}\right|$$

其相频特性为

$$\begin{aligned} \angle H(\mathrm{j}\omega) &= \angle T\,\frac{\sin(\omega T/2)}{\omega T/2}\mathrm{e}^{-\mathrm{j}\omega T/2} \\ &= \angle \sin\frac{\omega T}{2} - \frac{\omega T}{2} \end{aligned}$$

由于

$$\frac{\omega T}{2} = \frac{\pi\omega}{\omega_s}$$

所以

$$\sin\frac{\omega T}{2}=\sin\frac{\pi\omega}{\omega_{\mathrm{s}}}$$

则零阶保持器幅频、相频特性如图 2.11 所示。从图中可以看出,零阶保持器是一个低通滤波器,但不是一个理想低通滤波器,高频信号通过零阶保持器不能完全滤除,同时产生相位滞后。

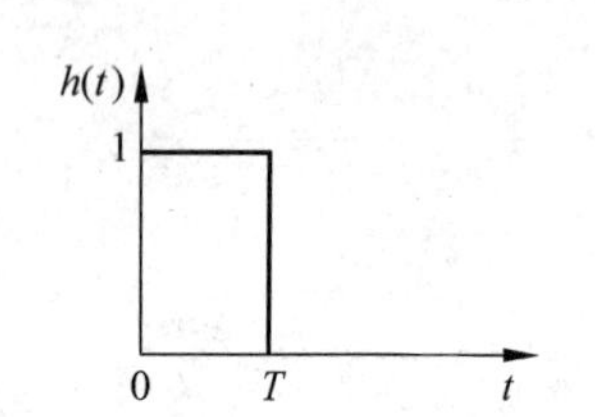

图 2.10 零阶保持器的脉冲响应

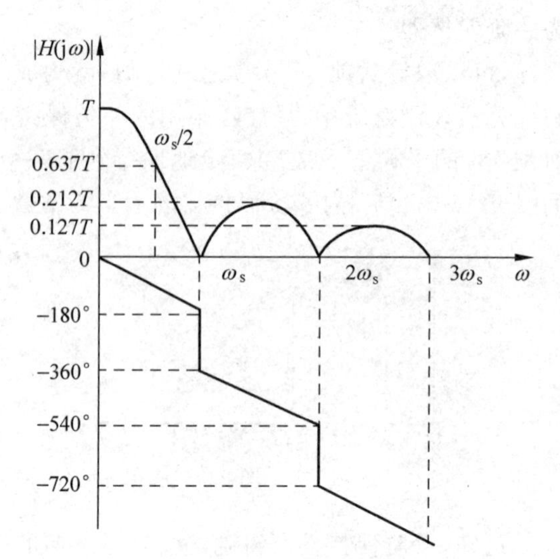

图 2.11 零阶保持器频率响应曲线

2.2 Z 变换

Z 变换的思想来源于连续系统,线性连续系统的动态及稳态性能可以用拉普拉斯变换的方法进行分析。与此相似,线性离散系统的性能可以采用 Z 变换的方法来获得。Z 变换是从拉普拉斯变换直接引申出来的一种变换方法,它实际上是采样函数拉普拉斯变换的变形。因此,Z 变换又称采样拉普拉斯变换,它是研究离散系统的重要数学工具。

2.2.1 Z 变换的定义

设连续时间函数 $f(t)$可以进行拉普拉斯变换,对应的拉普拉斯变换式为 $F(s)$。同样,已知连续信号 $f(t)$经过采样周期为 T 的采样开关后变成离散的脉冲序列函数,即采样信号 $f^*(t)$。

$$f^*(t)=\sum_{k=0}^{\infty}f(kT)\delta(t-kT)$$

对上式进行拉普拉斯变换,得

$$F^*(s)=\mathcal{L}[f^*(t)]=\int_{-\infty}^{+\infty}f^*(t)\mathrm{e}^{-ts}\mathrm{d}t$$

$$=\int_{-\infty}^{+\infty}\left[\sum_{k=0}^{\infty}f(kT)\delta(t-kT)\right]\mathrm{e}^{-ts}\mathrm{d}t$$

$$= \sum_{k=0}^{\infty} f(kT)\left[\int_{-\infty}^{+\infty} \delta(t-kT)\mathrm{e}^{-ts}\,\mathrm{d}t\right]$$

说明：式中$\mathcal{L}$表示拉普拉斯变换。

根据广义脉冲函数 $\delta(t)$的性质

$$\int_{-\infty}^{+\infty} \delta(t-kT)\mathrm{e}^{-ts}\,\mathrm{d}t = \mathrm{e}^{-kTs}$$

可得

$$F^*(s) = \sum_{k=0}^{\infty} f(kT)\mathrm{e}^{-kTs}$$

式中，$F^*(s)$是离散时间函数 $f^*(t)$的拉普拉斯变换，因复变量 s 含在指数 e^{-kTs} 中是超越函数，不便于计算，故引入一个新变量，设 $z=\mathrm{e}^{Ts}$，并将 $F^*(s)$，记为 $F(z)$，则

$$F(z) = \sum_{k=0}^{\infty} f(kT)z^{-k}$$

式中，$F(z)$称为离散函数 $f^*(t)$的 Z 变换。在 Z 变换的过程中，由于仅仅考虑的是 $f(t)$在采样瞬间的状态，所以上式只能表征连续时间函数 $f(t)$在采样时刻上的特性，而不能反映两个采样时刻之间的特性，从这个意义上来说，连续时间函数 $f(t)$与相应的离散时间函数 $f^*(t)$具有相同的 Z 变换。即

$$\begin{aligned} F(z) &= \mathcal{Z}[f(t)] \\ &= \mathcal{Z}[f^*(t)] \\ &= \sum_{k=0}^{\infty} f(kT)z^{-k} \end{aligned}$$

说明：上式中，$\mathcal{Z}$ 表示 Z 变换。

从 Z 变换的推导过程可以看出，Z 变换实质上是拉普拉斯变换的一种推广，所以也称为采样拉普拉斯变换或离散拉普拉斯变换。它是分析、研究计算机控制系统的有力的数学工具。

求取离散时间函数的 Z 变换有多种方法，常用的有下面几种。

1. 级数求和法

将离散时间函数写成展开式的形式

$$\begin{aligned} f^*(t) &= \sum_{k=0}^{\infty} f(kT)\delta(t-kT) \\ &= f(0)\delta(t) + f(T)\delta(t-T) + f(2T)\delta(t-2T) + \cdots + f(kT)\delta(t-kT) + \cdots \end{aligned}$$

对上式取拉普拉斯变换，得

$$F^*(s) = f(0) + f(T)\mathrm{e}^{-Ts} + f(2T)\mathrm{e}^{-2Ts} + \cdots + f(kT)\mathrm{e}^{-kTs} + \cdots$$

根据 Z 变换的定义可得

$$\begin{aligned} F(z) &= \sum_{k=0}^{\infty} f(kT)z^{-k} \\ &= f(0) + f(T)z^{-1} + f(2T)z^{-2} + \cdots + f(kT)z^{-k} + \cdots \end{aligned}$$

显然，只要知道 $f(t)$在各个采样时刻 kT 上的采样值 $f(kT)$，就可以得出的 Z 变换级

数展开式。

例 2.1 求函数 $f(t)=a^{t/T}$(a 为常数)的 Z 变换。

解：根据 Z 变换的定义有

$$F(z)=\sum_{k=0}^{\infty} f(kT)z^{-k}$$
$$=1+az^{-1}+a^2z^{-2}+\cdots+a^kz^{-k}+\cdots$$
$$=\frac{1}{1-az^{-1}} \quad |z|>a$$

2. 部分分式法

在实际应用中,常常会遇到由已知连续信号的拉普拉斯变换求对应离散信号的 Z 变换的情况,部分分式法是解决这类问题的方法之一。设连续时间函数 $f(t)$的拉普拉斯变换 $F(s)$为有理函数,将 $F(s)$展开成部分分式的形式为

$$F(s)=\sum_{i=1}^{n} \frac{a_i}{s+s_i}$$

式中,s_i、a_i 为常数。因此,连续函数 $f(t)$的 Z 变换可以由有理函数 $F(s)$求出

$$F(z)=\sum_{i=1}^{n} \frac{a_i}{1-\mathrm{e}^{-s_it}z^{-1}}$$

在一般控制系统中经常遇到的传递函数,大部分可以用部分分式法展开。因此,在工程计算中,常用部分分式法进行 Z 变换。

例 2.2 已知 $F(s)=\dfrac{a}{s(s+a)}$(a 为常数),求 $F(z)$。

解：将 $F(s)$写成部分分式之和的形式

$$F(s)=\frac{a}{s(s+a)}=\frac{1}{s}-\frac{1}{s+a}$$

得到 $a_1=1,a_2=-1,s_1=0,s_2=-a$,则

$$F(z)=\frac{1}{1-z^{-1}}-\frac{1}{1-\mathrm{e}^{-aT}z^{-1}}$$
$$=\frac{(1-\mathrm{e}^{-aT})z^{-1}}{(1-z^{-1})(1-\mathrm{e}^{-aT}z^{-1})}$$

3. 留数法

用留数法求取 Z 变换,对有理函数和无理函数都有效。已知连续函数 $f(t)$的拉普拉斯变换 $F(s)$以及全部极点 $s_i(i=1,2,3,\cdots,n)$,则 $f(t)$的 Z 变换为

$$F(z)=\sum_{i=1}^{n} \mathrm{Res}\left[F(s_i)\frac{1}{1-\mathrm{e}^{s_iT}z^{-1}}\right]$$

当 s_i 是 $F(s)$的单极点时,则

$$\mathrm{Res}\left[F(s_i)\frac{1}{1-\mathrm{e}^{s_iT}z^{-1}}\right]=(s-s_i)F(s)\frac{1}{1-\mathrm{e}^{sT}z^{-1}}\bigg|_{s=s_i}$$

当 s_i 是 $F(s)$ 的 m 阶重极点时，则

$$\mathrm{Res}\left[F(s_i)\frac{1}{1-e^{s_iT}z^{-1}}\right]=\frac{1}{(m-1)!}\frac{\mathrm{d}^{m-1}}{\mathrm{d}s^{m-1}}(s-s_i)^m F(s)\frac{1}{1-\mathrm{e}^{sT}z^{-1}}\bigg|_{s=s_i}$$

例 2.3　已知 $F(s)=\dfrac{s+3}{(s+1)(s+2)^2}$，用留数法求 $F(z)$。

解：由已知得到 $s_1=-1, s_2=-2, n=2, m=2$，则

$$\begin{aligned}F(z)&=\sum_{i=1}^{2}\mathrm{Res}\left[F(s_i)\frac{1}{1-\mathrm{e}^{s_iT}z^{-1}}\right]\\&=(s+1)\frac{s+3}{(s+1)(s+2)^2}\frac{1}{1-\mathrm{e}^{sT}z^{-1}}\bigg|_{s=-1}+\\&\quad\frac{1}{(2-1)!}\frac{\mathrm{d}}{\mathrm{d}s}(s+2)^2\frac{s+3}{(s+1)(s+2)^2}\frac{1}{1-\mathrm{e}^{sT}z^{-1}}\bigg|_{s=-2}\\&=\frac{2}{1-\mathrm{e}^{-T}z^{-1}}+\frac{-2+(2-T)\mathrm{e}^{-2T}z^{-1}}{(1-e^{-2T}z^{-1})^2}\end{aligned}$$

2.2.2　常用信号的 Z 变换

1. 单位脉冲信号 $f(t)=\delta(t)$

由于

$$\delta(kT)=\begin{cases}1 & k=0\\0 & k\neq 0\end{cases}$$

则

$$F(z)=\sum_{k=0}^{\infty}\delta(kT)z^{-k}=1$$

2. 单位阶跃信号 $f(t)=1(t)=\begin{cases}1 & t\geqslant 0\\0 & t<0\end{cases}$

$$\begin{aligned}F(z)&=\sum_{k=0}^{\infty}1(kT)z^{-k}\\&=1+z^{-1}+z^{-2}+\cdots\\&=\frac{1}{1-z^{-1}}\quad(|z|>1)\end{aligned}$$

3. 单位速度信号 $f(t)=t$

$$\begin{aligned}F(z)&=\sum_{k=0}^{\infty}kTz^{-k}\\&=T(z^{-1}+2z^{-2}+3z^{-3}+\cdots)\\&=\frac{Tz^{-1}}{(1-z^{-1})^2}\quad(|z|>1)\end{aligned}$$

4. 正弦信号 $f(t)=\sin\omega t$

$$
\begin{aligned}
F(z) &= \mathcal{Z}\left[\frac{1}{2\mathrm{j}}(\mathrm{e}^{\mathrm{j}\omega t}-\mathrm{e}^{-\mathrm{j}\omega t})\right] \\
&= \frac{1}{2\mathrm{j}}\{\mathcal{Z}[\mathrm{e}^{\mathrm{j}\omega t}]-\mathcal{Z}[\mathrm{e}^{-\mathrm{j}\omega t}]\} \\
&= \frac{1}{2\mathrm{j}}\left[\frac{1}{1-\mathrm{e}^{\mathrm{j}\omega T}z^{-1}}-\frac{1}{1-\mathrm{e}^{-\mathrm{j}\omega T}z^{-1}}\right] \\
&= \frac{1}{2\mathrm{j}}\cdot\frac{(\mathrm{e}^{\mathrm{j}\omega T}-\mathrm{e}^{-\mathrm{j}\omega T})z^{-1}}{1-(\mathrm{e}^{\mathrm{j}\omega T}+\mathrm{e}^{-\mathrm{j}\omega T})z^{-1}+z^{-2}} \\
&= \frac{z^{-1}\sin\omega T}{1-2z^{-1}\cos\omega T+z^{-2}}
\end{aligned}
$$

式中

$$
\sin\omega t=\frac{1}{2\mathrm{j}}(\mathrm{e}^{\mathrm{j}\omega t}-\mathrm{e}^{-\mathrm{j}\omega t})
$$

$$
\mathrm{cose}\omega t=\frac{1}{2}(\mathrm{e}^{\mathrm{j}\omega t}+\mathrm{e}^{-\mathrm{j}\omega t})
$$

5. 指数信号 $f(t)=\mathrm{e}^{-at}$

$$
\begin{aligned}
F(z) &= \sum_{k=0}^{\infty}\mathrm{e}^{-kaT}z^{-k} \\
&= 1+\mathrm{e}^{-aT}z^{-1}+\mathrm{e}^{-2aT}z^{-2}+\cdots \\
&= \frac{1}{1-\mathrm{e}^{-aT}z^{-1}}
\end{aligned}
$$

2.2.3 Z 变换的基本定理

在拉普拉斯变换中,有线性定理、终值定理等重要的基本定理。然而,因为函数表达方式的不同,所以拉普拉斯变换中的定理不能在 Z 变换中原封不动地搬用,即使 $F(z)$和 $F(s)$采用了相同的符号 F,但决不意味着把 s 和 z 互换一下即可得到。下面介绍 Z 变换的常用定理,可以使 Z 变换的应用变得简单和方便一些。

1. 线性定理

设 a、a_1、a_2 为任意常数,连续时间函数 $f(t)$、$f_1(t)$和 $f_2(t)$的 Z 变换分别为 $F(z)$、$F_1(z)$及 $F_2(z)$,则有

$$
\mathcal{Z}[af(t)]=aF(z)
$$

$$
\mathcal{Z}[a_1f_1(t)+a_2f_2(t)]=a_1F_1(z)+a_2F_2(z)
$$

证明：

$$\mathcal{Z}[af(t)]=\sum_{k=0}^{\infty}af(kT)z^{-k}$$
$$=a\sum_{k=0}^{\infty}f(kT)z^{-k}$$
$$=aF(z)$$

$$\mathcal{Z}[a_1f_1(t)+a_2f_2(t)]=\sum_{k=0}^{\infty}[a_1f_1(kT)+a_2f_2(kT)]z^{-1}$$
$$=a_1\sum_{k=0}^{\infty}f_1(kT)z^{-1}+a_2\sum_{k=0}^{\infty}f_2(kT)z^{-1}$$
$$=a_1F_1(z)+a_2F_2(z)$$

例 2.4 已知 $F(s)=\dfrac{a}{s(s+a)}$，求 $F(z)$。

解：将 $F(s)$分解成

$$F(s)=\frac{1}{s}-\frac{1}{s+a}$$

取拉普拉斯反变换

$$f(t)=1(t)-\mathrm{e}^{-at}$$

所以

$$\mathcal{Z}(z)=\mathcal{Z}[1(t)]-\mathcal{Z}[\mathrm{e}^{-at}]$$
$$=\frac{1}{1-z^{-1}}-\frac{1}{1-\mathrm{e}^{-aT}z^{-1}}$$
$$=\frac{(1-\mathrm{e}^{-aT})z^{-1}}{(1-z^{-1})(1-\mathrm{e}^{-aT}z^{-1})}$$

2. 滞后定理

设连续函数 $f(t)$在 $t<0$ 时，$f(t)=0$，且 $f(t)$的 Z 变换为 $F(z)$，则有

$$\mathcal{Z}[f(t-nT)]=z^{-n}F(z)$$

证明：

$$\mathcal{Z}[f(t-nT)]=\sum_{k=0}^{\infty}f(kT-nT)z^{-k}$$
$$=f(0)z^{-n}+f(T)z^{-(n+1)}+f(2T)z^{-(n+2)}+\cdots$$
$$=z^{-n}[f(0)+f(T)z^{-1}+f(2T)z^{-2}+\cdots]$$
$$=z^{-n}F(z)$$

滞后定理表明，$f(kT-nT)$相对时间起点延迟了 n 个采样周期，这就说明 $F(z)$经过一个 z^{-n} 的纯滞后环节，相当于其时间特性向后移动 n 步。

例 2.5 已知 $f(t)=1(t-4T)$，求 $F(z)$。

解：

$$
\begin{aligned}
F(z) &= \mathcal{Z}[1(t-4T)] \\
&= z^{-4}\,\mathcal{Z}[1(tT)] = z^{-4}\,\frac{1}{(1-z^{-1})} \\
&= \frac{z^{-4}}{1-z^{-1}}
\end{aligned}
$$

3. 超前定理

设连续函数 $f(t)$的 Z 变换为 $F(z)$，则有

$$
\mathcal{Z}[f(t+nT)] = z^{n}F(z) - \sum_{m=0}^{n-1} f(mT)z^{n-m}
$$

证明：

$$
\begin{aligned}
\mathcal{Z}[f(t+nT)] &= \sum_{k=0}^{\infty} f(kT+nT)z^{-k} \\
&= f(nT) + f[(n+1)T]z^{-1} + f[(n+2)T]z^{-2} + \cdots \\
&= z^{n}\{f(nT)z^{-n} + f[(n+1)T]z^{-(n+1)} + f[(n+2)T]z^{-(n+2)} + \cdots\} \\
&= z^{n}\sum_{m=n}^{\infty} f(mT)z^{-m} \\
&= z^{n}\left[\sum_{m=0}^{\infty} f(mT)z^{-m} - \sum_{m=0}^{n-1} f(mT)z^{-m}\right] \\
&= z^{n}F(z) - \sum_{m=0}^{n-1} f(mT)z^{n-m}
\end{aligned}
$$

超前定理表明，$f(kT+nT)$相对时间起点超前了 n 个采样周期出现，这就说明 $F(z)$经过一个 z^{n} 的纯超前环节，相当于其时间特性向前移动 n 步。

4. 初值定理

设连续函数 $f(t)$的 Z 变换为 $F(z)$，且极限$\lim\limits_{z\to\infty}F(z)$存在，则有

$$
f(0) = \lim_{z\to\infty} F(z)
$$

证明：

$$
F(z) = \sum_{k=0}^{\infty} f(kT)z^{-k} = f(0) + f(T)z^{-1} + f(2T)z^{-2} + \cdots
$$

当 $z\to\infty$时有

$$
f(0) = \lim_{z\to\infty} F(z)
$$

例 2.6 已知 $f(t)=1(t-4T)$，求 $f(0)$。

解：由例 2.5 可知

$$
F(z) = \frac{z^{-4}}{1-z^{-1}}
$$

则有

$$
\begin{aligned}
f(0) &= \lim_{z\to\infty} F(z) \\
&= \lim_{z\to\infty} \frac{z^{-4}}{1-z^{-1}} \\
&= 0
\end{aligned}
$$

5. 终值定理

设连续函数 $f(t)$ 的 Z 变换为 $F(z)$，$(1-z^{-1})F(z)$ 在 Z 平面的单位圆上或单位圆外没有极点，则有

$$
\begin{aligned}
f(\infty) &= \lim_{z\to 1}(1-z^{-1})F(z) \\
&= \lim_{z\to 1}(z-1)F(z)
\end{aligned}
$$

证明：

$$
\begin{aligned}
\lim_{z\to 1}(1-z^{-1})F(z) &= \lim_{z\to 1}[F(z)-z^{-1}F(z)] \\
&= \lim_{z\to 1}\left[\sum_{k=0}^{\infty} f(kT)z^{-k} - \sum_{k=0}^{\infty} f(kT-T)z^{-k}\right] \\
&= \sum_{k=0}^{\infty} f(kT) - \sum_{k=0}^{\infty} f(kT-T) \\
&= \sum_{k=0}^{\infty}[f(kT)-f(kT-T)] \\
&= f(0)-f(-T)+f(T)-f(0)+f(2T)-f(T)+\cdots \\
&= f(\infty)
\end{aligned}
$$

必须指出，终值定理成立的条件是，$F(z)$ 全部极点均在 Z 平面的单位圆内或最多有一个极点在 $z=1$ 处，也就是说 $(1-z^{-1})F(z)$ 在 Z 平面的单位圆上或单位圆外没有极点，否则求得的终值是错误的。

例 2.7　已知 $f(t)=1(t-4T)$，求 $f(\infty)$。

解：由例 2.5 可知

$$
F(z) = \frac{z^{-4}}{1-z^{-1}}
$$

则有

$$
\begin{aligned}
f(\infty) &= \lim_{z\to 1}(1-z^{-1})F(z) \\
&= \lim_{z\to 1}(1-z^{-1})\frac{z^{-4}}{1-z^{-1}} \\
&= \lim_{z\to 1} z^{-4} \\
&= 1
\end{aligned}
$$

6. 卷积定理

设连续函数 $f(t)$ 和 $g(t)$ 在 $t<0$ 时，有 $f(t)=0$ 和 $g(t)=0$，且 $f(t)$ 和 $g(t)$ 的 Z 变换分别为 $F(z)$ 和 $G(z)$，则对于离散系统有

$$\mathcal{Z}[g(kT)*f(kT)]=G(z)F(z)$$

证明:根据离散卷积的定义

$$g(kT)*f(kT)\triangleq\sum_{i=-\infty}^{+\infty}g(iT)f(kT-iT)$$

或

$$g(kT)*f(kT)\triangleq\sum_{i=-\infty}^{+\infty}g(kT-iT)f(iT)$$

对于实际的离散系统,当 $k<0$ 时,有 $f(kT)=0$ 和 $g(kT)=0$,则有

$$\begin{aligned}g(kT)*f(kT)&=\sum_{i=0}^{k}g(iT)f(kT-iT)\\&=\sum_{i=0}^{k}g(kT-iT)f(iT)\end{aligned}$$

所以

$$\begin{aligned}\mathcal{Z}[g(kT)*f(kT)]&=\sum_{k=0}^{\infty}\sum_{i=0}^{k}g(iT)f(kT-iT)z^{-k}\\&=\sum_{k=0}^{\infty}\sum_{i=0}^{\infty}g(iT)f(kT-iT)z^{-k}\\&=\sum_{i=0}^{\infty}g(iT)z^{-i}\sum_{k=0}^{\infty}f[(k-i)T]z^{-(k-i)}\\&=\sum_{i=0}^{\infty}g(iT)z^{-i}\sum_{k-i=0}^{\infty}f[(k-i)T]z^{-(k-i)}\\&=G(z)F(z)\end{aligned}$$

例 2.8 已知 $f(kT)=k+1$,求 $F(z)$。

解:由于

$$\begin{aligned}1(kT)*1(kT)&=\sum_{i=0}^{k}1(iT)1(kT-iT)\\&=k+1\end{aligned}$$

所以有

$$f(kT)=1(kT)*1(kT)$$

因此

$$\begin{aligned}F(z)&=\mathcal{Z}[f(kT)]\\&=\mathcal{Z}[1(kT)*1(kT)]\\&=\mathcal{Z}[1(kT)]\,\mathcal{Z}[1(kT)]\\&=\left(\frac{1}{1-z^{-1}}\right)^2\end{aligned}$$

7. 求和定理

设连续函数 $f(t)$和 $g(t)$的 Z 变换分别为 $F(z)$及 $G(z)$,若有

$$g(kT)=\sum_{i=0}^{k}f(iT)$$

则

$$G(z)=\frac{F(z)}{1-z^{-1}}$$

证明：由于

$$g(kT)=\sum_{i=0}^{k}f(iT)$$

$$g(kT-T)=\sum_{j=0}^{k-1}f(jT)$$

两式相减得

$$g(kT)-g(kT-T)=f(kT)$$

对于实际离散系统，当 $k<0$ 时，有 $g(kT)=0$，将上式两边取 Z 变换得

$$G(z)-z^{-1}G(z)=F(z)$$

因此

$$G(z)=\frac{F(z)}{1-z^{-1}}$$

例 2.9　已知 $g(kT)=k$，求 $G(z)$。

解：设

$$f(kT)=1(kT-T)$$

可得

$$\sum_{i=0}^{k}f(kT)=\sum_{i=0}^{k}1(kT-T)$$
$$=k$$

故

$$g(kT)=\sum_{i=0}^{k}f(iT)$$

则有

$$G(z)=\frac{F(z)}{1-z^{-1}}$$

由于

$$F(z)=\mathcal{Z}[1(kT-T)]$$
$$=\frac{z^{-1}}{1-z^{-1}}$$

因此

$$G(z)=\frac{z^{-1}}{(1-z^{-1})^2}$$

8. 位移定理

设 a 为任意常数，连续函数 $f(t)$ 的 Z 变换为 $F(z)$，则有

$$\mathcal{Z}[f(t)\mathrm{e}^{-at}]=F(z\mathrm{e}^{aT})$$

证明:

$$\begin{aligned}\mathcal{Z}[f(t)\mathrm{e}^{-at}]&=\sum_{k=0}^{\infty}f(kT)\mathrm{e}^{-akT}z^{-k}\\&=\sum_{k=0}^{\infty}f(kT)(\mathrm{e}^{aT}z)^{-k}\\&=F(z\mathrm{e}^{aT})\end{aligned}$$

例 2.10 已知 $g(t)=t\mathrm{e}^{-at}$,求 $G(z)$。

解:设

$$f(t)=t$$

可得

$$\begin{aligned}F(z)&=\mathcal{Z}[t]\\&=\frac{Tz^{-1}}{(1-z^{-1})^2}\end{aligned}$$

因此

$$\begin{aligned}G(z)&=F(z\mathrm{e}^{at})\\&=\frac{T\mathrm{e}^{-at}z^{-1}}{(1-\mathrm{e}^{-at}z^{-1})^2}\end{aligned}$$

9. 微分定理

设连续函数 $f(t)$的 Z 变换为 $F(z)$,则有

$$\mathcal{Z}[tf(t)]=-Tz\frac{\mathrm{d}F(z)}{\mathrm{d}z}$$

证明:由 Z 变换定义

$$F(z)=\sum_{k=0}^{\infty}f(kT)z^{-k}$$

对上式两边求导可得

$$\begin{aligned}\frac{\mathrm{d}F(z)}{\mathrm{d}z}&=\frac{\mathrm{d}}{\mathrm{d}z}\left[\sum_{k=0}^{\infty}f(kT)z^{-k}\right]\\&=\sum_{k=0}^{\infty}f(kT)\frac{\mathrm{d}z^{-k}}{\mathrm{d}z}\\&=\sum_{k=0}^{\infty}(-k)f(kT)z^{-k-1}\\&=-\frac{1}{Tz}\sum_{k=0}^{\infty}(kT)f(kT)z^{-k}\\&=-\frac{1}{Tz}\mathcal{Z}[tf(t)]\end{aligned}$$

因此

$$\mathcal{Z}[tf(t)]=-Tz\frac{\mathrm{d}F(z)}{\mathrm{d}z}$$

例 2.11　已知 $g(t)=\begin{cases}t & t\geqslant 0\\ 0 & t<0\end{cases}$，求 $G(z)$。

解：由已知条件，设

$$g(t)=t1(t)$$

则有

$$\begin{aligned}G(z)&=\mathcal{Z}[t1(t)]\\&=-Tz\frac{\mathrm{d}}{\mathrm{d}z}\left(\frac{1}{1-z^{-1}}\right)\\&=\frac{Tz^{-1}}{(1-z^{-1})^2}\end{aligned}$$

2.2.4　Z 反变换

在连续系统中，应用拉普拉斯变换的目的是把描述系统的微分方程转换为 s 的代数方程，然后写出系统的传递函数，即可用拉普拉斯变换法求出系统的时间响应，从而简化系统的研究。与此类似，在离散系统中应用 Z 变换，也是为了把 s 的超越方程或者描述离散系统的差分方程转换为 z 的代数方程，然后写出离散系统的脉冲传递函数，再用 z 的反变换法求出离散系统的时间响应。

所谓 Z 反变换，是已知 Z 变换表达式 $F(z)$，求相应离散序列 $f(kT)$ 或 $f^*(t)$ 的过程，表示为

$$f^*(t)=\mathcal{Z}^{-1}[F(z)]$$

应当注意，拉普拉斯变换建立了原函数 $f(t)$ 与象函数 $F(s)$ 之间的一一对应关系，由 $F(s)$ 经拉普拉斯反变换所得到的 $f(t)$ 是唯一的。而 Z 变换只是建立了 $f^*(t)$ 或 $f(kT)$ 与 $F(z)$ 之间的一一对应关系，因此，由 $F(z)$ 经 Z 反变换所得到的 $f^*(t)$ 或 $f(kT)$ 是唯一的。但是 $F(z)$ 与 $f(t)$ 之间没有一一对应关系。$F(z)$ 经 Z 反变换所得到的 $f^*(t)$ 只是在采样时刻 kT 与 $f(t)$ 在该时刻的值 $f(kT)$ 相等。除此以外，$f(t)$ 在其他时刻的值可以任意。换句话说，不同的 $f(t)$ 可以有相同的采样函数 $f^*(t)$，从而可以有相同的 Z 变换 $F(z)$。因此，$F(z)$ 不可能与 $f(t)$ 有一一对应关系。

由 $F(z)$ 求得 $f^*(t)$ 或 $f(kT)$ 的 Z 反变换主要有三种方法，即长除法、部分分式法和留数法。

1. 长除法

设 $F(z)$ 的表达式是关于 z 的有理分式

$$F(z)=\frac{b_0z^m+b_1z^{m-1}+\cdots+b_m}{a_0z^n+a_1z^{n-1}+\cdots+a_n}$$

式中，$m\leqslant n$，$a_i(i=1,2,\cdots,n)$ 和 $b_j(j=1,2,\cdots,m)$ 均为实常数，用长除法展开得

$$F(z)=c_0+c_1z^{-1}+\cdots+c_kz^{-k}+\cdots$$

由 Z 变换定义得

$$F(z)=f(0)+f(T)z^{-1}+\cdots+f(kT)z^{-k}+\cdots$$

比较两式得

$$f(0)=c_0, f(T)=c_1, \cdots, f(kT)=c_k, \cdots$$

因此

$$f^*(t)=c_0+c_1\delta(t-T)+c_2\delta(t-2T)+\cdots+c_k\delta(t-kT)+\cdots$$

例 2.12 求 $F(z)=\frac{10z}{(z-1)(z-2)}$ 的 Z 反变换。

解：

$$\begin{aligned} F(z) &= \frac{10z}{z^2-3z+2} \\ &= 10z^{-1}+30z^{-2}+70z^{-3}+150z^{-4}+\cdots \end{aligned}$$

$$f^*(t)=10\delta(t-T)+30\delta(t-2T)+70\delta(t-3T)+150\delta(t-4T)+\cdots$$

2. 部分分式法

部分分式法又称查表法，通常 $F(z)$ 是有理函数，它是两个多项式之比。设 $F(z)$ 的表达式是关于 z 的有理分式

$$F(z)=\frac{b_0z^m+b_1z^{m-1}+\cdots+b_m}{a_0z^n+a_1z^{n-1}+\cdots+a_n}$$

式中，$m\leqslant n$，$a_i(i=1,2,\cdots,n)$ 和 $b_j(j=1,2,\cdots,m)$ 均为实常数，与拉普拉斯反变换的部分分式法类似，可以将 $F(z)$ 展开成一系列部分分式之和，然后利用查表法分别求各项的 Z 反变换，根据 Z 变换的线性定理，即可得出 $f^*(t)$，或者 $f(kT)$。

设已知的 Z 变换函数 $F(z)$ 无重极点，先求出 $F(z)$ 的极点 $z_1, z_1, \cdots, z_n$，再将 $F(z)$ 展开成如下分式之和

$$F(z)=\sum_{i=1}^{n}\frac{A_iz}{z-z_i}$$

其中

$$A_i=(z-z_i)\frac{F(z)}{z}\bigg|_{z=z_i} \qquad i=1,2,\cdots,n$$

逐项查 Z 变换表，得到各个分项所对应的时间序列

$$\begin{aligned} f_i(kT) &= \mathcal{Z}^{-1}\left[\frac{A_iz}{z-z_i}\right] \\ &= A_iz_i^k \quad i=1,2,\cdots,n \end{aligned}$$

最后写出已知 $F(z)$ 对应的采样函数

$$f^*(t)=\sum_{k=0}^{\infty}\sum_{i=1}^{n}f_i(kT)\delta(t-kT)$$

例 2.13 求 $F(z)=\frac{10z}{(z-1)(z-2)}$ 的 Z 反变换。

解：

$$F(z)=\frac{10z}{z-2}-\frac{10z}{z-1}$$

由于$\mathcal{Z}^{-1}\left[\frac{z}{z-1}\right]=1$和$\mathcal{Z}^{-1}\left[\frac{z}{z-2}\right]=2^k$，可得

$$f(kT)=10(2^k-1)$$

因此

$$\begin{aligned}f^*(t)&=\sum_{k=0}^{\infty}10(2^k-1)\delta(t-kT)\\&=10\delta(t-T)+30\delta(t-2T)+70\delta(t-3T)+150\delta(t-4T)+\cdots\end{aligned}$$

3. 留数法

在实际应用中遇到的Z变换函数$F(z)$除了有理分式外，也可能有超越函数，此时使用留数法求Z反变换比较合适，当然，这种方法对有理分式也适用。

设已知连续函数$f(t)$的Z变换函数$F(z)$，则可证明，$F(z)$的Z反变换$f(kT)$值可由下式计算

$$f(kT)=\frac{1}{2\pi \mathrm{j}}\oint_c F(z)z^{k-1}\mathrm{d}z$$

其中积分曲线c是包围原点的反时针封闭曲线，它包围$F(z)z^{k-1}$所有的极点。根据柯西留数定理，上式可以表示为

$$f(kT)=\sum_{i=1}^{n}\mathrm{Res}[F(z)z^{k-1}]_{z=p_i}$$

n表示极点个数，p_i表示第i个极点，即$f(kT)$等于$F(z)z^{k-1}$的全部极点的留数之和。

当p_i是$F(z)$的单极点时，则

$$\mathrm{Res}[F(z)z^{k-1}]_{z=p_i}=(z-p_i)F(z)z^{k-1}\big|_{z=p_i}$$

当p_i是$F(z)$的m阶重极点时，则

$$\mathrm{Res}[F(z)z^{k-1}]_{z=p_i}=\frac{1}{(n-1)!}\frac{\mathrm{d}^{m-1}}{\mathrm{d}z^{m-1}}(z-p_i)^m F(z)z^{k-1}\big|_{z=p_i}$$

例 2.14　求$F(z)=\frac{z}{(z-1)^2(z-2)}$的Z反变换。

解：$F(z)$中有两个重极点和一个单极点，即$p_{1,2}=1,p_3=2,m=n=2$，有

$$\begin{aligned}\mathrm{Res}[F(z)z^{k-1}]_{z=p_{1,2}}&=\frac{1}{(2-1)!}\frac{\mathrm{d}}{\mathrm{d}z}(z-1)^2\frac{z}{(z-1)^2(z-2)}z^{k-1}\bigg|_{z=1}\\&=\frac{kz^{k-1}(z-2)-z^k}{(z-2)^2}\bigg|_{z=1}\\&=-k-1\end{aligned}$$

$$\mathrm{Res}[F(z)z^{k-1}]_{z=p_3}=(z-2)\frac{z}{(z-1)^2(z-2)}z^{k-1}\bigg|_{z=2}$$

则

$$f(kT)=2^k-k-1$$

$$f^*(t)=\sum_{k=0}^{\infty}(2^k-k-1)\delta(t-kT)$$

2.2.5 广义 Z 变换

前面的 Z 变换可称为普遍 Z 变换，普通 Z 变换只反映采样点上的信息，但在计算机控制系统中，往往还要求知道采样点之间的信息，这可将普通 Z 变换做适当的扩展或改进，得到广义 Z 变换，利用广义 Z 变换就可求得采样点间的信息。

广义 Z 变换有超前型和滞后型两种，如图 2.12 所示，图中曲线 a 和 b 可以认为是曲线 c 分别经过超前环节和滞后环节得到的，超前环节和滞后环节是假想的，是为了求得采样点间的信息所做的辅助手段，当然如果实际中确实存在超前环节或滞后环节，那么，广义 Z 变换也同样适用。

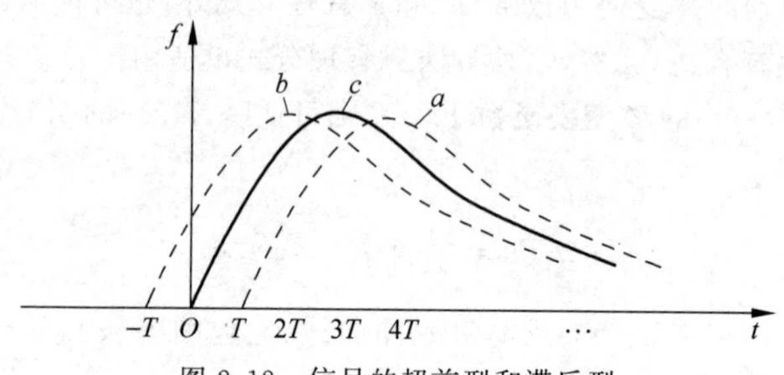

图 2.12 信号的超前型和滞后型

1. 超前型

设信号 $f(t)$ 的拉普拉斯函数为 $F(s)$，其超前型信号 $f(t+aT)$ 的拉普拉斯变换定义为

$$F(s,\alpha) \triangleq F(s)e^{\alpha Ts} = \mathcal{L}[f(t+\alpha T)] \quad 0<\alpha<1$$

若要取得 $f(t+aT)$ 在采样点上的值，则有 Z 变换

$$\begin{aligned} F(z,\alpha) &\triangleq \mathcal{Z}[F(s,\alpha)] \\ &= \mathcal{Z}[F(s)e^{\alpha sT}] \\ &= \mathcal{Z}[f(t+\alpha T)] \\ &= \sum_{k=0}^{\infty} f(kT+\alpha T)z^{-k} \quad 0<\alpha<1 \end{aligned}$$

2. 滞后型

设信号 $f(t)$ 的拉普拉斯函数为 $F(s)$，其滞后型信号 $f(t-qT)$ 的拉普拉斯变换定义为

$$F(s,q) \triangleq F(s)e^{-qTs} = \mathcal{L}[f(t-qT)] \quad 0<q<1$$

设 $\beta=1-q$，则 $0<\beta<1$，上式可定义为

$$F(s,\beta) \triangleq F(s)e^{-(1-\beta)Ts} = \mathcal{L}[f(t-(1-\beta)T)] \quad 0<\beta<1$$

若要取得 $f(t-qT)$ 在采样点上的值，则有 Z 变换

$$F(z,\beta) \triangleq \mathcal{Z}[F(s,\beta)]$$

$$
\begin{aligned}
&= \mathcal{Z}[F(s)\mathrm{e}^{-(1-\beta)Ts}] \\
&= \mathcal{Z}[f(t+\beta T-T)] \\
&= z^{-1}\ \mathcal{Z}[f(t+\beta T)] \\
&= z^{-1}\sum_{k=0}^{\infty} f(kT+\beta T)z^{-k} \quad 0<\beta<1
\end{aligned}
$$

可见超前型和滞后型的广义Z变换在本质上没有区别，在实际应用中可采用任何一种形式。

例 2.15 求 $f(t)=\mathrm{e}^{-at}$ 的广义Z变换。

解：

$$
f(kT+\beta T)=\mathrm{e}^{-a(kT+\beta T)} \quad k=0,1,2,\cdots \quad 0<\beta<1
$$

$$
\begin{aligned}
F(z,\beta) &= z^{-1}\sum_{k=0}^{\infty}\mathrm{e}^{-a(kT+\beta T)}z^{-k} \\
&= z^{-1}\mathrm{e}^{-\beta aT}\sum_{k=0}^{\infty}\mathrm{e}^{-kaT}z^{-k} \\
&= \frac{\mathrm{e}^{-\beta aT}z^{-1}}{1-\mathrm{e}^{-aT}z^{-1}}
\end{aligned}
$$

常用Z变换表如表2.2所示。

表 2.2 常用Z变换

$F(s)$	$f(t)$	$F(z)$	$F(z,\beta)$
e^{-kTs}	$\delta(t-kT)$	z^{-k}	$z^{\beta-1-k}$
1	$\delta(t)$	1	0
$\frac{1}{s}$	$1(t)$	$\frac{z}{z-1}$	$\frac{1}{z-1}$
$\frac{1}{s^2}$	t	$\frac{Tz}{(z-1)^2}$	$\frac{\beta T}{z-1}+\frac{T}{(z-1)^2}$
$\frac{1}{s^3}$	$\frac{1}{2}t^2$	$\frac{T^2z(z+1)}{2(z-1)^3}$	$\frac{T^2}{2}\left[\frac{\beta^2}{z-1}+\frac{2\beta+1}{(z-1)^2}+\frac{2}{(z-1)^3}\right]$
$\frac{T}{Ts-\ln a}$	$a^{t/T}$	$\frac{z}{z-a}$	$\frac{a^{\beta}}{z-a}$
$\frac{1}{s+a}$	e^{-at}	$\frac{z}{z-\mathrm{e}^{-aT}}$	$\frac{\mathrm{e}^{-a\beta T}}{z-\mathrm{e}^{-aT}}$
$\frac{1}{(s+a)^2}$	$t\mathrm{e}^{-at}$	$\frac{Tz\mathrm{e}^{-aT}}{(z-\mathrm{e}^{-aT})^2}$	$\frac{T\mathrm{e}^{-a\beta T}[\mathrm{e}^{-aT}+\beta(z-\mathrm{e}^{-aT})]}{(z-\mathrm{e}^{-aT})^2}$
$\frac{a}{s(s+a)}$	$1-\mathrm{e}^{-at}$	$\frac{(1-\mathrm{e}^{-aT})z}{(z-1)(z-\mathrm{e}^{-aT})}$	$\frac{1}{z-1}-\frac{\mathrm{e}^{-a\beta T}}{z-\mathrm{e}^{-aT}}$
$\frac{a}{s^2(s+a)}$	$t-\frac{1-\mathrm{e}^{-at}}{a}$	$\frac{Tz}{(z-1)^2}-\frac{(1-\mathrm{e}^{-aT})z}{a(z-1)(z-\mathrm{e}^{-aT})}$	$\frac{T}{(z-1)^2}+\frac{\beta T-1/a}{z-1}+\frac{\mathrm{e}^{-a\beta T}}{a(z-\mathrm{e}^{-aT})}$
$\frac{\omega}{s^2+\omega^2}$	$\sin\omega t$	$\frac{z\sin\omega T}{z^2-2z\cos e\omega T+1}$	$\frac{z\sin\beta\omega T+\sin(1-\beta)\beta T}{z^2-2z\cos\omega T+1}$
$\frac{s}{s^2+\omega^2}$	$\cos\omega t$	$\frac{z(z-\cos\omega T)}{z^2-2z\cos\omega T+1}$	$\frac{z\cos\beta\omega T-\cos(1-\beta)\beta T}{z^2-2z\cos\omega T+1}$

2.3 线性定常离散系统的差分方程及其解

连续系统是用微分方程描述的,离散系统是用差分方程描述的,差分方程是离散系统时域分析的基础,而计算机控制系统的本质是离散系统。

对于单输入单输出的计算机控制系统,设在某一采样时刻的输出为 $y(kT)$,输入为 $u(kT)$。为了书写方便,用 $y(k)$表示 $y(kT)$,用 $u(k)$表示 $u(kT)$。

在某一采样时刻的输出值 $y(k)$不但与该时刻的输入 $u(k)$及该时刻以前的输入值 $u(k-1),u(k-2),\cdots,u(k-m)$有关,且与该时刻以前的输出值 $y(k-1),y(k-2),\cdots,y(k-n)$有关,即

$$\begin{aligned}&y(k)+a_1y(k-1)+a_2y(k-2)+\cdots+a_ny(k-n)=\\&b_0u(k)+b_1u(k-1)+\cdots+b_mu(k-m)\end{aligned}$$

或

$$\begin{aligned}y(k)=&[b_0u(k)+b_1u(k-1)+\cdots+b_mu(k-m)]-\\&[a_1y(k-1)+a_2y(k-2)+\cdots+a_ny(k-n)]\end{aligned}$$

上式称为 n 阶线性定常离散系统的差分方程,其中 $a_i(i=1,2,\cdots,n)$、$b_j(j=1,2,\cdots,m)$由系统结构参数决定,它是描述计算机控制系统的数学模型的一般表达式,对于实际的应用系统,根据物理可实现条件,应有 $k\geqslant 0$,当 $k<0$ 时,$y(k)=u(k)=0$。

用 Z 变换解常系数线性差分方程和用拉普拉斯变换解微分方程是类似的,先将差分方程变换为以 z 为变量的代数方程,最后用查表法或其他方法,求出 Z 反变换即可。

若当 $k<0$ 时,$f(k)=0$,设 $f(k)$的 Z 变换为 $F(z)$,则根据滞后定理关系可推导出

$$\begin{aligned}\mathcal{Z}[f(k)]&=F(z)\\\mathcal{Z}[f(k-1)]&=z^{-1}F(z)\\\mathcal{Z}[f(k-2)]&=z^{-2}F(z)\\&\vdots\\\mathcal{Z}[f(k-n)]&=z^{-n}F(z)\end{aligned}$$

n 阶线性定常离散系统的差分方程可表示为

$$\begin{aligned}&Y(z)+a_1z^{-1}Y(z)+a_2z^{-2}Y(z)+\cdots+a_nz^{-n}Y(z)\\&=b_0U(z)+b_1z^{-1}U(z)+\cdots+b_mz^{-m}U(z)\end{aligned}$$

则

$$Y(z)=\frac{b_0+b_1z^{-1}+\cdots+b_mz^{-m}}{1+a_1z^{-1}+a_2z^{-2}Y+\cdots+a_nz^{-n}}U(z)$$

取 Z 反变换得

$$\begin{aligned}y^*(t)&=\mathcal{Z}^{-1}[Y(z)]\\&=\mathcal{Z}^{-1}\left[\frac{b_0+b_1z^{-1}+\cdots+b_mz^{-m}}{1+a_1z^{-1}+a_2z^{-2}Y+\cdots+a_nz^{-n}}U(z)\right]\end{aligned}$$

例 2.16 若某二阶离散系统的差分方程为

$$y(k)-5y(k-1)+6y(k-2)=u(k)$$

设输入为单位阶跃序列,求 $y(k)$。

解:对差分方程求 Z 变换得

$$Y(z)-5z^{-1}Y(z)+6z^{-2}Y(z)=U(z)=\frac{1}{1-z^{-1}}$$

$$\begin{aligned}Y(z)&=\frac{1}{1-5z^{-1}+6z^{-2}}\frac{1}{1-z^{-1}}\\&=\frac{1}{2}\frac{1}{1-z^{-1}}-4\frac{1}{1-2z^{-1}}+\frac{9}{2}\frac{1}{1-3z^{-1}}\end{aligned}$$

取 Z 反变换得

$$\begin{aligned}y(k)&=\frac{1}{2}-4(2)k+\frac{9}{2}3^k\\&=\frac{1}{2}(1+3^{k+2})-2^{k+2}\end{aligned}$$

2.4 Z 传递函数

在研究线性离散控制系统的性能指标时,要使用脉冲传递函数这个概念,它的重要性如同用传递函数来描述线性连续控制系统的特性一样。线性离散控制系统的特性由脉冲传递函数来描述,脉冲传递函数简称为 Z 传递函数。

2.4.1 Z 传递函数的定义

设 n 阶定常离散系统的差分方程为

$$y(k)+a_1y(k-1)+\cdots+a_ny(k-n)=b_0u(k)+b_1u(k-1)+\cdots+b_mu(k-m)$$

在零初始条件下,取 Z 变换

$$(1+a_1z^{-1}+\cdots+a_nz^{-n})Y(z)=(b_0+b_1z^{-1}+\cdots+b_mz^{-m})U(z)$$

$$G(z)=\frac{Y(z)}{U(z)}=\frac{b_0+b_1z^{-1}+\cdots+b_mz^{-m}}{1+a_1z^{-1}+\cdots+a_nz^{-n}}$$

则 $G(z)$称为线性定常离散系统的传递函数,即在零初始条件下离散系统的输出与输入序列的 Z 变换之比。

如果已知 $U(z)$和 $G(z)$,则在零初始条件下离散系统的输出采样信号为

$$\begin{aligned}y^*(t)&=\mathcal{Z}^{-1}[Y(z)]\\&=\mathcal{Z}^{-1}[G(z)U(z)]\end{aligned}$$

因此,求解 $y^*(t)$的问题就转换为求系统的 Z 传递函数,这表明 Z 传递函数 $G(z)$可以表征线性离散系统的性能。

1. Z 传递函数与脉冲响应函数的关系

对于大多数实际系统来说,其输出往往是连续信号 $y(t)$,而不是离散信号,如图 2.13 所示。在这种情况下,如果着眼点仅是采样时刻的输出,就可以在输出端虚设一个理想采样开关,如图 2.13 虚线所示,并与输入采样开关同步工作,这样前面的定义仍然适用。

设 $G(s)$的输入为理想的脉冲信号 $u(t)=\delta(t)$,则输出 $y(t)=g(t)=\mathcal{L}^{-1}[G(s)]$,$g(t)$称为系统的脉冲响应函数。

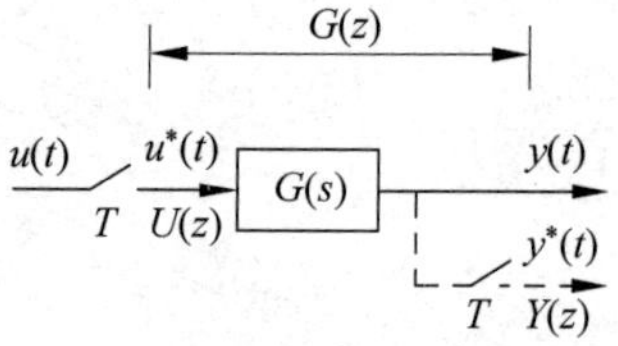

图 2.13 采样离散系统

对任意的输入 $u(t)$,输出函数的时域表达式

$$y(t)=\int_0^t g(t-\tau)u(\tau)\mathrm{d}\tau$$

$$=\int_0^t g(t)u(t-\tau)\mathrm{d}\tau$$

称作系统响应的卷积积分公式。

一个离散序列作用于连续被控对象,系统的输出是 t 的连续函数。设 $G(s)$的输入为任意的脉冲序列,有

$$u^*(t)=u(0T)\delta(t)+u(1T)\delta(t-T)+u(2T)\delta(t-2T)+\cdots+u(iT)\delta(t-iT)+\cdots$$

$$=\sum_{i=0}^{\infty}u(iT)\delta(t-iT)$$

输出响应为

$$y(t)=\int_0^t g(t-\tau)\sum_{i=0}^{\infty}u(iT)\delta(t-iT)\mathrm{d}\tau$$

$$=\sum_{i=0}^{\infty}g(t-iT)u(iT)$$

上式描述了一个脉冲序列作用于连续系统,连续系统输出的表达式。可以看出,由此式来计算 $y(t)$相当困难,如果只关心在采样时刻的输出采样值,或者能通过输出采样值 $y(kT)$来描述 $y(t)$的特性,在这种情况下,输出序列为

$$y(kT)=\sum_{i=0}^{\infty}g(kT-iT)u(iT)\quad k=0,1,2,\cdots$$

对于物理可实现系统,当 $k<i$ 时,$g(kT-iT)=0$,于是

$$y(kT)=\sum_{i=0}^{k}g(kT-iT)u(iT)$$

$$=\sum_{i=0}^{k}g(iT)u(kT-iT)$$

$$=g(kT)*u(kT)\quad k=0,1,2,\cdots$$

根据 Z 变换的卷积定理,有

$$Y(z)=G(z)U(z)$$

得到 Z 传递函数为

$$G(z)=\frac{Y(z)}{U(z)}$$

因此,Z 传递函数的含义是:系统 Z 传递函数 $G(z)$就是系统单位脉冲响应 $g(t)$的采样值 $g^*(t)$的 Z 变换,即用下式表示:

$$G(z)=\sum_{k=0}^{\infty}g(kT)z^{-k}$$

在实际工程计算中,通过 Z 反变换法计算 $y(kT)$较通过拉普拉斯反变换求解 $y(t)$要简便得多,问题的关键是通过对 $y(kT)$的研究能否较好地反映出 $y(t)$的真实特性。经过研究

表明，只要系统 $G(s)$ 具有较好的低通持性（通常要求分母的阶数较分子的阶数高两阶），适当选取采样周期，就能通过对 $y(kT)$ 的研究反映出 $y(t)$ 的特性。尤其应指出的是，对于大多数离散控制系统，脉冲序列都通过零阶保持器后再作用于连续被控对象，更增加了系统输出的光滑性。

2. Z 传递函数求法

如果某一个控制系统的传递函数 $G(s)$ 已知，那么该系统对应的 Z 传递函数可依据下列步骤求得：

(1) 用拉普拉斯反变换求脉冲过渡函数 $g(t)=\mathcal{L}^{-1}[G(s)]$。

(2) 将 $g(t)$ 按采样周期 T 离散化，得 $g(kT)$。

(3) 应用定义求出 Z 传递函数，即

$$G(z)=\sum_{k=0}^{\infty}g(kT)z^{-k}$$

值得一提的是，$G(z)$ 不能由 $G(s)$ 简单地令 $s=z$ 代换得到，$G(s)$ 是 $g(t)$ 的拉普拉斯变换，$G(z)$ 是 $g(t)$ 的 Z 变换。$G(s)$ 只与连续环节本身有关，$G(z)$ 除与连续环节本身有关外，还要包括采样开关的作用。为了讨论方便，将上述过程简记为

$$G(z)=\mathcal{Z}[G(s)]$$

例 2.17　已知 $G(s)=\dfrac{1-\mathrm{e}^{-Ts}}{s}\dfrac{K}{s(\tau s+1)}$，求 $G(z)$。

解：

$$G(s)=K(1-\mathrm{e}^{-Ts})\left(\frac{1}{s^2}-\frac{\tau}{s}+\frac{\tau}{s+\frac{1}{\tau}}\right)$$

式中，e^{-Ts} 相当于将采样延迟了 T 时间。根据 Z 变换的线性定理和滞后定理，再通过查表，可得上式对应的脉冲传递函数为

$$\begin{aligned}G(z)&=K(1-z^{-1})\left[\frac{Tz^{-1}}{(1-z^{-1})^2}-\frac{\tau}{1-z^{-1}}+\frac{\tau}{1-\mathrm{e}^{-\frac{T}{\tau}}z^{-1}}\right]\\&=\frac{Kz^{-1}\left[(T-\tau+\tau\mathrm{e}^{-\frac{T}{\tau}})+(\tau-\tau\mathrm{e}^{-\frac{T}{\tau}}-T\mathrm{e}^{-\frac{T}{\tau}})z^{-1}\right]}{(1-z^{-1})(1-\mathrm{e}^{-\frac{T}{\tau}}z^{-1})}\end{aligned}$$

当 $K=10, T=\tau=1$ 时，有

$$G(z)=\frac{3.68z^{-1}(1+0.718z^{-1})}{(1-z^{-1})(1-0.368z^{-1})}$$

3. 环节连接的等效变换

Z 传递函数和传递函数的定义在形式上完全相似，因此在进行结构图的简化变换时，两者之间有许多相似之处。但由于传递函数所对应的输入与输出是连续模拟量，而 Z 传递函数对应的输入与输出是离散脉冲序列，尤其是同步采样开关，在各环节之间的位置不同，将

使求出的脉冲传递函数也截然不同。在下面的离散系统框图变换中,先假定同一离散系统的采样开关是同步动作,而且采样周期 T 也是相同的。

1) 串联环节的Z传递函数

串联环节的Z传递函数的结构有两种情况:一种是两个串联环节之间没有采样开关存在,即串联环节之间的信号是连续时间信号,如图2.14所示。

在图2.14中,输出 $Y(z)$ 与输入 $U(z)$ 之间总的Z传递函数并不等于两个环节Z传递函数之积,因为两个环节之间的信号传递是一个连续时间函数,即

$$\begin{aligned}Y(s)&=G_1(s)G_2(s)U(s)\\&=G(s)U(s)\end{aligned}$$

上式对应的Z传递函数为

$$\begin{aligned}G(z)&=\mathcal{Z}[G_1(s)G_2(s)]\\&=G_1G_2(z)\end{aligned}$$

上式中符号 $G_1G_2(z)$ 是 $\mathcal{Z}[G_1(s)G_2(s)]$ 的缩写,它表示先将串联环节传递函数 $G_1(s)$ 与 $G_2(s)$ 相乘后,再求Z变换的过程。

另一种是两个环节之间有同步采样开关存在,如图2.15所示。

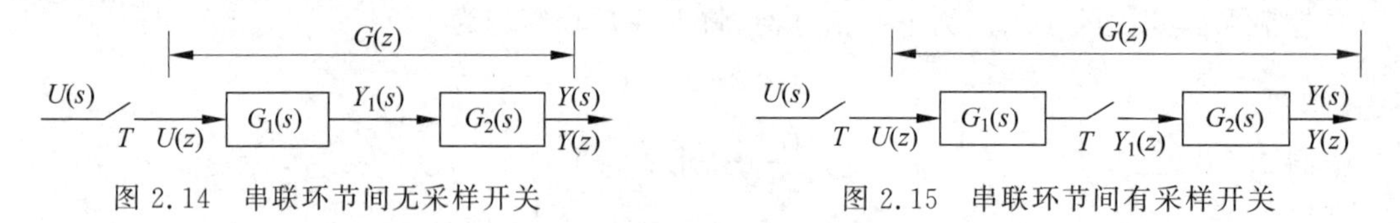

图2.14 串联环节间无采样开关

图2.15 串联环节间有采样开关

两个串联环节之间有采样开关,可由Z传递函数约定义直接求出

$$G_1(z)=\frac{Y_1(z)}{U(z)}$$

$$G_2(z)=\frac{Y(z)}{Y_1(z)}$$

串联环节总的Z传递函数为

$$\begin{aligned}G(z)&=\frac{Y(z)}{U(z)}\\&=\frac{Y_1(z)}{U(z)}\frac{Y(z)}{Y_1(z)}\\&=G_1(z)G_2(z)\end{aligned}$$

由上式可知,两个串联环节之间有同步采样开关隔开的Z传递函数,等于每个环节Z传递函数的乘积。

在一般情况下,很容易证明:

$$G_1G_2(z)\neq G_1(z)G_2(z)$$

在进行计算时,应引起注意。

总结以上的分析,得到以下较为普遍的结论。

n 个环节串联构成的系统,若各串联环节之间有同步采样开关,则总的Z传递函数等于各个串联环节Z传递函数之积,即

$$G(z)=G_1(z)G_2(z)\cdots G_n(z)$$

如果在串联环节之间没有采样开关，则需要将这些串联环节看成一个整体，先求出其传递函数 $G(s)=G_1(s)G_2(s)\cdots G_n(s)$，然后再根据 $G(s)$ 求 $G(z)$。一般表示成

$$\begin{aligned}G(z)&=\mathcal{Z}[G_1(s)G_2(s)\cdots G_n(s)]\\&=G_1G_2\cdots G_n(z)\end{aligned}$$

例 2.18　已知 $G_1(s)=\dfrac{1}{s+1}$，$G_2(s)=\dfrac{1}{s+2}$，$T=1\text{s}$，分别求串联环节两种情况的 Z 传递函数 $G(z)$。

解：当 $G_1(s)$ 与 $G_2(s)$ 之间无采样开关时，有

$$\begin{aligned}G(s)&=G_1(s)G_2(s)\\&=\frac{1}{(s+1)(s+2)}\\&=\frac{1}{s+1}-\frac{1}{s+2}\end{aligned}$$

则

$$\begin{aligned}G(z)&=\mathcal{Z}[G_1(s)G_2(s)]\\&=\frac{1}{1-0.368z^{-1}}-\frac{1}{1-0.135z^{-1}}\\&=\frac{0.233z^{-1}}{(1-0.368z^{-1})(1-0.135z^{-1})}\end{aligned}$$

当 $G_1(s)$ 与 $G_2(s)$ 之间有采样开关时，有

$$\begin{aligned}G_1(z)&=\mathcal{Z}[G_1(s)]\\&=\frac{1}{1-0.368z^{-1}}\\G_2(z)&=\mathcal{Z}[G_2(s)]\\&=\frac{1}{1-0.135z^{-1}}\end{aligned}$$

则

$$\begin{aligned}G(z)&=G_1(z)G_2(z)\\&=\frac{1}{(1-0.368z^{-1})(1-0.135z^{-1})}\end{aligned}$$

2) 并联环节的 Z 传递函数

对于两个环节并联的离散系统，输入采样开关设在总的输入端，其效果相当于在每一个环节的输入端分别设置一个采样开关，如图 2.16 所示。

从图 2.16 中可知，总的 Z 传递函数等于两个环节 Z 传递函数之和，即

$$\begin{aligned}G(z)&=\frac{Y(z)}{U(z)}\\&=\mathcal{Z}[G_1(s)+G_2(s)]\\&=G_1(z)+G_2(z)\end{aligned}$$

上述关系可以推广到 n 个环节并联时，在总的输出端与输入端分别设有采样开关时的

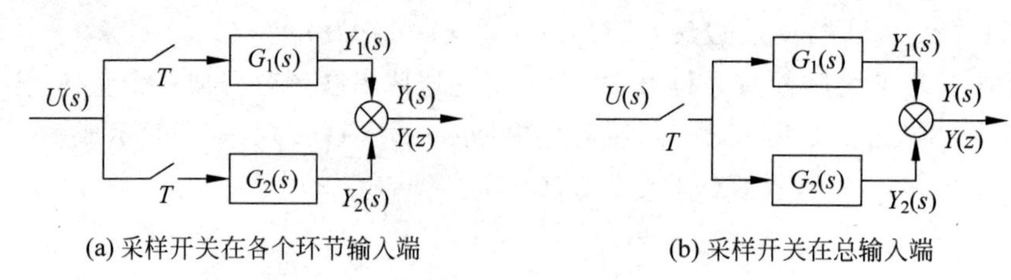

图 2.16 并联环节

情况。总的 Z 传递函数等于各环节 Z 传递函数之和,即

$$G(z)=G_1(z)+G_2(z)+\cdots+G_n(z)$$

4. 闭环 Z 传递函数、闭环误差 Z 传递函数和开环 Z 传递函数

在闭环系统中可能有一个或几个采样开关,而且采样开关又可能置于不同位置上,因此闭环离散系统的结构形式是多种多样的,典型的离散控制系统结构如图 2.17 所示。其中 $D(z)$为数字控制器,$H(s)$为反馈部分的传递函数,ZOH 为零阶保持器,$G_0(s)$为被控对象的传递函数,这里 $G(s)=\frac{1-e^{-Ts}}{s}G_0(s)$。

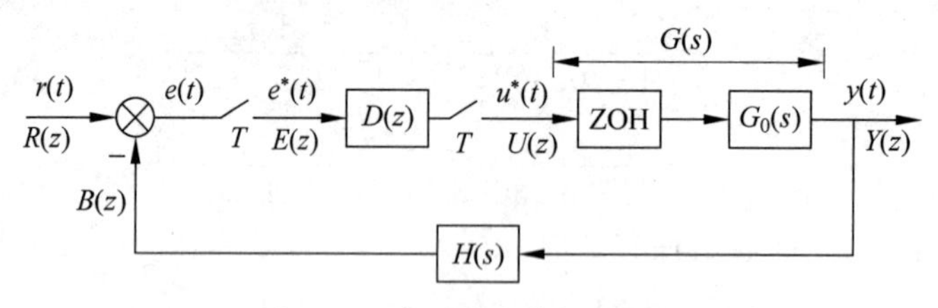

图 2.17 典型的离散系统结构

设闭环系统输出信号 $y(t)$的 Z 变换为 $Y(z)$,输入信号 $r(t)$的 Z 变换为 $R(z)$,系统误差采样信号 $e^*(t)$的 Z 变换为 $E(z)$,反馈信号的 Z 变换为 $B(z)$,则有如下定义。

闭环 Z 传递函数

$$W(z)=\frac{Y(z)}{R(z)}=\frac{D(z)G(z)}{1+D(z)GH(z)}$$

闭环误差 Z 传递函数

$$W_e(z)=\frac{E(z)}{R(z)}=\frac{1}{1+D(z)GH(z)}$$

在比较器的输入端断开反馈信号,使之变成开环控制系统,则开环 Z 传递函数为

$$W_k(z)=\frac{B(z)}{R(z)}=D(z)GH(z)$$

由前面可知,由于采样开关的位置不同,所得的 Z 传递函数也不同,甚至不能写出 Z 传

递函数，而只能写出 Z 变换式。求取离散系统的 Z 传递函数情况比较复杂，主要因为离散系统的环节多，而且同步采样开关的位置也不尽相同。因此，只能根据不同情况分别推导。

例 2.19 设离散系统如图 2.18 所示，求该系统的开环 Z 传递函数、闭环误差 Z 传递函数及闭环 Z 传递函数。

解：$G(s)$与 $H(s)$为串联环节且之间没有采样开关，得到开环 Z 传递函数为

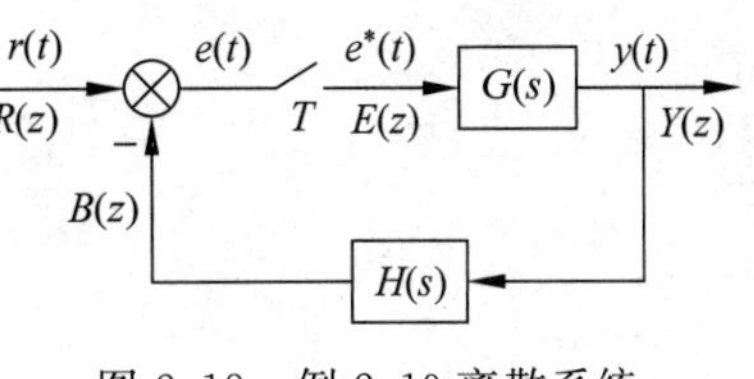

图 2.18 例 2.19 离散系统

$$W_k(z)=\frac{B(z)}{R(z)}=GH(z)$$

又

$$E(z)=R(z)-GH(z)E(z)$$

得到闭环误差 Z 传递函数为

$$W_e(z)=\frac{E(z)}{R(z)}=\frac{1}{1+GH(z)}$$

又

$$Y(z)=G(z)E(z)=\frac{G(z)R(z)}{1+GH(z)}$$

得到闭环 Z 传递函数为

$$W(z)=\frac{Y(z)}{R(z)}=\frac{G(z)}{1+GH(z)}$$

例 2.20 设离散系统如图 2.19 所示，求该系统的开环 Z 传递函数、闭环误差 Z 传递函数及闭环 Z 传递函数。

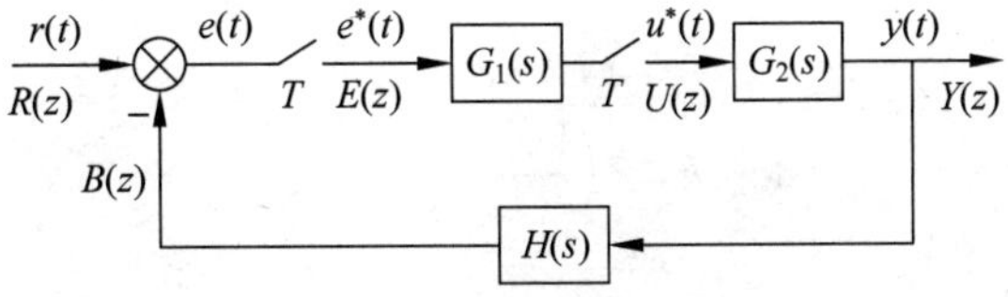

图 2.19 例 2.20 离散系统

解：$G_1(s)$、$G_2(s)$与 $H(s)$为串联环节且 $G_1(s)$与 $G_2(s)$之间有采样开关，而 $G_2(s)$与 $H(s)$之间没有采样开关，得到开环 Z 传递函数为

$$W_k(z)=\frac{B(z)}{R(z)}=G_1(z)G_2H(z)$$

又

$$G(z)=G_1(z)G_2(z)$$

$$E(z)=R(z)-G_1(z)G_2H(z)E(z)$$

得到闭环误差Z传递函数为

$$W_e(z)=\frac{E(z)}{R(z)}$$
$$=\frac{1}{1+G_1(z)G_2H(z)}$$

又

$$Y(z)=G(z)E(z)$$
$$=\frac{G(z)R(z)}{1+G_1(z)G_2H(z)}$$

得到闭环Z传递函数为

$$W(z)=\frac{Y(z)}{R(z)}$$
$$=\frac{G_1(z)G_2(z)}{1+G_1(z)G_2H(z)}$$

例 2.21 设离散系统如图2.20所示，求该系统的开环Z传递函数、闭环误差Z传递函数及闭环Z传递函数。

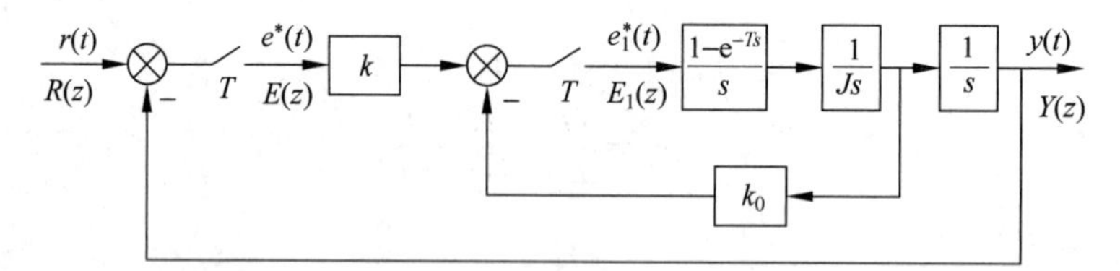

图2.20 例2.21离散系统

解：

$$Y(z)=\mathcal{Z}\left(\frac{1-e^{-Ts}}{s}\frac{1}{Js}\frac{1}{s}\right)E_1(z)$$

$$E_1(z)=kE(z)-E_1(z)k_0\ \mathcal{Z}\left(\frac{1-e^{-Ts}}{s}\frac{1}{Js}\right)$$

$$E_1(z)=\frac{kE(z)}{1+k_0\ \mathcal{Z}\left(\frac{1-e^{-Ts}}{s}\frac{i}{Js}\right)}$$

得

$$G(z)=\frac{Y(z)}{E(z)}=\frac{k\ \mathcal{Z}\left(\frac{1-e^{-Ts}}{Js^3}\right)}{1+k_0\ \mathcal{Z}\left(\frac{1-e^{-Ts}}{Js^2}\right)}$$

由于

$$\mathcal{Z}\left(\frac{1-e^{-Ts}}{Js^3}\right)=\frac{T^2(z+1)}{2J(z-1)^2}$$

$$\mathcal{Z}\left(\frac{1-e^{-Ts}}{Js^2}\right)=\frac{T}{J(z-1)}$$

则

$$G(z)=\frac{T^2k(z+1)}{2Jz^2+(2k_0T-4J)z+2J-2k_0T}$$

得到开环 Z 传递函数为

$$\begin{aligned}W_k(z)&=G(z)\\&=\frac{T^2k(z+1)}{2Jz^2+(2k_0T-4J)z+2J-2k_0T}\end{aligned}$$

闭环误差 Z 传递函数为

$$\begin{aligned}W_e(z)&=\frac{1}{1+G(z)}\\&=\frac{2Jz^2+(2k_0T-4J)z+2J-2k_0T}{2Jz^2+(2k_0T-4J+T^2k)z+(2J-2k_0T+T^2k)}\end{aligned}$$

闭环 Z 传递函数为

$$\begin{aligned}W(z)&=\frac{G(z)}{1+G(z)}\\&=\frac{T^2k(z+1)}{2Jz^2+(2k_0T-4J+T^2k)z+(2J-2k_0T+T^2k)}\end{aligned}$$

2.4.2 Z 传递函数的物理可实现性

在连续系统中，传递函数 $G(s)$ 的物理可实现的条件是：在一般情况下，其分母关于 s 多项式的阶数大于或等于其分子关于 s 多项式的阶数，即 $n \geqslant m$，或其脉冲响应 $g(t)=0$（当 $t<0$ 时）。从物理概念上说就是系统的输出只能产生于输入信号作用于系统之后，这就是通常所说的“因果”关系。

设 $G(z)$ 的一般表达式为

$$G(z)=\frac{Y(z)}{U(z)}=\frac{b_0+b_1z^{-1}+\cdots+b_mz^{-m}}{1+a_1z^{-1}+\cdots+a_nz^{-n}}$$

不失一般性，假定其中的系统 $m \geqslant 0, n \geqslant 0$，其余系数为任意给定值，则其对应的差分方程为

$$\begin{aligned}y(k)+a_1y(k-1)+\cdots+a_ny(k-n)=b_0u(k)+b_1u(k-1)+\cdots+\\b_mu(k-m)\end{aligned}$$

可得在某一采样时刻 k 时的输出 $y(k)$ 为

$$\begin{aligned}y(k)=b_0u(k)+b_1u(k-1)+\cdots+b_mu(k-m)-\\[a_1y(k-1)+\cdots+a_ny(k-n)]\end{aligned}$$

由上式知，k 时刻的输出 $y(k)$ 不依赖于 k 时刻之后的输入，只取决于 k 时刻及 k 时刻之前的输入和 k 时刻之前的输出，故 $G(z)$ 是物理可实现的。

若设 $G(z)$ 的一般表达式为

$$G(z)=\frac{Y(z)}{U(z)}=\frac{b_0z^m+b_1z^{m-1}+\cdots+b_m}{z^n+a_1z^{n-1}+\cdots+a_n}$$

不失一般性，假定其中的系统 $m \geqslant 0, n \geqslant 0$，其余系数为任意给定值，则

$$G(z)=\frac{Y(z)}{U(z)}=\frac{b_0z^{m-n}+b_1z^{m-n-1}+\cdots+b_mz^{-n}}{1+a_1z^{-1}+\cdots+a_nz^{-n}}$$

如果$G(z)$是物理可实现的,则要求$n\geqslant m$,否则,k时刻的输出$y(k)$就要依赖于k时刻之后的输入,这是物理不可实现的。

2.4.3 在扰动作用下的线性离散系统

类似于连续系统,线性离散系统除了参考输入外,通常还存在扰动作用,如图2.21所示。

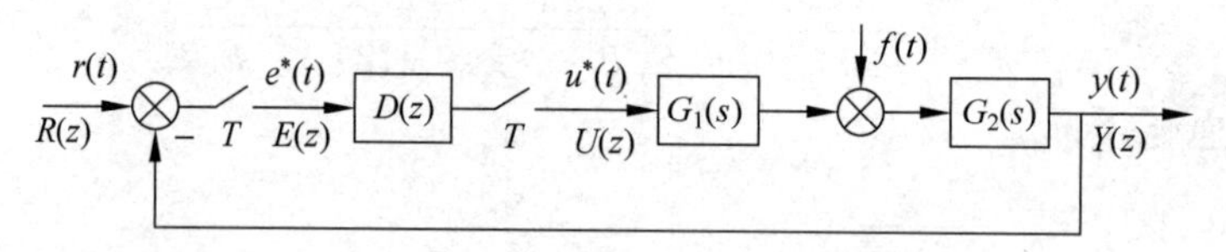

图2.21 在扰动作用下的线性离散系统

根据线性系统的叠加原理,系统的输出响应$y(t)$应为参考输入$r(t)$和扰动作用$f(t)$分别单独作用所引起响应的叠加。

(1) 当系统不存在扰动时,输出响应为

$$Y_r(z)=\frac{D(z)G_1G_2(z)}{1+D(z)G_1G_2(z)}R(z)$$

(2) 当系统只存在扰动时,与之等效的框图如图2.22所示。

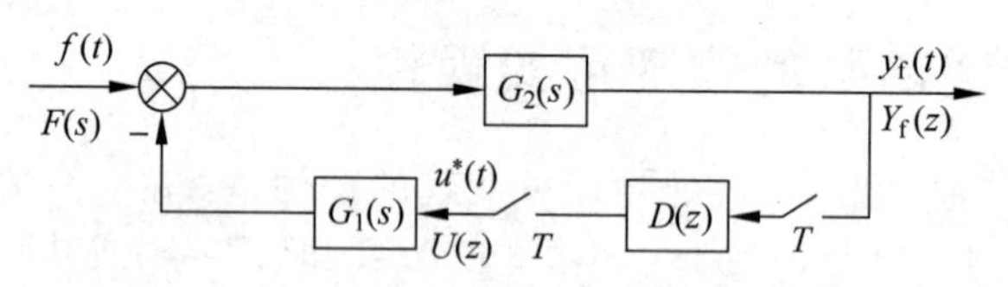

图2.22 扰动系统的等效框图

根据线性系统的叠加原理,系统只存在扰动时的输出响应为

$$\begin{aligned}Y_f(s)&=G_2(s)[F(s)-G_1(s)U^*(s)]\\&=F(s)G_2(s)-G_1(s)G_2(s)U^*(s)\end{aligned}$$

两边取Z变换得

$$Y_f(z)=FG_2(z)-G_1G_2(z)U(z)$$

又

$$U(z)=Y_f(z)D(z)$$

则

$$Y_f(z)=FG_2(z)-G_1G_2(z)D(z)Y_f(z)$$

得到

$$Y_f(z)=\frac{G_2F(z)}{1+G_1G_2(z)D(z)}$$

(3) 在扰动作用下,系统的输出响应为

$$\begin{aligned}Y(z)&=Y_r(z)+Y_f(z)\\&=\frac{D(z)G_1G_2(z)}{1+D(z)G_1G_2(z)}R(z)+\frac{G_2F(z)}{1+D(z)G_1G_2(z)}\\&=\frac{D(z)G_1G_2(z)R(z)+G_2F(z)}{1+D(z)G_1G_2(z)}\end{aligned}$$

2.4.4 广义 Z 传递函数

Z 传递函数只反映离散系统在采样时刻的特性，但在计算机控制系统中，往往还要分析连续响应特性，即两采样点之间的响应特性，这就要用到广义 Z 传递函数。

广义 Z 传递函数与广义 Z 变换类似，有超前型和滞后型两种形式。

1. 超前型

设超前型系统的传递函数为

$$\begin{aligned} G(s,\alpha) &= G(s)\mathrm{e}^{\alpha Ts} \\ &= \mathcal{L}[g(t+\alpha T)] \quad 0<\alpha<1 \end{aligned}$$

若要取得 $g(t+aT)$ 在采样点上的值，则相应的 Z 传递函数为

$$\begin{aligned} G(z,\alpha) &\stackrel{\Delta}{=} \mathcal{Z}[G(s,\alpha)] \\ &= \mathcal{Z}[G(s)\mathrm{e}^{\alpha sT}] \\ &= \mathcal{Z}[g(t+\alpha T)] \\ &= \sum_{k=0}^{\infty} g(kT+\alpha T)z^{-k} \quad 0<\alpha<1 \end{aligned}$$

2. 滞后型

设滞后型系统的传递函数为

$$\begin{aligned} G(s,q) &= G(s)\mathrm{e}^{-qTs} \\ &= \mathcal{L}[g(t-qT)] \quad 0<q<1 \end{aligned}$$

设 $\beta=1-q$，则 $0<\beta<1$，上式可定义为

$$\begin{aligned} G(s,\beta) &= G(s)\mathrm{e}^{-(1-\beta)Ts} \\ &= \mathcal{L}[g(t-(1-\beta)T)] \quad 0<\beta<1 \end{aligned}$$

若要取得 $g(t-qT)$ 在采样点上的值，则相应的 Z 传递函数为

$$\begin{aligned} G(z,\beta) &= \mathcal{Z}[G(s,\beta)] \\ &= \mathcal{Z}[G(s)\mathrm{e}^{-(1-\beta)sT}] \\ &= \mathcal{Z}[g(t+\beta T-T)] \\ &= z^{-1}\,\mathcal{Z}[g(t+\beta T)] \\ &= z^{-1}\sum_{k=0}^{\infty} g(kT+\beta T)z^{-k} \quad 0<\beta<1 \end{aligned}$$

上述 $G(z,\alpha)$ 和 $G(z,\beta)$ 均称为广义 Z 传递函数。超前型和滞后型广义 Z 传递函数没有本质上的区别，实际应用时可采用任何一种形式。

例 2.22 求 $G(s)=\dfrac{1}{s+1}\mathrm{e}^{-0.75Ts}$ 的广义 Z 传递函数。

解：由已知得 $q=0.75$，$\beta=1-0.75=0.25$，则

$$\begin{aligned} G(z,\beta) &= z^{-1}\,\mathcal{Z}\left(\frac{1}{s+1}\mathrm{e}^{-0.25Ts}\right) \\ &= z^{-1}\,\mathcal{Z}[\mathrm{e}^{-(t+0.25T)}] \end{aligned}$$

$$=z^{-1}e^{-0.25T}\ \mathcal{Z}(e^{-t})$$

$$=\frac{e^{-0.25T}z^{-1}}{1-e^{-T}z^{-1}}$$

例 2.23 求$G(s)=\dfrac{a}{s(s+a)}$的广义 Z 传递函数。

解：可以通过查表求得

$$G(z,\beta)=\frac{z^{-1}}{1-z^{-1}}-\frac{e^{-a\beta T}z^{-1}}{1-e^{-aT}z^{-1}}$$

$$=\frac{(1-e^{-a\beta T})z^{-1}+(e^{-a\beta T}-e^{-aT})z^{-2}}{(1-z^{-1})(1-e^{-aT}z^{-1})}\quad 0<\beta<1$$

习题 2

1. 什么是采样定理？采样周期选取的一般原则是什么？

2. 为什么闭环控制系统一般均采用零阶保持器而不用信号恢复效果更好的高阶保持器？

3. 求下列函数的 Z 变换。

(1) $f(t)=1-e^{-at}$

(2) $f(t)=\left(\dfrac{1}{4}\right)^k\quad k\geqslant 0$

(3) $F(s)=\dfrac{6}{s(s+2)}$

(4) $F(s)=\dfrac{s+2}{(s+1)(s+3)}$

4. 求下列函数的初值和终值。

(1) $F(z)=\dfrac{10z^{-1}}{(1-z^{-1})^2}$

(2) $F(z)=\dfrac{1+4z^{-1}+3z^{-2}}{1+2z^{-1}+6z^{-2}+2.5z^{-3}}$

(3) $F(z)=\dfrac{z+5}{z^2+4z+3}$

(4) $F(z)=\dfrac{z^2(z^2+z+1)}{(z^2-0.8z+1)(z^2+z+0.8)}$

5. 求下列各函数的 Z 反变换。

(1) $F(z)=\dfrac{z}{z-0.5}$

(2) $F(z)=\dfrac{z^2}{(z-0.8)(z-0.1)}$

(3) $F(z)=\dfrac{0.5z^2}{(z-1)(z-0.5)}$

(4) $F(z)=\dfrac{z}{(z-1)(z-2)}$

6. 设 $\alpha=\beta=0.5$,按定义求 $f(t)=\mathrm{e}^{-at}$ 的两种广义 Z 变换。

7. 求解下列差分方程(用 Z 变换法)。

(1) $y(k)-0.5y(k-1)=u(k)$,设输入 $u(t)=1(t)$(单位阶跃函数)以及当 $k<0$ 时 $y(k)=0$。

(2) $y(k)+4y(k-1)+3y(k-2)=u(k)+5u(k-1)$,设输入 $u(t)=\delta(t)$(单位脉冲函数)以及当 $k<0$ 时 $y(k)=0$。

8. 求下列各差分方程相应的 Z 传递函数。

(1) $y(k)-2y(k-2)+3y(k-4)=u(k)+u(k-1)$

(2) $y(k)+y(k-3)=u(k)-2u(k-2)$

9. 求下列各 $G(s)$相应的 Z 传递函数。

(1) $G(s)=\dfrac{2}{s(0.1s+1)}$

(2) $G(s)=\dfrac{2(1-\mathrm{e}^{-Ts})}{s(0.1s+1)}$

10. 求 $G(s)=\dfrac{1}{s+2}\mathrm{e}^{-0.4Ts}$ 的广义 Z 传递函数。

11. 求 $G(s)=\dfrac{4}{s(s+2)}$的广义 Z 传递函数。

12. 求图 2.23 的闭环 Z 传递函数。

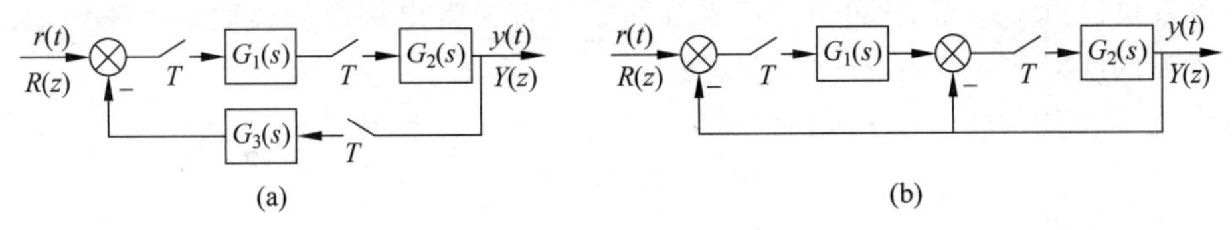

图 2.23 第 12 题图

13. 求图 2.24 的 Z 传递函数 $G(z)=\dfrac{Y(z)}{U(z)}$,设 $G_1(s)=\dfrac{1}{s+1}$,$G_2(s)=\dfrac{1}{0.1s+1}$。

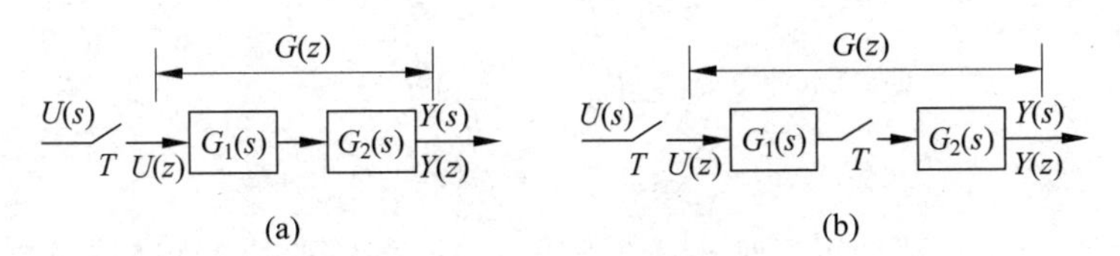

图 2.24 第 13 题图

第3章 计算机控制系统分析

在进行连续控制系统的分析与设计时，要研究判断所设计的系统是否稳定，并计算有多大的稳定裕量以及怎样满足暂态指标的要求和稳态控制精度。同样，在离散控制系统中也存在稳定性、动态响应和稳态准确度的分析，这是对任何一个自控系统都需要解决的问题。

3.1 S平面与Z平面的关系

在分析连续系统的稳定性时，主要是根据系统的闭环传递函数的极点是否都分布在S平面的左半部分(即左半面)，如果有极点出现在S平面的右半部分(即右半面)，则系统是不稳定的，所以，S平面的虚轴是连续系统稳定与不稳定的分界线。描述离散系统的数学模型是闭环Z传递函数，其变量为z，而z与s之间具有指数关系，即$z=\mathrm{e}^{Ts}$，如果将S平面按这个指数关系映射到Z平面，就可由连续系统的规则直接得出相应的离散系统的规则。S平面与Z平面的映射关系可由$z=\mathrm{e}^{Ts}$来确定。

设$s=\delta+\mathrm{j}\omega$，则有

$$\begin{cases} z=\mathrm{e}^{\delta T}\mathrm{e}^{\mathrm{j}\omega T} \\ |z|=\mathrm{e}^{\delta T} \\ \angle z=\omega T \end{cases}$$

由于$\mathrm{e}^{\mathrm{j}\omega T}=\cos\omega T+\mathrm{j}\sin\omega T$是周期为$2\pi$的周期函数，所以有

$$\begin{aligned} \angle z &= \omega T+2k\pi \\ &= \left(\omega+k\frac{2\pi}{T}\right)T \\ &= (\omega+k\omega_{\mathrm{s}})T \end{aligned}$$

在Z平面上，当δ为某个定值时$z=\mathrm{e}^{Ts}$随ω由$-\infty$变到∞的轨迹是一个圆，圆心位于原点，半径为$|z|=\mathrm{e}^{\delta T}$，而圆心角是随$\omega$线性增大的。

S平面上，ω每变化一个ω_{s}时，Z平面圆心角就变化2π，则对应在Z平面上就重复画出一个圆，这表明S平面上频率相差采样频率整数倍的所有点都映射到Z平面上同一点上。

当$\delta=0$时，$|z|=1$时，S平面虚轴上的点映射到Z平面上的复变量模为$|z|=1$的点，也就是映射到以原点为圆心的单位圆的圆周上，即S平面上的虚轴映射到Z平面上的是以原点为圆心的单位圆的圆周。

当 $\delta<0$ 时，$|z|<1$ 时，S平面左半面的点映射到Z平面上的复变量模为 $|z|<1$ 的点，也就是映射到以原点为圆心半径为 $|z|<1$ 的圆周上，即S平面的左半面映射到Z平面上的是以原点为圆心单位圆的内部。

当 $\delta>0$ 时，$|z|>1$，S平面右半面的点映射到Z平面上的复变量模为 $|z|>1$ 的点，也就是映射到以原点为圆心半径为 $|z|>1$ 的圆周上，即S平面的右半面映射到Z平面上的是以原点为圆心单位圆的外部。S平面与Z平面的映射关系如图3.1所示。

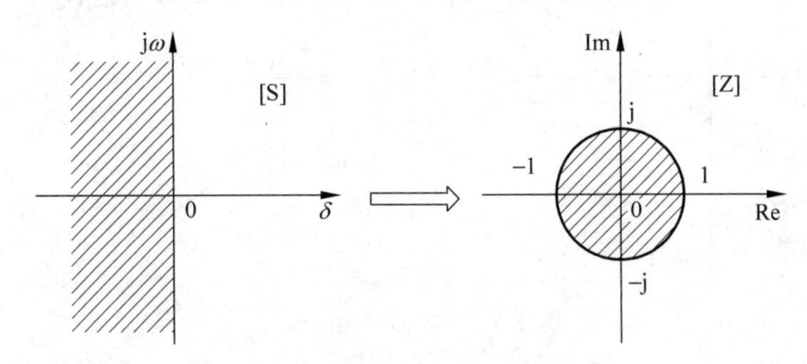

图3.1 S平面与Z平面的映射关系

从上述角频率 ω 与Z平面的相角关系可见，当 ω 从 $-\omega_s/2$ 到 $\omega_s/2$ 变化时，相角从 $-\pi$ 变化为 π 逆时针旋转一圈；当 ω 从 $\omega_s/2$ 到 $3\omega_s/2$ 变化时，相角从 π 变化为 $3\pi/2$ 还是逆时针旋转一圈，以此类推。由此可见，S平面被分成了无穷多平行于实轴的带状区，其宽度为 ω_s，每个带状区都映射为整个Z平面，其中 $-\omega_s/2\sim\omega_s/2$ 区域称为主频区，其余为辅频区(有无限多个)，主频区映射如图3.2所示。

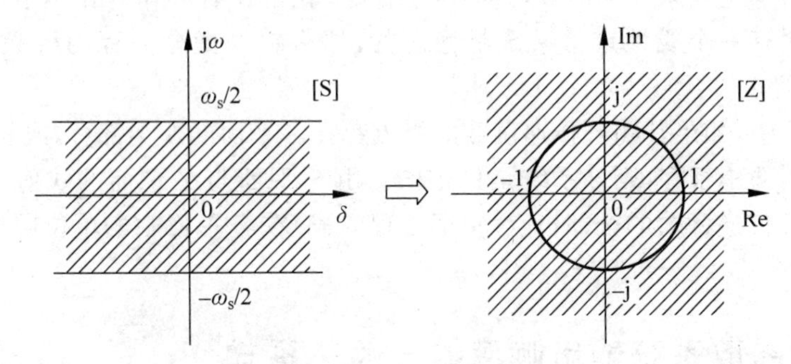

图3.2 主频区映射

S平面的主频区和辅频区映射到Z平面的重叠称为频率混叠现象，由于实际系统正常工作时的频率较低，因此，实际系统的工作频率都在主频区内。将S平面左半面主频区的点映射到Z平面如图3.3所示，其中点(15)为S平面负实轴无穷远处。

于是得到下面结论：

(1) S平面的虚轴对应于Z平面的单位圆的圆周。

(2) S平面的左半面对应于Z平面的单位圆内部。

(3) S平面的右半面对应于Z平面单位圆的外部。

(4) S平面负实轴的无穷远处对应于Z平面单位圆的圆心。

(5) S平面的原点对应于Z平面正实轴上 $z=1$ 的点。

(6) S平面的虚轴上 $\pm\omega_s/2$ 点对应于Z平面正实轴上 $z=-1$ 的点。

(7) S平面的负实轴对应于Z平面的单位圆内正实轴。

(8) S平面左半面等频率线 $\omega=\pm\omega_s/2$ 对应于Z平面的单位圆内负实轴。

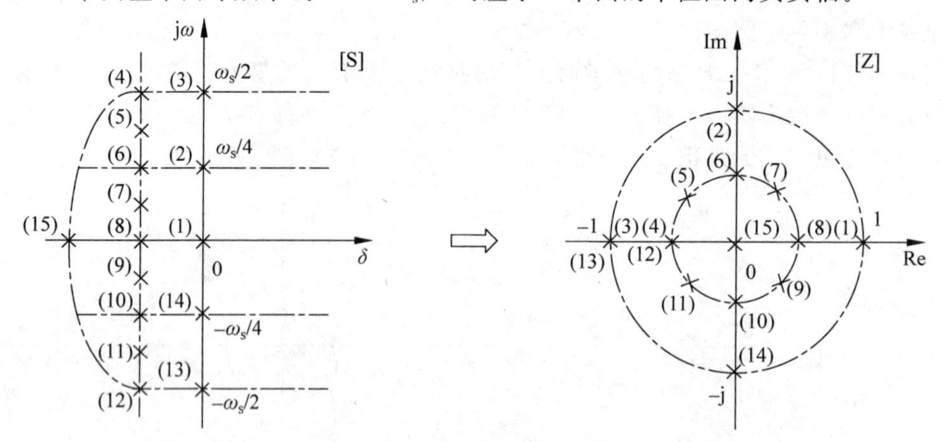

图 3.3 左半面主频区映射

3.2 离散系统的稳定性分析

一个控制系统稳定是它能正常工作的前提条件。连续系统的稳定性分析是在S平面进行的,离散系统的稳定性分析是在Z平面进行的。分析或设计一个控制系统,稳定性历来是首要问题。对于连续系统和离散系统,所谓稳定,就是在有界输入作用下,系统的输出也是有界的。如果有一个线性定常系统是稳定的,那么它的微分方程的解必须是收敛和有界的。

在连续系统中,如果其闭环传递函数的极点都在S平面的左半部分,或者说它的闭环特征方程的根的实部小于零,则该系统是稳定的。由S平面与Z平面的映射关系可知,当离散系统的闭环Z传递函数的全部极点(特征方程的根)在Z平面中的单位圆内时,离散系统是稳定的。

3.2.1 离散系统输出响应的一般关系式

设离散系统的闭环Z传递函数为

$$
\begin{aligned}
w(z) &= \frac{Y(z)}{R(z)} \\
&= \frac{b_0 z^m + b_1 z^{m-1} + \cdots + b_m}{z^n + a_1 z^{n-1} + \cdots + a_n} \\
&\triangleq \frac{B(z)}{A(z)}
\end{aligned}
$$

设有 n 个闭环极点 z_i 互异,$m<n$,输入为单位阶跃函数 $R(z)=\dfrac{z}{z-1}$,则有

$$
\frac{Y(z)}{z} = \frac{C_0}{z-1} + \sum_{i=1}^{n} \frac{C_i}{z-z_i}
$$

其中

$$\begin{cases} C_0=\dfrac{B(1)}{A(1)}=w(1) \\ C_i=\dfrac{B(z_i)}{(z_i-1)A(z_i)} \quad i=1,2,3,\cdots,n \end{cases}$$

取Z反变换得

$$y(k)=w(1)1(k)+\sum_{i=1}^{n}C_iz_i^k \quad k=1,2,3,\cdots$$

上式为采样系统在单位阶跃函数作用下输出响应序列的一般关系，第一项为稳态分量，第二项为暂态分量。

若离散系统稳定，则当时间 $k\to\infty$ 时，输出响应的暂态分量应趋于0，即 $\lim\limits_{k\to\infty}\sum\limits_{i=1}^{n}C_iz_i^k=0$，这就要求 $z_i<1, i=1,2,3,\cdots,n$。

因此得到结论：离散系统稳定的充分必要条件是闭环Z传递函数的全部极点应位于Z平面的单位圆内。

例3.1 某离散系统的闭环Z传递函数为

$$W(z)=\frac{3.16z^{-1}}{1+1.792z^{-1}+0.368z^{-2}}$$

判断该系统的稳定性。

解：求得 $W(z)$ 的极点为

$$z_1=-0.237, \quad z_2=-1.556$$

由于 $|z_2|>1$，故该系统是不稳定的。

3.2.2 离散系统稳定性判据

通过以上分析可知，离散系统稳定的充要条件是闭环Z传递函数的全部极点应位于Z平面的单位圆内。当离散系统的阶数较低时，求出其特征根即可判别系统的稳定性，但当系统的阶数较高时求特征根就变得很困难了。为此，可采用间接的方法来判别离散系统的稳定性，即使用朱利稳定性判据和劳斯稳定性判据。

1. 朱利稳定性判据

朱利稳定性判据是根据离散系统特征方程的系数来判别离散系统的稳定性，其特点是不用求出特征方程的根。

设离散系统特征方程为

$$\Delta(z)=a_0z^n+a_1z^{n-1}+\cdots+a_{n-1}z+a_n=0$$

要求式中 $a_0>0$，则 n 阶离散系统特征方程的根位于Z平面单位圆内的必要条件是

$$\begin{cases} \Delta(z)\big|_{z=1}>0 \\ (-1)^n\Delta(z)\big|_{z=-1}>0 \end{cases}$$

若此条件不成立，则离散系统不稳定，否则，构造朱利矩阵

$$
\begin{bmatrix}
a_0 & a_1 & a_2 & \cdots & a_{n-2} & a_{n-1} & a_n \\
a_n & a_{n-1} & a_{n-2} & \cdots & a_2 & a_1 & a_0 \\
b_0 & b_1 & b_2 & \cdots & b_{n-2} & b_{n-1} & \\
b_{n-1} & b_{n-2} & b_{n-3} & \cdots & b_1 & b_0 & \\
c_0 & c_1 & c_2 & \cdots & c_{n-2} & & \\
c_{n-2} & c_{n-3} & c_{n-4} & \cdots & c_0 & & \\
\vdots & \vdots & \vdots & & & & \\
l_0 & l_1 & & & & & \\
l_1 & l_0 & & & & & \\
m_0 & & & & & &
\end{bmatrix}
$$

其中

$$
\begin{cases}
b_k = a_k - a_{n-k}\dfrac{a_n}{a_0} \\
c_k = b_k - b_{n-k-1}\dfrac{b_{n-1}}{b_0} \\
\vdots \\
m_0 = l_0 - l_1\dfrac{l_1}{l_0}
\end{cases}
$$

则离散系统稳定的充要条件为：$a_0>0, b_0>0, c_0>0, \cdots, l_0>0, m_0>0$。

即当朱利矩阵中所有奇数行第一列元素均大于零时，离散系统是稳定的；若有小于零的元素，则离散系统是不稳定的，其中小于零的元素的个数就是特征根在 Z 平面单位圆外的个数。

例 3.2 某离散系统如图 3.4 所示，试用朱利稳定性判据判别该系统的稳定性，设系统开环增益 $k=1$，采样周期 $T=1\text{s}$。

解：该系统的开环 Z 传递函数为

$$
\begin{aligned}
W_k(z) &= \mathcal{Z}\left[\frac{1-\mathrm{e}^{-Ts}}{s}\,\frac{k}{s(s+1)}\right] \\
&= \frac{kz^{-1}[(T-1+\mathrm{e}^{-T})+(1-\mathrm{e}^{-T}-T\mathrm{e}^{-T})z^{-1}]}{(1-z^{-1})(1-\mathrm{e}^{-T}z^{-1})}
\end{aligned}
$$

则该系统的闭环 Z 传递函数为

$$
\begin{aligned}
W(z) &= \frac{W_k(z)}{1+W_k(z)} \\
&= \frac{kz^{-1}[(T-1+\mathrm{e}^{-T})+(1-\mathrm{e}^{-T}-T\mathrm{e}^{-T})z^{-1}]}{1+[k(T-1+\mathrm{e}^{-T})-1-\mathrm{e}^{-T}]z^{-1}+[k(1-\mathrm{e}^{-T}-T\mathrm{e}^{-T})+\mathrm{e}^{-T}]z^{-2}} \\
&= \frac{k[(T-1+\mathrm{e}^{-T})z+(1-\mathrm{e}^{-T}-T\mathrm{e}^{-T})]}{z^2+[k(T-1+\mathrm{e}^{-T})-1-\mathrm{e}^{-T}]z+k(1-\mathrm{e}^{-T}-T\mathrm{e}^{-T})+\mathrm{e}^{-T}}
\end{aligned}
$$

当 $k=1, T=1\text{s}$ 时，该系统的闭环 Z 传递函数为

$$
W(z) = \frac{0.368z+0.264}{z^2-z+0.632}
$$

则该系统的特征方程为

$$\Delta(z)=z^2-z+0.632$$

检验

$$\begin{cases}\Delta(z)\big|_{z=1}=0.632>0\\(-1)^n\Delta(z)\big|_{z=-1}=2.632>0\end{cases}$$

则满足系统稳定的必要条件，构造朱利矩阵

$$\begin{bmatrix}1 & -1 & 0.632\\0.632 & -1 & 1\\0.601 & -0.368 & \\-0.368 & 0.601 & \\0.226 & & \end{bmatrix}$$

可见，朱利矩阵中所有奇数行第一列元素均大于零，故该系统是稳定的。

例 3.3　某离散系统如图 3.5 所示，试用朱利稳定性判据确定使该系统稳定开环增益 k 值的范围，设采样周期 $T=0.25\text{s}$。

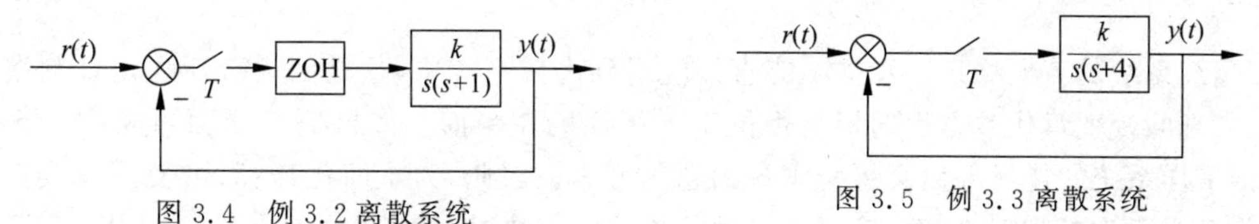

图 3.4　例 3.2 离散系统

图 3.5　例 3.3 离散系统

解：该系统的开环 Z 传递函数为

$$\begin{aligned}W_k(z)&=\mathcal{Z}\left[\frac{k}{s(s+4)}\right]\\&=\frac{k(1-\mathrm{e}^{-4T})z^{-1}}{4(1-z^{-1})(1-\mathrm{e}^{-4T}z^{-1})}\end{aligned}$$

则该系统的闭环 Z 传递函数为

$$\begin{aligned}W(z)&=\frac{W_k(z)}{1+W_k(z)}\\&=\frac{k(1-\mathrm{e}^{-4T})z^{-1}}{4+[k(1-\mathrm{e}^{-4T})-4(1+\mathrm{e}^{-4T})]z^{-1}+4\mathrm{e}^{-4T}z^{-2}}\\&=\frac{k(1-\mathrm{e}^{-4T})z}{4z^2+[k(1-\mathrm{e}^{-4T})-4(1+\mathrm{e}^{-4T})]z+4\mathrm{e}^{-4T}}\end{aligned}$$

当 $T=0.25\text{s}$ 时，该系统的闭环 Z 传递函数为

$$W(z)=\frac{0.158kz}{z^2+(0.158k-1.368)z+0.368}$$

求得该系统的特征方程为

$$\Delta(z)=z^2+(0.158k-1.368)z+0.368$$

根据系统稳定的必要条件，要求

$$\begin{cases}\Delta(z)\big|_{z=1}=0.158k>0\\(-1)^n\Delta(z)\big|_{z=-1}=2.736-0.158k>0\end{cases}$$

则得

$$0 < k < 17.3$$

构造朱利矩阵

$$\begin{bmatrix} 1 & 0.158k-1.368 & 0.368 \\ 0.368 & 0.158k-1.368 & 1 \\ 0.865 & 0.1k-0.865 & \\ 0.1k-0.865 & 0.865 & \\ 0.2k-0.01156k^2 & & \end{bmatrix}$$

如果系统稳定,则要求朱利矩阵中所有奇数行第一列元素均大于零,即要求

$$0.2k-0.01156k^2 > 0$$

则得

$$k < 17.3$$

对得到的结果进行综合,是该系统稳定的 k 值范围为 $0<k<17.3$。

2. 劳斯稳定性判据

连续系统的劳斯稳定性判据不能直接应用到离散系统中,这是因为劳斯稳定性判据只能用来判断复变量代数方程的根是否位于S平面的左半面。如果把Z平面再映射到S平面,则采样系统的特征方程又将变成S的超越方程。因此,为了简化计算,可使用双线性变换,将Z平面变换到W平面,使得Z平面的单位圆内映射到W平面的左半面,这样,就可以应用劳斯稳定性判据判别离散系统的稳定性,这种双线性变换称为W变换。

设

$$z=\frac{w+1}{w-1} \quad \left(\text{或 } z=\frac{1+w}{1-w}\right)$$

其中,z、w 均为复变量,即构成W变换。令 $z=x+\mathrm{j}y$,$w=u+\mathrm{j}v$,则得

$$w=u+\mathrm{j}v=\frac{x^2+y^2-1}{(x-1)^2+y^2}-\mathrm{j}\frac{2y}{(x-1)^2+y^2}$$

即

$$\begin{cases} u=\dfrac{x^2+y^2-1}{(x-1)^2+y^2} \\ v=-\dfrac{2y}{(x-1)^2+y^2} \end{cases}$$

根据上式,可以看到:

若 $x^2+y^2>1$,则 $u>0$,即Z平面上的单位圆外部映射到W平面的右半面。

若 $x^2+y^2=1$,则 $u=0$,即Z平面上的单位圆的圆周映射到W平面的虚轴。

若 $x^2+y^2<1$,则 $u<0$,即Z平面上的单位圆内部映射到W平面的左半面。

Z平面与W平面的映射关系如图3.6所示。

通过W变换,将Z特征方程变成W特征方程,这样就可以用劳斯稳定性判据来判断W特征方程的根是否在W平面的左半面,即系统是否稳定。

设离散系统Z特征方程为

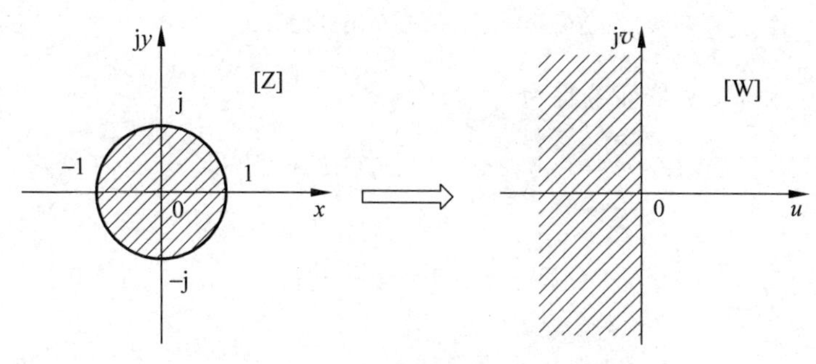

图 3.6 Z 平面与 W 平面的映射关系

$$\Delta(z)=A_0z^n+A_1z^{n-1}+\cdots+A_{n-1}z+A_n=0$$

经 W 变换后得到 W 特征方程为

$$\Delta(w)=a_0w^n+a_1w^{n-1}+\cdots+a_{n-1}w+a_n=0$$

则劳斯表为

$$\begin{array}{cccccc}
w^n & a_0 & a_2 & a_4 & a_6 & \cdots \\
w^{n-1} & a_1 & a_3 & a_5 & a_7 & \cdots \\
w^{n-2} & b_1 & b_2 & b_3 & b_4 & \cdots \\
w^{n-3} & c_1 & c_2 & c_3 & c_4 & \cdots \\
w^{n-4} & d_1 & d_2 & d_3 & d_4 & \cdots \\
\vdots & \vdots & \vdots & \vdots & \vdots & \\
w^2 & e_1 & e_2 & e_3 & & \\
w^1 & f_1 & f_2 & & & \\
w^0 & g_1 & & & &
\end{array}$$

其中

$$\begin{cases}
b_k=\dfrac{a_1a_{2k}-a_0a_{2k+1}}{a_1} \\
c_k=\dfrac{b_1a_{2k+1}-a_1b_{k+1}}{b_1} \\
d_k=\dfrac{c_1b_{k+1}-b_1c_{k+1}}{c_1} \\
\quad\vdots \\
g_1=\dfrac{f_1e_2-e_1f_2}{f_1}
\end{cases}$$

结论：

(1) W 特征方程系数符号必须相同,否则系统是不稳定的。

(2) 若劳斯表第一列元素均为正,则系统稳定,否则系统不稳定。

下面通过例题说明如何利用 W 变换和劳斯稳定判据来判定系统的稳定性。

例 3.4 用劳斯稳定性判据判别例 3.2 中系统的稳定性。

解：例 3.2 系统的 Z 特征方程为

$$\Delta(z)=z^2-z+0.632=0$$

设 $z=\frac{w+1}{w-1}$,则得 W 特征方程为

$$\Delta(w)=0.632w^2+0.736w+2.632=0$$

对应的劳斯表为

$$\begin{array}{lll} w^2 & 0.632 & 2.632 \\ w^1 & 0.736 & \\ w^0 & 2.632 & \end{array}$$

由此可见,W 特征方程系数符号相同,劳斯表第一列元素均为正,则系统稳定。

例 3.5 用劳斯稳定性判据确定使例 3.3 中系统稳定的 k 值范围。

解:求得该系统的 Z 特征方程为

$$\Delta(z)=z^2+(0.158k-1.368)z+0.368=0$$

设 $z=\frac{w+1}{w-1}$,则得 W 特征方程为

$$0.158kw^2+1.264w+(2.736-0.158k)=0$$

其劳斯表为

$$\begin{array}{lll} w^2 & 0.158k & 2.736-0.158k \\ w^1 & 1.264 & \\ w^0 & 2.736-0.158k & \end{array}$$

若使系统稳定,则要求

$$\begin{cases} 0.158k>0 \\ 2.736-0.158k>0 \end{cases}$$

解得使系统稳定的 k 值范围为 $0<k<17.3$。

显然,当 $k\geqslant17.3$ 时,该系统是不稳定的,众所周知,对于二阶连续系统,k 为任何值时都是稳定的,这就说明 k 对离散系统的稳定性是有影响的。

3.2.3 离散系统开环增益、采样周期与稳定性的关系

系统的稳定性是系统的固有特性,主要取决于系统的结构参数,与输入信号的形式无关。一般来说,采样周期 T 也对系统的稳定性有影响,缩短采样周期会改善系统的稳定性。简单起见,通过例子来说明。

例 3.6 对于图 3.4 所示的离散系统,试分析该系统的开环增益 k、采样周期 T 与稳定性的关系。

解:根据例 3.2 求得的结果,该系统的闭环 Z 传递函数为

$$W(z)=\frac{k[(T-1+e^{-T})z+(1-e^{-T}-Te^{-T})]}{z^2+[k(T-1+e^{-T})-1-e^{-T}]z+k(1-e^{-T}-Te^{-T})+e^{-T}}$$

则该系统的 Z 特征方程为

$$\Delta(z)=z^2+[k(T-1+e^{-T})-1-e^{-T}]z+k(1-e^{-T}-Te^{-T})+e^{-T}$$

设 $z=\frac{w+1}{w-1}$，则得 W 特征方程为

$$kT(1-e^{-T})w^2+2[1-e^{-T}-k(1-e^{-T}-Te^{-T})]w+$$
$$k(3-T-3e^{-T}-2Te^{-T})+2+3e^{-T}=0$$

其劳斯表为

$$\begin{array}{lll} w^2 & kT(1-e^{-T}) & k(3-T-3e^{-T}-2Te^{-T})+2+3e^{-T} \\ w^1 & 2[1-e^{-T}-k(1-e^{-T}-Te^{-T})] & \\ w^0 & k(3-T-3e^{-T}-2Te^{-T})+2+3e^{-T} & \end{array}$$

若使系统稳定，则要求

$$\begin{cases} kT(1-e^{-T})>0 \\ 1-e^{-T}-k(1-e^{-T}-Te^{-T})>0 \\ k(3-T-3e^{-T}-2Te^{-T})+2+3e^{-T}>0 \end{cases}$$

当 $T=4\text{s}$ 时，得 $0<k<1.081$。

当 $T=3\text{s}$ 时，得 $0<k<1.187$。

当 $T=2\text{s}$ 时，得 $0<k<1.456$。

当 $T=1\text{s}$ 时，得 $0<k<2.392$。

当 $T=0.5\text{s}$ 时，得 $0<k<4.362$。

当 $T=0.1\text{s}$ 时，得 $0<k<20.339$。

当 $T=0.01\text{s}$ 时，得 $0<k<200.334$。

可以看出，当减小采样周期 T 时，使系统稳定的开环增益 k 值范围增大；反之，增大采样周期 T 时，使系统稳定的开环增益 k 值范围缩小。也就是说，减小采样周期，系统的稳定性能将升高；增大采样周期，系统的稳定性能将下降。但需要指出的是，对于计算机控制系统，缩短采样周期就意味着增加计算机的运算时间，且当采样周期减小到一定程度后，对改善动态性能无多大意义，所以应该适当选取采样周期。

3.3 离散系统的过渡响应分析

一个控制系统在外信号作用下从原有稳定状态变化到新的稳定状态的整个动态过程称为控制系统的过渡过程，一般认为被控变量进入新稳态值附近±5%或±3%的范围内就可以表明过渡过程已经结束。

如果已知线性离散系统在阶跃输入下输出的 Z 变换 $Y(z)$，那么，对 $Y(z)$ 进行 Z 反变换，就可获得动态响应 $y^*(t)$，将 $y^*(t)$ 连成光滑曲线，就可得到系统的动态性能指标。离散系统单位阶跃响应曲线如图 3.7 所示。

通常，线性离散系统的动态特征是系统在单位阶跃信号输入下的过渡过程特性（或者说系统的动态响应特性），原因是单位阶跃输入信号容易产生，并且能够提供动态响应和稳态响应的有用信息。与连续系统相似，离散系统的主要性能指标有上升时间、峰值时间、过渡过程时间和超调量等，具体定义如下：

上升时间 t_r 响应曲线从稳态值的 10%上升到稳态值 90%所需的时间。

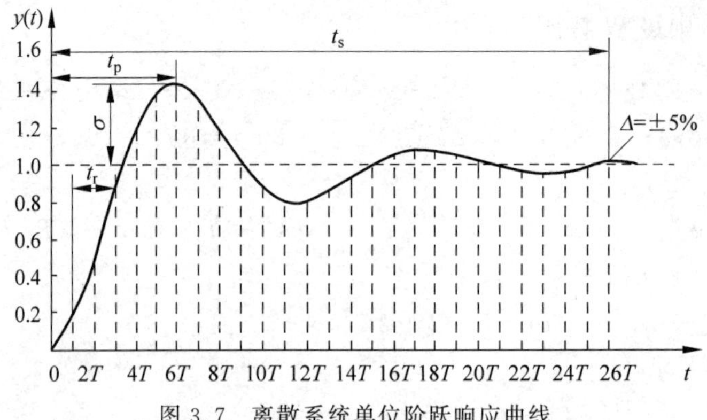

图 3.7 离散系统单位阶跃响应曲线

峰值时间 t_p 响应曲线从零时刻起到达超过其稳态值时的第一个峰值所需的时间。

过渡过程时间 t_s 响应曲线从零时刻起进入并稳定在稳态值的某一范围所需的时间，以稳态值的百分数来表示，通常取±5%。

超调量 σ 响应曲线超过其稳态值的最大峰值与稳态值的差值，用百分数来表示，定义为

$$\sigma=\frac{y(t_p)-y(\infty)}{y(\infty)}\times 100\%$$

首先研究离散系统在单位脉冲信号作用下的瞬态响应，以了解离散系统的动态性能。设离散系统的闭环Z传递函数可以写成如下形式：

$$W(z)=\frac{Y(z)}{R(z)}=\frac{K\prod_{i=1}^{m}(z-z_i)}{\prod_{j=1}^{n}(z-z_j)}\quad n>m$$

式中，z_i 与 z_j 分别表示闭环零点和极点。利用部分分式法，可将 $W(z)$ 展开成

$$W(z)=\frac{A_1 z}{z-z_1}+\frac{A_2 z}{z-z_2}+\cdots+\frac{A_n z}{z-z_n}$$

由此可见，离散系统的时间响应是它各个极点时间响应的线性叠加。如果了解位于任意位置的一个极点所对应的瞬态响应，则整个离散系统的瞬态响应也就容易解决了。

与连续系统类似，离散系统的零点和极点在Z平面上的分布对系统的瞬态响应起着决定性的作用，特别是系统的极点不但决定了系统的稳定性而且还决定了系统响应速度。假设某系统的闭环Z传递函数只有一个实极点，考虑当极点位于不同的位置时系统的单位脉冲响应。对于单位脉冲序列 $\delta(k)$，它的Z变换为1，在单位脉冲序列的作用下系统的动态过程，称为系统的单位脉冲响应。设系统输入为 $R(z)$，输出为 $Y(z)$，系统闭环Z传递函数为 $W(z)$。使用单位脉冲作为系统的输入时，由于 $R(z)=1$，则系统输出为

$$Y(z)=W(z)R(z)=W(z)$$

因此，若记系统单位脉冲响应序列为 $y(k)$，则有

$$y(k)=\mathcal{Z}^{-1}[W(z)]$$

即系统闭环Z传递函数 $W(z)$ 的Z反变换即为系统的单位脉冲响应函数。

假设系统有一个位于实轴的单极点 z_i，则在系统闭环Z传递函数的部分分式中必含有 $A_iz/(z-z_i)$ 项，在单位脉冲作用下，对应于这一项的输出序列为 $y(k)=A_iz_i^k$。当极点 z_i 位于Z平面实轴不同位置时，它所对应的脉冲响应序列如图3.8所示。

(1) 当 $z_i>1$ 时，即极点在单位圆外的正实轴上，对应的暂态响应 $y(kT)$ 单调发散。

(2) 当 $z_i=1$ 时，即极点在单位圆与正实轴的交点，对应的暂态响应 $y(kT)$ 是等幅的。

(3) 当 $0<z_i<1$ 时，即极点在单位圆内的正实轴上，对应的暂态响应 $y(kT)$ 单调衰减。

(4) 当 $-1<z_i<0$ 时，即极点在单位圆内的负实轴上，对应的暂态响应 $y(kT)$ 是以 $2T$ 为周期正负交替地衰减振荡。

(5) 当 $z_i=-1$ 时，即极点在单位圆与负实轴的交点，对应的暂态响应 $y(kT)$ 是以 $2T$ 为周期正负交替地等幅振荡。

(6) 当 $z_i<-1$ 时，即极点在单位圆外的负实轴上，对应的暂态响应 $y(kT)$ 是以 $2T$ 为周期正负交替地发散振荡。

对于有一对共轭复数极点的情况，请读者参阅有关参考书。

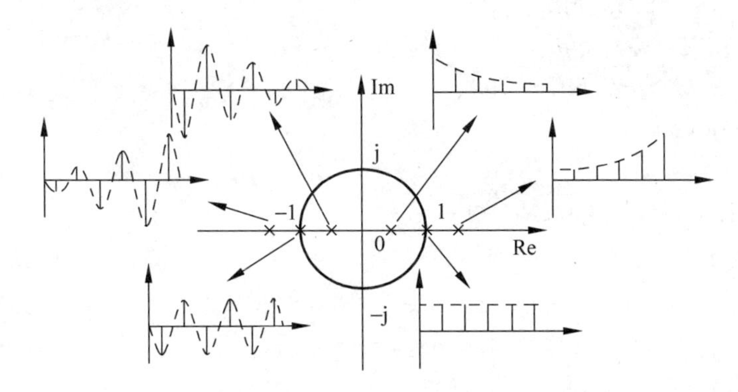

图3.8 不同位置的实极点与脉冲响应的关系

下面通过实例对离散系统的过渡过程进行分析。

例3.7 分析图3.4所示系统的过渡过程，设系统输入是单位阶跃信号 $R(z)=\dfrac{1}{1-z^{-1}}$。

解：根据例3.2求得的结果，该系统的闭环Z传递函数为

$$W(z)=\frac{k(T-1+\mathrm{e}^{-T})z^{-1}+k(1-\mathrm{e}^{-T}-T\mathrm{e}^{-T})z^{-2}}{1+[k(T-1+\mathrm{e}^{-T})-1-\mathrm{e}^{-T}]z^{-1}+[k(1-\mathrm{e}^{-T}-T\mathrm{e}^{-T})+\mathrm{e}^{-T}]z^{-2}}$$

(1) 设 $k=1,T=1\mathrm{s}$，则

$$W(z)=\frac{0.368z^{-1}+0.264z^{-2}}{1-z^{-1}+0.632z^{-2}}$$

$$\begin{aligned}Y(z)&=W(z)R(z)\\&=\frac{0.368z^{-1}+0.264z^{-2}}{1-z^{-1}+0.632z^{-2}}\times\frac{1}{1-z^{-1}}\\&=0.368z^{-1}+z^{-2}+1.4z^{-3}+1.4z^{-4}+1.147z^{-5}+0.895z^{-6}+0.802z^{-7}+\\&\quad 0.868z^{-8}+0.993z^{-9}+1.077z^{-10}+1.081z^{-11}+1.032z^{-12}+0.981z^{-13}+\\&\quad 0.961z^{-14}+0.973z^{-15}+0.997z^{-16}+\cdots\end{aligned}$$

从上述数据可以看出,系统在单位阶跃函数作用下的过渡过程具有衰减振荡的形式,故系统是稳定的。其超调量 $\sigma \approx 40\%$,且峰值出现在第 3、4 个采样点之间,峰值时间 $t_p \approx 3.5\text{s}$,约经 12 个采样周期后过渡过程结束,过渡过程时间 $t_s \approx 12\text{s}$,其响应曲线如图 3.9 所示。

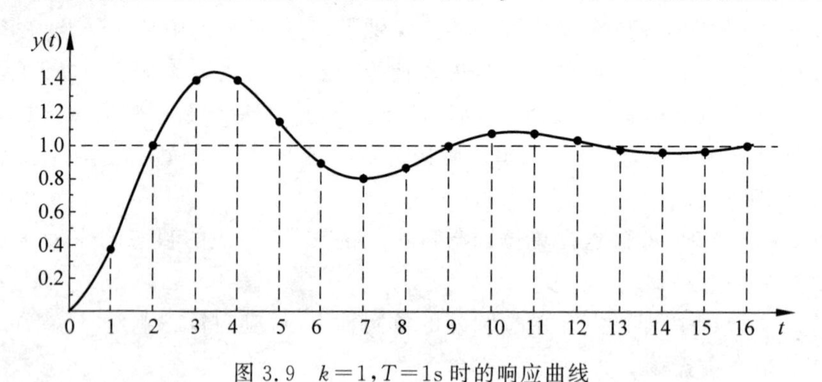

图 3.9　$k=1, T=1\text{s}$ 时的响应曲线

(2) 设 $k=1, T=0.5\text{s}$,则

$$W(z)=\frac{0.107z^{-1}+0.09z^{-2}}{1-1.5z^{-1}+0.697z^{-2}}$$

$$\begin{aligned}Y(z)&=W(z)R(z)\\&=\frac{0.107z^{-1}+0.09z^{-2}}{1-1.5z^{-1}+0.697z^{-2}}\times\frac{1}{1-z^{-1}}\\&=0.107z^{-1}+0.358z^{-2}+0.659z^{-3}+0.937z^{-4}+1.142z^{-5}+1.258z^{-6}+\\&\quad 1.287z^{-7}+1.251z^{-8}+1.177z^{-9}+1.090z^{-10}+1.012z^{-11}+0.955z^{-12}+\\&\quad 0.924z^{-13}+0.918z^{-14}+0.929z^{-15}+0.951z^{-16}+0.976z^{-17}+0.998z^{-18}+\\&\quad 1.014z^{-19}+\cdots\end{aligned}$$

从上述数据可以看出,系统在单位阶跃函数作用下的过渡过程具有衰减振荡的形式,故系统是稳定的。其超调量 $\sigma \approx 28.7\%$,且峰值出现在第 7 个采样点附近,峰值时间 $t_p \approx 3.5\text{s}$,约经 16 个采样周期后过渡过程结束,过渡过程时间 $t_s \approx 8\text{s}$,其响应曲线如图 3.10 所示。

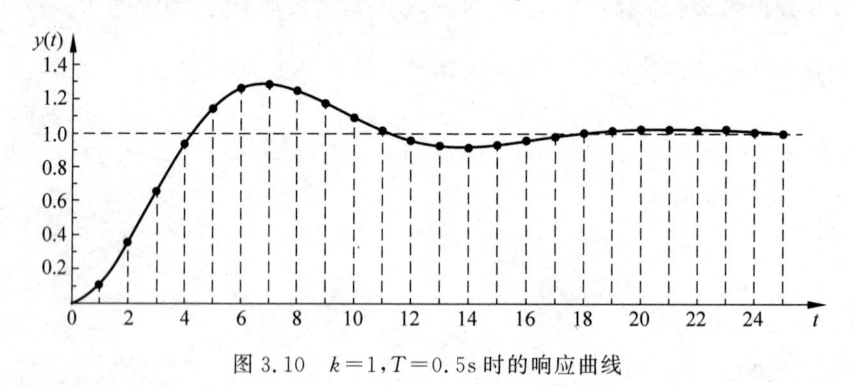

图 3.10　$k=1, T=0.5\text{s}$ 时的响应曲线

(3) 设 $k=1.5, T=1\text{s}$,则

$$W(z)=\frac{0.552z^{-1}+0.396z^{-2}}{1-0.816z^{-1}+0.764z^{-2}}$$

$$
\begin{aligned}
Y(z) &= W(z)R(z) \\
&= \frac{0.552z^{-1}+0.396z^{-2}}{1-0.816z^{-1}+0.764z^{-2}} \times \frac{1}{1-z^{-1}} \\
&= 0.552z^{-1}+1.399z^{-2}+1.668z^{-3}+1.240z^{-4}+0.686z^{-5}+0.560z^{-6}+ \\
&\quad 0.881z^{-7}+1.239z^{-8}+1.286z^{-9}+1.051z^{-10}+0.823z^{-11}+0.817z^{-12}+ \\
&\quad 0.986z^{-13}+1.129z^{-14}+1.116z^{-15}+0.996z^{-16}+0.908z^{-17}+0.928z^{-18}+ \\
&\quad 1.011z^{-19}+1.064z^{-20}+1.044z^{-21}+0.987z^{-22}+0.956z^{-23}+0.974z^{-24}+ \\
&\quad 1.013z^{-25}+\cdots
\end{aligned}
$$

由以上数据可知该离散系统仍是稳定的，其超调量 $\sigma \approx 66.8\%$，且峰值出现在第 3 个采样点附近，峰值时间 $t_p \approx 3\mathrm{s}$，约经 21 个采样周期后过渡过程结束，过渡过程时间 $t_s \approx 21\mathrm{s}$，其响应曲线如图 3.11 所示。

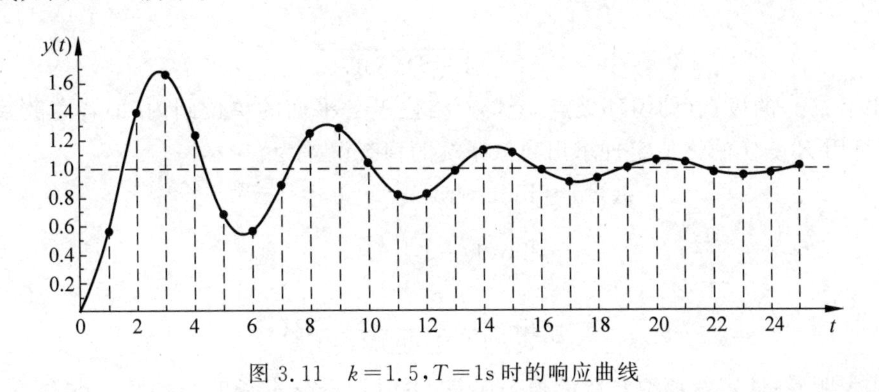

图 3.11 $k=1.5, T=1\mathrm{s}$ 时的响应曲线

由以上数据分析可知，减小采样周期可使系统的振荡次数、超调量和过渡过程时间减小，增大开环增益系数可使系统的响应加快，同时振荡次数、超调量和过渡过程时间增加。因此，增加采样频率可以改善系统的动态性能，增大系统的开环增益使系统动态性能变差。

3.4 离散系统的稳态准确度分析

在连续系统中，稳态误差的计算可以通过两种方法进行：一种是建立在拉普拉斯变换终值定理基础上的计算方法，可以求出系统的终值误差；另一种是从系统误差传递函数出发的动态误差系数法，可以求出系统动态误差的稳态分量。这两种计算稳态误差的方法，在一定条件下可以推广到离散系统。

由于离散系统没有唯一的典型结构形式，所以误差 Z 传递函数也给不出一般的计算公式，离散系统的稳态误差需要针对不同形式的离散系统来求取。这里仅介绍利用 Z 变换的终值定理方法求取离散系统的稳态误差。

设单位负反馈离散系统如图 3.12 所示。

其中，$e(t)$ 为系统的连续误差信号，$e^*(t)$ 为系统误差采样信号，$D(z)$ 为数字控制器的

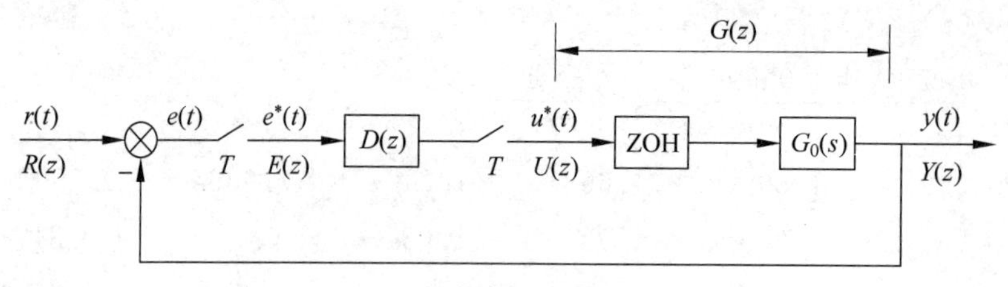

图 3.12 单位负反馈离散系统

Z 传递函数,$ZOH=\frac{1-e^{-Ts}}{s}$为零阶保持器的传递函数,令$G(s)=\frac{1-e^{-Ts}}{s}G_0(s)$,$G_0(s)$为被控对象连续部分的传递函数,系统闭环误差 Z 传递函数为

$$W_e(z)=\frac{E(z)}{R(z)}=\frac{1}{1+D(z)G(z)}$$

如果$W_e(z)$的极点(即闭环极点)全部严格位于 Z 平面的单位圆内,即若离散系统是稳定的,则可用 Z 变换的终值定理求出离散系统的稳态误差为

$$\begin{aligned}e(\infty)&=\lim_{t\to\infty}e^*(t)\\&=\lim_{z\to1}(1-z^{-1})E(z)\\&=\lim_{z\to1}\frac{1-z^{-1}}{1+D(z)G(z)}R(z)\end{aligned}$$

上式表明,线性定常离散系统的稳态误差,不但与系统本身的结构和参数有关,而且与输入序列的形式及幅值有关。

与连续系统类似,可以把离散系统开环 Z 传递函数 $D(z)G(z)$ 中具有 $z=1$ 的极点个数 v 作为划分离散系统型别的标准,把 $D(z)G(z)$ 中 $v=0,1,2,\cdots$ 的系统分别称为 0 型、Ⅰ型和Ⅱ型系统等。下面讨论图 3.12 所示的不同类别的离散系统在三种典型输入信号作用下的稳态误差,并建立离散系统稳态误差系数的概念。

1. 单位阶跃输入时的稳态误差

对于单位阶跃输入 $r(t)=1(t)$时,其 Z 变换为

$$R(z)=\frac{z}{z-1}$$

$$E(z)=\frac{1}{1+D(z)G(z)}\times\frac{z}{z-1}$$

由 Z 变换终值定理,得

$$\begin{aligned}e_p(\infty)&=\lim_{z\to1}(z-1)E(z)\\&=\lim_{z\to1}\frac{1}{1+D(z)G(z)}\\&=\frac{1}{K_p}\end{aligned}$$

称 $K_p=\lim\limits_{z\to 1}[1+D(z)G(z)]$为位置放大系数。

对于0型离散系统，由于开环Z传递函数 $D(z)G(z)$中没有 $z=1$ 的极点，则 K_p 为某一定值，从而 $e_p(\infty)\neq 0$；对于Ⅰ型及以上离散系统，由于 $D(z)G(z)$中有 $z=1$ 的极点，则 $K_p=\infty$，从而 $e_p(\infty)=0$。因此，在单位阶跃输入作用下，0型离散系统存在稳态误差，Ⅰ型或Ⅰ型以上的离散系统没有稳态误差，这与连续系统相似。

2. 单位速度输入时的稳态误差

对于单位速度输入 $r(t)=t$ 时，其Z变换为

$$R(z)=\frac{Tz}{(z-1)^2}$$

$$E(z)=\frac{1}{1+D(z)G(z)}\times\frac{Tz}{(z-1)^2}$$

由Z变换终值定理，得

$$\begin{aligned}e_v(\infty)&=\lim_{z\to 1}(z-1)E(z)\\&=\frac{T}{\lim\limits_{z\to 1}(z-1)D(z)G(z)}\\&=\frac{1}{K_v}\end{aligned}$$

称 $K_v=\frac{1}{T}\lim\limits_{z\to 1}(z-1)D(z)G(z)$为速度放大系数。

对于0型离散系统，由于开环Z传递函数 $D(z)G(z)$中没有 $z=1$ 的极点，则 $K_v=0$，从而 $e_v(\infty)=\infty$；对于Ⅰ型离散系统，由于 $D(z)G(z)$中有一个 $z=1$ 的极点，则 K_v 为某一定值，从而 $e_v(\infty)\neq 0$；对于Ⅱ型及以上的离散系统，由于 $D(z)G(z)$中有两个及两个以上 $z=1$ 的极点，则 $K_v=\infty$，从而 $e_v(\infty)=0$。因此，在单位速度输入作用下，0型离散系统稳态误差为无穷大，Ⅰ型离散系统存在稳态误差；Ⅱ型及Ⅱ型以上的离散系统没有稳态误差。

3. 单位加速度输入时的稳态误差

对于单位加速度输入 $r(t)=\frac{1}{2}t^2$ 时，其Z变换函数为

$$R(z)=\frac{T^2z(z+1)}{2(z-1)^3}$$

$$E(z)=\frac{1}{1+D(z)G(z)}\times\frac{T^2z(z+1)}{2(z-1)^3}$$

由Z变换终值定理，得

$$\begin{aligned}e_a(\infty)&=\lim_{z\to 1}(z-1)E(z)\\&=\frac{T^2}{\lim\limits_{z\to 1}(z-1)^2D(z)G(z)}\\&=\frac{1}{K_a}\end{aligned}$$

称 $K_a=\frac{1}{T^2}\lim_{z\to 1}(z-1)^2 D(z)G(z)$为加速度放大系数。

对于 0 型及Ⅰ型离散系统 $K_a=0$,从而 $e_a(\infty)=\infty$;对于Ⅱ型离散系统,K_a 为某一定值,从而 $e_a(\infty)\neq 0$;Ⅲ型及Ⅲ型以上离散系统,$K_a=\infty$,从而 $e_a(\infty)=0$。因此,在单位加速度输入作用下,0 型和Ⅰ型离散系统稳态误差为无穷大,Ⅱ型离散系统存在稳态误差,Ⅲ型或Ⅲ型以上的离散系统没有稳态误差。

例 3.8 对于图 3.12 所示的离散系统,设 $G(s)=\frac{1}{s(s+1)}$,$D(z)=1$,$T=1\text{s}$,求该系统在三种典型信号的作用下的稳态误差。

解:求得

$$G(z)=\mathcal{Z}\left[\frac{1-e^{-Ts}}{s}G(s)\right]=\frac{0.368(z+0.718)}{(z-1)(z-0.368)}$$

$$D(z)G(z)=\frac{0.368(z+0.718)}{(z-1)(z-0.368)}$$

此系统为Ⅰ型离散系统,闭环误差 Z 传递函数为

$$W_e(z)=\frac{1}{1+D(z)G(z)}=\frac{z^2-1.368z+0.368}{z^2-z+0.632}$$

(1) 单位阶跃输入时,有

$$K_p=\lim_{z\to 1}[1+D(z)G(z)]=\lim_{z\to 1}\left[1+\frac{0.368(z+0.718)}{(z-1)(z-0.368)}\right]=\infty$$

所以

$$e_p(\infty)=\frac{1}{K_p}=0$$

系统无稳态误差,系统的误差响应为

$$\begin{aligned}E(z)&=W_e(z)R(z)\\&=\frac{1-1.368z^{-1}+0.368z^{-2}}{1-z^{-1}+0.632z^{-2}}\times\frac{1}{1-z^{-1}}\\&=1+0.632z^{-1}+0z^{-2}-0.4z^{-3}-0.4z^{-4}-0.147z^{-5}+0.105z^{-6}+0.198z^{-7}+\\&\quad 0.132z^{-8}+0.007z^{-9}-0.077z^{-10}-0.081z^{-11}-0.032z^{-12}+0.019z^{-13}+\\&\quad 0.039z^{-14}+0.027z^{-15}+0.003z^{-16}+\cdots\end{aligned}$$

从数据上可以看出,经过 12 个采样周期,系统的误差在±5%范围内,系统的过渡过程结束,单位阶跃输入下的误差响应曲线如图 3.13 所示。

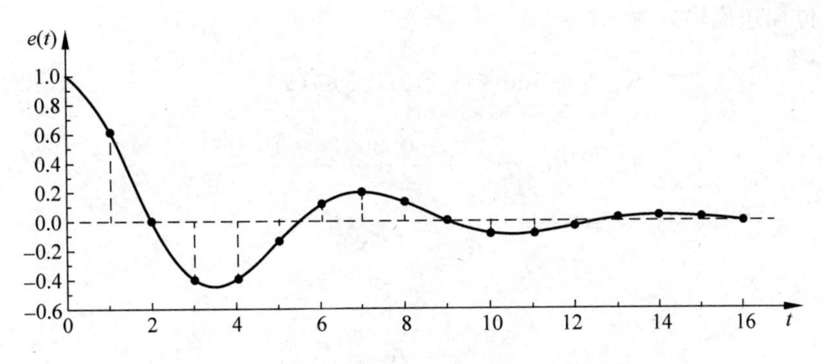

图 3.13 单位阶跃输入下的误差响应曲线

(2) 单位速度输入时，有

$$K_v = \frac{1}{T}\lim_{z\to 1}(z-1)D(z)G(z)$$
$$= \lim_{z\to 1}(z-1)\frac{0.368(z+0.718)}{(z-1)(z-0.368)}$$
$$= 1$$

所以

$$e_v(\infty) = \frac{T}{K_v} = 1$$

系统有恒为 1 的稳态误差，系统的误差响应为

$$E(z) = W_e(z)R(z)$$
$$= \frac{1-1.368z^{-1}+0.368z^{-2}}{1-z^{-1}+0.632z^{-2}} \times \frac{z^{-1}}{(1-z^{-1})^2}$$
$$= z^{-1}+1.632z^{-2}+1.632z^{-3}+1.233z^{-4}+0.833z^{-5}+0.686z^{-6}+0.792z^{-7}+ 0.990z^{-8}+1.122z^{-9}+1.128z^{-10}+1.051z^{-11}+0.970z^{-12}+0.938z^{-13}+ 0.957z^{-14}+0.996z^{-15}+1.023z^{-16}+\cdots$$

从数据上可以看出，经过 14 个采样周期，系统的误差在 $\pm 5\%$ 范围内，系统的过渡过程结束，单位速度输入下的误差响应曲线如图 3.14 所示。

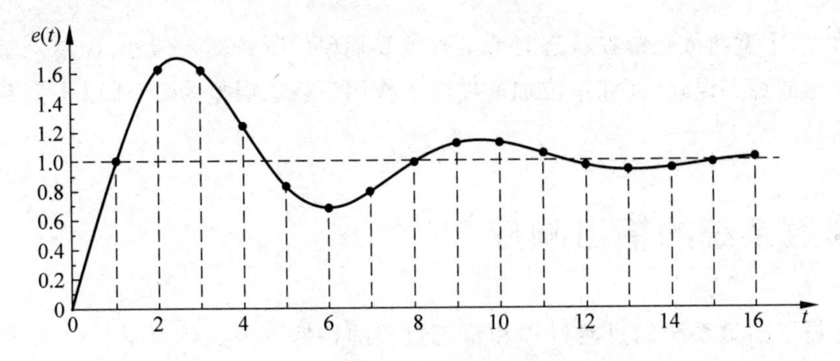

图 3.14 单位速度输入下的误差响应曲线

(3) 单位加速度输入时,有

$$
\begin{aligned}
K_{\mathrm{a}} &= \frac{1}{T^{2}}\lim_{z\to 1}(z-1)2D(z)G(z) \\
&= \lim_{z\to 1}(z-1)^{2}\,\frac{0.368(z+0.718)}{(z-1)(z-0.368)} \\
&= 0
\end{aligned}
$$

所以

$$
e_{\mathrm{a}}(\infty) = \frac{1}{K_{\mathrm{a}}} = \infty
$$

系统稳态误差为无穷大,系统的误差响应为

$$
\begin{aligned}
E(z) &= W_{\mathrm{e}}(z)R(z) \\
&= \frac{1-1.368z^{-1}+0.368z^{-2}}{1-z^{-1}+0.632z^{-2}} \times \frac{z^{-1}(1+z^{-1})}{2(1-z^{-1})^{3}} \\
&= 0.5z^{-1}+1.816z^{-2}+3.448z^{-3}+4.88z^{-4}+5.913z^{-5}+6.673z^{-6}+7.412z^{-7}+ \\
&\quad 8.302z^{-8}+9.358z^{-9}+10.483z^{-10}+11.573z^{-11}+12.583z^{-12}+13.537z^{-13}+ \\
&\quad 14.485z^{-14}+15.461z^{-15}+16.471z^{-16}+\cdots
\end{aligned}
$$

从数据上可以看出,系统的误差是逐渐增大的,单位加速度输入下的误差响应曲线如图 3.15 所示。

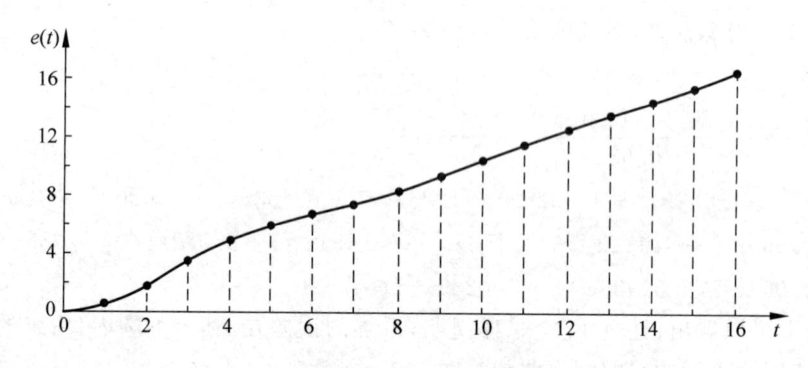

图 3.15 单位加速度输入下的误差响应曲线

由此可见,Ⅰ型离散系统在稳态时能准确地复现单位阶跃输入信号,在单位速度输入作用下存在恒定的稳态误差,而在单位加速度输入作用下稳态误差为∞,所以Ⅰ型系统不能跟踪加速度信号。

3.5 离散系统的输出响应

前面分析了离散系统的过渡过程和稳态过程的特性。但是计算机控制系统被控对象的输出多为连续信号,要想得到采样点间的响应,可用广义 Z 变换和广义 Z 传递函数来求得。

3.5.1 离散系统在采样点间的输出响应

单位负反馈离散系统如图 3.12 所示，设 $G(s)=\frac{1-\mathrm{e}^{-Ts}}{s}G_0(s)$，可以想象其输出 $y(t)$ 是经过假想延迟 e^{-qTs} 之后再输出的，令 $\beta=1-q$，于是其闭环广义 Z 传递函数为

$$W(z,\beta)=\frac{Y(z,\beta)}{R(z)}$$

式中

$$Y(z,\beta)=G(z,\beta)U(z)$$
$$U(z)=D(z)E(z)$$
$$E(z)=R(z)-Y(z)$$
$$Y(z)=G(z)U(z)$$

则得到闭环广义 Z 传递函数为

$$W(z,\beta)=\frac{D(z)G(z,\beta)}{1+D(z)G(z)}$$

其输出广义 Z 变换为

$$Y(z,\beta)=W(z,\beta)R(z)$$

求得上式的 Z 反变换后，当 β 为 0～1 时，就可得到在采样点间的输出响应 $y^*(t)$。

例 3.9 对于图 3.12 所示的离散系统，设 $G_0(s)=\frac{1}{s+1}$，$D(z)=1.5$，$T=1\mathrm{s}$，求该系统在单位阶跃信号的作用下，在采样点间的响应。

解：

$$\begin{aligned}
G(z)&=\mathcal{Z}\left[\frac{1-\mathrm{e}^{-Ts}}{s}G_0(s)\right]\\
&=\mathcal{Z}\left[\frac{1-\mathrm{e}^{-Ts}}{s}\frac{1}{s+1}\right]\\
&=\frac{0.632z^{-1}}{1-0.368z^{-1}}
\end{aligned}$$

$$\begin{aligned}
G(z,\beta)&=\mathcal{Z}[G(s,\beta)]\\
&=\mathcal{Z}[G(s)\mathrm{e}^{-(1-\beta)Ts}]\\
&=\mathcal{Z}\left[\frac{1-\mathrm{e}^{-Ts}}{s}\frac{1}{s+1}\mathrm{e}^{-(1-\beta)Ts}\right]\\
&=(1-z^{-1})\,\mathcal{Z}\left(\frac{1}{s(s+1)}\mathrm{e}^{-(1-\beta)Ts}\right)\\
&=(1-z^{-1})\left(\frac{z^{-1}}{1-z^{-1}}-\frac{\mathrm{e}^{-\beta}z^{-1}}{1-0.368z^{-1}}\right)\\
&=\frac{[(1-\mathrm{e}^{-\beta})+(\mathrm{e}^{-\beta}-0.368)z^{-1}]\,z^{-1}}{1-0.368z^{-1}}
\end{aligned}$$

于是可得闭环 Z 传递函数为

$$W(z,\beta)=\frac{Y(z,\beta)}{R(z)}$$
$$=\frac{D(z)G(z,\beta)}{1+D(z)G(z)}$$
$$=\frac{1.5[(1-\mathrm{e}^{-\beta})+(\mathrm{e}^{-\beta}-0.368)z^{-1}]z^{-1}}{1+0.58z^{-1}}$$

当输入 $R(z)=\frac{1}{1-z^{-1}}$，$\beta=0.8$ 时，系统输出的广义 Z 变换为

$$Y(z,0.8)=W(z,0.8)R(z)$$
$$=\frac{0.826z^{-1}+0.122z^{-2}}{1-0.42z^{-1}-0.58z^{-2}}$$
$$=0.826z^{-1}+0.469z^{-2}+0.676z^{-3}+0.556z^{-4}+0.626z^{-5}+0.585z^{-6}+\cdots$$

3.5.2 被控对象含延时的输出响应

在计算机控制系统中，被控对象常常固定地含有延时环节。另外，如果计算机的计算时间和 A/D 转换时间等不能忽略，则可以把这些时间集中起来考虑，看成是被控对象的延迟时间，即把这些时间当作被控对象含有延时环节，如图 3.16 所示。利用广义 Z 变换法和广义 Z 传递函数，可以方便地计算被控对象含有延时的输出响应。

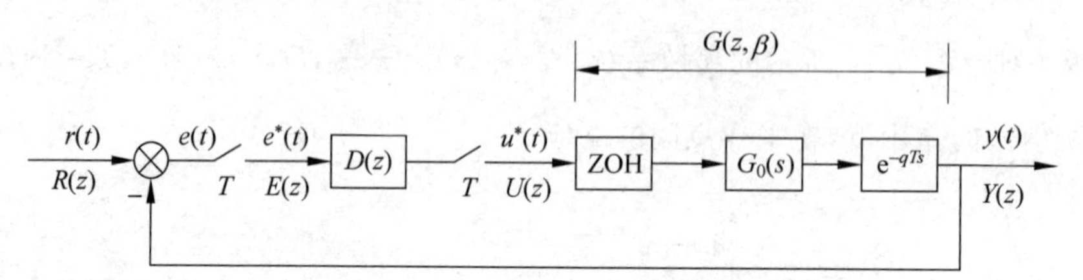

图 3.16 被控对象含有延时环节的离散系统

设

$$G(z,q)=\mathcal{Z}\left[\frac{1-\mathrm{e}^{-Ts}}{s}G_0(s)\mathrm{e}^{-qTs}\right]$$

令 $\beta=1-q$，则有

$$G(z,\beta)=\mathcal{Z}\left[\frac{1-\mathrm{e}^{-Ts}}{s}G_0(s)\mathrm{e}^{-(1-\beta)Ts}\right]$$

其闭环广义 Z 传递函数为

$$W(z,\beta)=\frac{Y(z,\beta)}{R(z)}$$

式中

$$Y(z,\beta)=G(z,\beta)U(z)$$
$$U(z)=D(z)E(z)$$
$$E(z)=R(z)-Y(z)$$
$$Y(z)=G(z,\beta)U(z)$$

得到闭环广义 Z 传递函数

$$W(z,\beta)=\frac{D(z)G(z,\beta)}{1+D(z)G(z,\beta)}$$

其输出广义Z变换为

$$Y(z,\beta)=W(z,\beta)R(z)$$

求得上式的Z反变换后，当β为0～1时，就可得到在采样点的输出响应$y^*(t)$。

例 3.10 对于图3.13所示的离散系统，设$G_0(z)=\frac{1}{s+1}$，$D(z)=1.5$，$T=1s$，$q=0.3$，求该系统在单位阶跃信号的作用下的输出响应。

解：$q=0.13$，$\beta=1-0.13=0.87$，则

$$\begin{aligned}G(z,\beta)&=\mathcal{Z}\left(\frac{1-\mathrm{e}^{-Ts}}{s}\frac{1}{s+1}\mathrm{e}^{-1}\mathrm{e}^{0.87}\right)\\&=(1-z^{-1})z^{-1}\ \mathcal{Z}\left[\frac{\mathrm{e}^{0.87}}{s(s+1)}\right]\\&=(1-z^{-1})z^{-1}\left(\frac{1}{1-z^{-1}}-\frac{\mathrm{e}^{-0.87}}{1-0.368z^{-1}}\right)\\&=\frac{0.581(1+0.088z^{-1})z^{-1}}{1-0.368z^{-1}}\end{aligned}$$

闭环广义Z传递函数为

$$\begin{aligned}W(z,\beta)&=\frac{D(z)G(z,\beta)}{1+D(z)G(z,\beta)}\\&=\frac{0.872z^{-1}+0.077z^{-2}}{1+0.504z^{-1}+0.077z^{-2}}\end{aligned}$$

当输入信号为$R(z)=\frac{1}{1-z^{-1}}$时，其输出广义Z变换为

$$\begin{aligned}Y(z,\beta)&=W(z,\beta)R(z)\\&=\frac{0.872z^{-1}+0.077z^{-2}}{1-0.496z^{-1}-0.427z^{-2}-0.077z^{-3}}\\&=0.872z^{-1}+0.51z^{-2}+0.625z^{-3}+0.601z^{-4}+0.600z^{-5}+\cdots\end{aligned}$$

这样就得到系统在采样点的输出响应。

3.6 离散系统的根轨迹分析

有经验的工程师常常在初始设计中采用根轨迹法，将闭环的主导极点配置到Z平面希望的位置上，然后通过数字仿真对闭环性能再加以改进。Z平面上的根轨迹是控制系统开环Z传递函数中的某一参数(如放大系数)连续变化时，闭环Z传递函数的极点连续变化的轨线，Z平面轨迹的绘制原则同S平面基本相同。

针对图3.12所示的单位负反馈离散控制系统，设开环Z传递函数$D(z)G(z)$有n个极点，m个零点，且有$n\geqslant m$，即

$$D(z)G(z)=k\frac{(z-z_1)(z-z_2)\cdots(z-z_m)}{(z-p_1)(z-p_2)\cdots(z-p_n)}$$

其中 k 是放大系数或其他参数,绘制根轨迹依据是闭环 Z 特征方程 $1+D(z)G(z)=0$,将其分为两个方程:

$$\begin{cases}\angle D(z)G(z)=\sum_{i=1}^{m}\angle(z-z_i)-\sum_{i=1}^{n}\angle(z-p_i)=(2l+1)\pi \quad l=0,\pm 1,\pm 2,\cdots \\ |D(z)G(z)|=1\end{cases}$$

对于给定的开环 Z 传递函数 $D(z)G(z)$,凡是符合相角条件(即轨迹方程)的 Z 平面的点,都是根轨迹上的点,而该点对应的 k 值则由幅值条件确定。

根轨迹图的绘制要点(当 k 为 $0\sim\infty$)如下。

(1) 根轨迹对称于实轴。

(2) 有 n 条分支($n\geqslant m$)。

(3) 出发点:每个极点。

(4) 终点:m 条终止于 m 个零点,而 $n-m$ 条趋向无穷远点。

(5) 无穷远分支的渐近线。

① 渐近线与实轴夹角。

$$\theta=\frac{(2l+1)\pi}{n-m} \quad l=0,1,2,\cdots,n-m-1$$

② 渐近线与实轴上的交点。

$$\sigma=\frac{\sum_{i=1}^{n}p_i-\sum_{i=1}^{m}z_i}{n-m}$$

(6) 实轴上的根轨迹段(若有)其右边实轴上的极点和零点总数为奇数个。

(7) 实轴上的分离点或汇合点(若有)是如下方程的解:

$$\sum_{i=1}^{m}\frac{1}{d-z_i}=\sum_{i=1}^{n}\frac{1}{d-p_i}$$

(8) 出发角与终止角。

① 令极点为 p_k,重数为 r_k,出发角记为 θ_{p_k},求 θ_{p_k} 的方程为

$$\sum_{i=1}^{m}\theta_{z_i}-\sum_{\substack{i=1\\i\neq k}}^{n}\theta_{p_i}-r_k\theta_{p_k}=(2l+1)\pi \quad l=0,1,2,\cdots$$

② 令零点为 z_k,重数为 r_k,出发角记为 θ_{z_k},求 θ_{z_k} 的方程为

$$r_k\theta_{z_k}+\sum_{\substack{i=1\\i\neq k}}^{m}\theta_{z_i}-\sum_{i=1}^{n}\theta_{p_i}=(2l+1)\pi \quad l=0,1,2,\cdots$$

(9) 当 $n-m\geqslant 2$ 时,所有闭环极点之和为常数,即根轨迹某些向左,必有另一些向右。

(10) 含两个极点和一个零点的根轨迹是以零点为圆心,以零点到分离点的距离为半径的圆周或部分圆周。

用根轨迹法分析系统闭环稳定性,可知 k 变化时的极点变化趋势以及对特定的点求取增益值,因此用它来指导参数整定是很直观的。

例 3.11 已知反馈系统开环 Z 传递函数为

$$D(z)G(z)=\frac{k(z+0.5)}{z(z-0.5)(z^2-z+0.5)}$$

绘制 k 为 $-\infty\sim\infty$ 的根轨迹。

解：由于此开环 Z 传递函数有一个零点 $z_1=-0.5$；四个极点 $p_1=0,p_2=0.5$，$p_{3,4}=0.5\pm j0.5$，可分成 k 为 $0\sim\infty$ 和 k 为 $-\infty\sim 0$ 两部分绘制。

根轨迹的关键数据为：

由要点(2)，已知 $n=4$，故根轨迹的分支条数为 4 条；

由要点(3)，根轨迹的出发点分别是 $p_1=0,p_2=0.5,p_{3,4}=0.5\pm j0.5$；

由要点(4)，根轨迹一条终止于 $z_1=-0.5$ 点，另外三条趋向无穷远点；

由要点(5)，渐近线方向角 $\theta=(2l+1)\pi/3$，得 θ 为 $\pm 60°$ 和 $\pm 180°$，渐近线与实轴交点为 $\sigma=(0+0.5+2\times 0.5+0.5)/3=0.67$；

由要点(6)，实轴上根轨迹有两段，p_1 与 p_2 之间和零点 z_1 的左面；

由要点(7)，实轴的分离点为 0.159，汇合点为 -0.797；

由要点(8)，复极点处轨迹出发角 $\theta=\pm 18.4°$。

所得的根轨迹如图 3.17 所示。

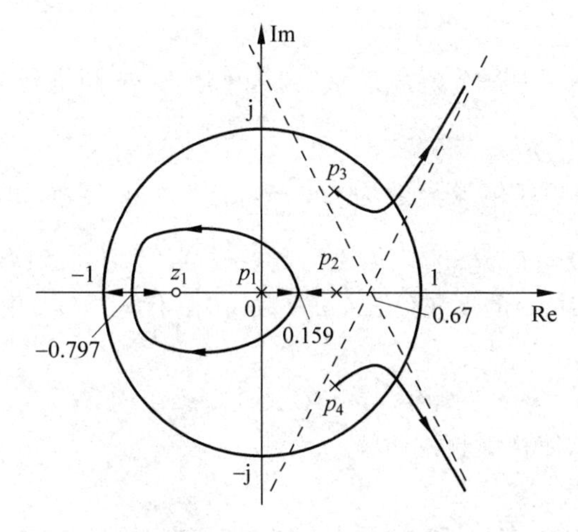

图 3.17 例 3.11 根轨迹图

对于 $z=-1$ 点，闭环 Z 特征方程 $1+D(z)G(z)=0$ 时，计算得增益临界值为 $k=7.5$。

例 3.12 试用根轨迹法确定使例 3.3 中系统稳定的 k 值范围。

解：该系统的开环 Z 传递函数为

$$G(z)=\mathcal{Z}\left[\frac{k}{s(s+4)}\right]$$

$$=\frac{0.158kz}{(z-1)(z-0.368)}$$

解：此开环 Z 传递函数有一个零点 $z_1=0$；两个极点 $p_1=1,p_2=0.368$。

正向根轨迹的关键数据为：

由要点(2)，已知 $n=2$，故根轨迹的分支条数为 2 条；

由要点(3)，根轨迹的出发点分别是 $p_1=1,p_2=0.368$；

由要点(4)，根轨迹一条终止于 $z_1=0$ 点，另外一条趋向无穷远点；

由要点(5)，渐近线方向角 $\theta=(2l+1)\pi$，得 $\theta=\pm 180°$；

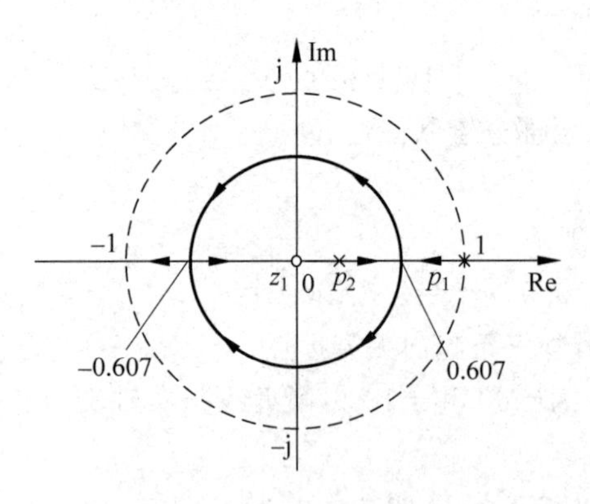

图 3.18 例 3.12 根轨迹图

由要点(6),实轴上根轨迹有两段,p_1 与 p_2 之间和零点 z_1 的左面;

由要点(7),实轴的分离点为 0.607,汇合点为 −0.607;

由要点(10),根轨迹是以零点为圆心,半径为 0.607 的圆周。

所得的根轨迹如图 3.18 所示。

由该图可知,$z=-1$ 为系统稳定的临界点,闭环 Z 特征方程 $1+G(z)=0$ 时,计算得增益临界值为 $k=17.3$,因此,当 $0<k<17.3$ 时,系统是稳定的。

3.7 离散系统的频率分析

和连续系统类似,用频率法分析离散系统时,可用 Bode 图进行分析,离散系统的 Bode 图是用双线性变换即 W 变换,将复变量 Z 变换成复变量 w。

若已知离散系统的开环传递函数为 $G(z)$,对其做 W 变换,即 $z=\frac{1+w}{1-w}$,将其代入 $G(z)$ 中可得到以 w 为变量的开环 W 传递函数 $G(w)$。为了得到离散系统的开环频率特性,则可令离散系统的 $G(w)$ 的复变量 $w=u+\mathrm{j}v$,取 $\mathrm{j}v$ 代入 $G(w)$ 中,便可得到离散系统的开环频率特性

$$G(\mathrm{j}v)=G(w)\big|_{w=\mathrm{j}v}$$

这里的 v 称为虚拟频率,简称虚频或伪频。

Bode 图的绘制要点:

(1) 离散系统的开环频率特性 $G(\mathrm{j}v)$ 分解成若干基本因子的乘积,即

$$G(\mathrm{j}v)=G_1(\mathrm{j}v)G_2(\mathrm{j}v)\cdots G_n(\mathrm{j}v)$$

式中 $G_i(\mathrm{j}v)=G_i(v)\mathrm{e}^{\mathrm{j}\varphi(v)}$,$i=1,2,3,\cdots,n$。

对数幅频特性

$$\mathcal{L}(v)=20\sum_{i=1}^{n}\lg|G_i(\mathrm{j}v)|$$

相频特性

$$\varphi(v)=\sum_{i=1}^{n}\varphi_i(v)$$

基本因子包括比例因子 k、积分因子$\frac{1}{\mathrm{j}v}$、一阶滞后因子$\frac{1}{1\pm \mathrm{j}T_i v}$、一阶超前因子 $1\pm \mathrm{j}T_i v$、二阶滞后因子$\frac{1}{1\pm \mathrm{j}2\xi T_i v-T_i^2 v^2}$和二阶超前因子 $1\pm \mathrm{j}2\xi T_i v-T_i^2 v^2$。

(2) 求出各一、二阶因子的转折频率 $v_i=1/T_i$。

(3) 起始渐近线或其延长线穿过点$(1,20\lg k)$,起始渐近线一般由积分因子产生,如果

没有积分因子，则由转折频率最小的因子产生，起始渐近线斜率为该因子产生的斜率。

(4) 按转折频率由小到大的顺序绘制各因子的渐近线，各渐近线经过转折频率时，渐近线的斜率就会发生变化，变化规则为每个积分因子产生的斜率为-20dB/dec、每个一阶滞后因子产生的斜率为-20dB/dec、每个二阶滞后因子产生的斜率为-40dB/dec、每个一阶超前因子产生的斜率为$+20$dB/dec、每个二阶超前因子产生的斜率为$+40$dB/dec，当前的渐近线的斜率是前一个渐近线的斜率与当前因子产生的斜率进行叠加而成的，渐近线可用$y=ax+b$来表示，其中，a由各基本因子确定的，b可用渐近线通过已知点来求出，注意这里的x是Bode图横坐标的对数。

(5) 绘制相频特性时，可挑选一些特征点，如转折频率处以及转折频率的1/3、1/2、2/3的10倍频程处等，利用$\varphi(v)=\sum_{i=1}^{n}\varphi_i(v)$来计算各个特征点，将这些点用光滑曲线连接起来即可。

积分因子的相频特性为$\varphi(v)=-90°$，一阶滞后因子的相频特性为$\varphi(v)=-\arctan(vT)$，二阶滞后因子的相频特性为$\varphi(v)=-\arctan\left(\frac{2\xi vT}{1-v^2T^2}\right)$，一阶超前因子的相频特性为$\varphi(v)=\arctan(vT)$，二阶超前因子的相频特性为$\varphi(v)=\arctan\left(\frac{2\xi vT}{1-v^2T^2}\right)$。

幅值裕量是指系统开环频率特性相位为$-180°$时，对应到幅频特性的点到横轴的距离，记为m。当该点位于横轴下方时，$m>0$；当该点位于横轴上方时，$m<0$。

相位裕量是指开环频率特性幅值为0时，对应到相频特性的点到以$-180°$为横轴的距离，记为r。当该点位于横轴上方时，$r>0$；当该点位于横轴下方时，$r<0$。

如果系统的幅值裕量m和相位裕量r均大于零，则闭环系统是稳定的；如果均为零，则闭环系统是临界稳定的；否则，闭环系统是不稳定的。

用Bode图法判断离散系统的稳定性准则和连续系统一样，即闭环离散系统稳定的充要条件是：在$20\lg|G(\mathrm{j}v)|>0$范围内，$G(\mathrm{j}v)$对于$-180°$线的正穿越和负穿越数之差$N=P/2$，其中P为开环W传递函数$G(w)$的不稳定极点个数，即$G(w)$在W平面右半面极点的个数。

例3.13 设线性离散系统如图3.19所示，设$T=0.1$s，$J=41\ 822$，$k_0=3.17\times10^5$，当$k=10^7$、6.32×10^6和1.65×10^6时，试用频率法分析该系统稳定性，并确定幅值的稳定裕度和相角的稳定裕度。

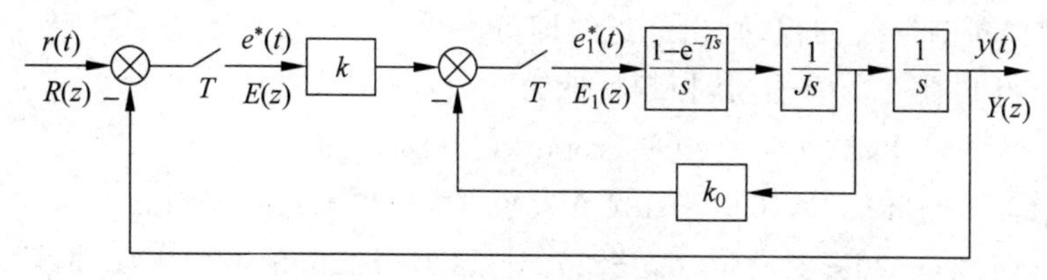

图3.19 例3.13线性离散系统

解：求得系统的开环传递函数为

$$G(z)=\frac{T^2k(z+1)}{2Jz^2+(2k_0T-4J)z+2J-2k_0T}$$

$$=\frac{1.2\times 10^{-7}k(z+1)}{(z-1)(z-0.242)}$$

则求得

$$G(w)=\frac{1.583\times 10^{-7}k(1-w)}{w(1+1.638w)}$$

将 $w=\mathrm{j}v$ 代入上式,得到开环频率特性为

$$G(\mathrm{j}v)=\frac{1.583\times 10^{-7}k(1-\mathrm{j}v)}{\mathrm{j}v(1+1.638\mathrm{j}v)}$$

由要点 1,得 $G(\mathrm{j}v)=1.583\times 10^{-7}k\times\frac{1}{\mathrm{j}v}\times\frac{1}{1+1.638\mathrm{j}v}\times(1-\mathrm{j}v)$。

由要点 2,得转折频率为 0.611 和 1。

由要点 3,得起始渐近线或其延长线穿过点$(1,20\lg(1.583\times 10^{-7}k))$,由积分因子产生,斜率为$-20$dB/dec,当 $k=10^7$ 时,穿过点(1,3.99);当 $k=6.32\times 10^6$ 时,穿过点(1,0);当 $k=1.65\times 10^6$ 时,穿过点(1,-11.66)。

由要点 4,得对应每个 k 值,分别有三条渐近线,其斜率分别为-20dB/dec、-40dB/dec 和-20dB/dec。

以 $k=1.65\times 10^6$ 为例说明产生渐近线过程。设起始渐近线为 $y=-20x+b$,且经过点(1,-11.66),带入渐近线方程 $-11.66=-20\lg 1+b$,求得 $b=-11.66$,于是得到起始渐近线为

$$y=-20x-11.66$$

此渐近线经过以转折频率为 0.611 的点,带入得 $y=-20\lg 0.611-11.66=-7.381$,即经过点(0.611,$-7.381$)。

设第二条渐近线为 $y=-40x+b$,且经过点(0.611,-7.381),带入渐近线方程 $-7.381=-40\lg 0.611+b$,求得 $b=-15.94$,于是得到渐近线为

$$y=-40x-15.94$$

此渐近线经过以转折频率为 1 的点,带入得 $y=-40\lg 1-15.94=-15.94$,即经过点(1,-15.94)。

设第三条渐近线为 $y=-20x+b$,且经过点(1,-15.94),带入渐近线方程 $-15.94=-20\lg 1+b$,求得 $b=-15.94$,于是得到渐近线为

$$y=-20x-15.94$$

由此得到三条渐近线方程,画出渐近线即可。

由要点 5,得共有三个因子,其相频特性为

$$\varphi(v)=-90^\circ-\arctan(1.368v)-\arctan(v)$$

取特征点(0.2,-119.5°),(0.3,-132.6°)、(0.4,-145°)、(0.6,-165.5°)、(0.8,-181.3°)、(1,-193.6°)、(1.2,-203.2°)、(1.6,-217.1°)、(2,-226.5°),用光滑曲线将这些特征点连接起来。

其 Bode 图如图 3.20 所示。

从系统的 Bode 图可以看出当 $k=10^7$ 时,其幅值裕量 $m<0$ 和相位裕量 $r<0$,所以闭环系统是不稳定的;当 $k=6.32\times 10^6$ 时,其幅值裕量 $m=0$ 和相位裕量 $r=0$,所以闭环系统

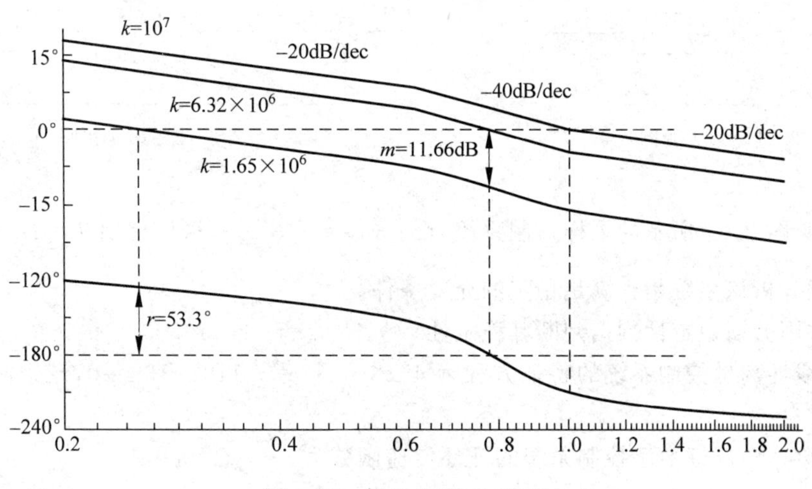

图 3.20 例 3.13 的 Bode 图

是临界稳定的；当 $k=1.65\times10^6$ 时，其幅值裕量 $m>0$ 和相位裕量 $r>0$，所以闭环系统是稳定的。

另外，在图 3.20 中，在幅值大于零的情况下，当 $k=10^7$ 时，相位的正穿越数为 0，负穿越数为 1，$G(w)$ 无不稳定极点，即 $P=0$，正、负穿越数之差为 $N=-1\neq P/2=0$，故该闭环系统不稳定。

当 $k=6.32\times10^6$ 时，对应的闭环系统处于临界稳定状态，常认为临界稳定状态是不稳定的。

当 $k=1.65\times10^6$ 时，相位的正穿越数和负穿越数均为 0，所以对应的闭环系统是稳定的。

习题 3

1. 试求如图 3.21 所示的采样控制系统在单位阶跃信号作用下的输出响应 $y^*(t)$。

设 $G(s)=\dfrac{20}{s(s+10)}$，采样周期 $T=0.1\text{s}$。

2. 试求如图 3.21 所示的采样控制系统在单位速度信号作用下的稳态误差。

设 $G(s)=\dfrac{1}{s(0.1s+1)}$，采样周期 $T=0.1\text{s}$。

3. 对于图 3.21 所示的采样控制系统，设 $G(s)=\dfrac{1}{s(s+1)}$，采样周期 $T=1\text{s}$，$r(t)=1(t)$。试确定其输出的广义 Z 变换式 $Y(z,\beta)$。

4. 对于图 3.22 所示的采样控制系统，设 $G_0(s)=\dfrac{a\mathrm{e}^{-1.5Ts}}{s+a}$，试求系统输出的广义 Z 变换式 $Y(z,\alpha)$。

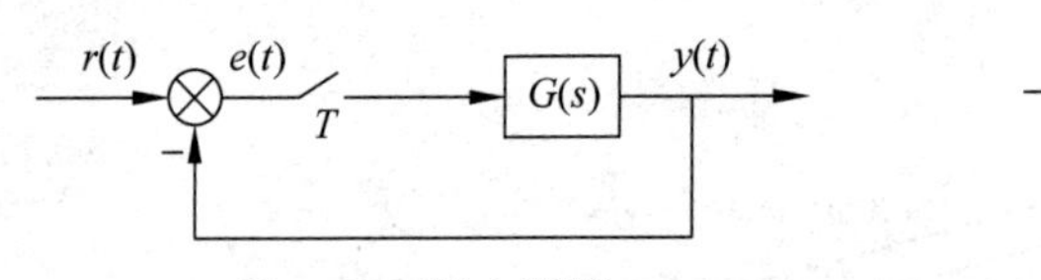

图 3.21 第 1 题图

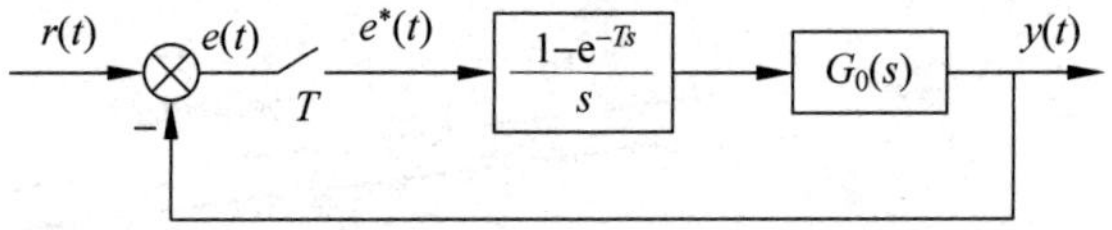

图 3.22 第 4 题图

5. 对于图 3.21 所示的采样控制系统,设 $G(s)=\dfrac{10}{s(s+1)}$,采样周期 $T=1\text{s}$。

(1) 试分析该系统是否满足稳定的充要条件。

(2) 试用劳斯稳定性判据判断其稳定性。

6. 设线性离散控制系统的特征方程为 $45z^3-117z^2-119z-39=0$,试判断此系统的稳定性。

7. 设单位负反馈数字控制系统的开环传递函数为

(1) $G(z)=\dfrac{k}{(1-0.5z^{-1})(1-2z^{-1})}$

(2) $G(z)=\dfrac{k}{(1-z^{-1})^2}$

试用劳斯稳定性判据分析稳定性,确定使系统稳定的 k 值范围。

8. 对于图 3.21 所示的采样控制系统,设 $G(s)=\dfrac{k}{s(s+1)}$,采样周期 $T=0.1\text{s}$。

(1) 试画出根轨迹图。

(2) 试用根轨迹法确定使系统稳定的 k 的范围。

9. 一闭环系统如图 3.22 所示,设 $G(s)=\dfrac{1}{s(s+1)}$,采样周期 $T=1\text{s}$。

(1) 绘制开环系统的 Bode 图。

(2) 确定相位裕度和幅值裕度。

(3) 判断闭环系统的稳定性。

第4章 计算机控制系统的离散化设计

在计算机控制系统中，数字控制器通常是利用计算机软件编程，完成特定的控制算法，控制算法通常以差分方程、Z传递函数或后面要介绍的状态方程的形式表示。采用不同的控制算法，可以实现不同的控制目标，得到不同的控制性能。因此，只要改变控制算法，也就是改变相应的软件编程，就可以使计算机控制系统完成不同的控制，这是计算机控制系统优于传统模拟控制系统的一个重要方面。

离散化设计法则首先将系统中被控对象加上保持器一起构成的广义对象离散化，得到相应的以Z传递函数、差分方程或离散系统状态方程表示的离散系统模型，然后利用离散控制系统理论直接设计数字控制器。离散化设计法是直接在离散系统的范畴内进行的，避免了由模拟控制器向数字控制器转化过程中引起的不准确性，也绕过了采样周期对系统动态性能产生严重影响的问题，是目前采用较为广泛的计算机控制系统设计方法。

4.1 最少拍控制系统的设计

最少拍设计是指系统在典型输入信号(如阶跃信号、速度信号、加速度信号等)作用下，经过最少拍(有限拍)使系统输出的稳态误差为零，所以最少拍控制系统也称最少拍无差系统或最少拍随动系统，实质上它是时间最优控制系统，系统的性能指标就是系统的调节时间最短或尽可能短。可以看出，这种系统对闭环Z传递函数的要求是快速性和准确性。最少拍控制系统的设计与被控对象的零极点位置有很密切的关系，这里以图4.1所示的离散控制系统结构来讨论最少拍控制系统，其中，$G_0(s)$是被控对象的传递函数，$G(s)=[(1-e^{-Ts})/2]G_0(s)$是广义被控对象的传递函数，$G(z)=\mathcal{Z}[G(s)]$称为广义被控对象的Z传递函数，$D(z)$是数字控制器。

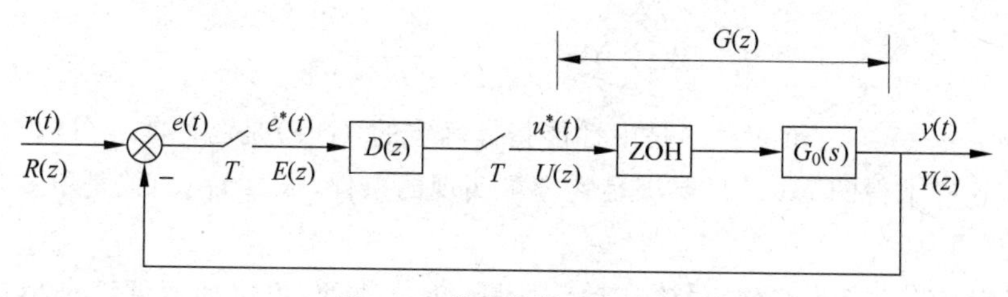

图4.1 离散控制系统结构

4.1.1 最少拍系统设计的基本原则

最少拍控制系统是在最少的几个采样周期内达到在采样时刻输入输出无误差的系统，显然这种系统对闭环Z传递函数 $W(z)$ 的性能要求是快速性和准确性。给定控制对象 $G_0(s)$ 和使用零阶保持器的条件下，选择适当的数字控制器 $D(z)$，以满足对系统提出的性能指标要求，这种设计称为综合。

对系统提出的性能指标要求是，在单位阶跃函数或等速函数、等加速度函数等典型输入信号作用下，系统在采样点上无稳态误差，并且调整时间为最少拍。

具体说来，利用直接数字设计法设计最少拍控制系统，要考虑以下几点：

(1) 对于特定的参考输入信号，到达稳态后，系统在采样时刻精确实现对输入的跟踪；

(2) 闭环系统应是稳定的，并以最快速度达到稳定状态；

(3) $D(z)$ 应是物理可实现的。

1. 假设条件

为了使设计简明起见，提出如下三个假设条件：

(1) $G(z)$ 在单位圆上和圆外无极点，(1,j0)点除外；

(2) $G(z)$ 在单位圆上和圆外无零点；

(3) $G_0(s)$ 中不含纯滞后 e^{-qs}，q 是 T 的整数倍。

2. 希望Z传递函数

从前面可知，可以先将性能指标要求表达成希望闭环Z传递函数 $W(z)$ 或者闭环误差Z传递函数 $W_e(z)$ 或者开环Z传递函数 $W_k(z)$，然后根据下面的关系式确定数字控制器 $D(z)$。

图4.1所示系统的开环Z传递函数为

$$W_k(z)=D(z)G(z)$$

闭环Z传递函数为

$$W(z)=\frac{D(z)G(z)}{1+D(z)G(z)}$$

闭环误差Z传递函数为

$$W_e(z)=\frac{1}{1+D(z)G(z)}$$

其中，$W_k(z)$、$W(z)$ 和 $W_e(z)$ 是由性能指标确定的，$G(z)$ 是已知的。可以根据 $G(z)$ 反求出 $D(z)$，这样求得的 $D(z)$ 只要满足物理可实现的条件，那么 $D(z)$ 就是所要求的数字控制器。

为了确定 $W(z)$ 或 $W_e(z)$，讨论在单位阶跃、单位速度、单位加速度三种典型输入信号作用下无稳态误差最少拍系统的 $W(z)$ 或 $W_e(z)$ 应具有的形式。对于以上三种典型输入信号，$R(z)$ 分别为：

单位阶跃信号　　$R(z)=\dfrac{1}{1-z^{-1}}$

单位速度信号　　$R(z)=\dfrac{Tz^{-1}}{(1-z^{-1})^2}$

单位加速度信号　　$R(z)=\dfrac{T^2(1+z^{-1})z^{-1}}{2(1-z^{-1})^3}$

可统一写成表达式

$$R(z)=\frac{A(z)}{(1-z^{-1})^m}$$

式中 $A(z)$ 为不含因子 $(1-z^{-1})$ 的关于 z^{-1} 的多项式。

对于单位阶跃信号，有

$$m=1,\quad A(z)=1$$

对于单位速度信号，有

$$m=2,\quad A(z)=Tz^{-1}$$

对于单位加速度信号，有

$$m=3,\quad A(z)=\frac{T^2(1+z^{-1})z^{-1}}{2}$$

由于 $E(z)=W_e(z)R(z)$，根据终值定理，求得稳态误差为

$$\begin{aligned}e^*(\infty)&=\lim_{z\to1}(1-z^{-1})E(z)\\&=\lim_{z\to1}(1-z^{-1})W_e(z)R(z)\\&=\lim_{z\to1}(1-z^{-1})W_e(z)\frac{A(z)}{(1-z^{-1})^m}\end{aligned}$$

从上式可知，要求稳态误差为零的条件是 $W_e(z)$ 应具有如下形式：

$$W_e(z)=(1-z^{-1})^mF(z)$$

则

$$e^*(\infty)=\lim_{z\to1}(1-z^{-1})A(z)F(z)$$

其中 $F(z)$ 是待定的不含因子 $(1-z^{-1})$ 的关于 z^{-1} 的有理分式或关于 z^{-1} 的有限项多项式，m 是 $R(z)$ 的分母 $(1-z^{-1})$ 的阶数。

为使稳态误差最快衰减到零，成为最少拍系统，就应使 $W_e(z)$ 有最简单的形式，即阶数 n 最小。完全可以想象，若取 $F(z)=1$，则 $W_e(z)$ 最简单，则得到的无稳态误差最少拍系统的希望闭环误差 Z 传递函数就应为

$$W_e(z)=(1-z^{-1})^m$$

而希望闭环 Z 传递函数应为

$$\begin{aligned}W(z)&=1-W_e(z)\\&=1-(1-z^{-1})^m\end{aligned}$$

对于不同输入，希望闭环误差 Z 传递函数 $W_e(z)$ 和闭环差 Z 传递函数 $W(z)$ 的形式如下：

对于单位阶跃信号($m=1$),有

$$W_e(z)=1-z^{-1}$$
$$W(z)=z^{-1}$$

对于单位速度信号($m=2$),有

$$W_e(z)=(1-z^{-1})^2$$
$$W(z)=2z^{-1}-z^{-2}$$

对于单位加速度信号($m=3$),有

$$W_e(z)=(1-z^{-1})^3$$
$$W(z)=3z^{-1}-3z^{-2}+z^{-3}$$

可知,使误差衰减到零或输出完全跟踪输入所需的调整时间,即为最少拍数,对应于 $m=1,2,3$ 分别为 1 拍、2 拍、3 拍。

3. 最少拍系统分析

由前面讨论可知,当取 $F(z)=1$ 时,所设计的数字控制器 $D(z)$ 形式最简单,即阶数最低,这样 $E(z)$ 的项数才会最少,下面分别讨论不同输入的情况。

1) 单位阶跃输入时

由于 $R(z)=\dfrac{1}{1-z^{-1}}$,$W_e(z)=1-z^{-1}$,$W(z)=z^{-1}$,则系统的误差响应为

$$\begin{aligned}E(z)&=W_e(z)R(z)\\&=(1-z^{-1})\frac{1}{1-z^{-1}}\\&=1\end{aligned}$$

系统的输出响应为

$$\begin{aligned}Y(z)&=W(z)R(z)\\&=\frac{z^{-1}}{1-z^{-1}}\\&=z^{-1}+z^{-2}+z^{-3}+\cdots\end{aligned}$$

也就是说,系统经过 1 拍,输出就可以无差地跟踪上输入的变化,即此时系统的调节时间 $t_s=T$,误差响应及输出响应如图 4.2 所示。

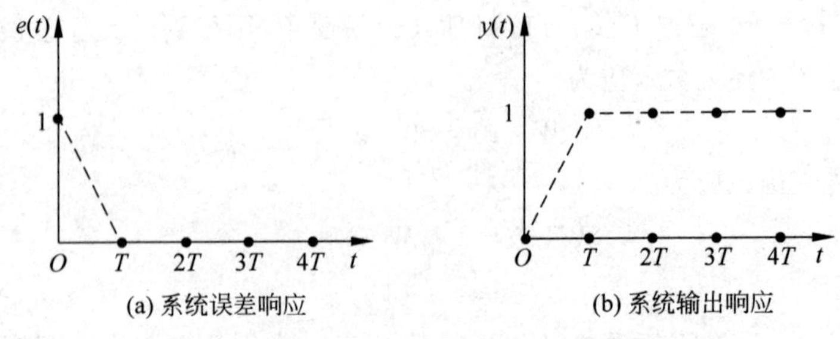

图 4.2 单位阶跃输入时的误差响应及输出响应

2）单位速度输入时

由于 $R(z)=\dfrac{Tz^{-1}}{(1-z^{-1})^2}$，$W_e(z)=(1-z^{-1})^2$，$W(z)=2z^{-1}-z^{-2}$，则系统的误差响应为

$$
\begin{aligned}
E(z) &= W_e(z)R(z) \\
&= (1-z^{-1})^2\frac{Tz^{-1}}{(1-z^{-1})^2} \\
&= Tz^{-1}
\end{aligned}
$$

系统的输出响应为

$$
\begin{aligned}
Y(z) &= W(z)R(z) \\
&= (2z^{-1}-z^{-2})\frac{Tz^{-1}}{(1-z^{-1})^2} \\
&= 2Tz^{-2}+3Tz^{-3}+4Tz^{-4}+\cdots
\end{aligned}
$$

也就是说，系统经过 2 拍，输出就可以无差地跟踪上输入的变化，即此时系统的调节时间 $t_s=2T$，误差响应及输出响应如图 4.3 所示。

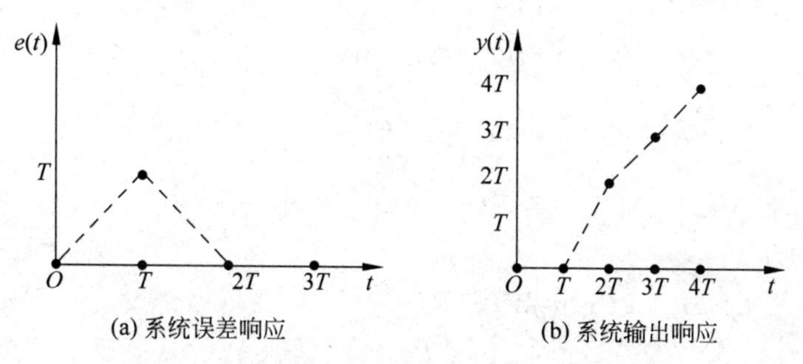

图 4.3　单位速度输入时的误差响应及输出响应

3）单位加速度输入时

由于 $R(z)=\dfrac{T^2(1+z^{-1})z^{-1}}{2(1-z^{-1})^3}$，$W_e(z)=(1-z^{-1})^3$，$W(Z)=3z^{-1}-3z^{-2}+z^{-3}$，则系统的误差响应为

$$
\begin{aligned}
E(z) &= W_e(z)R(z) \\
&= (1-z^{-1})^3\frac{T^2(1+z^{-1})z^{-1}}{2(1-z^{-1})^3} \\
&= \frac{1}{2}T^2z^{-1}+\frac{1}{2}T^2z^{-2}
\end{aligned}
$$

系统的输出响应为

$$
\begin{aligned}
Y(z) &= W(z)R(z) \\
&= (3z^{-1}-3z^{-2}+z^{-3})\frac{T^2(1+z^{-1})z^{-1}}{2(1-z^{-1})^3} \\
&= 1.5T^2z^{-2}+4.5T^2z^{-3}+8T^2z^{-4}+\cdots
\end{aligned}
$$

也就是说，系统经过 3 拍，输出就可以无差地跟踪上输入的变化，即此时系统的调节时

间 $t_s=3T$,T 为系统采样时间,误差响应及输出响应如图 4.4 所示。

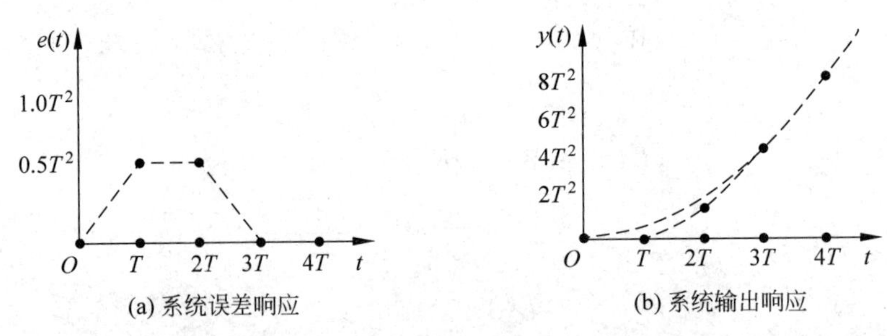

图 4.4 单位加速度输入时的误差响应及输出响应

现讨论按某一种输入信号得到的希望闭环误差 Z 传递函数 $W_e(z)$和闭环差 Z 传递函数 $W(z)$输入另外两种信号时的情形。

(1) 当使用按单位阶跃信号输入得到的希望闭环误差 Z 传递函数 $W_e(z)=1-z^{-1}$ 和闭环差 Z 传递函数 $W(z)=z^{-1}$ 时。

① 输入单位速度信号 $R(z)=\dfrac{Tz^{-1}}{(1-z^{-1})^2}$,则系统的误差响应为

$$
\begin{aligned}
E(z) &= W_e(z)R(z) \\
&= (1-z^{-1})\frac{Tz^{-1}}{(1-z^{-1})^2} \\
&= T(z^{-1}+z^{-2}+z^{-3}+\cdots)
\end{aligned}
$$

系统的输出响应为

$$
\begin{aligned}
Y(z) &= W(z)R(z) \\
&= z^{-1}\frac{Tz^{-1}}{(1-z^{-1})^2} \\
&= T(z^{-2}+2z^{-3}+3z^{-4}+\cdots)
\end{aligned}
$$

系统的稳态误差为

$$
\begin{aligned}
e^*(\infty) &= \lim_{z\to 1}(1-z^{-1})E(z) \\
&= \lim_{z\to 1}(1-z^{-1})\frac{Tz^{-1}}{1-z^{-1}} \\
&= T
\end{aligned}
$$

可以看出,系统经过 1 拍,过渡过程结束,即此时系统的调节时间 $t_s=T$,但存在稳态误差 T,误差响应及输出响应如图 4.5 所示。

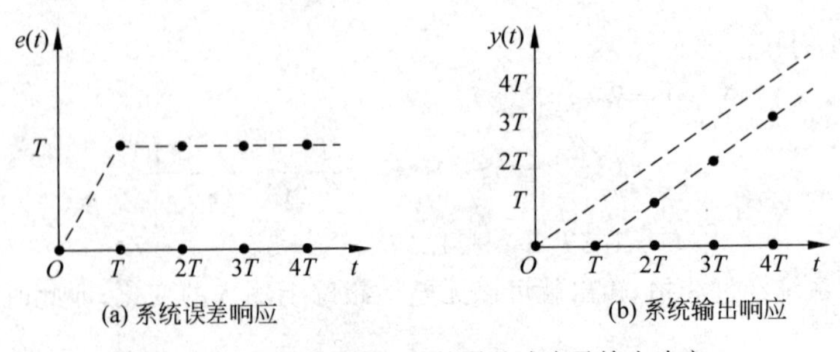

图 4.5 单位速度输入时的误差响应及输出响应

② 输入单位加速度信号 $R(z)=\dfrac{T^2(1+z^{-1})z^{-1}}{2(1-z^{-1})^3}$，则系统的误差响应为

$$\begin{aligned}E(z)&=W_e(z)R(z)\\&=(1-z^{-1})\frac{T^2(1+z^{-1})z^{-1}}{2(1-z^{-1})^3}\\&=0.5T^2(z^{-1}+3z^{-2}+5z^{-3}+\cdots)\end{aligned}$$

系统的输出响应为

$$\begin{aligned}Y(z)&=W(z)R(z)\\&=z^{-1}\frac{T^2(1+z^{-1})z^{-1}}{2(1-z^{-1})^3}\\&=0.5T^2(z^{-2}+4z^{-3}+9z^{-4}+\cdots)\end{aligned}$$

系统的稳态误差为

$$\begin{aligned}e^*(\infty)&=\lim_{z\to 1}(1-z^{-1})E(z)\\&=\lim_{z\to 1}(1-z^{-1})\frac{T^2(1+z^{-1})z^{-1}}{2(1-z^{-1})^2}\\&=\infty\end{aligned}$$

可以看出，稳态误差为无穷大，系统是不稳定的，误差响应及输出响应如图 4.6 所示。

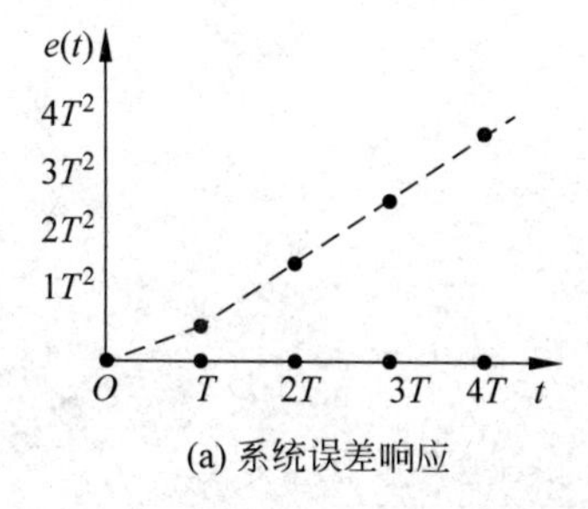

(a) 系统误差响应

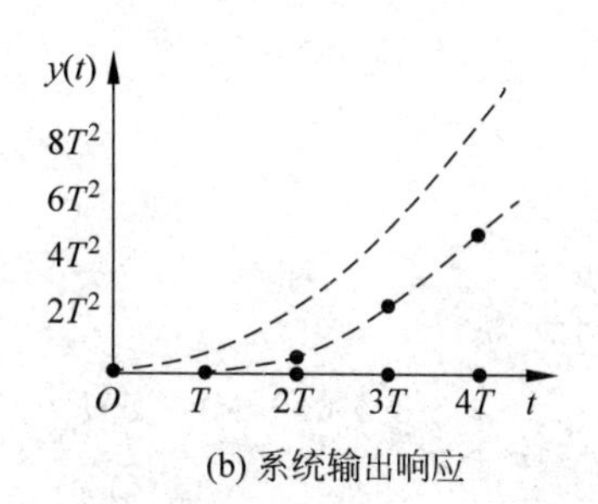

(b) 系统输出响应

图 4.6　单位加速度输入时的误差响应及输出响应

(2) 当使用按单位速度信号输入得到的希望闭环误差 Z 传递函数 $W_e(z)=(1-z^{-1})^2$ 和闭环差 Z 传递函数 $W(z)=2z^{-1}-z^{-2}$ 时。

① 输入单位阶跃信号 $R(z)=\dfrac{1}{1-z^{-1}}$，则系统的误差响应为

$$\begin{aligned}E(z)&=W_e(z)R(z)\\&=(1-z^{-1})^2\frac{1}{1-z^{-1}}\\&=1-z^{-1}\end{aligned}$$

系统的输出响应为

$$\begin{aligned}Y(z)&=W(z)R(z)\\&=(2z^{-1}-z^{-2})\frac{1}{1-z^{-1}}\\&=2z^{-1}+z^{-2}+z^{-3}+z^{-4}+\cdots\end{aligned}$$

系统的稳态误差为

$$
\begin{aligned}
e^{*}(\infty) &= \lim_{z\to 1}(1-z^{-1})E(z) \\
&= \lim_{z\to 1}(1-z^{-1})(1-z^{-1}) \\
&= 0
\end{aligned}
$$

可以看出，系统经过 2 拍，过渡过程结束，即此时系统的调节时间 $t_s=2T$，无稳态误差，有 100%的超调量，误差响应及输出响应如图 4.7 所示。

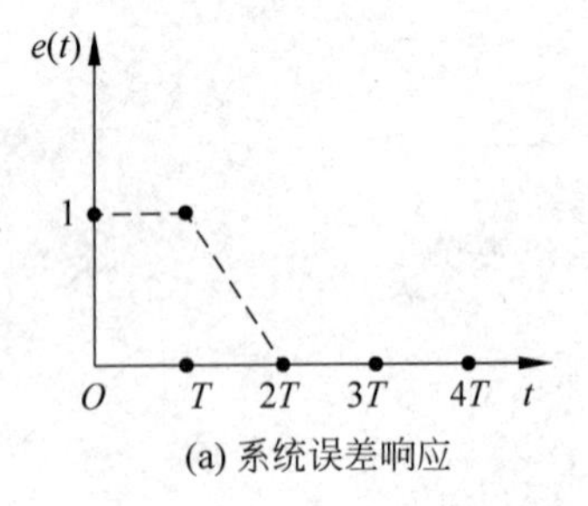

(a) 系统误差响应

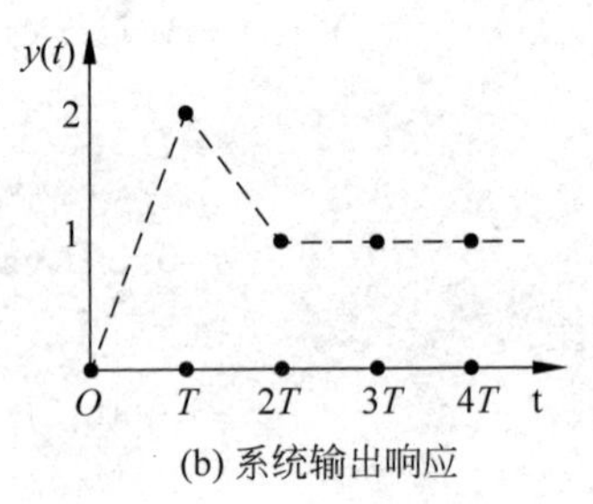

(b) 系统输出响应

图 4.7 单位阶跃输入时的误差响应及输出响应

② 输入单位加速度信号 $R(z)=\dfrac{T^2(1+z^{-1})z^{-1}}{2(1-z^{-1})^3}$，则系统的误差响应为

$$
\begin{aligned}
E(z) &= W_e(z)R(z) \\
&= (1-z^{-1})^2\frac{T^2(1+z^{-1})z^{-1}}{2(1-z^{-1})^3} \\
&= 0.5T^2(z^{-1}+2z^{-2}+2z^{-3}+\cdots)
\end{aligned}
$$

系统的输出响应为

$$
\begin{aligned}
Y(z) &= W(z)R(z) \\
&= (2z^{-1}-z^{-2})\frac{T^2(1+z^{-1})z^{-1}}{2(1-z^{-1})^3} \\
&= 0.5T^2(2z^{-2}+7z^{-3}+14z^{-4}+\cdots)
\end{aligned}
$$

系统的稳态误差为

$$
\begin{aligned}
e^{*}(\infty) &= \lim_{z\to 1}(1-z^{-1})E(z) \\
&= \lim_{z\to 1}(1-z^{-1})\frac{T^2(1+z^{-1})z^{-1}}{2(1-z^{-1})} \\
&= T^2
\end{aligned}
$$

可以看出，系统经过 2 拍，过渡过程结束，即此时系统的调节时间 $t_s=2T$，但有稳态误差为 T^2，误差响应及输出响应如图 4.8 所示。

(3) 使用按加单位速度信号输入得到的希望闭环误差 Z 传递函数 $W_e(z)=(1-z^{-1})^3$ 和闭环差 Z 传递函数 $W(z)=3z^{-1}-3z^{-2}+z^{-3}$ 时。

① 输入单位阶跃信号 $R(z)=\dfrac{1}{1-z^{-1}}$，则系统的误差响应为

$$
E(z)=W_e(z)R(z)
$$

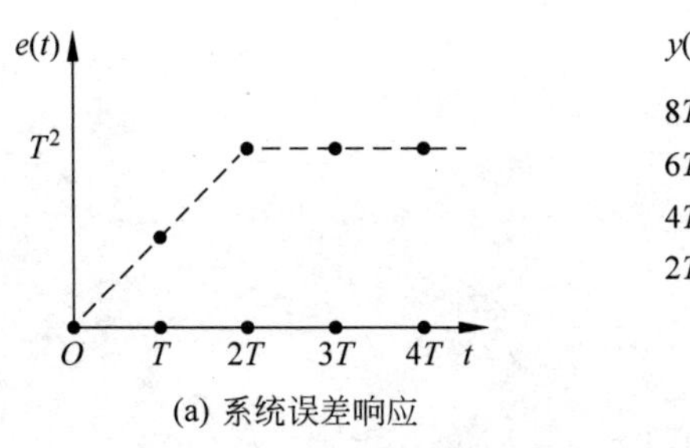

(a) 系统误差响应

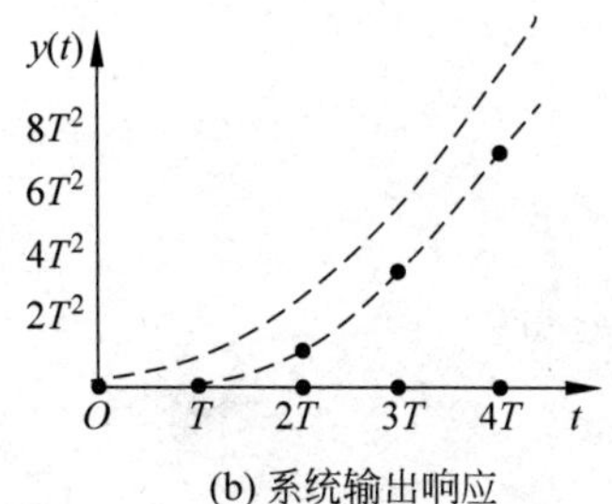

(b) 系统输出响应

图 4.8　单位加速度输入时的误差响应及输出响应

$$
\begin{aligned}
&=(1-z^{-1})^3\frac{1}{1-z^{-1}}\\
&=1-2z^{-1}+z^{-2}
\end{aligned}
$$

系统的输出响应为

$$
\begin{aligned}
Y(z)&=W(z)R(z)\\
&=(3z^{-1}-3z^{-2}+z^{-3})\frac{1}{1-z^{-1}}\\
&=3z^{-1}+0z^{-2}+z^{-3}+z^{-4}+\cdots
\end{aligned}
$$

系统的稳态误差为

$$
\begin{aligned}
e^*(\infty)&=\lim_{z\to 1}(1-z^{-1})E(z)\\
&=\lim_{z\to 1}(1-z^{-1})(1-z^{-1})^2\\
&=0
\end{aligned}
$$

可以看出，系统经过 3 拍，过渡过程结束，即此时系统的调节时间 $t_s=3T$，无稳态误差，有 200%的超调量，误差响应及输出响应如图 4.9 所示。

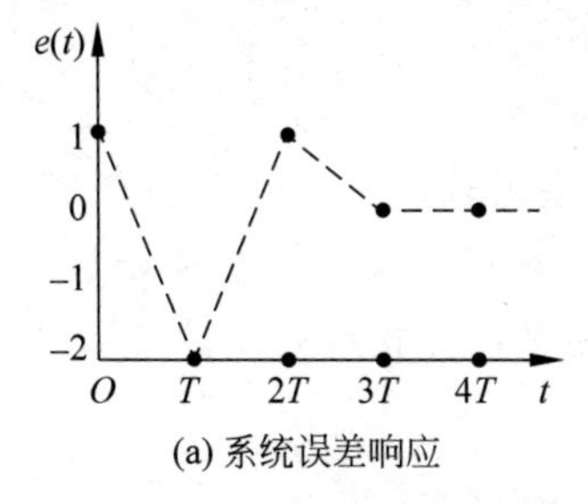

(a) 系统误差响应

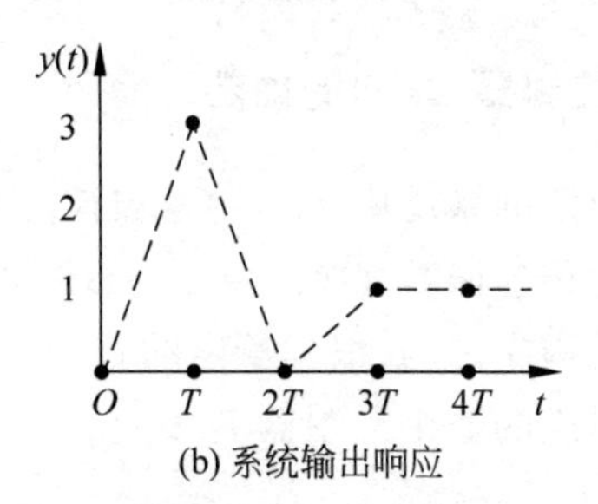

(b) 系统输出响应

图 4.9　单位阶跃输入时的误差响应及输出响应

② 输入单位速度信号 $R(z)=\dfrac{Tz^{-1}}{(1-z^{-1})^2}$，则系统的误差响应为

$$
\begin{aligned}
E(z)&=W_e(z)R(z)\\
&=(1-z^{-1})^3\frac{Tz^{-1}}{(1-z^{-1})^2}\\
&=T(z^{-1}+z^{-2})
\end{aligned}
$$

系统的输出响应为

$$
\begin{aligned}
Y(z) &= W(z)R(z) \\
&= (3z^{-1} - 3z^{-2} + z^{-3}) \frac{Tz^{-1}}{(1-z^{-1})^2} \\
&= T(3z^{-2} + 3z^{-3} + 4z^{-4} + 5z^{-5} + \cdots)
\end{aligned}
$$

系统的稳态误差为

$$
\begin{aligned}
e^*(\infty) &= \lim_{z \to 1}(1 - z^{-1})E(z) \\
&= \lim_{z \to 1}(1 - z^{-1})T(z^{-1} + z^{-2}) \\
&= 0
\end{aligned}
$$

可以看出,系统经过3拍,过渡过程结束,即此时系统的调节时间 $t_s = 3T$,无稳态误差,有50%的超调量,误差响应及输出响应如图4.10所示。

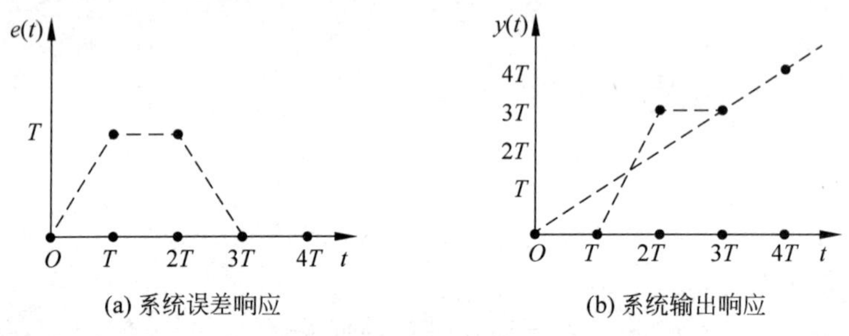

(a) 系统误差响应　　(b) 系统输出响应

图4.10　单位速度输入时的误差响应及输出响应

由上面讨论可以看出,最少拍控制器设计时,$W_e(z)$ 或 $W(z)$ 的选取与典型输入信号的形式密切相关,即对于不同的输入 $R(z)$,要求使用不同的闭环Z传递函数,所以这样设计出的控制器对各种典型输入信号的适应能力较差。若运行时的输入信号与设计时的输入信号形式不一致,则得不到期望的最佳性能。

4. 数字控制器 $D(z)$ 的确定

图4.1给定的系统中,$G_0(s)$ 是被控对象的传递函数,$G(s) = [(1 - e^{-Ts})/2]G_0(s)$ 是广义被控对象的传递函数,$G(z) = \mathcal{Z}[G(s)]$ 称为广义被控对象的Z传递函数。可见,$G(z)$ 是由被控对象结构决定的,根据给定的 $G(z)$,可由满足性能指标要求的希望开环Z传递函数直接求解出对应的数字控制器 $D(z)$。

由于

$$
W_e(z) = \frac{1}{1 + D(z)G(z)}
$$

$$
W(z) = \frac{D(z)G(z)}{1 + D(z)G(z)}
$$

则可求得

$$
D(z) = \frac{1 - W_e(z)}{W_e(z)G(z)}
$$

或

$$D(z)=\frac{W(z)}{[1-W(z)]G(z)}$$

于是得到在典型信号输入下最少拍系统的数字控制器 $D(z)$。

对于单位阶跃信号($m=1$),有

$$D(z)=\frac{z^{-1}}{(1-z^{-1})G(z)}$$

对于单位速度信号($m=2$),有

$$D(z)=\frac{2z^{-1}(1-0.5z^{-1})}{(1-z^{-1})^2G(z)}$$

对于单位加速度信号($m=3$),有

$$D(z)=\frac{z^{-1}(3-3z^{-1}+z^{-2})}{(1-z^{-1})^3G(z)}$$

例 4.1　对于图 4.1 所示的系统,设 $G_0(s)=\frac{10}{s(s+1)}$,$T=1\text{s}$,试确定在典型信号输入下最少拍系统的数字控制器 $D(z)$。

解:

$$G(z)=\mathcal{Z}\left[\frac{1-e^{-Ts}}{s}\frac{10}{s(s+1)}\right]$$
$$=\frac{3.68(1+0.718z^{-1})z^{-1}}{(1-z^{-1})(1-0.368z^{-1})}$$

对于单位阶跃信号($m=1$),有

$$D(z)=\frac{z^{-1}}{(1-z^{-1})G(z)}$$
$$=\frac{0.272(1-0.368z^{-1})}{1+0.718z^{-1}}$$

对于单位速度信号($m=2$),有

$$D(z)=\frac{2z^{-1}(1-0.5z^{-1})}{(1-z^{-1})^2G(z)}$$
$$=\frac{0.543(1-0.5z^{-1})(1-0.368z^{-1})}{(1-z^{-1})(1+0.718z^{-1})}$$

对于单位加速度信号($m=3$),有

$$D(z)=\frac{z^{-1}(3-3z^{-1}+z^{-2})}{(1-z^{-1})^3G(z)}$$
$$=\frac{0.272(1-0.368z^{-1})(3-3z^{-1}+z^{-2})}{(1-z^{-1})^2(1+0.718z^{-1})}$$

显然,得到的数字控制器是物理可实现的。

4.1.2　任意广义对象的最少拍控制器设计

在上面的设计讨论中,假定广义被控对象 $G(z)$ 是稳定的且不包含纯滞后环节 z^{-q}(即满足三个假设条件),满足这个条件才能保证上述设计得到的闭环系统是稳定的。因此,对于任意广义对象,如果上述条件不能够满足,那么上述设计方法要作相应的修改,这时的设计目标应包括三个方面,即稳定性、准确性和快速性。

由图4.1所示的系统得到

$$W(z)=\frac{D(z)G(z)}{1+D(z)G(z)}=D(z)G(z)W_e(z)$$

当$G(z)$中含有Z平面单位圆外或圆上的极点时,如果该极点没有与$D(z)$或$W_e(z)$的零点完全对消,则它将成为$W(z)$的极点,从而造成整个闭环系统不稳定,又

$$Y(z)=W(z)R(z)=G(z)U(z)$$

得到

$$U(z)=\frac{W(z)}{G(z)}R(z)$$

当$G(z)$中含有Z平面单位圆外或圆上的零点时,如果该零点没有与$D(z)$或$W_e(z)$的极点完全对消,则它将成为$W(z)/G(z)$中不稳定的极点,从而使数字控制器的输出趋向于无穷大,导致整个闭环系统不稳定。

为保证闭环系统稳定,所以必须采取措施消除$G(z)$中的Z平面单位圆外或圆上的零点或极点,当$G(z)$中含有Z平面单位圆外或圆上的零点或极点时,它应被$D(z)$或$W_e(z)$的极点或零点相抵消。而用$D(z)$的零点或极点抵消$G(z)$的极点或零点是不允许的,这是因为简单地利用$D(z)$的零点或极点去对消$G(z)$中的不稳定零点或极点,从理论上来说可以得到一个稳定的闭环系统,但这种稳定是建立在零极点完全对消基础上的,当系统参数产生漂移,或者对象参数辨识有误差时,这种零极点对消就不可能准确实现,从而引起闭环系统不稳定。所以建立在零极点对消基础上的稳定系统实际上是不可能稳定工作的,没有实用价值。

设最少拍系统广义Z传递函数为

$$G(z)=z^{-N}\frac{\prod_{i=1}^{u}(1-b_iz^{-1})}{\prod_{j=1}^{v}(1-a_jz^{-1})}G'(z)$$

其中,$b_1,b_2,\cdots,b_u$是$G(z)$的u个不稳定零点,$a_1,a_2,\cdots,a_v$是$G(z)$的v个不稳定极点,$G'(z)$是$G(z)$中不包含Z平面单位圆外或圆上的极、零点时的部分,z^{-N}(N为整数)为$G(z)$中含有的纯滞后环节。

于是得到数字控制器

$$D(z)=\frac{W(z)}{W_e(z)G(z)}$$

$$=z^{N}\frac{\prod_{j=1}^{v}(1-a_jz^{-1})W(z)}{\prod_{i=1}^{u}(1-b_iz^{-1})G'(z)W_e(z)}$$

从上式可以看出,如果数字控制器$D(z)$存在z^N环节,则表示$D(z)$具有超前特性,这样的$D(z)$是物理不可实现的,所以必须使$W(z)$的分子中含有z^{-N}环节,以避免$D(z)$出现超前环节。为了保证闭环系统的稳定,要求$W(z)$或$W_e(z)$不含有不稳定的极点,则$G(z)$中不稳定的零点应包含在$W(z)$的零点中,$G(z)$中不稳定的极点应包含在$W_e(z)$的零

点中，避免了发生 $D(z)$ 与 $G(z)$ 的不稳定零极点对消的情况。现总结如下：

(1) $W_e(z)$ 的零点应包含 $G(z)$ 中全部不稳定的极点。

$$W_e(z)=\prod_{j=1}^{v}(1-a_jz^{-1})F_1(z)$$

其中，$F_1(z)$ 是关于 z^{-1} 的多项式且不包含 $G(z)$ 中的不稳定极点 a_j（$z=1$ 点除外）。

(2) $W(z)$ 的零点应包含 $G(z)$ 中纯滞后的环节即 z^{-N} 和全部不稳定的零点。

$$W(z)=z^{-N}\prod_{i=1}^{u}(1-b_iz^{-1})F_2(z)$$

其中，$F_2(z)$ 是关于 z^{-1} 的多项式且不包含 $G(z)$ 中的纯滞后的环节和不稳定零点 b_i。

因此，满足了上述稳定性条件后

$$D(z)=\frac{W(z)}{W_e(z)G(z)}=\frac{F_2(z)}{F_1(z)G'(z)}$$

即 $D(z)$ 不再包含 $G(z)$ 的 Z 平面单位圆上或单位圆外零极点和纯滞后的环节。

上述的效果可使响应时间的前面最少拍数增加若干拍。由前面讨论的最少拍系统的设计原则可知，要满足上述限制条件，$W_e(z)=(1-z^{-1})^mF(z)$ 中的 $F(z)$ 不能简单地使 $F(z)=1$，而应选 $F(z)$ 的零点中含 $G(z)$ 的全部不稳定极点，并使 $W_e(z)$ 为最简单形式，使 $E(z)$ 含 z^{-1} 因子的多项式的项数最少，使误差以最快速度衰减到零。

综上所述，得到满足上述限制条件的闭环 Z 传递函数 $W(z)$ 和闭环误差 Z 传递函数 $W_e(z)$ 的一般形式为

$$W(z)=z^{-N}\prod_{i=1}^{u}(1-b_iz^{-1})F_2(z)$$

其中，$F_2(z)=k(1+c_1z^{-1}+\cdots+c_{m+v-1}z^{-(m+v-1)})$，$k$ 为常系数。

$$W_e(z)=(1-z^{-1})^m\prod_{j=1}^{v}(1-a_jz^{-1})F_1(z)$$

其中，$F_1(z)=1+d_1z^{-1}+\cdots+d_{N+u-1}z^{-(N+u-1)}$。

m 取值为 1、2、3 分别对应于单位阶跃输入、单位速度输入、单位加速度输入，利用 $W(z)=1-W_e(z)$ 确定各个待定参数。

由此得到数字控制器

$$D(z)=\frac{W(z)}{W_e(z)G(z)}$$

例 4.2 对于图 4.1 所示的系统，设 $G_0(s)=\dfrac{10}{s(0.1s+1)(0.05s+1)}$，$T=0.2\text{s}$，试确定数字控制器 $D(z)$ 使系统在单位阶跃输入作用下，无稳态误差最少拍。

解：

$$\begin{aligned}G(z)&=\mathcal{Z}\left[\frac{1-\mathrm{e}^{Ts}}{s}\,\frac{10}{s(0.1s+1)(0.05s+1)}\right]\\&=\frac{0.76z^{-1}(1+0.045z^{-1})(1+1.14z^{-1})}{(1-z^{-1})(1-0.135z^{-1})(1-0.0183z^{-1})}\end{aligned}$$

$G(z)$ 中含有一个单位圆外的零点 -1.14、一个 z^{-1} 因子，没有不稳定的极点。$m=1$，$u=1$，$v=0$，$N=1$。

根据上述条件,设

$$W(z)=kz^{-1}(1+1.14z^{-1})$$
$$W_e(z)=(1-z^{-1})(1+d_1z^{-1})$$

由 $W(z)=1-W_e(z)$ 得

$$(1-d_1)z^{-1}+d_1z^{-2}=kz^{-1}+1.14kz^{-2}$$

对比等式两边各项系数,有 $\begin{cases}1-d_1=k\\d_1=1.14k\end{cases}$,解得 $\begin{cases}k=0.47\\d_1=0.53\end{cases}$,则

$$W_e(z)=(1-z^{-1})(1+0.53z^{-1})$$
$$W(z)=1-W_e(z)=0.47z^{-1}(1+1.14z^{-1})$$
$$D(z)=\frac{1-W_e(z)}{G(z)W_e(z)}=\frac{0.62(1-0.135z^{-1})(1-0.0183z^{-1})}{(1+0.045z^{-1})(1+0.53z^{-1})}$$
$$Y(z)=W(z)R(z)=\frac{0.47z^{-1}(1+z^{-1})}{1-z^{-1}}=0.47z^{-1}+z^{-2}+z^{-3}+z^{-4}+\cdots$$

调整时间 2 拍,无超调量。

如果输入为单位速度函数,设

$$W(z)=kz^{-1}(1+1.14z^{-1})(1+c_1z^{-1})$$
$$W_e(z)=(1-z^{-1})^2(1+d_1z^{-1})$$

则由 $W(z)=1-W_e(z)$ 得

$$kz^{-1}+k(1.14+c_1)z^{-2}+1.14kc_1z^{-3}=(2-d_1)z^{-1}+(2d_1-1)z^{-2}-d_1z^{-3}$$

对比等式两边各项系数,有 $\begin{cases}k=2-d_1\\k(1.14+c_1)=2d_1-1\\1.14kc_1=-d_1\end{cases}$,解得 $\begin{cases}c_1=-0.605\\d_1=0.8165\\k=1.184\end{cases}$,则

$$W_e(z)=(1-z^{-1})^2(1+0.8165z^{-1})$$
$$W(z)=1.184z^{-1}(1+1.14z^{-1})(1-0.605z^{-1})$$
$$\begin{aligned}D(z)&=\frac{1-W_e(z)}{G(z)W_e(z)}\\&=\frac{W(z)}{G(z)[1-W(z)]}\\&=\frac{1.558(1-0.605z^{-1})(1-0.135z^{-1})(1-0.0183z^{-1})}{(1+0.045z^{-1})(1+0.8165z^{-1})(1-z^{-1})}\end{aligned}$$

4.1.3 最少拍系统的改进

前面的分析表明,根据某种特定典型输入作用下所设计的无稳态误差最少拍计算机控制系统,在其他典型输入作用下,系统的性能未必令人满意,这说明最少拍系统对不同类型输入作用下的适应性差。由前面可知,对于不同的类型的典型输入要求闭环 Z 传递函数 $W(z)$应具有不同的形式,即 $W(z)$必须随 $R(z)$的变化而变化,在实际应用中这是难于做到的。通常希望同一个 $W(z)$对各种类型的输入信号都要有比较满意的响应,即对各种不同输入作用有折中的响应过程,使响应时间增长若干拍,而使超调量适当减小。

1. 阻尼因子法设计

阻尼因子法的基本思想是：在保证系统对某种典型输入作用无稳态误差的条件下，在闭环误差Z传递函数的分母中引入一个阻尼因子项，从而使系统的反应平稳柔和些，响应时间增长若干拍。具体做法如下：设增加的阻尼因子项为$(1-cz^{-1})$，增加阻尼因子项后的闭环Z传递函数为$W_0(z)$，则在$W_e(z)=1-W(z)$的分母中引入阻尼因子项$(1-cz^{-1})$，得到新的闭环误差Z传递函数为

$$1-W_0(z)=\frac{W_e(z)}{1-cz^{-1}}=\frac{1-W(z)}{1-cz^{-1}}$$

式中$W(z)$是根据前面无稳态误差最少拍系统的设计原则选定的闭环Z传递函数，c是实常量，称为阻尼因子、权因子或惯性因子，引入阻尼因子项$(1-cz^{-1})$相当于增加了实轴上的极点，根据极点位置与系统响应关系可知，为使系统稳定，c值在$-1<c<1$的范围内选定，而为使响应过程平稳且尽可能快，c值当在$0<c<1$范围内选定。

例 4.3　对于图4.1所示的系统，设$G_0(s)=\frac{1}{s(s+1)}$，$T=0.1\text{s}$，试确定数字控制器$D(z)$，使系统对单位速度输入时其输出响应在采样点上无稳态误差，而对单位阶跃响应的超调量和调整时间均有所折中。

解：根据最少拍原则设计，对单位速度输入无稳态误差的最少拍系统的闭环误差Z传递函数为$W_e(z)=(1-z^{-1})^2$，闭环Z传递函数为$W(z)=2z^{-1}-z^{-2}$，引入阻尼因子的闭环误差Z传递函数为$1-W_0(z)=\frac{(1-z^{-1})^2}{1-cz^{-1}}$，增加阻尼因子项后的闭环Z传递函数为

$$W_0(z)=\frac{(2-c)z^{-1}-z^{-2}}{1-cz^{-1}}$$

对于单位阶跃信号输入，则

$$Y(z)=W_0(z)R(z)=\frac{(2-c)z^{-1}-z^{-2}}{1-cz^{-1}}\ \frac{1}{1-z^{-1}}=\frac{(2-c)z^{-1}-z^{-2}}{1-(c+1)z^{-1}+cz^{-2}}$$

$$E(z)=[1-W_0(z)]R(z)=\frac{(1-z^{-1})^2}{1-cz^{-1}}\ \frac{1}{1-z^{-1}}$$

$$e^*(\infty)=\lim_{z\to 1}(1-z^{-1})E(z)=0$$

对于单位速度信号输入，则

$$Y(z)=W_0(z)R(z)=\frac{(2-c)z^{-1}-z^{-2}}{1-cz^{-1}}\ \frac{Tz^{-1}}{(1-z^{-1})^2}$$

$$=T\ \frac{(2-c)z^{-2}-z^{-3}}{1-(2+c)z^{-1}+(1+2c)z^{-2}-cz^{-3}}$$

$$E(z)=[1-W_0(z)]R(z)=\frac{(1-z^{-1})^2}{1-cz^{-1}}\ \frac{Tz^{-1}}{(1-z^{-1})^2}$$

$$e^*(\infty)=\lim_{z\to 1}(1-z^{-1})E(z)=0$$

c的值可通过实验来确定，取$c=0,0.2,0.5,0.8$时，其响应如下。

(1) $c=0$ 时。

对于单位阶跃信号输入,则

$$Y(z)=2z^{-1}+z^{-2}+z^{-3}+z^{-4}+\cdots$$

对于单位速度信号输入,则

$$Y(z)=2Tz^{-2}+3Tz^{-3}+4Tz^{-4}+\cdots$$

(2) $c=0.2$ 时。

对于单位阶跃信号输入,则

$$Y(z)=1.8z^{-1}+1.16z^{-2}+1.032z^{-3}+1.0064z^{-4}+\cdots$$

对于单位速度信号输入,则

$$Y(z)=1.8Tz^{-2}+2.96Tz^{-3}+3.992Tz^{-4}+\cdots$$

(3) $c=0.5$ 时。

对于单位阶跃信号输入,则

$$Y(z)=1.5z^{-1}+1.25z^{-2}+1.125z^{-3}+1.063z^{-4}+1.031z^{-5}+1.016z^{-6}+\cdots$$

对于单位速度信号输入,则

$$Y(z)=1.5Tz^{-2}+2.75Tz^{-3}+3.875Tz^{-4}+4.938Tz^{-5}+5.969Tz^{-6}+6.984Tz^{-7}+\cdots$$

(4) $c=0.8$ 时。

对于单位阶跃信号输入,则

$$Y(z)=1.2z^{-1}+1.16z^{-2}+1.128z^{-3}+1.102z^{-4}+1.082z^{-5}+1.066z^{-6}+1.054z^{-7}+1.045z^{-8}+1.038z^{-9}+\cdots$$

对于单位速度信号输入,则

$$Y(z)=1.2Tz^{-2}+2.36Tz^{-3}+3.488Tz^{-4}+4.59Tz^{-5}+5.672Tz^{-6}+6.738Tz^{-7}+7.791Tz^{-8}+8.834Tz^{-9}+9.868Tz^{-10}+10.895Tz^{-11}+11.916Tz^{-12}+12.932Tz^{-13}+13.943Tz^{-14}+14.951Tz^{-15}+15.962Tz^{-16}+\cdots$$

这里取 $c=0.5$ 可使系统对于单位阶跃输入与单位速度输入的超调量和调整时间都可得到较好的折中,则可得

$$D(z)=\frac{W_0(z)}{G(z)[1-W_0(z)]}=\frac{300(1-0.905z^{-1})(1-0.667z^{-1})}{(1-z^{-1})(1-0.9z^{-1})}$$

响应时间约为 5 拍,超调量约为 50%。引入阻尼因子的效果,使过渡过程平稳,适应性略有改善,却增加了响应时间。所以这是牺牲了最少拍来换取适应性,且解决不彻底。

2. 误差平方和最小设计

最少拍系统是针对某种典型输入信号设计的,其适应性差。在工作中往往不只是一种而是多种典型输入组合而成的输入信号,有时甚至是随机信号。因此,只针对某种典型输入信号设计的最少拍系统就具有一定的局限性。

对于含有多种典型输入信号系统的设计,常用"误差平方和最小"作为系统的性能指标,它是最少拍系统设计的一种改进,它允许有一定的超调量和稳态误差,调整时间也远非最少

拍,所以它是最少拍系统设计的一种折中。这种性能指标主要是使系统在动态过程中的大的误差迅速减小。

误差平方和最小系统的设计方法是一种工程设计法,它没有严格的数学推导,设计的基本思想是:先针对典型输入信号按最少拍系统进行设计,在此基础是再加入阻尼因子,然后再按误差平方和最小系统设计,使系统超调量、调整时间和稳态误差等性能指标都有所折中,也使输出响应的波纹和平稳性都有所改进,从而使系统的输出响应波形有所改善。

误差平方和最小的性能指标为

$$\sum_{k=0}^{\infty}[e(kT)]^2=\min$$

根据Z反变换的留数计算公式有

$$e(kT)=\frac{1}{2\pi \mathrm{j}}\oint_L E(z)^{k-1}\mathrm{d}z$$

式中$E(z)$是误差$e(kT)$的Z变换,L是Z平面上的单位圆周,$E(z)$的极点在单位圆内。由上式可得

$$\begin{aligned}\sum_{k=0}^{\infty}[e(kT)]^2&=\sum_{k=0}^{\infty}e(kT)\frac{1}{2\pi \mathrm{j}}\oint_L E(z)z^{k-1}\mathrm{d}z\\&=\frac{1}{2\pi j}\oint_L E(z)z^{-1}\mathrm{d}z\sum_{k=0}^{\infty}e(kT)z^k\end{aligned}$$

根据Z变换的定义,误差$e(kT)$的Z变换为

$$E(z)=\sum_{k=0}^{\infty}e(kT)z^{-k}$$

所以

$$E(z^{-1})=\sum_{k=0}^{\infty}e(kT)z^k$$

则得到误差平方和的计算公式为

$$\sum_{k=0}^{\infty}[e(kT)]^2=\frac{1}{2\pi \mathrm{j}}\oint_L E(z)E(z^{-1})z^{-1}\mathrm{d}z$$

设计误差平方和最小系统,需要确定数字控制器$D(z)$,使系统在单位阶跃输入和单位速度输入作用下具有较小的调整时间和满意的超调量,并且要求无稳态误差。

首先按单位速度输入的最少拍系统设计,可选择希望闭环误差Z传递函数为

$$W_{\mathrm{e}}(z)=(1-z^{-1})F(z)$$

其中,$F(z)$是待定的且不含因子$(1-z^{-1})$的关于z^{-1}的有限多项式。为了使系统对单位阶跃输入有较好的适应性,首先引入一个阻尼因子项,然后再按误差平方和最小系统设计,则

$$W_{\mathrm{e}}(z)=\frac{(1-z^{-1})F(z)}{1+cz^{-1}}$$

c为阻尼因子,$0<c<1$,当c值变化时,系统的输出波形,包括调整时间、超调量和稳态误差等性能指标,都会发生变化。

因此为了确定c和$F(z)$,则有如下条件限制:

(1) $W_e(z)$的零点中应含 $G(z)$的全部不稳定极点；

(2) $W(z)$的零点中应含 $G(z)$的全部单位圆上和圆外零点；

(3) $W(z)$与 $G(z)$所含因子 z^{-1} 的阶数应相同；

(4) 误差平方和最小。

例 4.4 对于图 4.1 所示的系统，设 $G_0(s)=\dfrac{10}{s(0.1s+1)(0.05s+1)}$，$T=0.2\text{s}$，试确定数字控制器 $D(z)$，使系统在单位阶跃信号和单位速度信号作用下有较小的调整时间和超调量，并且无稳态误差。

解：

$$G(z)=\frac{0.76z^{-1}(1+0.045z^{-1})(1+1.14z^{-1})}{(1-z^{-1})(1-0.135z^{-1})(1-0.0183z^{-1})}$$

则 $G(z)$无不稳定极点，有一个 z^{-1} 因子和一个单位圆外零点-1.14。

若对于单位速度输入信号且无稳态误差，并考虑对于单位阶跃输入的适应性，则

$$W_e(z)=\frac{(1-z^{-1})^2(1+a_1z^{-1})}{1-cz^{-1}}$$

$$W(z)=\frac{z^{-1}(1+1.14z^{-1})(b_1+b_2z^{-1})}{1-cz^{-1}}$$

由 $W(z)=1-W_e(z)$得

$$\begin{cases}a_1=0.816-0.285c\\ b_1=1.184-0.716c\\ b_2=-0.716+0.25c\end{cases}$$

对于单位速度输入信号作用下的误差 Z 变换为

$$E(z)=W_e(z)R(z)=\frac{Tz^{-1}(1+a_1z^{-1})}{1-cz^{-1}}$$

于是

$$\begin{aligned}\sum_{k=0}^{\infty}[e(kT)]^2&=\frac{T^2}{2\pi\text{j}}\oint_L E(z)E(z^{-1})z^{-1}\text{d}z\\&=\frac{T^2}{2\pi\text{j}}\oint_L\frac{(1+a_1z^{-1})(1+a_1z^{-1})}{z(1-cz^{-1})(1-cz)}\text{d}z\\&=\text{Res}\left[\oint_L\frac{(1+a_1z^{-1})(1+a_1z^{-1})}{z(1-cz^{-1})(1-cz)}\text{d}z\right]T^2\\&=\lim_{z\to0}z\frac{(1+a_1z^{-1})(z+a_1)}{z(1-cz^{-1})(z-c)}T^2+\lim_{z\to c}(z-c)\frac{(1+a_1z^{-1})(z+a_1)}{z(1-cz^{-1})(z-c)}T^2\\&=-\frac{-a_1T}{c}+\frac{(1+a_1c)(c+a_1)}{c(1-c^2)}T^2\\&=\frac{1.66(1-0.295c)}{1-c}T^2\end{aligned}$$

对于单位阶跃输入信号作用下的误差 Z 变换为

$$E(z)=W_e(z)R(z)=\frac{(1-z^{-1})(1+a_1z^{-1})}{1-cz^{-1}}$$

于是

$$\begin{aligned}\sum_{k=0}^{\infty}[e(kT)]^2&=\frac{1}{2\pi j}\oint_L\frac{(1-z^{-1})^2(z+a_1)(1+a_1z)}{z^2(z-c)(cz-1)}dz\\&=\frac{2[(1+c)a_1+(1-a_1)^2]}{1+c}\\&=\frac{1.7+1.27c-0.41c^2}{1+c}\end{aligned}$$

则 $\sum\limits_{k=0}^{\infty}[e(kT)]^2$ 与 c 的关系曲线如图 4.11 所示，其中，曲线①对应单位速度信号输入的误差平方和与 c 的关系，曲线②对应单位阶跃信号输入的误差平方和与 c 的关系。

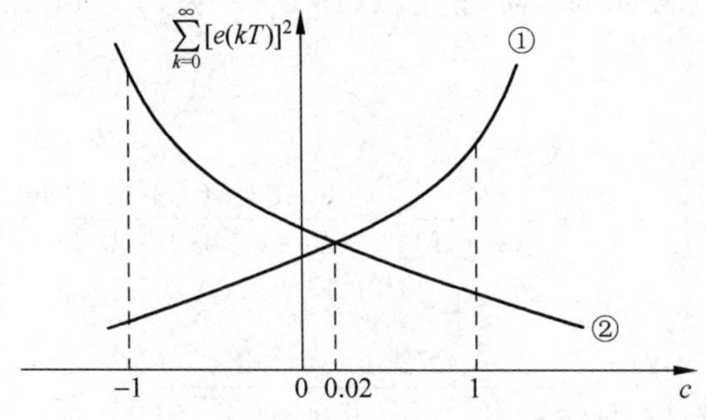

图 4.11　误差平方和与 c 的关系曲线

要想使系统在两种不同输入信号作用下的误差平方和都比较小，c 可取两曲线的交点处的值 0.02。

若按误差平方和最小设计的系统输出响应不一定满足要求，可以改变阻尼因子 c，直到满足为止。由计算可知，当 $c=0,0.02,0.2,0.6,0.8$ 时，单位阶跃信号输入作用下的系统输出的超调量分别为 100%，82%，77%，50%，28%。若超调量取 $c=0.6$，调整时间都比较好。则

$$\begin{cases}a_1=0.645\\b_0=0.754\\b_1=-0.566\end{cases}$$

相应的闭环误差 Z 传递函数和闭环 Z 传递函数为

$$W_e(z)=\frac{(1-z^{-1})^2(1+0.645z^{-1})}{1-0.6z^{-1}}$$

$$W(z)=\frac{z^{-1}(1+1.14z^{-1})(0.754-0.566z^{-1})}{1-0.6z^{-1}}$$

对于单位阶跃输入，系统响应输出为

$$Y(z)=W(z)R(z)=0.754z^{-1}+1.5z^{-2}+1.28z^{-3}+1.15z^{-4}+1.024z^{-5}+\cdots$$

对于单位速度输入，系统响应输出为

$$\begin{aligned}Y(z)&=W(z)R(z)\\&=T(0.754z^{-2}+2.154z^{-3}+3.405z^{-4}+4.62z^{-5}+5.75z^{-6}+\cdots)\end{aligned}$$

当 $c=0.6$ 时,对应数字控制器为

$$D(z)=\frac{0.99(1-0.0183z^{-1})(1-0.135z^{-1})(1-0.75z^{-1})}{(1-z^{-1})(1+0.045z^{-1})(1+0.645z^{-1})}$$

4.2 无波纹最少拍控制系统设计

按最少拍控制系统设计出来的闭环系统,在有限拍后(即进入稳态后),这时闭环系统输出在采样时刻精确地跟踪输入信号。然而,进一步研究可以发现,虽然在采样时刻闭环系统输出与所跟踪的参考输入一致,但是在两个采样时刻之间,系统的输出存在着纹波或振荡。这种纹波不但影响系统的控制性能,产生过大的超调和持续振荡,而且还增加了系统功率损耗和机械磨损。下面通过实例说明最少拍系统波纹的存在。

例 4.5 对于图 4.1 所示的系统,设 $G_0(s)=\frac{10}{s(s+1)}$,$T=1\text{s}$,输入为单位阶跃信号,试分析系统输出响应。

解:

$$G(z)=\mathcal{Z}\left[\frac{1-e^{-Ts}}{s}\frac{10}{s(s+1)}\right]=\frac{3.68z^{-1}(1+0.718z^{-1})}{(1-z^{-1})(1-0.368z^{-1})}$$

$$W(z)=z^{-1},\quad W_e(z)=1-z^{-1}$$

$$D(z)=\frac{W(z)}{W_e(z)G(z)}=\frac{0.272(1-0.368z^{-1})}{1+0.718z^{-1}}$$

$$G(z,\beta)=10(1-z^{-1})\left[\frac{z^{-2}}{(1-z^{-1})^2}+\frac{(\beta-1)z^{-1}}{1-z^{-1}}+\frac{e^{-\beta}z^{-1}}{1-e^{-1}z^{-1}}\right]$$

设 $\beta=0.5$,则

$$G(z,\beta)=\frac{10z^{-2}}{1-z^{-1}}-5z^{-1}+\frac{6.065z^{-1}(1-z^{-1})}{1-0.368z^{-1}}$$

$$W(z,\beta)=\frac{D(z)G(z,\beta)}{1+D(z)G(z)}=\frac{0.289z^{-1}(1+4.42z^{-1}+0.512z^{-2})}{1+0.718z^{-1}}$$

$$Y(z,\beta)=W(z,\beta)R(z)=\frac{0.289z^{-1}(1+4.42z^{-1}+0.512z^{-2})}{1-0.282z^{-1}-0.718z^{-2}}$$

$$=0.289z^{-1}+1.359z^{-2}+0.738z^{-3}+1.184z^{-4}+0.864z^{-5}+1.093z^{-6}+0.929z^{-7}+\cdots$$

其输出响应如图 4.12 所示,可以看出系统输出存在波纹。

进一步分析可知,产生波纹的原因是数字控制器 $D(z)$ 输出序列 $u^*(t)$ 在系统输出 $y^*(t)$ 过渡过程结束后,还在围绕其平均值不停地波动。

$$U(z)=D(z)E(z)=D(z)W_e(z)R(z)=\frac{0.272(1-0.368z^{-1})}{1+0.718z^{-1}}$$

$$=0.272-0.295z^{-1}+0.212z^{-2}-0.152z^{-3}+0.109z^{-4}-0.078z^{-5}+\cdots$$

其输出序列如图 4.13 所示。

从中可以看出,当系统输出 $y^*(t)$ 过渡过程结束时,数字控制器 $D(z)$ 输出序列 $u^*(t)$

的过渡过程并未结束，从而使系统输出产生了波纹。下面进一步从数学关系上分析产生波纹的原因和消除波纹的方法。

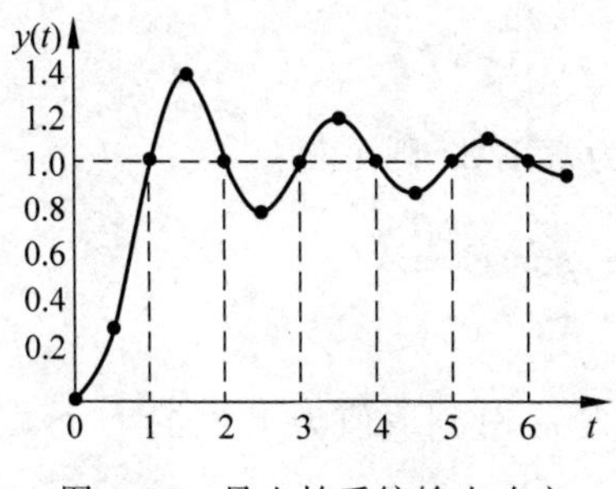

图 4.12 最少拍系统输出响应

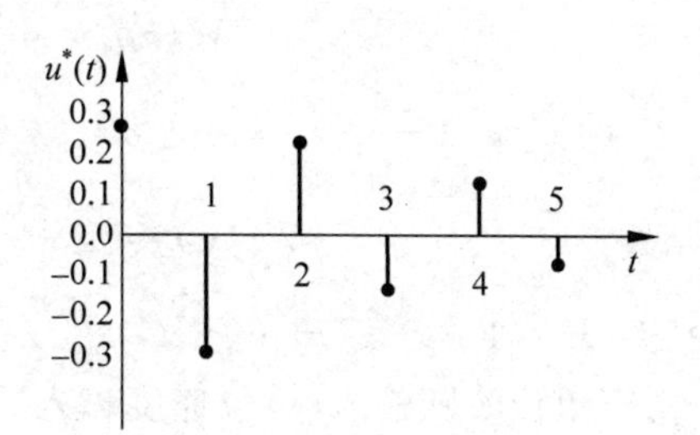

图 4.13 数字控制器输出序列

由图 4.1 可得到

$$Y(z)=W(z)R(z)=G(z)U(z)$$

所以

$$\frac{U(z)}{R(z)}=\frac{W(z)}{G(z)}$$

又

$$U(z)=D(z)E(z)=D(z)W_e(z)R(z)$$

则

$$\frac{U(z)}{R(z)}=D(z)W_e(z)$$

于是得

$$D(z)W_e(z)=\frac{W(z)}{G(z)}$$

从对前面最少拍系统的分析可知，若要求系统的输出 $y^*(t)$在有限拍内结束过渡过程，则要求选择的希望闭环 Z 传递函数 $W(z)$为关于 z^{-1} 的有限多项式。同样，如果要求 $u^*(t)$在有限拍内结束过渡过程，也必须要求$\frac{U(z)}{R(z)}=D(z)W_e(z)$为关于 z^{-1} 的有限多项式。

因此，产生波纹的原因是$\frac{U(z)}{R(z)}=D(z)W_e(z)$不是关于 z^{-1} 的有限多项式，这样使 $u^*(t)$的过渡过程不结束，从而使输出 $y^*(t)$产生波动。

要想消除波纹，就要使 $u^*(t)$和 $y^*(t)$同时结束过渡过程，则要求 $D(z)W_e(z)$为 z^{-1} 的有限多项式，即 $W(z)$能被 $G(z)$整除即可。否则，就会产生波动现象。

设计系统时应使 $W(z)$为零点中含 $G(z)$的全部零点，使得 $G(z)$的全部零点被 $W(z)$的零点所抵消，这样 $W(z)$就能被 $G(z)$整除。当然，这样选取的 $W(z)$会使系统的过渡过程长一些，但却消除了波纹。

设最少拍系统广义 Z 传递函数为

$$G(z)=z^{-N}\frac{k_1\prod_{i=1}^{u}(1-b_iz^{-1})}{\prod_{j=1}^{v}(1-a_jz^{-1})\prod_{p=1}^{w}(1-f_pz^{-1})}$$

其中,$b_1,b_2,\cdots,b_u$ 是 $G(z)$ 的 u 个零点,$a_1,a_2,\cdots,a_v$ 是 $G(z)$ 的 v 个不稳定极点,f_1,$f_2,\cdots,f_w$ 是 $G(z)$ 的 w 个稳定极点,k_1 为常系数,z^{-N} 为 $G(z)$ 中含有的纯滞后环节。

$$W(z)=z^{-N}\prod_{i=1}^{u}(1-b_iz^{-1})F_2(z)$$

其中 $F_2(z)=k(1+c_1z^{-1}+\cdots+c_{m+v-1}z^{-(m+v-1)})$,$k$ 为常系数,则可得

$$W_e(z)=(1-z^{-1})^m\prod_{j=1}^{v}(1-a_jz^{-1})F_1(z)$$

其中 $F_1(z)=1+d_1z^{-1}+\cdots+d_{N+u-1}z^{-(N+u-1)}$。

对于单位阶跃输入、单位速度输入、单位加速度输入 m 分别取值为 1、2、3。

由此得到数字控制器

$$D(z)=\frac{W(z)}{W_e(z)G(z)}$$

例 4.6 对于图 4.1 所示的系统,设 $G_0(s)=\frac{10}{s(s+1)}$,$T=1\text{s}$,试按输入为单位阶跃信号,确定无波纹最少拍系统的数字控制器 $D(z)$。

解:

$$G(z)=\mathcal{Z}\left[\frac{1-e^{-Ts}}{s}\frac{10}{s(s+1)}\right]=\frac{3.68z^{-1}(1+0.718z^{-1})}{(1-z^{-1})(1-0.368z^{-1})}$$

$$W(z)=kz^{-1}(1+0.718z^{-1})$$

$$W_e(z)=(1-z^{-1})(1+d_1z^{-1})$$

由 $W(z)=1-W_e(z)$ 得

$$kz^{-1}(1+0.718z^{-1})=(1-d_1)z^{-1}+d_1z^{-2}$$

$$\begin{cases}k=0.582\\ d_1=0.418\end{cases}$$

$$W(z)=0.582z^{-1}(1+0.718z^{-1})$$

$$W_e(z)=(1-z^{-1})(1+0.418z^{-1})$$

于是得到数字控制器为

$$D(z)=\frac{W(z)}{G(z)W_e(z)}=\frac{0.1582(1-0.368z^{-1})}{1+0.418z^{-1}}$$

此时,系统在采样点的输出为

$$Y(z)=W(z)R(z)=0.582z^{-1}+z^{-2}+z^{-3}+\cdots$$

由于

$$D(z)W_e(z)=0.1582(1-1.368z^{-1}+0.368z^{-2})$$

此时,数字控制器的输出为

$$U(z)=D(z)W_e(z)R(z)=0.1582-0.058z^{-1}$$

可见,$D(z)W_e(z)$ 为关于 z^{-1} 的有限多项式,并且 $u^*(t)$ 经过 2 拍后过渡过程结束,如图 4.14 所示。同时,经过 2 拍后 $y^*(t)$ 的过渡过程也结束了,也就是 $u^*(t)$ 与 $y^*(t)$ 同时结束过渡过程。

利用广义 Z 变换,可求出系统在采样点间的输出响应。

$$G(z,\beta)=10(1-z^{-1})\left[\frac{z^{-2}}{(1-z^{-1})^2}+\frac{(\beta-1)z^{-1}}{1-z^{-1}}+\frac{e^{-\beta}z^{-1}}{1-e^{-1}z^{-1}}\right]$$

$$\begin{aligned}Y(z,\beta)&=W_e(z)D(z)G(z,\beta)R(z)\\&=\frac{1.582z^{-1}[\beta-1+e^{-\beta}+(2.368-1.368\beta-2e^{-\beta})z^{-1}+(0.368\beta-0.736+e^{-\beta})z^{-2}]}{1-z^{-1}}\\&=1.582(\beta-1+e^{-\beta})z^{-1}+1.582(1.368-0.368\beta-e^{-\beta})z^{-2}+z^{-3}+z^{-4}+\cdots\end{aligned}$$

由此可见，此时系统经过 2 拍以后就消除了波纹，设 $\beta=0.5$，系统输出响应如图 4.15 所示。

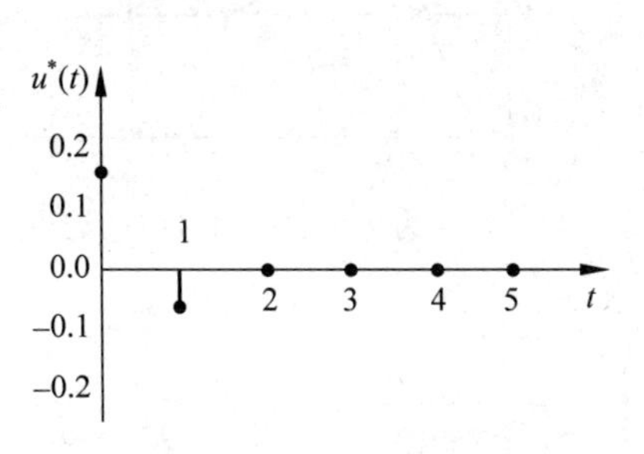

图 4.14　数字控制器输出序列

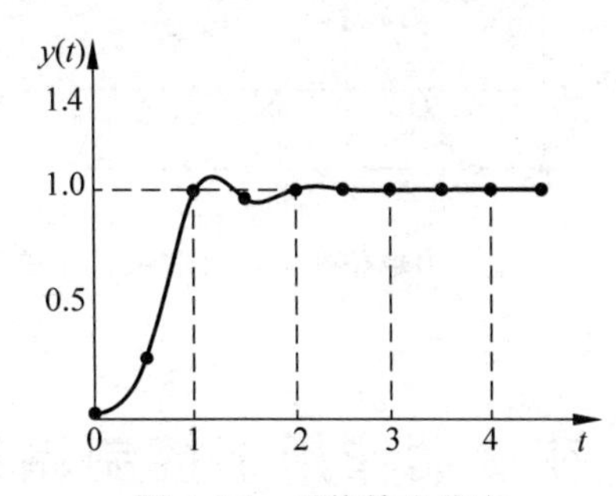

图 4.15　系统输出响应

如果所求得的系统在单位速度信号输入下，则输出的广义 Z 变换为

$$\begin{aligned}Y(z,\beta)&=W_e(z)D(z)G(z,\beta)R(z)\\&=1.582(\beta-1+e^{-\beta})z^{-2}+(\beta+0.582)z^{-3}+(\beta+1.582)z^{-4}+(\beta+2.582)z^{-5}+\cdots\end{aligned}$$

可以看出，系统经过 2 拍后过渡过程结束，但始终存在稳态误差 1.418。

在上例中，如果按输入为单位速度信号，来确定无波纹最少拍系统的数字控制器 $D(z)$，则有

$$W(z)=kz^{-1}(1+0.718z^{-1})(1+c_1z^{-1})$$

$$W_e(z)=(^1-z^{-1})2(1+d_1z^{-1})$$

由 $W(z)=1-W_e(z)$ 得

$$\begin{cases}k=1.407\\c_1=-0.375\\d_1=0.593\end{cases}$$

则

$$D(z)=\frac{W(z)}{G(z)W_e(z)}=\frac{0.383(1-0.368z^{-1})(1-0.586z^{-1})}{(1-z^{-1})(1+0.593z^{-1})}$$

输出的广义 Z 变换为

$$\begin{aligned}Y(z,\beta)=&3.83(\beta-1+e^{-\beta})z^{-2}+(3.65+0.175\beta-2.24e^{-\beta})z^{-3}+\\&(\beta+3)z^{-4}+(\beta+4)z^{-5}+\cdots\end{aligned}$$

由此可知，此系统在单位速度信号作用下，过渡过程为 3 拍，并且无波纹，设 $\beta=0.5$，其输出响应如图 4.16 所示。

如果所求得的系统在单位阶跃信号输入下，则输出的广义 Z 变换为

$$
\begin{aligned}
Y(z,\beta) &= W_e(z)D(z)G(z,\beta)R(z) \\
&= 3.83(\beta - 1 + e^{-\beta})z^{-1} + (7.48 - 3.65\beta - 6.07e^{-\beta})z^{-2} + \\
&\quad (0.825\beta - 0.65 + 2.24e^{-\beta})z^{-3} + z^{-4} + z^{-5} + \cdots
\end{aligned}
$$

设 $\beta=0.5$，其输出响应如图 4.17 所示，可以看出，系统经过 3 拍后过渡过程结束，但有 100%的超调量，并且无波纹。

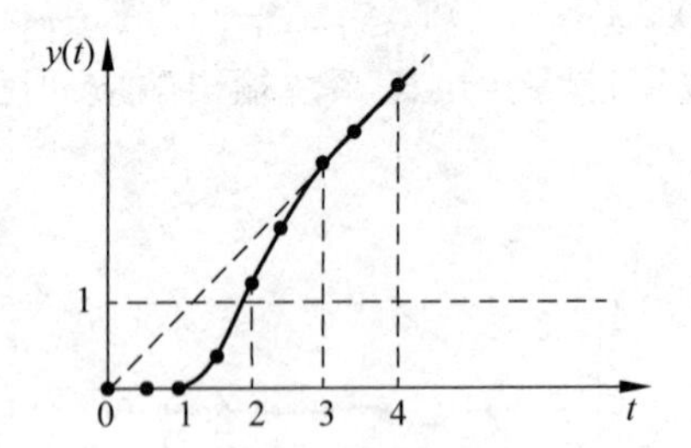

图 4.16 输入为单位速度信号时的输出响应

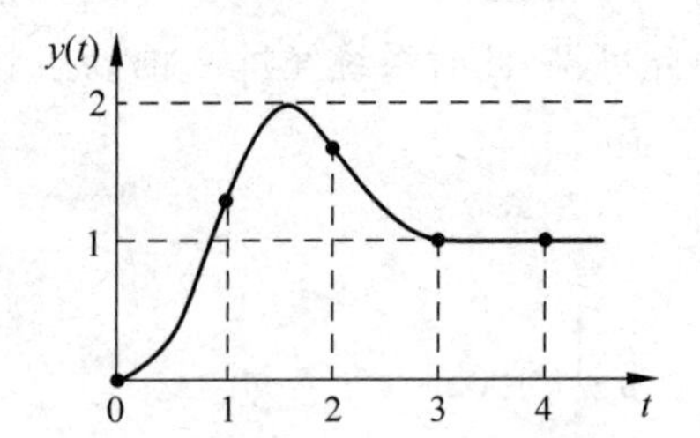

图 4.17 输入为单位阶跃信号时的输出响应

4.3 在扰动作用下控制系统设计

以前各节讨论的问题中，仅仅是针对计算机的控制系统的参考输入而设计的。实际的控制系统中，除了有参考输入之外，常常还有扰动作用。干扰几乎在任何处都可进入系统，为了便于讨论，可将干扰归并在零阶保持器和被控制对象之间，如图 4.18 所示。现在产生的问题是：针对参考输入而设计的系统，是否能有效地克服干扰 $f(t)$ 所产生的影响？

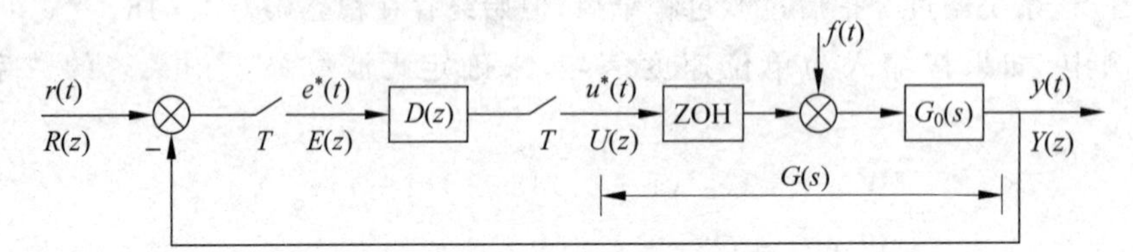

图 4.18 存在干扰作用下的控制系统

在很多情况下，针对参考输入而设计的系统，对抑制较弱的干扰作用所产生的影响也有较好的效果，这正是负反馈控制系统所具有的优点之一。然而，如果干扰作用较严重，或设计的着眼点主要是针对干扰所产生的影响，则必须研究新的设计方法。

由于负反馈控制系统的自动调节作用的优点，按前面方法只针对参与输入所设计的数字控制器 $D(z)$ 或闭环 Z 传递函数 $W(z)$，对抑制弱扰动作用的影响是很有效的，这种情况下不必修改原设计的 $D(z)$ 或 $W(z)$，但在强扰动作用下，一般就须修改原设计。

4.3.1 针对扰动作用的设计

假设存在扰动的控制系统如图 4.18 所示，当只存在扰动作用时(此时 $r(t)=0$)，扰动系统的等效图如图 4.19 所示。

根据线性系统的叠加原理，系统只存在扰动时的输出响应为

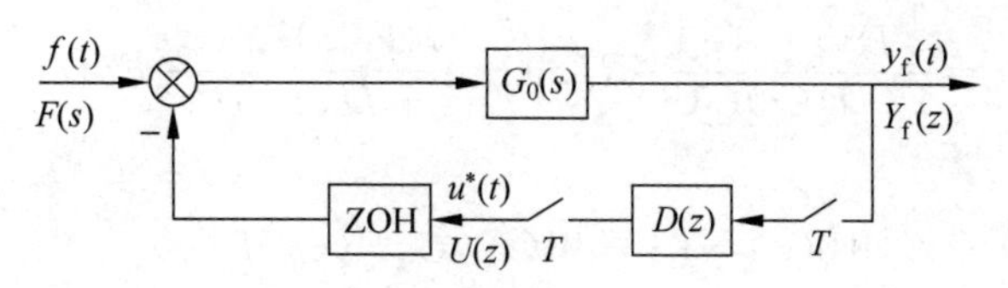

图 4.19　扰动系统的等效图

$$Y_f(s)=G_0(s)\left[F(s)-\frac{1-e^{-Ts}}{s}U^*(s)\right]$$
$$=F(s)G_0(s)-\frac{1-e^{-Ts}}{s}G_0(s)U^*(s)$$

两边取 Z 变换得

$$Y_f(z)=G_0F(z)-G(z)U(z)$$

其中

$$G(z)=\mathcal{Z}\left[\frac{1-e^{-Ts}}{s}G_0(s)\right]$$

又

$$U(z)=Y_f(z)D(z)$$

则

$$Y_f(z)=G_0F(z)-G(z)D(z)Y_f(z)$$

所以

$$Y_f(z)=\frac{G_0F(z)}{1+D(z)G(z)}$$

系统输出对扰动的闭环 Z 传递函数为

$$W_f(z)=\frac{Y_f(z)}{F(z)}=\frac{G_0F(z)/F(z)}{1+D(z)G(z)}$$

于是得到数字控制器

$$D(z)=\frac{[G_0F(z)/F(z)]-W_f(z)}{G(z)W_f(z)}$$

针对干扰作用的系统的设计方法是：

(1) 根据系统运行的实际情况，确定设计中所针对的干扰输入作用 $F(z)$；

(2) 根据消除干扰所引起的输出响应的要求(例如稳定性、准确性和快速性要求等)以及 $D(z)$物理可实现的约束，确定输出对扰动的闭环 Z 传递函数 $W_f(z)$；

(3) 确定数字控制器 $D(z)$。

4.3.2　抑制扰动作用的设计

再来研究既有参考输入 $R(s)$又有扰动作用 $F(s)$的系统的设计方法。对于图 4.18 所示的系统，设计分两步进行：首先针对参考输入，确定闭环 Z 传递函数 $W(z)$；然后考虑系统对干扰 $F(s)$的抑制作用，修改设计的结果(有时不需要修改)。

事实上，图 4.18 所示的系统的输出响应为

$$Y(z)=W(z)R(z)+W_f(z)F(z)$$

$$=\frac{D(z)G(z)}{1+D(z)G(z)}R(z)+\frac{G_0F(z)/F(z)}{1+D(z)G(z)}F(z)$$

所以

$$W_f(z)=[1-W(z)]G_0F(z)/F(z)$$

如果系统要抑制扰动的影响，则对 $W_f(z)$ 的要求是：对于设计中的扰动作用，不产生稳态响应。

不失一般性，设扰动信号具有以下形式：

$$F(z)=\frac{A(z)}{(1-z^{-1})^m}$$

则在扰动作用下产生的稳态响应可由终值定理求得

$$\begin{aligned}Y_f(\infty)&=\lim_{z\to 1}(1-z^{-1})Y_f(z)\\&=\lim_{z\to 1}(1-z^{-1})W_f(z)F(z)\end{aligned}$$

若要求 $Y_f(\infty)=0$，则要求扰动的闭环 Z 传递函数 $W_f(z)$ 具有以下形式：

$$W_f(z)=(1-z^{-1})^mF_f(z)$$

其中，$F_f(z)$ 为不含 $(1-z^{-1})$ 因子的关于 z^{-1} 的有限多项式。

由此可得到以下结论：若系统的扰动的闭环 Z 传递函数 $W_f(z)$ 可以表示成 $W_f(z)=(1-z^{-1})^mF_f(z)$ 的形式，则不必修改针对参考输入所确定的数字控制器 $D(z)$，否则要修改 $D(z)$。

例 4.7 对于图 4.18 所示的系统，设 $G_0(s)=\frac{10}{s(0.025s+1)}$，$T=0.025\text{s}$，$r(t)=1(t)$，$f(t)=1(t)$，设计无稳态误差有波纹最少拍系统的数字控制器 $D(z)$。

解：

$$G(z)=\mathcal{Z}\left[\frac{1-e^{-Ts}}{s}\,\frac{10}{s(0.025s+1)}\right]=\frac{0.092(1+0.718z^{-1})z^{-1}}{(1-z^{-1})(1-0.368z^{-1})}$$

$$G_0F(z)=\mathcal{Z}\left[\frac{10}{s(0.025s+1)}\,\frac{1}{s}\right]=\frac{0.092(1+0.718z^{-1})z^{-1}}{(1-z^{-1})^2(1-0.368z^{-1})}$$

$$F(z)=\frac{1}{1-z^{-1}}$$

根据最少拍系统设计原则得到

$$W_e(z)=1-z^{-1}$$

$$W(z)=z^{-1}$$

$$D(z)=\frac{W(z)}{G(z)W_e(z)}=\frac{10.87(1-0.368z^{-1})}{1+0.718z^{-1}}$$

$$W_f(z)=\frac{[1-W(z)]G_0F(z)}{F(z)}=\frac{0.092(1+0.718z^{-1})z^{-1}}{1-0.368z^{-1}}$$

由此可见，求得的 $W_f(z)$ 不能满足 $W_f(z)=(1-z^{-1})F_f(z)$ 形式，则需要修改原设计 $D(z)$。

进一步分析可知：$Y_f(\infty)=\lim\limits_{z\to 1}(1-z^{-1})W_f(z)F(z)=0.25\neq 0$，显然不符合设计要求，必须修改原先设计的 $D(z)$。由于

$$D(z)=\frac{[G_0F(z)/F(z)]-W_f(z)}{G(z)W_f(z)}$$

$$=\frac{G_0F(z)-W_f(z)F(z)}{G(z)W_f(z)F(z)}$$

$$=\frac{\dfrac{0.092z^{-1}(1+0.718z^{-1})}{F_f(z)}-(1-z^{-1})^2(1-0.368z^{-1})}{0.092z^{-1}(1-z^{-1})(1+0.718z^{-1})}$$

考虑 $D(z)$的物理可实现性，要求 $D(z)$的分子中有 z^{-1} 项来抵消分母中的 z^{-1} 项，所以令

$$F_f(z)=0.092z^{-1}(1+0.718z^{-1})$$

则

$$D(z)=\frac{25.7(1-0.733z^{-1}+0.155z^{-2})}{1-0.282z^{-1}-0.718z^{-2}}$$

显然，$D(z)$为物理可实现的。

4.3.3 复合控制系统设计

在一个计算机控制系统中，组合使用反馈与前馈两种控制，称为复合控制。复合控制的最大优点是易于构成抗外部干扰能力较强的系统。下述复合控制系统的设计特点是可以将希望的控制规律设计和抗干扰设计分开来进行。

图 4.20 所示的系统是既有开环控制又有闭环控制的复合计算机控制系统，$D_1(z)$与$D_2(z)$是待确定的数字控制器，其前馈是引自参考输入 $r(t)$。

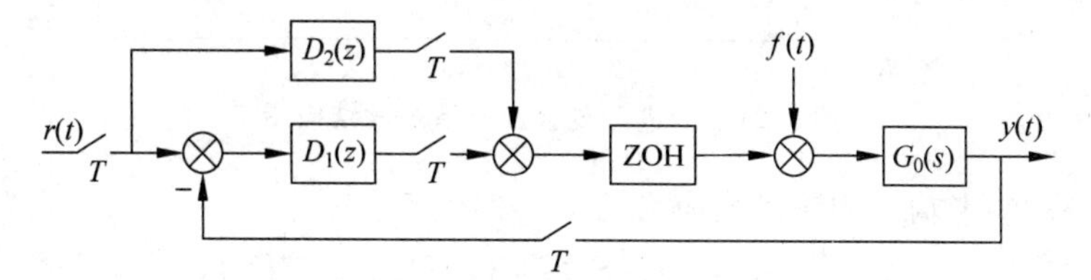

图 4.20　复合控制系统的结构图

设
$$G(z)=\mathcal{Z}\left[\frac{1-e^{-Ts}}{s}G_0(s)\right]$$

对于线性系统，参考输入 $r(t)$与扰动作用 $f(t)$所引起的输出响应 $Y_r(z)$和 $Y_f(z)$分别为

$$Y_r(z)=W(z)R(z)=\frac{G(z)[D_1(z)+D_2(z)]}{1+D_1(z)G(z)}R(z)$$

$$Y_f(Z)=W_f(Z)F(Z)=\frac{G_0F(Z)/F(Z)}{1+D_1(Z)G(Z)}F(Z)$$

从上式可知，由干扰作用所引起的输出 $y_f(t)$与前馈数字控制器 $D_2(z)$无关。

因此，首先根据消除扰动所引起的输出响应的要求，按前面介绍的方法确定数字控制器 $D_1(z)$。其次根据对参考输入所引起的输出响应的要求，确定闭环 Z 传递函数 $W(z)$，再按下式，确定数字控制器 $D_2(z)$。

$$D_2(z)=\frac{[1+D_1(z)G(z)]W(z)}{G(z)}-D_1(z)$$

这样就将对参考输入的设计与对扰动作用的设计分离成两步。

可以想见,若选择数字控制器 $D_2(z)$为

$$D_2(z)=\frac{1}{G(z)}$$

则系统闭环 Z 传递函数 $W(z)=1$,这意味着对每一采样时刻,输出都完全复现任意输入,达到抗干扰的目的。

但是,被控制对象 $G_0(s)$总是有惯性的,因此,连续部分的广义 Z 传递函数$G(z)$总是有瞬变滞后的。设 $G(z)$一般可表示为

$$G(z)=z^{-N}\frac{p_0+p_1z^{-1}+\cdots+p_mz^{-m}}{q_0+q_1z^{-1}+\cdots+q_nz^{-n}}$$

则

$$D_2(z)=z^{N}\frac{q_0+q_1z^{-1}+\cdots+q_nz^{-n}}{p_0+p_1z^{-1}+\cdots+p_mz^{-m}}$$

这样确定的数字控制器 $D_2(z)$是物理不可实现的。

为此,在图 4.20 的系统的基础上,增加数字控制器 $D_3(z)$,构成如图 4.21 所示的改进型复合控制系统。

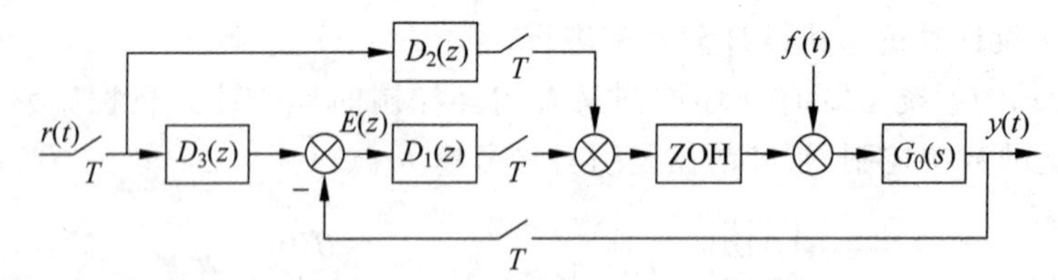

图 4.21 改进型复合控制系统的结构图

此时,系统对参考输入的输出响应为

$$Y_r(z)=W(z)R(z)=\frac{G(z)[D_1(z)D_3(z)+D_2(z)]}{1+D_1(z)G(z)}R(z)$$

若选择

$$D_3(z)=D_2(z)G(z)$$

则

$$W(z)=D_2(z)G(z)=D_3(z)$$

说明 $W(z)$与 $D_1(z)$无关,假设 $D_2(z)=\frac{z^{-N}}{G(z)}$,那么 $D_3(z)=z^{-N}$。

当不考虑扰动作用时,有 $E(z)=D_3(z)R(z)-W(z)R(z)$,说明若不存在扰动时,反馈回路可以不参与运行,只有前馈部分参与工作。

当存在扰动时,$E(z)=G_0F(z)$,此时反馈回路参与运行,以消除扰动的影响。

由此可知,图 4.21 所示的复合控制系统中,开环控制部分(即数字控制器 $D_2(z)$和 $D_3(z)$)负责系统的输出对参考输入的跟踪,闭环控制部分(即数字控制器 $D_1(z)$)负责抑制闭合回路内扰动的影响。因此,本系统对参考输入的设计与扰动作用的设计,已分离成互为

独立的两部分。

小结如下：

(1) 根据抑制闭环回路扰动的影响要求确定 $D_1(z)$。

(2) 确定前馈数字补偿器 $D_2(z)$和 $D_3(z)$。

$$D_2(z)=\frac{z^{-N}}{G(z)},\quad D_3(z)=z^{-N}$$

例 4.8 对于图 4.21 所示的系统，设 $G_0(s)=\dfrac{10}{s(0.025s+1)}$，$T=0.025\text{s}$，$r(t)=1(t)$，$f(t)=1(t)$，设计无稳态误差有波纹最少拍系统的数字控制器 $D_1(z)$、$D_2(z)$和 $D_3(z)$。

解：

$$G(z)=\mathcal{Z}\left[\frac{1-\mathrm{e}^{-Ts}}{s}\,\frac{10}{s(0.025s+1)}\right]=\frac{0.092(1+0.718z^{-1})z^{-1}}{(1-z^{-1})(1-0.368z^{-1})}$$

$$G_0F(z)=\mathcal{Z}\left[\frac{10}{s(0.025s+1)}\,\frac{1}{s}\right]=\frac{0.092(1+0.718z^{-1})z^{-1}}{(1-z^{-1})^2(1-0.368z^{-1})}$$

$$F(z)=\frac{1}{1-z^{-1}}$$

按前面分析得

$$\begin{aligned}D_1(z)&=\frac{[G_0F(z)/F(z)]-W_{\mathrm f}(z)}{G(z)W_{\mathrm f}(z)}\\&=\frac{G_0F(z)-W_{\mathrm f}(z)F(z)}{G(z)W_{\mathrm f}(z)F(z)}\\&=\frac{\dfrac{0.092z^{-1}(1+0.718z^{-1})}{F_{\mathrm f}(z)}-(1-z^{-1})^2(1-0.368z^{-1})}{0.092z^{-1}(1-z^{-1})(1+0.718z^{-1})}\end{aligned}$$

考虑 $D(z)$的物理可实现性，要求 $D(z)$的分子中有 z^{-1} 项来抵消分母中的 z^{-1} 项，所以令

$$F_{\mathrm f}(z)=0.092z^{-1}(1+0.718z^{-1})$$

则

$$D_1(z)=\frac{25.7(1-0.733z^{-1}+0.155z^{-2})}{1-0.282z^{-1}-0.718z^{-2}}$$

$$D_2(z)=\frac{10.9(1-1.368z^{-1}+0.368z^{-2})}{1+0.718z^{-1}}$$

$$D_3(z)=z^{-1}$$

显然，$D_1(z)$、$D_2(z)$和 $D_3(z)$都是物理可实现的。

4.4 数字控制器的根轨迹设计法

和连续系统一样，在 Z 平面可采用根轨迹法来设计数字控制器，在 Z 平面上稳定的边界是单位圆的圆周。对于如图 4.1 所示的离散系统，不失一般性，假定广义被控对象的 Z 传递函数 $G(z)$可表示成

$$G(z)=\frac{k(z-z_1)(z-z_2)\cdots(z-z_m)}{(z-p_1)(z-p_2)\cdots(z-p_n)}$$

式中增益系数 k 由稳态性能需要确定,而零点 z_i 和极点 p_i 可以位于Z平面的任意位置。

首先绘制未校正系统的根轨迹,再根据系统性能指标要求选择数字控制器 $D(z)$ 的零点抵消 $G(z)$ 的极点或选择数字控制器 $D(z)$ 的极点抵消 $G(z)$ 的零点,在 $D(z)$ 中添加合适的极点或零点,使闭环系统的特征根移到合适的位置,以满足系统性能要求。

设待设计的 $D(z)$ 的形式为

$$D(z)=\frac{k_0(z-z_0)}{z-p_0}$$

式中系数 k_0、实零点 z_0 和实极点 p_0 都应在设计过程中待选定,通常实零点 z_0 和实极点 p_0 应在Z平面单位圆内部。

由于反映稳态性能的 k 已在 $G(z)$ 中确定,因此,$D(z)$ 不应影响稳态性能,即 $D(z)$ 应满足 $\lim\limits_{z\to 1}D(z)=1$,所以得到 $k_0=\dfrac{1-p_0}{1-z_0}$。

当 $z_0>p_0$ 时,$k_0>1$,$D(z)$ 起着超前校正作用;当 $z_0<p_0$ 时,$k_0<1$,$D(z)$ 起着滞后校正作用。

例 4.9 对于图4.1所示的离散控制系统,设 $G_0(s)=\dfrac{200k}{s(s+10)(s+20)}$,$T=0.1\text{s}$,要求系统的阻尼比 $\xi=0.707$,速度放大系数 $K_v\geqslant 5$,试用根轨迹法设计系统的数字控制器 $D(z)$。

解:系统校正前的开环Z传递函数为

$$\begin{aligned}G(z)&=\mathcal{Z}\left[\frac{1-e^{-Ts}}{s}\frac{200k}{s(s+10)(s+20)}\right]\\&=\frac{0.0164k(z+0.12)(z+1.93)}{(z-1)(z-0.368)(z-0.135)}\end{aligned}$$

做出系统校正前的根轨迹及 $\xi=0.707$ 时的等阻尼比线,如图4.22所示,可得系统的临界放大倍数 $k=13.2$,根轨迹与等阻尼比线交点处的放大倍数 $k=2.6$。

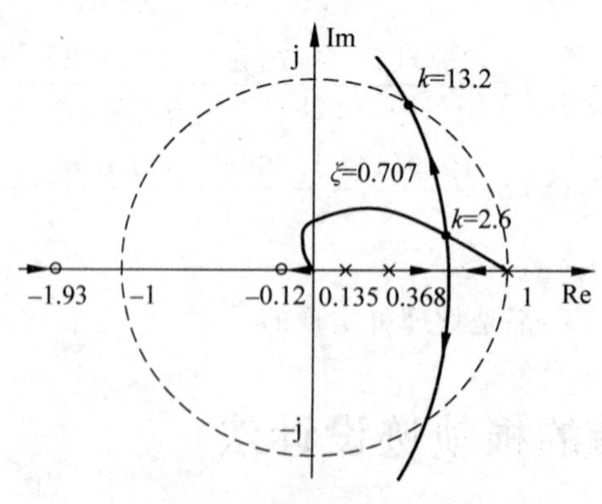

图4.22 例4.8系统校正前的根轨迹图

计算速度放大系数 K_v 得

$$K_v=\frac{1}{T}\lim_{z\to 1}(z-1)G(z)$$
$$=\lim_{z\to 1}(z-1)\frac{0.0164\times 2.6(z+0.12)(z+1.93)}{0.1(z-1)(z-0.368)(z-0.135)}$$
$$=2.6$$

显然不能满足 $K_v\geqslant 5$ 的要求。

设计合适的数字控制器 $D(z)$，使根轨迹向左弯曲，即做超前校正，配置零点 0.368 用于抵消原来的极点 0.368，配置极点 −0.95 用于与原来的零点 −0.12 匹配，因此

$$k_0=\frac{1+0.95}{1-0.368}=3.085$$

则 $D(z)$ 为

$$D(z)=\frac{3.085(z-0.368)}{z+0.95}$$

校正后的系统开环 Z 传递函数为

$$D(z)G(z)=\frac{3.085(z-0.368)}{z+0.95}\cdot\frac{0.0164k(z+0.12)(z+1.93)}{(z-1)(z-0.368)(z-0.135)}$$
$$=\frac{0.051k(z+0.12)(z+1.93)}{(z-1)(z-0.135)(z+0.95)}$$

做出系统校正后的根轨迹及 $\xi=0.707$ 时的等阻尼比线，如图 4.23 所示，可得系统的临界放大倍数 $k=20.03$，根轨迹与等阻尼比线交点处的放大倍数 $k=5.543$。

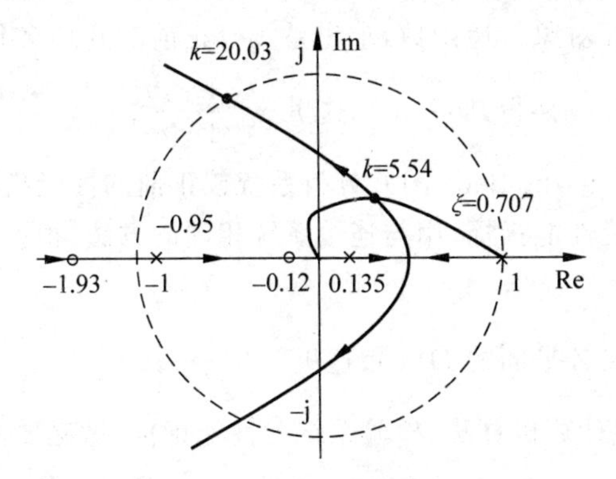

图 4.23　例 4.8 系统校正后的根轨迹图

计算速度放大系数 K_v 得

$$K_v=\frac{1}{T}\lim_{z\to 1}(z-1)D(z)G(z)$$
$$=\lim_{z\to 1}(z-1)\frac{0.051\times 5.54(z+0.12)(z+1.93)}{0.1(z-1)(z-0.135)(z+0.95)}$$
$$=5.5$$

显然满足 $K_v\geqslant 5$ 的要求。

校正后系统的闭环 Z 传递函数为

$$W(z)=\frac{D(z)G(z)}{1+D(z)G(z)}$$

$$=\frac{0.282(z^{-1}+2.05z^{-2}+0.232z^{-3})}{1-0.095z^{-1}-0.369z^{-2}+0.193z^{-3}}$$

当系统输入单位阶跃信号时,系统的输出为

$$Y(z)=\frac{0.282(z^{-1}+2.05z^{-2}+0.232z^{-3})}{1-0.095z^{-1}-0.369z^{-2}+0.193z^{-3}}\cdot\frac{1}{1-z^{-1}}$$

$$=0.282z^{-1}+0.827z^{-2}+0.943z^{-3}+1.08z^{-4}+1.004z^{-5}+1.04z^{-6}+0.982z^{-7}+1.016z^{-8}+0.99z^{-9}+z^{-10}+0.985z^{-11}+\cdots$$

可见,校正后系统的超调量 $\sigma\approx8\%$,且峰值出现在第4个采样点附近,峰值时间 $t_p\approx0.4s$,约经5个采样周期后过渡过程结束,过渡过程时间 $t_s\approx0.5s$。

4.5 数字控制器的频域设计法

对于连续控制系统,基于S平面的频域设计法是一类行之有效的设计方法,这种方法也可以推广到Z平面上进行设计。由于S平面和Z平面的映射关系为 $z=e^{Ts}$,要得到频率特性,需用 $z=e^{j\omega T}$,这使得Z域的频率特性不是 ω 的有理分式函数,所以无法方便地利用典型环节做出Bode图,这给分析和设计系统带来不便,可以通过W变换将Z域变换到与S域相似的W域,这样就可以运用与连续系统相同的频域设计法来进行数字控制系统的分析和设计。

对于如图4.1所示的离散系统,在W平面设计数字控制器 $D(z)$ 的一般步骤是:

(1) 根据给定的被控对象传递函数,求出系统校正前的开环Z传递函数 $G(z)$;

(2) 对 $G(z)$ 进行W变换得到 $G(w)$,这里 $z=\frac{1+w}{1-w}$;

(3) 令 $w=jv$,做 $G(jv)$ 的Bode图并分析系统校正前的性能指标;

(4) 根据给定的系统性能指标,用与连续系统相同的方法,根据相位裕度和幅值裕度的要求进行补偿校正,设计出 $D(w)$;

(5) 将 $D(w)$ 变换成Z平面的 $D(z)$,这里 $w=\frac{z-1}{z+1}$;

(6) 将 $D(z)$ 变换成计算机算法,检验系统的性能指标,做必要的再修正。

例4.10 对于图4.1所示的离散控制系统,设 $G_0(s)=\frac{k}{s(s+1)}$,$T=2s$,要求系统的相位裕量 $r\geqslant40°$,速度放大系数 $K_v\geqslant1.5$,试用频域法设计系统的数字控制器 $D(z)$。

解:系统校正前开环Z传递函数为

$$G(z)=\mathcal{Z}\left[\frac{1-e^{-Ts}}{s}G_0(s)\right]=\frac{1.135k(z+0.524)}{(z-1)(z-0.135)}$$

令 $z=\frac{1+w}{1-w}$,则

$$G(w)=\frac{k(1-w)(1+0.312w)}{w(1+1.312w)}$$

计算速度放大系数 K_v 得

$$K_v = \frac{1}{T}\lim_{z \to 1}(z-1)G(z)$$

$$= \lim_{z \to 1}(z-1)\frac{1.135k(z+0.524)}{2(z-1)(z-0.135)}$$

$$= k$$

根据系统性能指标 $K_v \geqslant 1.5$，即要求 $k \geqslant 1.5$，因此暂取 $k=2$，则

$$G(w) = \frac{2(1-w)(1+0.312w)}{w(1+1.312w)}$$

令 $w=\mathrm{j}v$，则

$$G(\mathrm{j}v) = \frac{2(1-\mathrm{j}v)(1+0.312\mathrm{j}v)}{\mathrm{j}v(1+1.312\mathrm{j}v)}$$

由上式可画出 $G(\mathrm{j}v)$ 的 Bode 图如图 4.24 所示。

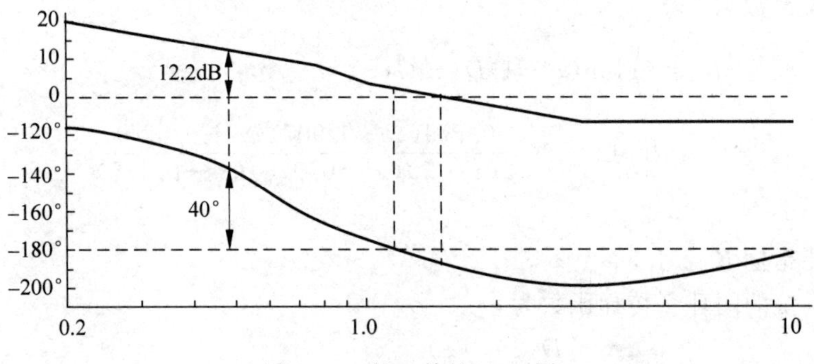

图 4.24 校正前的 Bode 图

由图 4.24 可见系统是不稳定的，需进行校正，在相位裕量 $r=40°$ 处 $v=0.488$、$L(v)=12.2\mathrm{dB}$，也就是说需将原对数幅频特性在 $v=0.488$ 处衰减 12.2dB，而高频和低频段特性基本不变，因此可设

$$D(w) = \frac{1+kT_i w}{1+T_i w}$$

由于要衰减 12.2dB，可得 $20\lg k=-12.2$，求得 $k=0.246$。另外为了减少校正网络对原系统相频特性的影响，可以选择转折频率 $1/(kT_i)$ 为校正后系统截止频率的 1/10，即 $1/(kT_i)=0.488/10$，求得 $T_i=83.3$，因此得到校正网络的 W 传递函数为

$$D(w) = \frac{1+20.5w}{1+83.3w}$$

系统校正后的开环传递函数为

$$D(w)G(w) = \frac{2(1+20.5w)(1-w)(1+0.312w)}{w(1+83.3w)(1+1.312w)}$$

系统校正后的 Bode 图如图 4.25 所示（$v<0.2$ 部分未画出）。

于是得到数字控制器 $D(z)$ 为

$$D(z) = \frac{0.255(z-0.907)}{z-0.976}$$

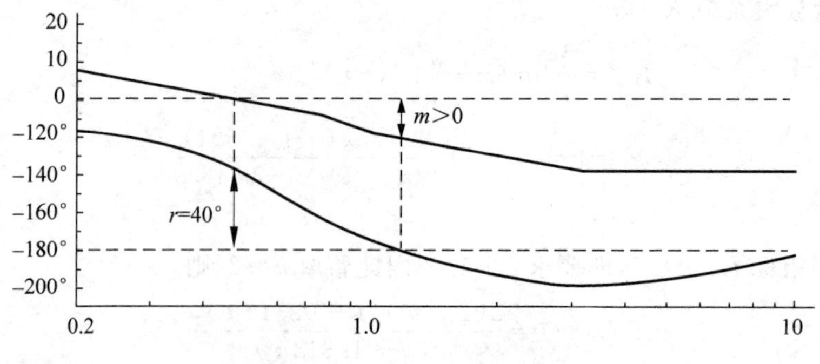

图 4.25　校正后的 Bode 图

系统的开环 Z 传递函数为

$$D(z)G(z)=\frac{0.579(z-0.907)(z+0.524)}{(z-1)(z-0.976)(z-0.135)}$$

计算速度放大系数 K_v 得

$$\begin{aligned}K_v&=\frac{1}{T}\lim_{z\to1}(z-1)D(z)G(z)\\&=\lim_{z\to1}(z-1)\frac{0.579(z-0.907)(z+0.524)}{2(z-1)(z-0.976)(z-0.135)}\\&=2\end{aligned}$$

满足系统性能指标 $K_v\geqslant1.5$。

校正后系统的闭环 Z 传递函数为

$$\begin{aligned}W(z)&=\frac{D(z)G(z)}{1+D(z)G(z)}\\&=\frac{0.579(z^{-1}-0.383z^{-2}-0.475z^{-3})}{1-1.532z^{-1}+1.021z^{-2}-0.407z^{-3}}\end{aligned}$$

当系统输入单位阶跃信号时,系统的输出为

$$\begin{aligned}Y(z)=&\frac{0.579(z^{-1}-0.383z^{-2}-0.475z^{-3})}{1-1.532z^{-1}+1.021z^{-2}-0.407z^{-3}}\cdot\frac{1}{1-z^{-1}}\\=&0.579z^{-1}+1.244z^{-2}+1.397z^{-3}+1.188z^{-4}+0.982z^{-5}+0.942z^{-6}+1.006z^{-7}+\\&1.061z^{-8}+1.064z^{-9}+1.038z^{-10}+1.018z^{-11}+1.014z^{-12}+1.019z^{-13}+\cdots\end{aligned}$$

可见校正后系统的超调量 $\sigma\approx40\%$,且峰值出现在第 3 个采样点附近,峰值时间 $t_p\approx$ 6s,约经 10 个采样周期后过渡过程结束,过渡过程时间 $t_s\approx20$s。

4.6 数字控制器的计算机程序实现

前面分别介绍了几种数字控制器的设计方法,但无论什么方法,所设计的 $D(z)$均为关于 z^{-1} 的有理分式形式,要用计算机实现其控制功能,必须变成差分方程的形式。具体有三种实现方法: 直接程序法、串行程序法和并行程序法。

4.6.1 直接程序法

设数字控制器的一般形式为

$$D(z)=\frac{b_0+b_1z^{-1}+\cdots+b_mz^{-m}}{1+a_1z^{-1}+\cdots+a_nz^{-n}}=\frac{U(z)}{E(z)}$$

则

$$U(z)=\sum_{i=0}^{m}b_iz^{-i}E(z)-\sum_{j=1}^{n}a_jz^{-j}U(z)$$

其中 a_i,b_j 为常数。

取 Z 反变换得

$$u(k)=\sum_{i=0}^{m}b_ie(k-i)-\sum_{j=1}^{n}a_ju(k-j),\quad k=0,1,2,\cdots$$

显然,上式是物理可实现的,直接程序法框图如图 4.26 所示。

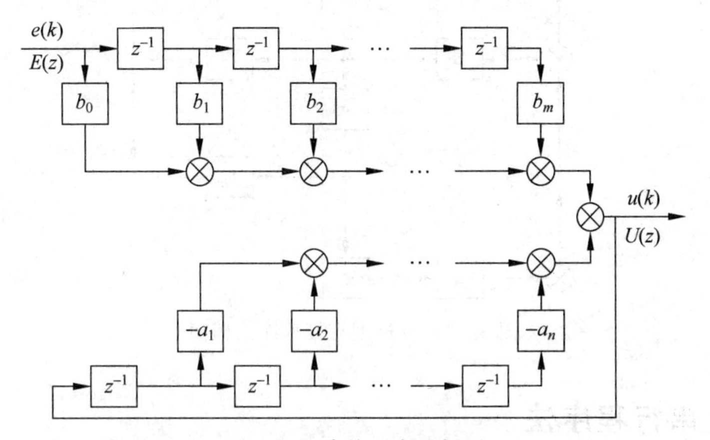

图 4.26 直接程序法框图

其中,z^{-1} 为延时环节,每计算一次 $u(k)$需要以前 n 个输出值以及当前误差值 $e(k)$和以前 m 个误差值,所以必须将这些值存储起来以备使用。这样,每计算一次 $u(k)$需要做 $n+m+1$ 次乘法、$n+m$ 次加法,并做 $n+m$ 次数据转移。

可以改进其算法,以便减少延时器,即减少运算次数,由 $U(z)=\sum_{i=0}^{m}b_iz^{-i}E(z)-\sum_{j=1}^{n}a_jz^{-j}U(z)$,并设 $a_0=1$,则

$$U(z)\sum_{j=0}^{n}a_jz^{-j}=E(z)\sum_{i=0}^{m}b_iz^{-i}$$

定义

$$Q(z)=\frac{1}{\sum_{j=0}^{n}a_jz^{-j}}E(z)$$

所以

$$U(z)=Q(z)\sum_{i=0}^{m}b_i z^{-i}$$

$$u(k)=\sum_{i=0}^{m}b_i q(k-i)$$

$$Q(z)=E(z)-Q(z)\sum_{j=1}^{n}a_j z^{-j}$$

$$q(k)=e(k)-\sum_{j=1}^{n}a_j q(k-j)$$

改进型直接程序法框图如图 4.27 所示。

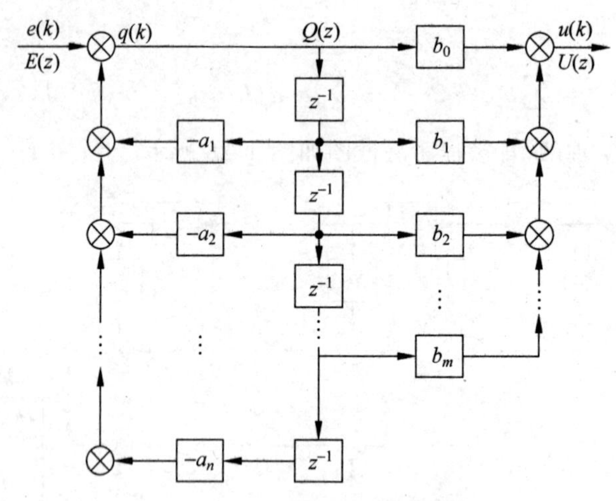

图 4.27 改进型直接程序法框图

4.6.2 串行程序法

设数字控制器的零点、极点分别为 $z_i, p_j, i=1,2,\cdots,m; j=1,2,\cdots,n; n\geqslant m$,则

$$D(z)=\frac{U(z)}{E(z)}=\frac{k(z-z_1)(z-z_m)}{(z-p_1)(z-p_n)}=D_1(z)D_2(z)\cdots D_n(z)$$

其中

$$D_1(z)=\frac{U_1(z)}{E(z)}=\frac{z-z_1}{z-p_1}=\frac{1-z_1z^{-1}}{1-p_1z^{-1}}$$

$$D_2(z)=\frac{U_2(z)}{U_1(z)}=\frac{z-z_2}{z-p_2}=\frac{1-z_2z^{-1}}{1-p_2z^{-1}}$$

$$\vdots$$

$$D_m(z)=\frac{U_m(z)}{U_{m-1}(z)}=\frac{z-z_m}{z-p_m}=\frac{1-z_mz^{-1}}{1-p_mz^{-1}}$$

$$D_{m+1}(z)=\frac{U_{m+1}(z)}{U_m(z)}=\frac{1}{z-p_{m+1}}=\frac{z^{-1}}{1-p_{m+1}z^{-1}}$$

$$\vdots$$

$$D_n(z)=\frac{U(z)}{U_{n-1}(z)}=\frac{k}{z-p_n}=\frac{kz^{-1}}{1-p_n z^{-1}}$$

则得到

$$\begin{cases} u_1(k)=e(k)-z_1e(k-1)+p_1u_1(k-1) \\ u_2(k)=u_1(k)-z_2u_1(k-1)+p_2u_2(k-1) \\ \vdots \\ u_m(k)=u_{m-1}(k)-z_mu_{m-1}(k-1)+p_mu_m(k-1) \\ u_{m+1}(k)=u_m(k-1)+p_{m+1}u_{m+1}(k-1) \\ \vdots \\ u(k)=ku_{n-1}(k-1)+p_nu(k-1) \end{cases}$$

串行程序法框图如图 4.28 所示。这样,每计算一次 $u(k)$需要做 $n+m+1$ 次乘法、$n+m$ 次加法,并做 n 次数据转移。

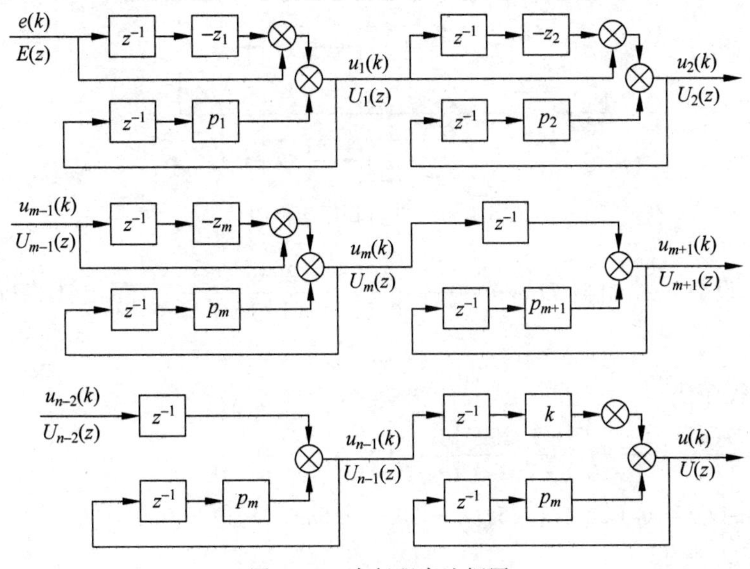

图 4.28　串行程序法框图

4.6.3　并行程序法

设 $D(z)$的极点为 p_i,则可将 $D(z)$表示成部分分式

$$D(z)=\frac{U(z)}{E(z)}=\sum_{i=1}^{n}\frac{c_i}{1-p_iz^{-1}}$$

其中 $c_i=\lim\limits_{z\to p_i}(1-p_iz^{-1})D(z)$。

令

$$D_i(z)=\frac{U_i(z)}{E(z)}=\frac{c_i}{1-p_iz^{-1}}$$

则

$$D(z)=\sum_{i=1}^{n}D_i(z)$$

$$U_i(z)=c_iE(z)+p_iz^{-1}U_i(z)$$

$$u_i(k)=c_ie(k)+p_iu(k-1)$$

得到

$$u(k)=\sum_{i=1}^{n}u_i(k)$$

并行程序法框图如图4.29所示。这样,每计算一次$u(k)$需要做$2n$次乘法、$2n-1$次加法,并做$n+1$次数据转移。

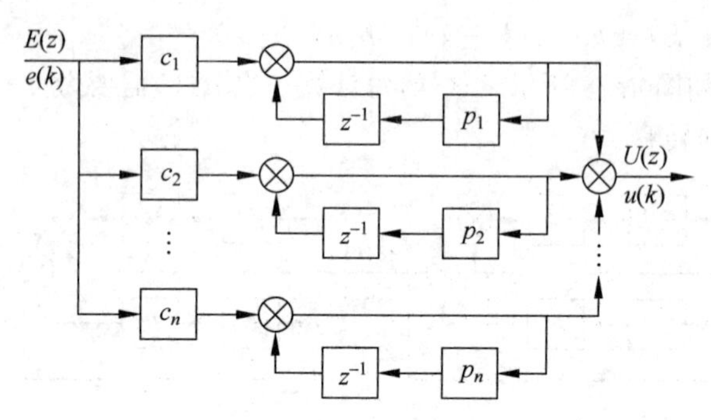

图4.29 并行程序法框图

例4.11 设数字控制器$D(z)=\dfrac{5(1+0.25z^{-1})}{(1-0.5z^{-1})(1-0.1z^{-1})}$,写出计算机实现的控制算法。

解:直接程序法

$$\frac{U(z)}{E(z)}=\frac{5+1.25z^{-1}}{1-0.6z^{-1}+0.05z^{-2}}$$

$$u(k)=5e(k)+1.25e(k-1)+0.6u(k-1)-0.05u(k-2)$$

其框图如图4.30所示。

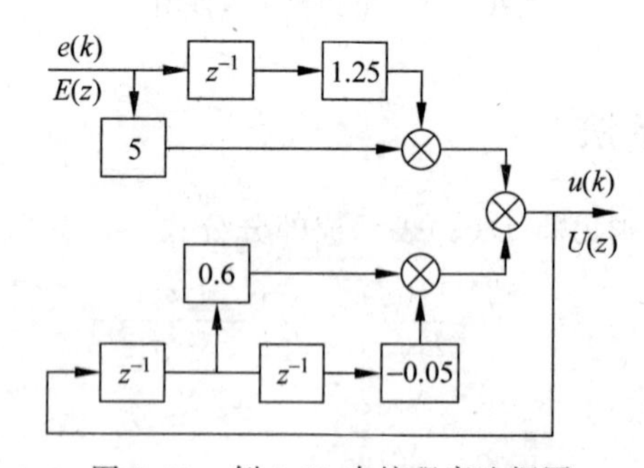

图4.30 例4.11直接程序法框图

改进型直接程序法

$$Q(z)=\frac{1}{1-0.6z^{-1}+0.05z^{-2}}\cdot E(z)$$

$$U(z)=5Q(z)+1.25z^{-1}Q(z)$$

$$u(k)=5q(k)+1.25q(k-1)$$
$$q(k)=e(k)+0.6q(k-1)-0.05q(k-2)$$

其框图如图 4.31 所示。

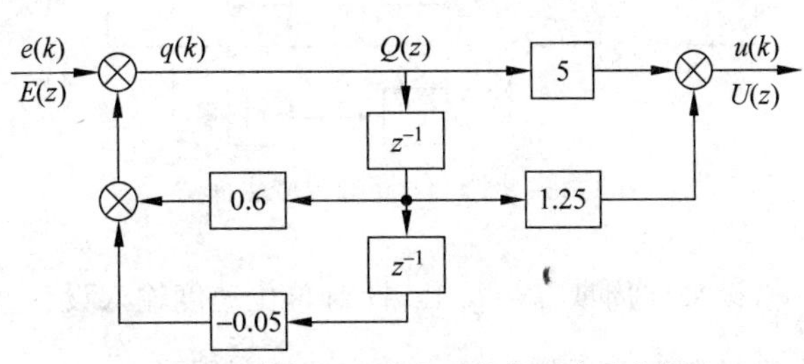

图 4.31 例 4.11 改进型直接程序法框图

串行程序法

$$\frac{U(z)}{E(z)}=\frac{1+0.25z^{-1}}{1-0.5z^{-1}}\frac{5}{1-0.1z^{-1}}=\frac{U_1(z)}{E(z)}\frac{U(z)}{U_1(z)}$$
$$U_1(z)=E(z)+0.25z^{-1}E(z)+0.5z^{-1}U(z)$$
$$u_1(k)=e(k)+0.25e(k-1)+0.5u(k-1)$$
$$U(z)=5U_1(z)+0.1z^{-1}U(z)$$
$$u(k)=5u_1(k)+0.1u(k-1)$$

其框图如图 4.32 所示。

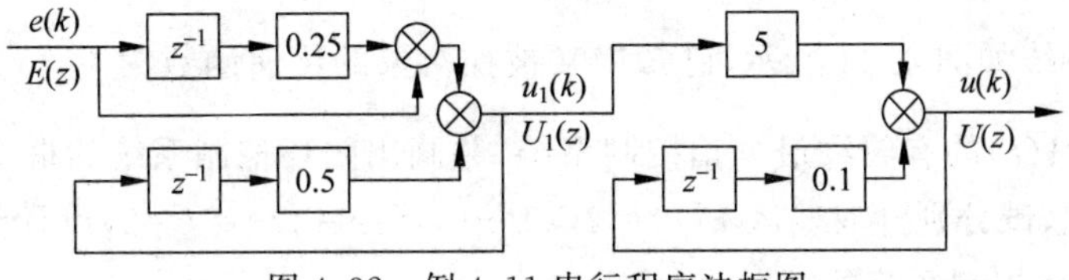

图 4.32 例 4.11 串行程序法框图

并行程序法

$$\frac{U(z)}{E(z)}=\frac{9.375}{1-0.5z^{-1}}-\frac{4.375}{1-0.1z^{-1}}=\frac{U_1(z)}{E(z)}-\frac{U_2(z)}{E(z)}$$
$$U(z)=U_1(z)-U_2(z)$$
$$U_1(z)=9.375E(z)+0.5z^{-1}U_1(z)$$
$$u_1(k)=9.375e(k)+0.5u_1(k-1)$$
$$U_2(z)=4.375E(z)+0.1z^{-1}U_2(z)$$
$$u_2(k)=4.375e(k)+0.1u_2(k-1)$$

其框图如图 4.33 所示。

习题 4

1. 什么是最少拍系统？最少拍系统有什么不足之处？

2. 某控制系统如图 4.34 所示，已知被控对象的传递函数为 $G_0(s)=$

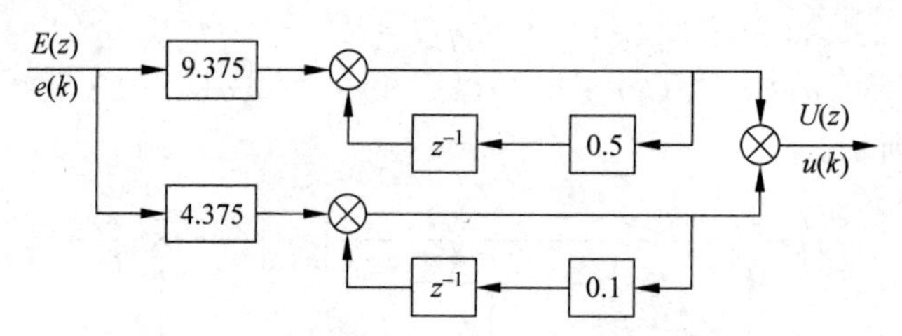

图 4.33 例 4.11 并行程序法框图

$\dfrac{1}{s(1+0.1s)(1+0.05s)}$,设采样周期 $T=0.1\mathrm{s}$,针对单位速度输入设计有波纹系统的数字控制器,计算采样瞬间数字控制器和系统的输出响应并绘制图形。

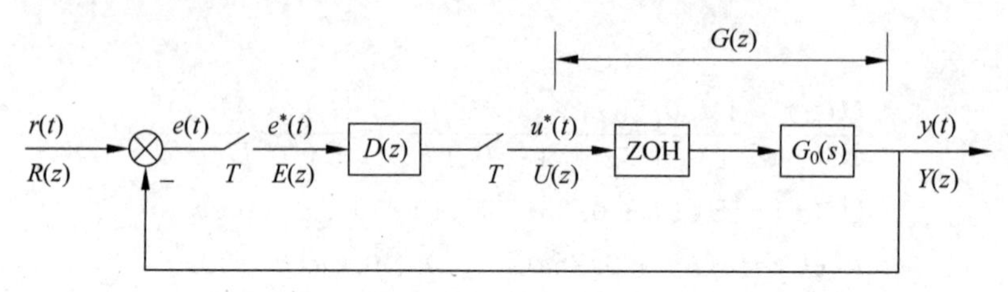

图 4.34 第 2 题图

3. 对第 2 题,针对单位速度输入设计快速无波纹系统的数字控制器,计算采样瞬间数字控制器的系统的输出响应并绘制图形。

4. 某控制系统如图 4.34 所示,已知广义被控对象的传递函数为 $G_0(s)=\dfrac{1}{s+1}$,试设计针对输入 $r(t)=1(t)$的有波纹最少拍控制系统,并画出闭环控制系统的框图,已知 $T=1\mathrm{s}$。

5. 对第 4 题,试分别针对输入 $r(t)=1(t)$、$r(t)=t$、$r(t)=t^2/2$,设计无波纹最少拍控制系统并画出闭环控制系统的框图。

6. 某控制系统如图 4.34 所示,已知被控对象的传递函数为 $G_0(s)=\dfrac{5}{s(s+1)}$,设采样周期 $T=0.1\mathrm{s}$,试设计数字控制器 $D(z)$,使系统对等速输入响应在采样点上无稳态误差,同时对阶跃响应的超调量和调整时间均有所折中,并画出所选阻尼因子所对应的阶跃响应和等速响应的曲线。

7. 某控制系统如图 4.34 所示,已知被控对象的传递函数为 $G_0(s)=\dfrac{10}{s(0.1s+1)}$,设采样周期 $T=0.2\mathrm{s}$,试设计数字控制器 $D(z)$,使系统同时在单位阶跃和等速输入时有较小的调整时间和超调量,且稳态误差为零。

8. 某控制系统如图 4.35 所示,已知被控对象的传递函数为 $G_0(s)=\dfrac{5}{s(0.02s+1)}$,设采样周期 $T=0.02\mathrm{s}$,试首先针对参考输入 $r(t)=1(t)$设计无稳态误差最少拍系统,再考虑有 $f(t)=1(t)$,试分析是否要修改原设计。

9. 某控制系统如图 4.34 所示,已知被控对象的传递函数为 $G_0(s)=\dfrac{k}{s(1+0.2s)(1+0.5s)}$,设采样周期 $T=0.5\mathrm{s}$,试用根轨迹法确定数字控制器 $D(z)$,使系统

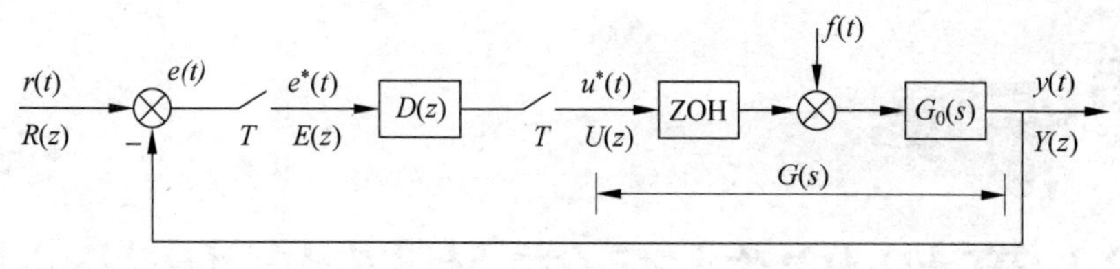

图 4.35 第 8 题图

满足 $\xi=0.707$ 和 $K_v\geqslant 2$ 的要求。

10. 某控制系统如图 4.34 所示，已知被控对象的传递函数为 $G_0(s)=\dfrac{k}{s(s+5)}$，设采样周期 $T=1\text{s}$，要求系统的相位裕量 $r\geqslant 45°$，速度放大系数 $K_v\geqslant 5$，试用频域法设计系统的数字控制器 $D(z)$。

11. 设某控制系统数字控制器为

$$D(z)=\frac{z+1}{z^2+1.7z+0.72}$$

试用直接程序法、串行程序法、并行程序法确定其实现，并画出实现的框图。

第5章 计算机控制系统的模拟化设计

连续系统的设计已经形成了一套系统的、成熟的、实用的设计方法，并在控制领域为人们所熟知和掌握，因此，在设计计算机控制系统时，经常使用连续系统的设计方法，先设计出连续系统的控制器 $D(s)$，再将 $D(s)$ 所描述的连续调节规律，通过某种规则（即数字化方法）变为计算机能够实现的数字控制器 $D(z)$。另外，还有许多原来是模拟式的控制系统，为了更新和提高系统的控制性能，需要将系统中原有的模拟控制器 $D(s)$ 变为用计算机实现的数字控制器 $D(z)$，将 $D(s)$ 变为 $D(z)$ 的过程就是 $D(s)$ 的数字化过程。

5.1 概述

由于人们对于频率特性法、根轨迹法等模拟系统的设计方法比较熟悉，从而应用模拟方法设计数字控制器比较易于接受和掌握，但这种方法不是按照真实情况设计的，因此又称为间接设计法。基于连续系统理论的数字控制器的模拟化设计法是先将计算机控制系统看作模拟系统，即图 5.1 所示的计算机控制系统可以等价为图 5.2 所示的模拟控制系统，然后采用连续系统设计方法设计闭环控制系统的模拟控制器 $D(s)$，再将其离散化成数字控制器 $D(z)$。

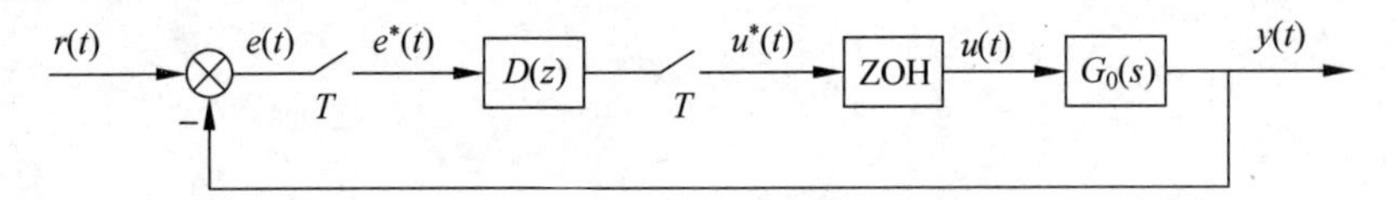

图 5.1 计算机控制系统

下面分析模拟控制器 $D(s)$ 与数字控制器 $D(z)$ 之间的等效离散原理和等效条件。设有模拟信号 $u_0(t)$ 经过采样开关后得到离散信号 $u_0^*(t)$ 作为零阶保持器的输入信号，其输出为 $u(t)$，如图 5.3 所示。

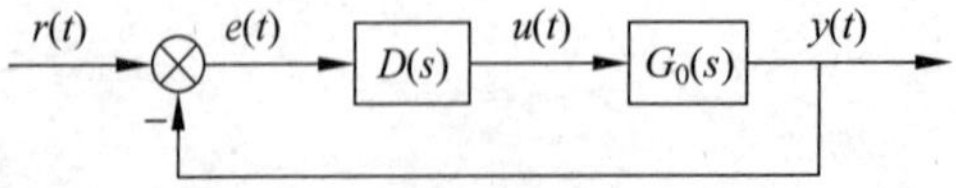

图 5.2 等价的模拟控制系统

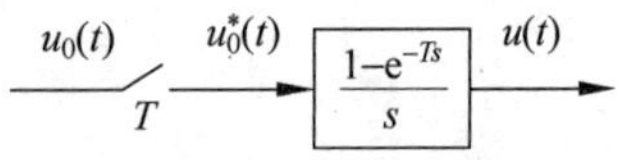

图 5.3 零阶保持器的信息传递

对于离散信号 $u_0^*(t)$，它的频谱函数为

$$U_0^*(\mathrm{j}\omega)=\frac{1}{T}\sum_{k=-\infty}^{+\infty}U_0(\mathrm{j}\omega+\mathrm{j}k\omega_s)$$

其中 ω_s 为采样角频率。

零阶保持器的传递函数为

$$H(s)=\frac{1-e^{-Ts}}{s}$$

其频率特性为

$$\begin{aligned}H(j\omega)&=\frac{1-e^{-j\omega T}}{j\omega}\\&=T\frac{\sin(\omega T/2)}{\omega T/2}e^{-j\omega T/2}\end{aligned}$$

零阶保持器输出 $u(t)$ 的频率特性为

$$\begin{aligned}U(j\omega)&=H(j\omega)U_0^*(j\omega)\\&=\frac{\sin(\omega T/2)}{\omega T/2}e^{-j\omega T/2}\sum_{k=-\infty}^{+\infty}U_0(j\omega+jk\omega_s)\end{aligned}$$

当系统的采样周期很小，也就是说当采样角频率足够高时，由于保持器的低滤波性，除了主频谱($k=0$ 时)之外，其高频部分全部被滤掉，则上式化简为

$$U(j\omega)\approx\frac{\sin(\omega T/2)}{\omega T/2}e^{-j\omega T/2}U_0(j\omega)$$

当信号 $U_0(j\omega)$ 的截止频率 $\omega_{max}\ll\omega_s$ 时，有

$$\frac{\sin(\omega T/2)}{\omega T/2}\approx 1$$

所以

$$U(j\omega)\approx e^{-j\omega T/2}U_0(j\omega)$$

上式说明，两者唯一的差别仅仅是由零阶保持器产生的相位移 $e^{-j\omega T/2}$，如果能补偿这一相位移或者使用如前置滤波、超前校正等可以大大减小这一相位移对系统的影响，这样就可以保证离散控制器和模拟控制器具有完全一致或非常接近的频率特性，即实现二者的完全等效。

当采样频率足够高时，信号 $U(j\omega)$ 与 $U_0(j\omega)$ 之间只是存在较小的相位滞后，例如取采样角频率 ω_s 高于信号 $U_0(j\omega)$ 的截止频率 ω_{max} 的10倍，即 $\omega_s>10\omega_{max}$ 时，其滞后相角约为18°，这种情况下可以忽略零阶保持器的影响，于是就有

$$U(j\omega)\approx U_0(j\omega)$$

即

$$u(t)\approx u_0(t)$$

由以上分析可知，若系统的采样频率相对于系统的工作频率足够高，以至于采样保持器所引起的附加滞后影响可忽略时，系统的数字控制器可用模拟控制器代替，使整个系统成为模拟系统，从而可用模拟化方法进行设计。等效的必要条件是使采样周期 T 足够小，这是计算机控制系统等效离散化设计方法的理论依据。应用该方法，当采样周期较大时，系统实际达到的性能往往比预期的设计指标差。也就是说，这种设计方法对采样周期的选择有比较严格的限制，但当被控对象是一个较慢过程时，该方法可以得到比较满意的结果。

模拟化设计方法的一般步骤如下：

(1) 根据性能指标要求和给定对象的 $G_0(s)$，用连续控制理论的设计方法设计 $D(s)$；

(2) 确定离散系统的采样周期 T；

(3) 在设计好的连续系统中加入零阶保持器,检查零阶保持器的滞后作用影响程度以决定是否修改 $D(s)$；

为了简便起见,零阶保持器的传递函数可近似为

$$\frac{1-\mathrm{e}^{-Ts}}{s}=\frac{1-\mathrm{e}^{-Ts/2}\mathrm{e}^{-Ts/2}}{s}\approx\frac{2}{s+2/T}$$

(4) 用适当的方法将 $D(s)$离散化成 $D(z)$；

(5) 将 $D(z)$化成差分方程。

5.2 模拟控制器的离散化方法

随着计算机技术以及 A/D 和 D/A 转换器的发展,实现从模拟控制器到数字控制器的等效转换并不难。从信号理论角度来看,模拟控制器就是模拟信号滤波器应用于反馈控制系统中作为校正装置。滤波器对控制信号中有用的信号起着保存和加强的作用,而对无用的信号起着抑制和衰减的作用。模拟控制器经过离散化后得到的数字控制器,也可以被认为是一种数字滤波器。

将模拟控制器离散化成数字控制器的等效离散化设计方法有很多,无论用哪一种等效离散方法,必须保证离散后的数字控制器与等效前的连续控制器具有近似相同的动态特性和频率响应特性。采用某种离散化技术可能达到相同或几乎相同的脉冲响应特性,但可能不具有较好的频率响应逼真度,反之亦然。对于大多数情况,要匹配等效前后的频率响应特性是很困难的,离散后数字控制器的动态特性取决于采样频率和特定的离散化方法,降低采样频率会使离散的数字控制器的逼真度下降,如果采样频率足够高,等效离散的数字控制器与原连续控制器具有很近似的特性。下面介绍常用的几种等效离散化设计方法。

5.2.1 脉冲响应不变法

脉冲响应不变法的基本思想是:设计的数字控制器 $D(z)$产生的单位脉冲响应与模拟控制器 $D(s)$产生的单位脉冲响应的采样值相同。

设模拟控制器的传递函数为

$$D(s)=\frac{U(s)}{E(s)}=\sum_{i=1}^{n}\frac{A_i}{s+a_i}$$

在单位脉冲作用下输出响应为

$$u(t)=\mathcal{L}^{-1}[D(s)]=\sum_{i=1}^{n}A_i\mathrm{e}^{-a_i t}$$

其采样值为

$$u(kT)=\sum_{i=1}^{n}A_i\mathrm{e}^{-a_i kT}$$

即数字控制器的脉冲响应序列,因此得到

$$D(z)=\mathcal{Z}[u(kT)]=\sum_{i=1}^{n}\frac{A_i}{1-\mathrm{e}^{-a_i T}z^{-1}}=\mathcal{Z}[D(s)]$$

可以看出，只要对设计好的 $D(s)$ 进行 Z 变换就可得到数字控制器 $D(z)$。这种方法简单，在 $D(s)$ 不是很复杂的情况下容易实现。

例 5.1　已知模拟控制器 $D(s)=\frac{a}{s+a}$，试用脉冲响应不变法求数字控制器 $D(z)$。

解：

$$D(z)=\mathcal{Z}[D(s)]$$
$$=\frac{a}{1-\mathrm{e}^{-aT}z^{-1}}$$

所以，其控制算法为

$$u(k)=ae(k)+\mathrm{e}^{-aT}u(k-1)$$

第 3 章中已经讨论了 S 平面与 Z 平面的关系，因此脉冲响应不变法具有如下特点：

(1) $D(z)$ 与 $D(s)$ 的脉冲响应序列相同；

(2) 若 $D(s)$ 稳定，则 $D(z)$ 也稳定；

(3) $D(z)$ 不能保持 $D(s)$ 的频率响应；

(4) $D(z)$ 将 ω_s 的整数倍频率变换到 Z 平面上的同一个点的频率，因而出现了混叠现象；

(5) 该方法不具有串联性质，即 $\mathcal{Z}[D_1(s)D_2(s)\cdots D_n(s)]\neq\mathcal{Z}[D_1(s)]\mathcal{Z}[D_2(s)]\cdots\mathcal{Z}[D_n(s)]$。

其应用范围是：连续控制器 $D(s)$ 应具有部分分式结构或能较容易地分解为并联结构，要求 $D(s)$ 具有陡衰减特性，且为有限带宽信号的场合。这时如果采样频率足够高，可减少频率混叠影响，从而保证 $D(z)$ 的频率特性接近原连续控制器 $D(s)$。

5.2.2　阶跃响应不变法

这种方法要求设计的数字控制器 $D(z)$ 产生的单位阶跃响应与模拟控制器 $D(s)$ 产生的单位阶跃响应的采样值相同，也就是用零阶保持器与模拟控制器串联，然后再进行 Z 变换离散化成数字控制器，即

$$D(z)=\mathcal{Z}\left[\frac{1-\mathrm{e}^{-Ts}}{s}D(s)\right]$$

例 5.2　已知模拟控制器 $D(s)=\frac{a}{s+a}$，试用阶跃响应不变法求数字控制器 $D(z)$。

解：

$$D(z)=\mathcal{Z}\left[\frac{1-\mathrm{e}^{-Ts}}{z}\frac{a}{s+a}\right]$$
$$=\frac{z^{-1}(1-\mathrm{e}^{-aT})}{1-\mathrm{e}^{-aT}z^{-1}}$$

控制算法

$$u(k)=\mathrm{e}^{-aT}u(k-1)+(1-\mathrm{e}^{-aT})e(k-1)$$

加入零阶保持器虽然能保持阶跃响应和稳态增益不变的特性，但并未改变 Z 变换的性质，本质上也是 Z 变换法。阶跃响应不变法有如下特点：

(1) $D(z)$与$D(s)$的阶跃响应序列相同；

(2) 若$D(s)$稳定，则$D(z)$也稳定；

(3) $D(z)$不能保持$D(s)$的脉冲响应和频率响应，由于零阶保持器具有低通滤波特性，频率混叠现象显著减轻，频率特性畸变较小；

(4) 稳态增益不变，即$\lim\limits_{s\to 0} D(s)=\lim\limits_{z\to 1} D(z)$；

(5) 该方法不具有串联性质。

5.2.3 差分变换法

模拟控制器$D(s)$可用微分方程的形式表示，其微分运算可用差分来近似，这样就得到一个逼近给定微分方程的差分方程，通过给定的模拟控制器$D(s)=\frac{U(s)}{E(s)}=\frac{1}{s}$，其微分方程为$\frac{\mathrm{d}u(t)}{\mathrm{d}t}=e(t)$，将其微分方程变成差分方程，再通过Z变换得到数字控制器$D(z)$，比较$D(s)$和$D(z)$的形式，从而找出s和z的等效代换关系。

常用的一阶差分近似方法有后向差分变换法和前向差分变换法两种。由于这种变换的映射关系有较严重的畸变且变换精度较低，所以其应用受到一定的限制，但这种变换简单易行，在要求不高且采样周期较小的场合有一定的应用。

1. 后向差分变换法

对于微分方程

$$\frac{\mathrm{d}u(t)}{\mathrm{d}t}=e(t)$$

用后向差分代替微分，则得

$$\frac{\mathrm{d}u(t)}{\mathrm{d}t}\approx\frac{u(k)-u(k-1)}{T}=e(k)$$

两边取Z变换得

$$(1-z^{-1})U(z)=TE(z)$$

即

$$D(z)=\frac{U(z)}{E(z)}=\frac{1}{\frac{1-z^{-1}}{T}}$$

与$D(s)=\frac{U(s)}{E(s)}=\frac{1}{s}$比较，可以看出，$D(z)$与$D(s)$的形式完全相同，由此可得如下等效代换关系

$$s=\frac{1-z^{-1}}{T}$$

因此，后向差分变换法是将$D(s)$中的s用$(1-z^{-1})/T$来代替，便可得到$D(z)$，即

$$D(z)=D(s)\Big|_{s=\frac{1-z^{-1}}{T}}$$

这种代换方法还可以用以下说明，将z^{-1}级数展开，得到

$$z^{-1}=\mathrm{e}^{-Ts}=1-Ts+\frac{T^2s^2}{2}-\cdots$$

可取前两项，即 $z^{-1}\approx 1-Ts$，得到 $s=(1-z^{-1})/T$。

例 5.3　已知模拟控制器 $D(s)=\dfrac{a}{s+a}$，试用后向差分变换法求数字控制器 $D(z)$。

解：用 $s=\dfrac{1-z^{-1}}{T}$ 带入 $D(s)$ 得到

$$D(z)=\frac{aT}{1+aT-z^{-1}}$$

控制算法

$$u(k)=\frac{1}{1+aT}u(k-1)+\frac{aT}{1+aT}e(k)$$

下面分析 S 平面与 Z 平面的映射关系。根据从 S 平面到 Z 平面的映射方程 $s=(1-z^{-1})/T$，其中 $T>0$，令 $z=\sigma+\mathrm{j}\omega$，则

$$\begin{aligned}\mathrm{Re}(s)&=\mathrm{Re}\left(\frac{1-z^{-1}}{T}\right)\\&=\frac{1}{T}\mathrm{Re}\left(\frac{\sigma+\mathrm{j}\omega-1}{\sigma+\mathrm{j}\omega}\right)\\&=\frac{\left(\sigma-\frac{1}{2}\right)^2+\omega^2-\left(\frac{1}{2}\right)^2}{T(\sigma^2+\omega^2)}\end{aligned}$$

当 $\mathrm{Re}(s)=0$（S 平面的虚轴）时，有 $\left(\sigma-\dfrac{1}{2}\right)^2+\omega^2=\left(\dfrac{1}{2}\right)^2$，映射到 Z 平面上为圆心在 $(1/2,0)$ 处，半径为 1/2 的小圆的圆周。

当 $\mathrm{Re}(s)<0$（S 平面的左半面）时，有 $\left(\sigma-\dfrac{1}{2}\right)^2+\omega^2<\left(\dfrac{1}{2}\right)^2$，映射到 Z 平面上为圆心在 $(1/2,0)$ 处，半径为 1/2 的小圆的内部。

当 $\mathrm{Re}(s)>0$（S 平面的右半面）时，有 $\left(\sigma-\dfrac{1}{2}\right)^2+\omega^2>\left(\dfrac{1}{2}\right)^2$，映射到 Z 平面上为圆心在 $(1/2,0)$ 处，半径为 1/2 的小圆的外部。

因此，S 平面的稳定区域映射到 Z 平面是一个以 $(1/2,0)$ 为中心的圆内部，如图 5.4 所示。映射表明后向差分法的映射为稳定映射。

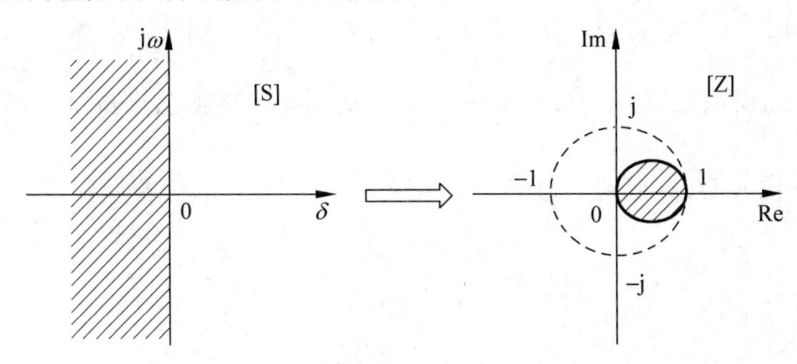

图 5.4　后向差分法的映射关系

后向差分变换法的特点：

(1) 稳定的 $D(s)$变换成稳定的 $D(z)$；

(2) 映射为一一对应的，无频率混叠现象；

(3) 由于频率被压缩，因而 $D(z)$不能保持 $D(s)$的频率响应；

(4) 稳态增益不变，即$\lim\limits_{s\to 0} D(s)=\lim\limits_{z\to 1} D(z)$；

(5) 该方法具有串联性质。

2. 前向差分变换法

对于微分方程

$$\frac{\mathrm{d}u(t)}{\mathrm{d}t}=e(t)$$

如果将微分用下面前向差分代替，则得到

$$\frac{\mathrm{d}u(t)}{\mathrm{d}t}\approx\frac{u(k+1)-u(k)}{T}=e(k)$$

两边取 Z 变换得

$$(z-1)U(z)=TE(z)$$

即

$$D(z)=\frac{U(z)}{E(z)}=\frac{1}{\dfrac{z-1}{T}}$$

与 $D(s)=\dfrac{U(s)}{E(s)}=\dfrac{1}{s}$比较，可以看出，$D(z)$与 $D(s)$的形式完全相同，由此可得如下等效代换关系

$$s=\frac{z-1}{T}$$

因此，前向差分变换法是将 $D(s)$中的 s 用$(z-1)/T$ 来代替，便可得到 $D(z)$，即

$$D(z)=D(s)\bigg|_{s=\frac{z-1}{T}}$$

这种代换方法还可以用以下说明，将 z 级数展开，得到

$$z=\mathrm{e}^{Ts}=1+Ts+\frac{T^2s^2}{2}+\cdots$$

取 $z\approx 1+Ts$，则 $s=(z-1)/T$。

例 5.4 已知模拟控制器 $D(s)=\dfrac{a}{s+a}$，试用前向差分变换法求数字控制器 $D(z)$。

将 $s=\dfrac{z-1}{T}$代入 $D(s)$得到

$$D(z)=\frac{aT}{z+(aT-1)}$$
$$=\frac{aTz^{-1}}{1+(aT-1)z^{-1}}$$

控制算法

$$u(k)=(1-aT)u(k-1)+aTe(k-1)$$

显然，当 $a>0$ 时，$D(s)$是稳定的，而 $aT-1$ 有可能大于 1，即 $D(z)$可能是不稳定的。

下面分析 S 平面与 Z 平面的映射关系。根据从 S 平面到 Z 平面的映射方程 $s=(z-1)/T$，其中 $T>0$，则

$$\begin{aligned}\mathrm{Re}(s)&=\mathrm{Re}\left(\frac{z-1}{T}\right)\\&=\frac{1}{T}[\mathrm{Re}(z)-1]\end{aligned}$$

当 $\mathrm{Re}(s)=0$(S 平面的虚轴)时，有 $\mathrm{Re}(z)=1$，映射到 Z 平面上为过(1,0)点且平行于虚轴的直线。

当 $\mathrm{Re}(s)<0$(S 平面的左半面)时，有 $\mathrm{Re}(z)<1$，映射到 Z 平面上为过(1,0)点且平行于虚轴直线的左部。

当 $\mathrm{Re}(s)>0$(S 平面的右半面)时，有 $\mathrm{Re}(z)>1$，映射到 Z 平面上为过(1,0)点且平行于虚轴直线的右部。

其映射关系如图 5.5 所示。映射表明左半 S 平面的极点可能映射到 Z 平面的单位圆以外。可见，用前向差分法获得的离散数字控制器可能变成不稳定，因此一般在实际中不采用前向差分法作为离散化方法。

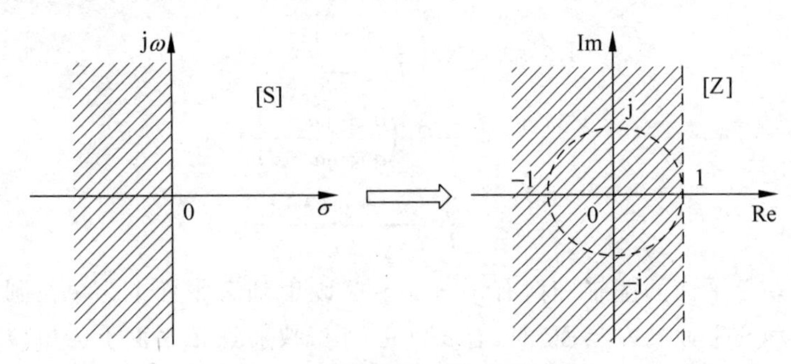

图 5.5　前向差分法的映射关系

前向差分变换法中稳定的 $D(s)$不能保证变换成稳定的 $D(z)$，且不能保证有相同的脉冲响应和频率响应。

5.2.4　双线性变换法

双线性变换又称塔斯廷(Tustin)变换法，它是 s 与 z 关系的另一种近似式。由 Z 变换的定义和级数展开式可知

$$z=\mathrm{e}^{Ts}=\frac{\mathrm{e}^{\frac{Ts}{2}}}{\mathrm{e}^{-\frac{Ts}{2}}}$$

取 $\mathrm{e}^{\frac{Ts}{2}}\approx 1+\frac{Ts}{2}$和 $\mathrm{e}^{-\frac{Ts}{2}}\approx 1-\frac{Ts}{2}$，得

$$z\approx\frac{1+Ts/2}{1-Ts/2}$$

所以

$$s=\frac{2}{T}\frac{z-1}{z+1}$$

即

$$D(z)=D(s)\bigg|_{s=\frac{2(z-1)}{T(z+1)}}$$

例 5.5 已知模拟控制器 $D(s)=\dfrac{a}{s+a}$,试用双线性变换法求数字控制器 $D(z)$。

解:将 $s=\dfrac{2}{T}\dfrac{z-1}{z+1}$代入 $D(s)$得到

$$D(z)=\frac{\dfrac{aT}{2+aT}(1+z^{-1})}{1-\dfrac{2-aT}{2+aT}z^{-1}}$$

控制算法

$$u(k)=\frac{2-aT}{2+aT}u(k-1)+\frac{aT}{2+aT}[e(k)+e(k-1)]$$

下面分析 S 平面与 Z 平面的映射关系。根据从 S 平面到 Z 平面的映射方程 $s=2(z-1)/T(z+1)$,其中 $T>0$,令 $z=\sigma+\mathrm{j}\omega$,则

$$\begin{aligned}\mathrm{Re}(s)&=\mathrm{Re}\left(\frac{2}{T}\frac{z-1}{z+1}\right)\\&=\frac{2}{T}\mathrm{Re}\left(\frac{\sigma+\mathrm{j}\omega-1}{\sigma+\mathrm{j}\omega+1}\right)\\&=\frac{2}{T}\frac{\sigma^2+\omega^2-1}{(\sigma+1)^2+\omega^2}\end{aligned}$$

当 $\mathrm{Re}(s)=0$(S 平面的虚轴)时,有 $\sigma^2+\omega^2=1$,映射到 Z 平面上为单位圆的圆周。

当 $\mathrm{Re}(s)<0$(S 平面的左半面)时,有 $\sigma^2+\omega^2<1$,映射到 Z 平面上为单位圆的内部。

当 $\mathrm{Re}(s)>0$(S 平面的右半面)时,有 $\sigma^2+\omega^2>1$,映射到 Z 平面上为单位圆的外部。

因此双线性变换把整个左半 S 平面映射到 Z 平面中以原点为圆心的单位圆内,如图 5.6 所示。

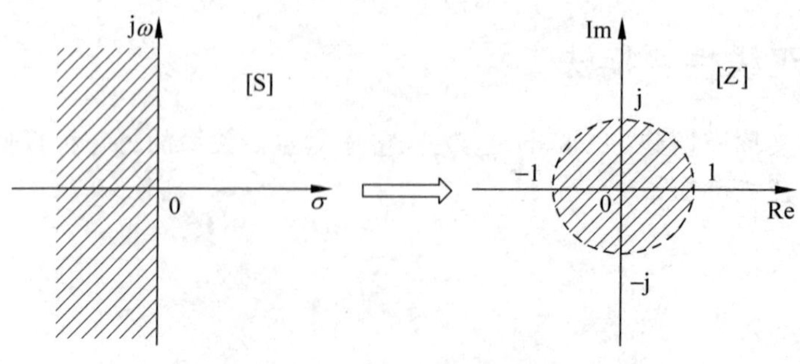

图 5.6 双线性变换的映射关系

双线性变换的映射结果与 $z=e^{Ts}$ 的映射结果是一致的，根据与 $z=e^{Ts}$ 的对应关系，可把S平面整个虚轴映射为Z平面单位圆周有无限多个循环。虽然看起来双线性变换与Z变换法在映射左半S平面为Z平面的单位圆方面是相同的，然而在对离散控制器的暂态响应和频率响应特性的影响方面，二者却有很大的差异。与原连续控制器相比，用双线性变换法获得的离散控制器的暂态响应特性有显著的畸变，频率响应也有畸变，所以在工程设计中常采用双线性变换法预畸变校正设计。

双线性变换的特点：

(1) 这种变换是一对一的，因而没有混叠效应；

(2) 稳定的 $D(s)$ 变换成稳定的 $D(z)$；

(3) $D(z)$ 不能保持 $D(s)$ 的脉冲响应和频率响应；

(4) 稳态增益不变，即 $\lim\limits_{s\to 0}D(s)=\lim\limits_{z\to 1}D(z)$；

(5) 该方法具有串联性质。

5.2.5 频率预畸变双线性变换法

上述的双线性变换，将S平面的虚轴变换到Z平面的单位圆周，因而没有混叠现象，但是在模拟频率 ω_a 和离散频率 ω_z 之间却存在非线性关系，使得双线性变换后的离散系统频率响应发生畸变，限制了双线性变换的使用。

将 $s=j\omega_a, z=e^{j\omega_z T}$ 代入 $s=\frac{2}{T}\frac{1-z^{-1}}{1+z^{-1}}$ 得到

$$j\omega_a=\frac{2(1-e^{-j\omega_z T})}{T(1+e^{-j\omega_z T})}=\frac{2}{T}\frac{e^{j\frac{\omega_z T}{2}}-e^{-j\frac{\omega_z T}{2}}}{e^{j\frac{\omega_z T}{2}}+e^{-j\frac{\omega_z T}{2}}}=j\frac{2}{T}\tan\frac{\omega_z T}{2}$$

故得

$$\omega_a=\frac{2}{T}\tan\frac{\omega_z T}{2}$$

上式表明了模拟频率 ω_a 和离散频率 ω_z 之间的非线性关系，当 $\omega_z T$ 取值 $0\sim\pi$ 时，ω_a 的值为 $0\sim\infty$。这意味着，模拟滤波器的全部频率响应特性被压缩到离散滤波器的 $0<\omega_z T<\pi$ 的频率范围之内。这两种频率之间的非线性特性，使得由双线性变换所得的离散频率响应产生畸变，如果系统要求变换后某些特定频率不能畸变，则可以采用预畸变的办法来补偿频率特性的畸变。

其补偿的基本思想是：在 $D(s)$ 未变成 $D(z)$ 之前，将 $D(s)$ 的断点频率预先加以修正（预畸变），使得预修正后的 $D(s)$ 变换成 $D(z)$ 时正好达到所要求的断点频率。

用预畸变双线性变换法设计的步骤如下：

(1) 将所希望的 $D(s)$ 的零点或极点 $(s+a)$ 以 a' 代替 a，即做预畸变，得到 $D(s,a')$

$$(s+a)\rightarrow(s+a')\Big|_{a'=\frac{2}{T}\tan\frac{aT}{2}}$$

(2) 将 $D(s,a')$ 变换为 $D(z)$

$$D(z)=kD(s,a')\Big|_{s=\frac{2(z-1)}{T(z+1)}}$$

其中 k 为放大系数。

(3) 调整直流增益,由于预畸变使得零极点的位置发生了变化,需要确定放大系数 k 来保证变化前后的直流增益不变,利用下式确定 k

$$\lim_{z\to 1} D(z) = \lim_{s\to 0} D(s)$$

例 5.6 已知模拟控制器 $D(s)=\frac{a}{s+a}$,要求希望的断点频率为 a,试用频率预畸变双线性变换法求数字控制器 $D(z)$。

解:做预畸变,设

$$a' = \frac{2}{T}\tan\frac{aT}{2}$$

则

$$D(s,a') = \frac{a}{s+\frac{2}{T}\tan\frac{aT}{2}}$$

将 $s=\frac{2}{T}\frac{z-1}{z+1}$代入,得

$$D(z) = \frac{kaT}{2\left(1+\tan\frac{aT}{2}\right)} \times \frac{1+z^{-1}}{1-\frac{1-\tan\frac{aT}{2}}{1+\tan\frac{aT}{2}}z^{-1}}$$

利用$\lim\limits_{z\to 1} D(z)=\lim\limits_{s\to 0} D(s)$求放大系数 k 得

$$k = \frac{\tan\frac{aT}{2}}{\frac{aT}{2}}$$

所以

$$D(z) = \frac{\tan\frac{aT}{2}}{1+\tan\frac{aT}{2}} \times \frac{1+z^{-1}}{1-\frac{1-\tan\frac{aT}{2}}{1+\tan\frac{aT}{2}}z^{-1}}$$

控制算法

$$u(k) = \frac{1-\tan\frac{aT}{2}}{1+\tan\frac{aT}{2}}u(k-1) + \frac{\tan\frac{aT}{2}}{1+\tan\frac{aT}{2}}[e(k)+e(k-1)]$$

预畸变双线性变换的特点:

(1) 将 S 平面左半面映射到 Z 平面单位圆内;

(2) 稳定的 $D(s)$变换成稳定的 $D(z)$;

(3) 没有混叠现象;

(4) $D(z)$不能保持 $D(s)$的脉冲响应和频率响应；

(5) 所得的离散频率响应不产生畸变。

5.2.6 零极点匹配法

S 域中零极点的分布直接决定了系统的特性，Z 域中亦然，因此，当 S 域转换到 Z 域时，应当保证零极点具有一一对应的映射关系。根据 S 域与 Z 域的转换关系 $z=e^{Ts}$，可将 S 平面的零极点直接一一对应地映射到 Z 平面上，使 $D(z)$的零极点与连续系统 $D(s)$的零极点完全相匹配。

零极点匹配变换的步骤：

(1) 将 $D(s)$变换成零极点的形式

$$D(s)=\frac{k_s(s+z_1)(s+z_2)\cdots(s+z_m)}{(s+p_1)(s+p_2)\cdots(s+p_n)} \quad m\leqslant n$$

(2) 将 $D(s)$的零点或极点映射到 Z 平面的变换关系为

若是实数的零点或极点，则

$$(s+a)\rightarrow(1-e^{-aT}z^{-1})$$

若是共轭复数的零点或极点，则

$$(s+a+jb)(s+a-jb)\rightarrow(1-2e^{-aT}z^{-1}\cos bT+e^{-2aT}z^{-2})$$

这样得到控制器 $D_1(z)$。

(3) 在 $D_1(z)$的 $z=-1$ 处加上足够的零点，得到零极点个数相同的控制器 $D_2(z)$。

(4) 设 $D(z)=kD_2(z)$，k 为增益系数，在某个特征频率处，使 $D(z)$的增益与 $D(s)$的增益相匹配。

增益系数 k 可按 $D(s)|_{s=0}=D(z)|_{z=1}$ 来确定，若 $D(s)$的分子中有 s 因子，增益系数 k 可按 $D(s)|_{s=\infty}=D(z)|_{z=-1}$ 来确定，或选择某关键频率 ω_0，按 $|D(j\omega_0)|=|D(e^{j\omega_0 T})|$ 来确定，此时得到的 $D(z)$就是所求的数字控制器。

例 5.7 已知模拟控制器 $D(s)=\dfrac{1}{s^2+0.8s+1}$，$T=1s$，试用零极点匹配法求数字控制器 $D(z)$。

解：将 $D(s)$因式分解，得

$$D(s)=\frac{1}{(s+0.4+j0.9165)(s+0.4-j0.9165)}$$

将 $D(s)$的零点或极点映射到 Z 平面，得

$$D_1(z)=\frac{1}{1-1.34z^{-1}+0.449z^{-2}}$$

在 $z=-1$ 处加上两个零点，得

$$D_2(z)=\frac{(1+z^{-1})^2}{1-1.34z^{-1}+0.449z^{-2}}$$

令 $D(z)=kD_2(z)$，得

$$D(z)=\frac{k(1+z^{-1})^2}{1-1.34z^{-1}+0.449z^{-2}}$$

由 $D(s)|_{s=0}=D(z)|_{z=1}$ 求得

$$k=0.027$$

所以

$$D(z)=\frac{0.027(1+2z^{-1}+z^{-2})}{1-1.34z^{-1}+0.449z^{-2}}$$

控制算法

$$u(k)=1.34u(k-1)-0.449u(k-2)+0.027[e(k)+2e(k-1)+e(k-2)]$$

零极点匹配法的特点：

(1) 稳定的 $D(s)$ 变换成稳定的 $D(z)$；

(2) 没有混叠现象。

5.3 数字 PID 控制

PID 控制器(按闭环系统误差的比例、积分和微分进行控制的调节器)自 20 世纪 30 年代末期出现以来，在工业控制领域得到了很大的发展和广泛的应用。它的结构简单，参数易于调整，在长期应用中已积累了丰富的经验。特别是在工业过程控制中，由于被控制对象的精确的数学模型难以建立，系统的参数经常发生变化，运用控制理论分析综合不仅要耗费很大代价，而且难以得到预期的控制效果。在应用计算机实现控制的系统中，PID 很容易通过编制计算机语言实现，由于软件系统的灵活性，PID 算法可以得到修正和完善，从而使数字 PID 具有很大的灵活性和适用性。

5.3.1 PID 控制的基本形式及数字化

在实际工业控制中，大多数被控对象通常都有储能元件存在，这就造成系统对输入作用的响应有一定的惯性。另外，在能量和信息的传输过程中，由于管道和传输等原因会引入一些时间上的滞后，往往会导致系统的响应变差，甚至不稳定。因此，为了改善系统的调节品质，通常在系统中引入偏差的比例调节以保证系统的快速性，引入偏差的积分调节以提高控制精度，引入偏差的微分调节来消除系统惯性的影响，这就形成了按偏差 PID 调节的系统。其控制系统如图 5.7 所示。

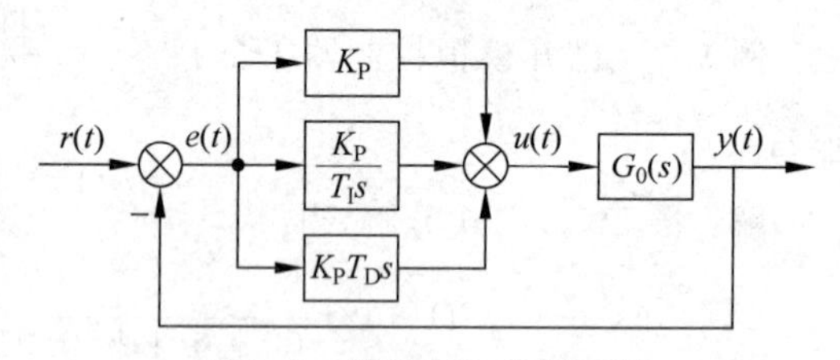

图 5.7 模拟 PID 控制系统

模拟 PID 控制器的微分方程为

$$u(t)=K_P\left[e(t)+\frac{1}{T_I}\int_0^t e(t)\mathrm{d}t+T_D\frac{\mathrm{d}e(t)}{\mathrm{d}t}\right]$$

其中，K_P 比例系数；T_I 为积分时间常数；T_D 为微分时间常数。

取拉普拉斯变换

$$U(s)=K_P\left[E(s)+\frac{E(s)}{T_I s}+T_D sE(s)\right]$$

整理后得 PID 控制器的传递函数为

$$D(s)=\frac{U(s)}{E(s)}=K_P\left(1+\frac{1}{T_I s}+T_D s\right)=K_P+\frac{K_I}{s}+K_D s$$

其中，$K_I=\frac{K_P}{T_I}$为积分系数，$K_D=K_P T_D$ 为微分系数。

当采样周期 T 足够小时，有

$$\begin{cases} u(t)\approx u(k) \\ e(t)\approx e(k) \\ \int_0^t e(t)\mathrm{d}t \approx \sum_{j=0}^{k} e(j)T \\ \frac{\mathrm{d}e(t)}{\mathrm{d}t}\approx \frac{e(k)-e(k-1)}{T} \end{cases}$$

整理后得到

$$\begin{aligned} u(k) &= K_P\left[e(k)+\frac{T}{T_I}\sum_{j=0}^{k} e(j)+T_D\frac{e(k)-e(k-1)}{T}\right] \\ &= K_P e(k)+K_I\sum_{j=0}^{k} e(j)+K_D[e(k)-e(k-1)] \end{aligned}$$

其中，$K_I=K_P\frac{T}{T_I}$为积分系数，$K_D=K_P\frac{T_D}{T}$为微分系数，这种算法称为位置式算法。

将上式两边取 Z 变换，得到

$$U(z)=K_P E(z)+K_I\frac{1}{1-z^{-1}}E(z)+K_D(1-z^{-1})E(z)$$

整理后得 PID 控制器的 Z 传递函数为

$$\begin{aligned} D(z) &= \frac{U(z)}{E(z)} \\ &= K_P+\frac{K_I}{1-z^{-1}}+K_D(1-z^{-1}) \\ &= \frac{K_P(1-z^{-1})+K_I+K_D(1-z^{-1})^2}{1-z^{-1}} \end{aligned}$$

针对图 5.8 所示的离散 PID 控制系统，其数字 PID 控制器的控制作用如下：

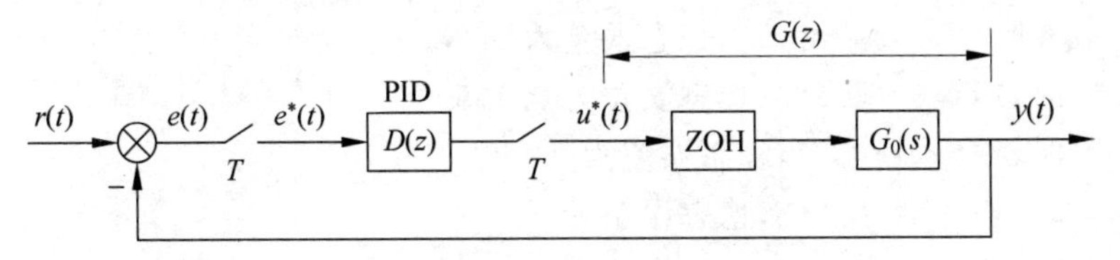

图 5.8　离散 PID 控制系统

(1) 比例调节器。

比例调节器对偏差是即时反应的，偏差一旦出现，调节器立即产生控制作用，使输出量朝着减小偏差的方向变化，控制作用的强弱取决于比例系数 K_P。比例调节器虽然简单快速，但系统输出存在稳态误差，加大比例系数 K_P 可以减小稳态误差，但是，K_P 过大时，会使系统的动态质量变坏，引起输出量振荡，甚至导致闭环系统不稳定。

(2) 比例积分调节器。

为了消除在比例调节中的残余稳态误差,可在比例调节的基础上加入积分调节。积分调节具有累积成分,只要偏差 $e(k)$不为零,它将通过累积作用影响控制量 $u(k)$,从而减小偏差,直到偏差为零。积分时间常数 T_I 越大,积分作用就越弱,反之越强。增大 T_I 将减慢消除稳态误差的过程,但可减小超调量,提高稳定性。引入积分调节的代价是降低系统的快速性。

(3) 比例积分微分调节器。

为了加快控制过程,有必要在偏差出现或变化的瞬间,按偏差变化的趋向进行控制,使偏差消灭在萌芽状态,这就是微分调节的原理。微分作用的加入将有助于减小超调量,克服振荡,使系统趋于稳定。

5.3.2 数字 PID 控制器的控制效果

下面通过实例说明数字 PID 控制器的控制效果。

例 5.8 对于图 5.8 所示的离散系统,已知 $G_0(s)=\dfrac{10}{(s+1)(s+2)}$,$T=0.1\text{s}$,输入为单位阶跃信号,试分析该系统。

解:

$$G(z)=\mathcal{Z}\left[\frac{1-\mathrm{e}^{-Ts}}{s}G_0(s)\right]=\frac{0.0453z^{-1}(1+0.904z^{-1})}{(1-0.905z^{-1})(1-0.819z^{-1})}$$

(1) 设 $D(z)=K_P$,即比例控制时

$$\begin{aligned}W(z)&=\frac{D(z)G(z)}{1+D(z)G(z)}\\&=\frac{0.0453z^{-1}(1+0.904z^{-1})K_P}{1+(0.0453K_P-1.724)z^{-1}+(0.040\,95K_P+0.741)z^{-2}}\end{aligned}$$

$$\begin{aligned}Y(z)&=W(z)R(z)\\&=\frac{0.0453z^{-1}(1+0.904z^{-1})K_P}{1+(0.0453K_P-1.724)z^{-1}+(0.040\,95K_P+0.741)z^{-2}}\frac{1}{1-z^{-1}}\end{aligned}$$

图 5.9 为 K_P 取不同值时的输出波形。

$$Y(\infty)=\lim_{z\to1}(1-z^{-1})Y(z)=\frac{0.086\,25K_P}{0.017+0.086\,25K_P}$$

当 $K_P=0.5$ 时,$Y(\infty)=0.717$,稳态误差为 0.283。

当 $K_P=1$ 时,$Y(\infty)=0.835$,稳态误差为 0.165。

当 $K_P=2$ 时,$Y(\infty)=0.91$,稳态误差为 0.09。

当 $K_P=4$ 时,$Y(\infty)=0.953$,稳态误差为 0.047。

当 $K_P=8$ 时,$Y(\infty)=0.976$,稳态误差为 0.024。

由此可见,当 K_P 加大时,可使系统动作灵敏,速度加快,在系统稳定的情况下,系统的稳态误差将减小,但却不能完全消除系统的稳态误差。K_P 偏大时,系统振荡次数增多,调节时间加长;K_P 太大时,系统会趋于不稳定;K_P 太小,又会使系统动作缓慢。

(2) 设 $D(z)=K_P+K_I\dfrac{1}{1-z^{-1}}$,即 PI 控制,设 $K_P=1$。

系统的开环传递函数为

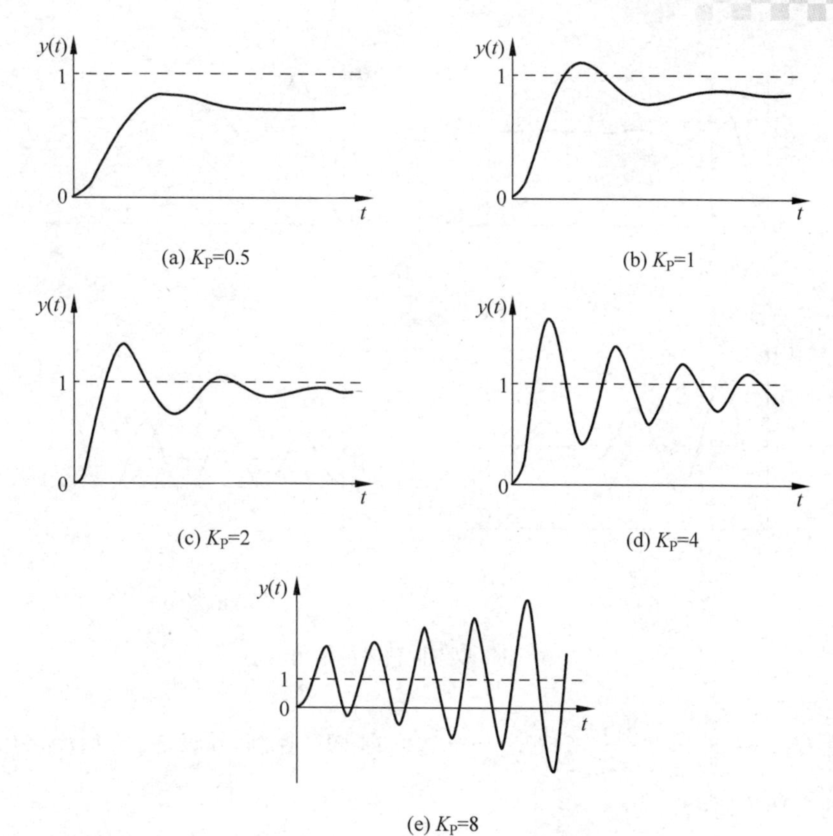

(a) K_P=0.5　(b) K_P=1　(c) K_P=2　(d) K_P=4　(e) K_P=8

图 5.9　K_P 取不同值时的输出波形

$$D(z)G(z)=\frac{0.0453(1+K_I)z^{-1}\left(1-\frac{1}{1+K_I}z^{-1}\right)(1+0.904z^{-1})}{(1-0.905z^{-1})(1-0.819z^{-1})(1-z^{-1})}$$

系统的闭环传递函数为

$$\begin{aligned}W(z)&=\frac{D(z)G(z)}{1+D(z)G(z)}\\&=\frac{0.0453(1+K_I)z^{-1}+0.0453(0.904K_I-0.096)z^{-2}-0.040\,95z^{-3}}{1+(0.0453K_I-2.679)z^{-1}+(0.040\,95K_I+2.461)z^{-2}-0.782z^{-3}}\end{aligned}$$

$$\begin{aligned}Y(z)&=W(z)R(z)\\&=\frac{0.0453(1+K_I)z^{-1}+0.0453(0.904K_I-0.096)z^{-2}-0.040\,95z^{-3}}{1+(0.0453K_I-2.679)z^{-1}+(0.040\,95K_I+2.461)z^{-2}-0.782z^{-3}}\;\frac{1}{1-z^{-1}}\end{aligned}$$

图 5.10 为 K_I 取不同值时的输出波形。

系统的输出稳态值为

$$y(\infty)=\lim_{z\to 1}(1-z^{-1})Y(z)=\frac{0.086\,25K_I}{0.086\,25K_I}=1$$

可见,系统的稳态误差为 0。

由此可见,积分作用能消除稳态误差,提高控制精度。系统引入积分作用通常使系统的稳定性下降。K_I 太大时系统将不稳定;K_I 偏大时系统的振荡次数较多;K_I 偏小时积分作用对系统的影响减少;K_I 大小比较合适时系统过渡过程比较理想。

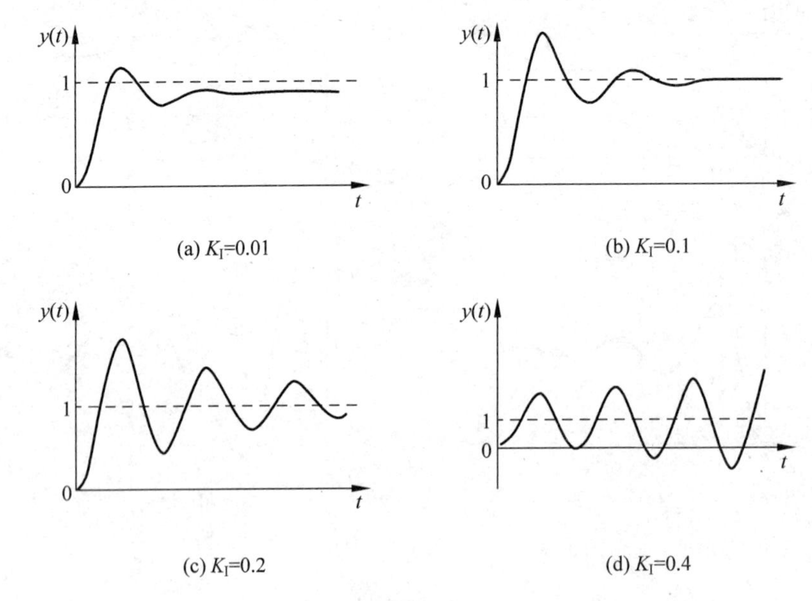

图 5.10 K_{I} 取不同值时的输出波形

(3) 设 $D(z)=K_{\mathrm{P}}+\frac{K_{\mathrm{I}}}{1-z^{-1}}+K_{\mathrm{D}}(1-z^{-1})$,即 PID 控制,并设 $K_{\mathrm{P}}=1$、$K_{\mathrm{I}}=0.1$。

系统的开环传递函数为

$$D(z)G(z)=\frac{0.0453(1.1+K_{\mathrm{D}})z^{-1}\left(1-\frac{1+2K_{\mathrm{D}}}{1.1+K_{\mathrm{D}}}z^{-1}+\frac{K_{\mathrm{D}}}{1.1+K_{\mathrm{D}}}z^{-2}\right)(1+0.904z^{-1})}{(1-z^{-1})(1-0.905z^{-1})(1-0.819z^{-1})}$$

系统的闭环传递函数为

$$\begin{aligned}W(z)&=\frac{D(z)G(z)}{1+D(z)G(z)}\\&=\frac{(0.0498+0.0453K_{\mathrm{D}})z^{-1}-(0.0025+0.0496K_{\mathrm{D}})z^{-2}-(0.04095+0.0366K_{\mathrm{D}})z^{-3}+0.04095z^{-4}}{1+(0.0453K_{\mathrm{D}}-2.674)z^{-1}+(2.4627-0.0496K_{\mathrm{D}})z^{-2}-(0.7821+0.0366K_{\mathrm{D}})z^{-3}+0.04095z^{-4}}\end{aligned}$$

图 5.11 为 K_{D} 取不同值时的输出波形。

微分控制经常与比例控制或积分控制联合作用,构成 PD 控制或 PID 控制。引入微分控制可以改善系统的动态特性,当 K_{D} 偏小时,超调量较大,调节时间也较长;当 K_{D} 偏大时,超调量也较大,调节时间较长;只有选择合适时,才能得到比较满意的过渡过程。

5.3.3 数字 PID 控制算法

1. 位置式

当执行机构需要控制量的全值,此时的 PID 控制算法称为位置式 PID 控制算法。此算法一般适用于执行装置无记忆功能的场合,如直流电机的电枢电压控制,算法为

$$u(k)=K_{\mathrm{P}}e(k)+K_{\mathrm{I}}\sum_{j=0}^{k}e(j)+K_{\mathrm{D}}[e(k)-e(k-1)]$$

上式表明,计算机控制过程是根据采样时刻的偏差值计算控制量的,输出控制量 $u(k)$

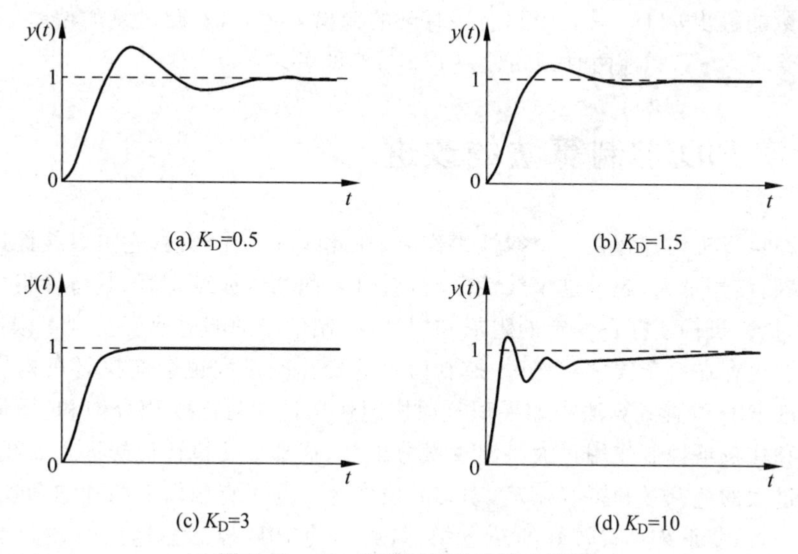

图 5.11　K_D 取不同值时的输出波形

直接决定了执行机构的位置(如流量、压力、阀门等的开启位置),故称位置式 PID 控制算法。

2. 增量式

当执行机构不需要控制量的全值,而是其增量,由位置式可以导出增量 PID 控制算法。由于

$$u(k)=K_Pe(k)+K_I\sum_{j=0}^{k}e(j)+K_D[e(k)-e(k-1)]$$

$$u(k-1)=K_Pe(k-1)+K_I\sum_{j=0}^{k-1}e(j)+K_D[e(k-1)-e(k-2)]$$

增量式 PID 控制算法为

$$\begin{aligned}\Delta u(k)&=u(k)-u(k-1)\\&=K_P[e(k)-e(k-1)]+K_Ie(k)+K_D[e(k)-2e(k-1)+e(k-2)]\\&=(K_P+K_I+K_D)e(k)-(K_P+2K_D)e(k-1)+K_De(k-2)\end{aligned}$$

增量型控制算式具有以下优点。

(1) 计算机只输出控制增量,即执行机构位置的变化部分,因而在发生故障时影响范围小。

(2) 在 k 时刻的增量输出 $\Delta u(k)$,只需用到此时刻的偏差 $e(k)$ 以及前一时刻的偏差 $e(k-1)$ 和前两时刻的偏差 $e(k-2)$,这大大节约了内存和计算时间。

(3) 在进行手动/自动切换时,控制量冲击小,能够较平滑地过渡。

上述位置式 PID 控制算法中需要存储所有的偏差,且数量随着时间的延长而增长,这就要求所需的计算机有足够的内存,这种算法没实用价值,可以对其进行改造,得到如下改进的位置式 PID 控制算法。

$$u(k)=u(k-1)+(K_P+K_I+K_D)e(k)-(K_P+2K_D)e(k-1)+K_De(k-2)$$

在 k 时刻的输出 $u(k)$，只需用到前一时刻的输出 $u(k-1)$、此时刻的偏差 $e(k)$ 以及前一时刻的偏差 $e(k-1)$ 和前两时刻的偏差 $e(k-2)$ 即可。

5.4 数字 PID 控制算法的改进

任何一种执行机构都存在一个线性工作区，在此线性工作区内，它可以线性地跟踪控制信号，而当控制信号过大，超过这个线性区时，就进入饱和区或截止区，其特性将变成非线性特性。同时，执行机构还存在一定的阻尼和惯性，控制信号的响应速度受到了限制；执行机构的动态特性也存在一个线性工作区，控制信号的变化率过大也会使执行机构进入非线性区。前述标准 PID 位置式算法中如果积分项控制作用过大将出现积分饱和，增量式算法中如果微分项和比例项控制作用过大将出现微分饱和，这都会使执行机构进入非线性区，从而使系统出现过大的超调量和持续振荡，动态品质变坏。为了克服以上两种饱和现象，避免系统的过大超调量，使系统具有较好的动态指标，必须使 PID 控制器输出的控制信号受到约束，即对标准的 PID 控制算法进行改进，主要是对积分项和微分项的改进。

5.4.1 积分分离 PID 算法

在一般的 PID 控制系统中，若积分作用太强，会使系统产生过大的超调量，振荡剧烈，且调节时间过长，对某些系统来说是不允许的。为了克服这个缺点，可以采用积分分离的方法，即在系统误差较大时取消积分作用，在误差减小到某一定值之后再接上积分作用，这样就可以既减小超调量，改善系统动态特性，又保持了积分作用。

设 e_0 为积分分离阈值，则当 $|e(k)| \leqslant e_0$ 时，采用 PID 控制，可保证稳态误差为 0；当 $|e(k)| > e_0$ 时，采用 PID 控制，可使超调量大幅度减小。

可表示为

$$u(k) = K_P e(k) + K_L K_I \sum_{j=0}^{k} e(j) + K_D [e(k) - e(k-1)]$$

其中 $K_L = \begin{cases} 1 & |e(k)| \leqslant e_0 \\ 0 & |e(k)| > e_0 \end{cases}$ 称为控制系数。

以阶跃响应为例，采用积分分离 PID 的控制效果如图 5.12 所示。由此可见，控制系统的性能有了较大的改善。

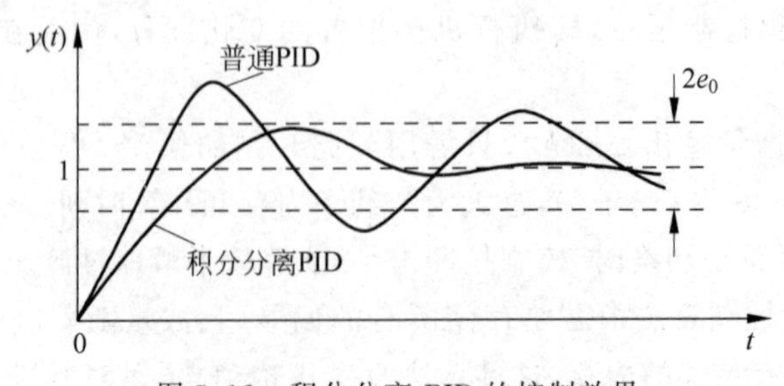

图 5.12 积分分离 PID 的控制效果

5.4.2　不完全微分 PID 算法

普通的数字 PID 调节器中的微分作用只有在第一个采样周期中起作用，不能按照偏差变化的趋势在整个调节过程中起作用；另外，微分作用在第一个采样周期中作用很强，容易溢出。

对于图 5.13 所示的 PID 控制器，现分析微分作用。

由叠加原理可知，将 PID 控制器的每个作用可单独分析，设 PID 控制器的输入为单位阶跃信号 $e(t)=1(t)$，当使用完全微分时

$$U_{\mathrm{D}}(s)=K_{\mathrm{P}}T_{\mathrm{D}}sE(s)$$

$$u_{\mathrm{D}}(t)=K_{\mathrm{P}}T_{\mathrm{D}}\frac{\mathrm{d}e(t)}{\mathrm{d}t}$$

$$u_{\mathrm{D}}(k)=\frac{K_{\mathrm{P}}T_{\mathrm{D}}}{T}[e(k)-e(k-1)]$$

则有 $u_{\mathrm{D}}(0)=\dfrac{K_{\mathrm{P}}T_{\mathrm{D}}}{T}$，$u_{\mathrm{D}}(1)=u_{\mathrm{D}}(2)=\cdots=0$。可见普通数字 PID 中的微分作用，只是在第一个采样周期起作用，如图 5.14 所示，通常 $T_{\mathrm{D}}\gg T$，所以 $u(0)\gg1$。

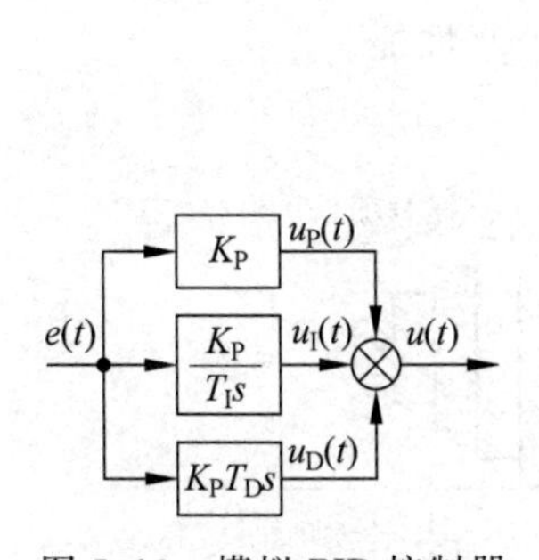

图 5.13　模拟 PID 控制器

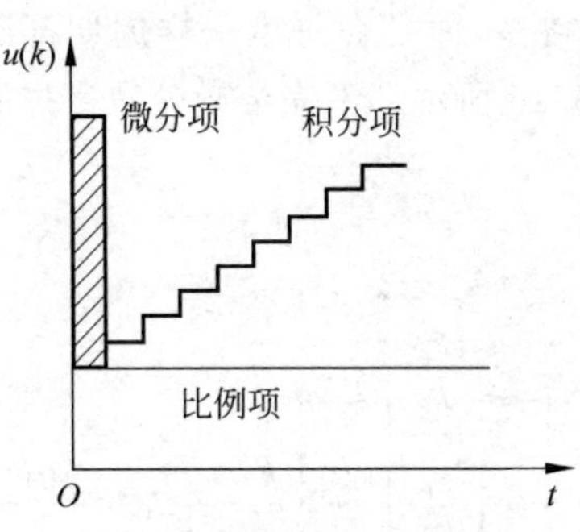

图 5.14　普通数字 PID 作用

由于微分作用容易引入高频干扰，因此，可以串接一个低通滤波器来抑制高频影响。设低通滤波器的传递函数为

$$G_{\mathrm{f}}(s)=\frac{1}{T_{\mathrm{f}}s+1}$$

其中 T_{f} 为时间常数。不完全微分 PID 控制器如图 5.15 所示。

由于

$$T_{\mathrm{f}}sU(s)+U(s)=U_1(s)$$

得

$$T_{\mathrm{f}}\frac{\mathrm{d}u(t)}{\mathrm{d}t}+u(t)=u_1(t)$$

微分用后向差代替，积分用矩形面积和代替，得

$$u(k)=au(k-1)+(1-a)u_1(k)$$

其中 $a=\dfrac{T_{\mathrm{f}}}{T_{\mathrm{f}}+T}$，$u_1(k)=K_{\mathrm{P}}\left[e(k)+\dfrac{T}{T_{\mathrm{I}}}\sum\limits_{j=0}^{k}e(j)+T_{\mathrm{D}}\dfrac{e(k)-e(k-1)}{T}\right]$。

设 PID 控制器的输入为单位阶跃信号 $e(t)=1(t)$，当只有微分作用使用不完全微分时

$$U(s)=\frac{K_P T_D s}{1+T_f s}E(s)$$

$$u(t)+T_f\frac{\mathrm{d}u(t)}{\mathrm{d}t}=K_P T_D\frac{\mathrm{d}e(t)}{\mathrm{d}t}$$

$$u(k)=\frac{T_f}{T+T_f}u(k-1)+\frac{K_P T_D}{T+T_f}[e(k)-e(k-1)]$$

则

$$u(0)=\frac{K_P T_D}{T+T_f}\ll\frac{K_P T_D}{T}$$

$$u(1)=\frac{T_f K_P T_D}{(T+T_f)^2}$$

$$u(2)=\frac{T_f^2 K_P T_D}{(T+T_f)^3}$$

$$\vdots$$

可见，在第一个采样周期中不完全微分数字控制器的输出比完全微分数字控制器的输出幅度小得多，而且在每个采样周期都起作用，控制器的输出十分近似于理想的微分控制器，如图 5.16 所示。不完全微分数字控制器具有良好的控制性能。

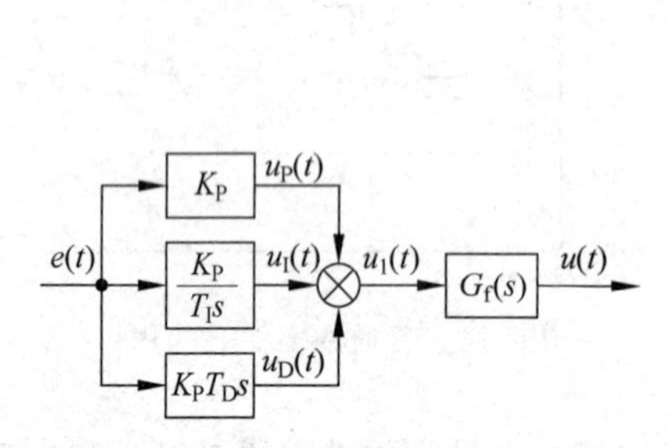

图 5.15 不完全微分 PID 控制器

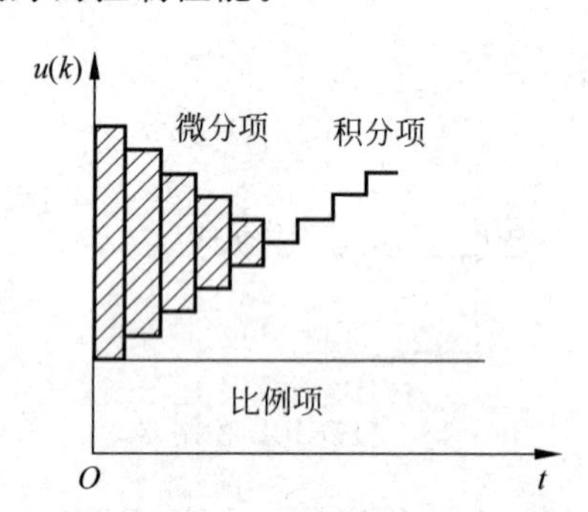

图 5.16 不完全微分数字控制器作用

不完全微分数字控制器不但能抑制高频干扰，而且还克服了普通数字 PID 控制的缺点，数字控制器输出的微分作用能在各个采样周期中按照误差变化的趋势均匀地输出，改善了系统的性能。

5.4.3 微分先行 PID 算法

微分算法的另一种改进形式是微分先行 PID 结构，它是由不完全微分数字 PID 形式变换而来的，同样能起到平滑微分的作用。

微分环节基本形式为

$$D_D(s)=\frac{1+T_D s}{1+aT_D s}$$

其中 $0<a<1$，可根据实际情况整定。

把微分运算放在比较器附近，就构成了微分先行 PID 结构，其有两种形式。

一种形式为输出量微分，如图 5.17(a)所示。这种形式只是对输出量 $y(t)$进行微分，而对给定值 $r(t)$不做微分处理，适用于给定值频繁变动的场合，可以避免因给定值 $r(t)$频繁变动时所引起的超调量过大、系统振荡等，改善了系统的动态特性。

另一种形式为偏差微分，如图 5.17(b)所示。这种形式是对偏差值 $e(t)$进行微分，也就是对给定值 $r(t)$和输出量 $y(t)$都有微分作用，适用于串联控制的副控回路，因为副控回路的给定值是主控调节器给定的，也应该对其做微分处理，因此，应该在副控回路中采用偏差微分的 PID。

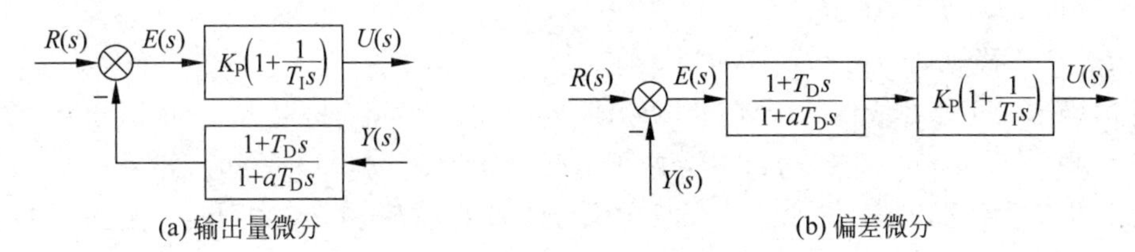

图 5.17 微分先行数字 PID 结构

5.4.4 带死区 PID 算法

在计算机控制系统中，某些生产过程的控制精度要求不太高，不希望控制系统频繁动作，如中间容器的液面控制等，这时可采用带死区的 PID 算法。所谓带死区的 PID 控制，就是在计算机中人为地设置一个不灵敏区，当偏差进入不灵敏区时，其控制输出维持上次采样的输出，当偏差超出不灵敏区时，则进行正常的 PID 运算后输出。带死区的 PID 控制器如图 5.18 所示。

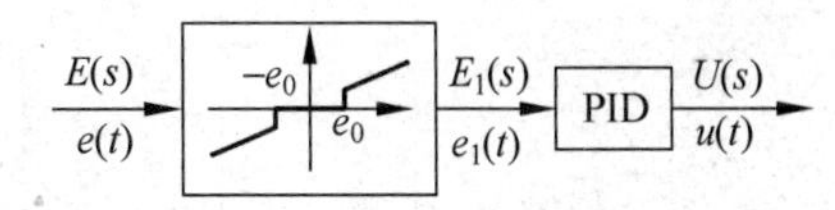

图 5.18 带死区的 PID 控制器

设引入不灵敏区为 e_0，则

$$e_1(t)=\begin{cases}e(t) & |e(t)|>e_0\\ 0 & |e(t)|\leqslant e_0\end{cases}$$

不灵敏区 e_0 是一个可调的参数，其具体数值可根据实际控制对象由实验确定。e_0 值太小，使控制动作过于频繁，达不到稳定被控对象的目的；e_0 值太大，系统将产生较大的滞后；当 $e_0=0$ 时，则为 PID 控制。该系统可称得上是一个非线性控制系统，但在概念上与典型不灵敏区非线性控制系统不同。

5.4.5 抗积分饱和 PID 算法

实际控制系统都会受到执行元件的饱和非线性的约束，系统执行机构所能提供的最大控制变量是有限的，即

$$|u(t)|\leqslant u_0$$

其中 u_0 为限制值，这相当于在系统中串联了一个饱和非线性环节，如图 5.19 所示。

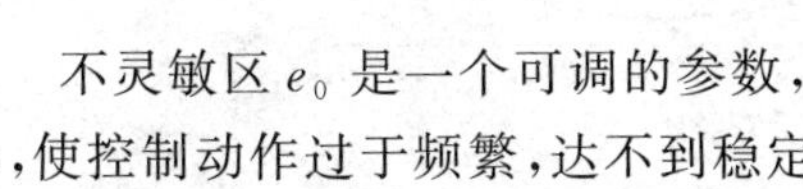

图 5.19 抗积分饱和 PID 控制器

控制器的输出为

$$u(t)=\begin{cases}u_1(t) & |u_1(t)|\leqslant u_0\\ u_0 & |u_1(t)|>u_0\end{cases}$$

当数字 PID 控制器输出 $u_1(t)$进入饱和区后,由于积分器的存在还继续对误差信号进行积分,有可能致使 $u_1(t)$继续深入饱和区,当误差信号 $e(t)$改变符号后,则需要很长时间才能退出饱和区,实现反向控制作用。这种积分饱和作用会使系统输出特性变坏,超调量增大。为此有必要对数字 PID 控制器的输出 $u_1(t)$有所限制,可设

$$u_1(k)=K_Pe(k)+K_LK_I\sum_{j=0}^{k}e(j)+K_D[e(k)-e(k-1)]$$

其中 $K_L=\begin{cases}0 & u_1(k-1)\mathrm{sign}[e(k-1)]>u_0\\ 1 & 其他\end{cases}$ 称为控制系数。

当 $u_1(k-1)$工作在线性区(非饱和区),即$|u_1(k-1)|\leqslant u_0$ 时,取 $K_L=1$,积分器工作。当工作在饱和区,即$|u_1(k-1)|>u_0$ 时,分两种情况:① 当 $u_1(k-1)>0$ 时,如果 $e(k-1)>0$,表明输出没有达到规定值,取 $K_L=0$,停止积分;如果 $e(k-1)<0$,则输出超过了规定值,取 $K_L=1$,进行积分,使 $u(t)$退出饱和区。② 当 $u_1(k-1)<0$ 时,如果 $e(k-1)<0$,则输出没有达到规定值,取 $K_L=0$,停止积分;如果 $e(k-1)>0$,则输出超过了规定值,取 $K_L=1$,进行积分。其原理示意图如图 5.20 所示。

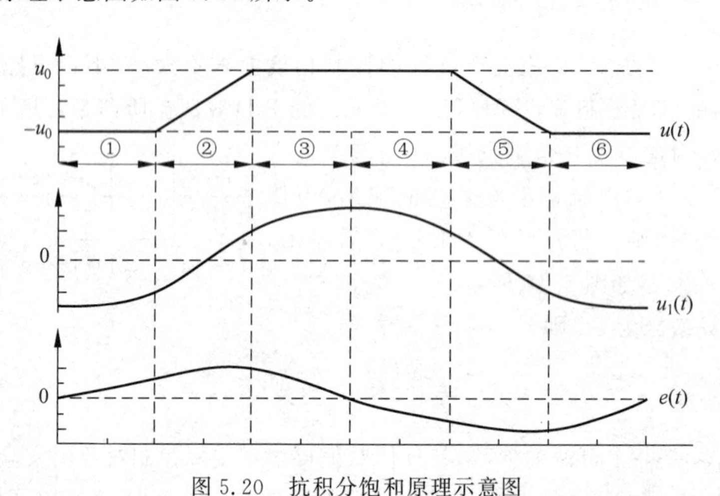

图 5.20 抗积分饱和原理示意图

其中,①为饱和区,此时 $u_1(t)<0$、$e(t)>0$,需进行积分;②为线性区,需进行积分;③为饱和区,此时 $u_1(t)>0$、$e(t)>0$,需停止积分;④为饱和区,此时 $u_1(t)>0$、$e(t)<0$,需进行积分;⑤为线性区,需进行积分;⑥为饱和区,此时 $u_1(t)<0$、$e(t)<0$,需停止积分。

5.5 数字 PID 控制器的参数整定

数字 PID 控制器的主要参数是 K_P、T_I、T_D 和采样周期 T,系统的设计任务是选取合适的 PID 控制器参数使整个系统具有满意的动态特性,并满足稳态误差要求。

前面介绍的采样周期选取原则在这里自然是有效的,采样周期的选取不是越小越好,一方面采样周期过小会增加计算机负担;另一方面若两次采样间隔偏差信号 $e(k)$变化太小,

则数字控制器输出值变化不大，因而执行机构不能有效地控制被控对象。

确定 K_P、T_I 和 T_D 值是一项重要的工作，控制效果的好坏在很大程度上取决于这些参数的选取是否合适。确定这些控制参数可以通过理论分析方法，也可以用实验方法，特别是系统被控对象模型参数不准时，通过实验方法确定控制器参数较为有效。下面介绍的一些整定方法都是基于对工业对象的动态特性做某种简单的假设而提出的，因此，由这些整定方法得到的参数值在使用时不一定是最好的，在投入运行时，可以在这些值附近做一些调整，以达到更好的控制效果。

5.5.1 凑试法

凑试法是通过模拟或实际的闭环运行情况，观察系统的响应曲线，然后根据各调节参数对系统响应的大致影响，反复凑试参数，以达到满意的响应，从而确定 PID 控制器中的三个调节参数。其中在实践中总结出如下规律。

(1) 增大比例系数 K_P 一般将加快系统的响应，在有稳态误差的情况下有利于减小稳态误差，但过大的比例系数会使系统有较大的超调量，并产生振荡，使系统的稳定性变差。

(2) 增大积分时间 T_I 有利于减小超调量，减小振荡，使系统更加稳定，但系统稳态误差的消除将随之减慢。

(3) 增大微分时间 T_D 也有利于加快系统的响应，减小振荡，使系统稳定性增加，但系统对干扰的抑制能力减弱，对扰动有较敏感的响应。另外，过大的微分系数也使系统的稳定性变差。

在凑试时，可以参考以上的一般规律，对参数的调整为先比例，后积分，再微分的整定步骤，即：

(1) 整定比例部分，将比例系数 K_P 由小调大，并观察相应的系统响应趋势，直到得到反应快、超调量小的响应曲线。如果系统没有稳态误差或稳态误差已小到允许范围之内，同时响应曲线已较令人满意，那么只需用比例调节器即可，最优比例系数也由此确定。

(2) 如果在比例调节的基础上系统的稳态误差不能满足设计要求，则须加入积分环节。整定时一般先置一个较大的积分时间系数 T_I，同时将第一步整定得到的比例系数 K_P 缩小一些(如取原来的 80%)，然后减小积分时间系数使在保持系统较好的动态性能指标的基础上，系统的稳态误差得到消除。在此过程中，可以根据响应曲线的变化趋势反复地改变比例系数 K_P 和积分时间系数 T_I 从而实现满意的控制过程和整定参数。

(3) 如果使用比例积分控制器消除了偏差，但动态过程仍不令人满意，则可以加入微分环节，构成 PID 控制器。在整定时，可先置微分时间系数 T_D 为零，在第二步整定的基础上，增大微分时间系数 T_D，同时相应地改变比例系数 K_P 和积分时间系数 T_I，逐步凑试，以获得满意的调节效果和控制参数。

值得一提的是，PID 三个参数可以互相补偿，即某一个参数的减小可由其他参数增大或减小来补偿。因此，用不同的整定参数完全可以得到相同的控制效果，这也决定了 PID 控制器参数选取的非唯一性。另外，对无自平衡能力的对象，则不应包含积分环节，即只可用比例或比例微分控制器。在实时控制过程中，只要被控对象的主要性能指标达到了设计要求，就可以选定相应的控制器参数为最终参数。表 5.1 给出了常见的 PID 控制器参数的选择范围。

表 5.1 常见的 PID 控制器参数的选择范围

被控量	特 点	K_P	T_I/min	T_D/min
流量	对象时间常数小,并有噪声,故 K_P 较小,T_I 较小,不用微分	1～2.5	0.1～1	
温度	对象为多容量系统,有较大滞后,常用微分	1.6～5	3～10	0.5～3
压力	对象为容量系统,滞后一般不大,不用微分	1.4～3.5	0.4～3	
液位	在允许有稳态误差时,不必用积分和微分	1.25～5		

5.5.2 扩充临界比例度法

扩充临界比例度法是模拟控制器使用的临界比例度法的扩充,它用来整定数字 PID 控制器的参数,其整定步骤如下。

(1) 选择一个合适的采样周期。所谓合适是指采样周期足够小,一般应为对象的纯滞后时间的 1/10 以下,此采样周期用 $T_{\min}$ 表示。

(2) 用上述的 $T_{\min}$,仅让控制器做纯比例调节,逐渐增大比例系数 K_P,直至使系统出现等幅振荡,记下此时的比例系数 K_r 和振荡周期 T_r。

(3) 选择控制度。控制度 Q 定义为数字控制系统误差平方的积分与对应的模拟控制系统误差平方的积分之比,即

$$Q=\frac{\left[\int_0^{\infty} e^2(t)\mathrm{d}t\right]_D}{\left[\int_0^{\infty} \mathrm{e}^2(t)\mathrm{d}t\right]_A}$$

对于模拟系统,其误差平方积分可由记录仪上的图形直接计算。对于数字系统则可用计算机计算。通常,当控制度为 1.05 时,就认为数字控制与模拟控制效果相同;当控制度为 2 时,数字控制比模拟控制的质量差一半。

(4) 选择控制度后,按表 5.2 求得采样周期 T、比例系数 K_P、积分时间常数 T_I 和微分时间常数 T_D。

表 5.2 扩充临界比例度法整定计算公式

控制度	控制规律	T/T_r	K_P/K_r	T_I/T_r	T_D/T_r
1.05	PI	0.03	0.55	0.88	
	PID	0.014	0.63	0.49	0.14
1.20	PI	0.05	0.49	0.91	
	PID	0.043	0.47	0.47	0.16
1.50	PI	0.14	0.42	0.99	
	PID	0.09	0.34	0.43	0.20
2.00	PI	0.22	0.36	1.05	
	PID	0.16	0.27	0.40	0.22
模拟	PI		0.57	0.83	
控制器	PID		0.70	0.50	0.13
简化扩充临界	PI		0.45	0.83	
比例度法	PID	0.10	0.60	0.50	0.125

(5) 按求得的参数运行,在运行中观察控制效果,用凑试法进一步寻求满意的数值。

例 5.9 设有一直接数字控制系统,已知被控对象纯延迟时间 τ 为 10s,试整定其参数。

解:首先选 $T_{min} \leqslant \tau/10 = 1\text{s}$,并在数字控制器中去掉积分项和微分项,仅做纯比例调节,逐渐增大 K_P,使系统出现等幅振荡,记下振荡周期 $T_r = 10\text{s}$,此时的 $K_P = K_r = 10$。选择控制度为 1.05,采用 PID 控制规律,按表 5.2,则可查得:

采样周期为 $T = 0.14 \times T_r = 1.4\text{s}$。

比例系数为 $K_P = 0.63 \times K_r = 6.3$。

积分时间常数为 $T_I = 0.49 \times T_r = 4.9\text{s}$。

微分时间常数为 $T_D = 0.14 \times T_r = 1.4\text{s}$。

5.5.3 扩充响应曲线法

扩充响应曲线法是将模拟控制器响应曲线法推广,用来求数字 PID 控制器参数,这个方法首先要经过试验测定开环系统对阶跃输入信号的响应曲线。具体步骤如下:

(1) 断开数字控制器,使系统在手动状态下工作,人为地改变手动信号,给被控对象一个阶跃输入信号。

(2) 用仪表记录下被控参数在此阶跃输入作用下的变化过程曲线,即对象的阶跃响应曲线,如图 5.21 所示。

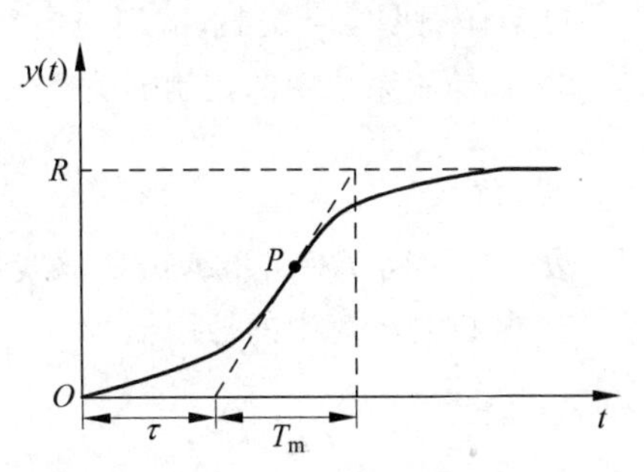

图 5.21 对象的阶跃响应曲线

(3) 在对象的响应曲线上过拐点 P(最大斜率处)做切线,求出等效纯滞后时间 τ 相等效时间常数 T_m,并求出它们的比值 T_m/τ。

(4) 选择控制度。

(5) 根据所求得的 τ、T_m 和 T_m/τ 的值,查表 5.3,即可求得控制器的 T,K_P,T_I 和 T_D。

(6) 投入运行,观察控制效果,适当修正参数,直到满意为止。

表 5.3 扩充响应曲线法整定计算公式

控制度	控制规律	T/τ	$K_P/(T_m/\tau)$	T_I/τ	T_D/τ
1.05	PI	0.10	0.84	3.40	
	PID	0.05	1.15	2.00	0.45
1.20	PI	0.20	0.78	3.60	
	PID	0.16	1.00	1.90	0.55
1.50	PI	0.50	0.68	3.90	
	PID	0.34	0.85	1.62	0.65
2.00	PI	0.80	0.57	4.20	
	PID	0.60	0.60	1.50	0.82
模拟	PI		0.90	3.30	
控制器	PID		1.20	2.00	0.40
简化扩充	PI		0.90	3.30	
响应曲线法	PID		1.20	3.00	0.50

习题 5

1. 为什么 PID 控制仍是过程控制中应用最普遍的控制规律？

2. 增量式 PID 调节为什么优于位置式 PID 调节？它们有什么根本的区别？

3. 在计算机控制系统中，采样周期的选择要注意什么问题？

4. 某控制系统中的控制器为

$$D(s)=\frac{1}{s^2+0.2s+1}$$

设采样周期 $T=1\text{s}$，试用后向差分变换法求数字控制器 $D(z)$ 及其控制算法。

5. 某控制系统中的控制器为

$$D(s)=\frac{s+1}{0.2s+1}$$

设采样周期 $T=0.1\text{s}$，试用前向差分变换法求数字控制器 $D(z)$ 及其控制算法。

6. 某控制系统中的控制器为

$$D(s)=\frac{s+1}{0.1s+1}$$

设采样周期 $T=0.25\text{s}$，试用双线性变换法求数字控制器 $D(z)$ 及其控制算法。

7. 某控制系统中的控制器为

$$D(s)=\frac{1}{s^2+0.2s+1}$$

设采样周期 $T=1\text{s}$，特征频率为 $1°/\text{s}$，试用预畸变双线性变换法求数字控制器 $D(z)$ 及其控制算法。

8. 某控制系统中的控制器为

$$D(s)=\frac{1}{s^2+0.2s+1}$$

设采样周期 $T=1\text{s}$，试用零极点匹配变换法求数字控制器 $D(z)$ 及其控制算法。

9. 设临界振荡周期为 2.5s，临界比例系数为 6，控制度为 1.5，试用扩充临界比例度法确定 PID 控制参数。

第6章 线性离散系统状态空间分析

前面几章介绍的计算机控制系统分析和设计方法都是基于传递函数的经典控制理论方法。经典控制理论方法用传递函数来分析和设计单输入单输出系统，这是一种行之有效的方法。但是传递函数只能反映出系统输出变量与输入变量之间的外部关系，不能反映系统内部的变化情况，经典控制理论方法只适用于单输入单输出线性定常系统，对于时变系统、复杂非线性系统和多输入多输出系统则无能为力，经典控制理论的基础——传递函数建立在零初始条件下，不能包含系统的全部信息，设计时无法考虑初始条件，用经典控制理论设计控制器只能根据幅值裕度、相位裕度、超调量、调节时间等系统的性能指标来确定控制装置；对于同样一个要求可以设计出几个性能和质量不同的系统，但无法确定哪种系统是最优的。现代控制系统往往有多个输入多个输出，而且它们可能以某种复杂的方式相互联系。分析和设计这样的控制系统，经典控制理论就无能为力了。

由于对控制系统的性能指标提出的要求越来越高，系统的复杂程度不断增加，加之电子计算机的出现和应用，使得人们必须去寻求一种新的方法来研究控制系统。贝尔曼(Bellman)等人提出的状态变量法，又称状态空间分析法，已经成为现代控制理论的基础。

对应于连续系统的状态空间描述，引入离散系统的状态空间模型，采用以下离散状态方程和输出方程所组成的离散系统状态空间模型对离散系统进行描述。

$$\begin{cases} \boldsymbol{X}(k+1)=\boldsymbol{A}(k)\boldsymbol{X}(k)+\boldsymbol{B}(k)\boldsymbol{U}(k) \\ \boldsymbol{Y}(k)=\boldsymbol{C}(k)\boldsymbol{X}(k)+\boldsymbol{D}(k)\boldsymbol{U}(k) \end{cases}$$

其中，$\boldsymbol{X}(k)$为$n\times1$维的状态向量，$\boldsymbol{U}(k)$为$m\times1$维的输入向量，$\boldsymbol{Y}(k)$为$p\times1$维的输出向量，$\boldsymbol{A}(k)$为$n\times n$状态转移矩阵，$\boldsymbol{B}(k)$为$n\times m$输入矩阵，$\boldsymbol{C}(k)$为$p\times n$输出矩阵，$\boldsymbol{D}(k)$为$p\times m$直传矩阵。

状态方程为一阶差分方程组，表示系统在$(k+1)T$时刻的状态$\boldsymbol{X}(k+1)$与kT时刻的状态$\boldsymbol{X}(k)$以及输入$\boldsymbol{U}(k)$之间的关系；输出方程为代数组，表示在kT时刻的系统输出$\boldsymbol{Y}(k)$与状态$\boldsymbol{X}(k)$以及输入$\boldsymbol{U}(k)$之间的关系。

对于线性定常离散系统，其状态空间模型可描述为

$$\begin{cases} \boldsymbol{X}(k+1)=\boldsymbol{A}\boldsymbol{X}(k)+\boldsymbol{B}\boldsymbol{U}(k) \\ \boldsymbol{Y}(k)=\boldsymbol{C}\boldsymbol{X}(k)+\boldsymbol{D}\boldsymbol{U}(k) \end{cases}$$

系数矩阵$\boldsymbol{A}$、$\boldsymbol{B}$、$\boldsymbol{C}$、$\boldsymbol{D}$为常数矩阵，不再是k的函数。线性定常离散系统状态空间模型结构如图6.1所示。

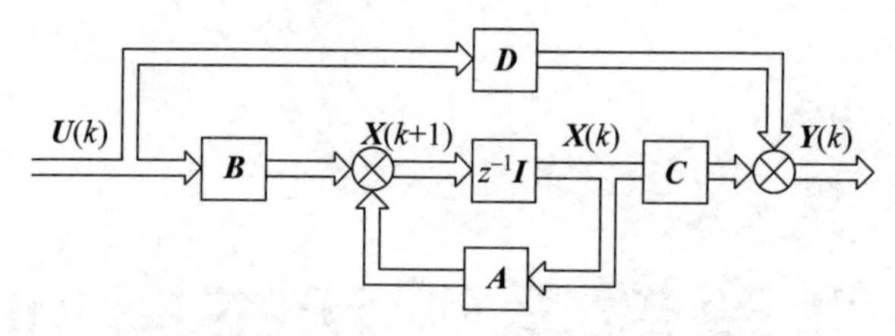

图 6.1 线性定常离散系统状态空间模型结构

6.1 线性离散系统状态方程

离散时间系统可以用差分方程或脉冲传递函数来描述,它们都是基于系统输入输出特性的描述。如何根据系统的差分方程和 Z 传递函数描述得到它的基于输入—状态—输出的状态空间描述,是本节所要讨论的内容。

6.1.1 由高阶差分方程求状态方程

设 n 阶线性定常差分方程的一般形式为

$$\begin{aligned}&y(k+n)+a_1y(k+n-1)+\cdots+a_ny(k)\\&=b_{n-m}u(k+m)+b_{n-m+1}u(k+m-1)+\cdots+b_nu(k)\end{aligned}$$

式中 $a_i,b_j(i=1,2,\cdots,n,j=0,1,\cdots,m)$是由系统结构参数决定的常系数,一般有 $n\geqslant m$。

不失一般性,设 $b_0=b_1=\cdots=b_{n-m-1}=0$,此时有

$$\begin{aligned}&y(k+n)+a_1y(k+n-1)+\cdots+a_ny(k)\\&=b_0u(k+n)+\cdots+b_{n-m-1}u(k+m+1)+b_{n-m}u(k+m)+\cdots+b_nu(k)\end{aligned}$$

若选取状态变量为

$$\begin{cases}x_1(k)=y(k)-b_0u(k)\\x_2(k)=y(k+1)=x_1(k+1)-h_1u(k)\\x_3(k)=y(k+2)=x_2(k+1)-h_2u(k)\\\vdots\\x_n(k)=y(k+n-1)=x_{n-1}(k+1)-h_{n-1}u(k)\end{cases}$$

其中

$$\begin{cases}h_1=b_1-a_1b_0\\h_2=(b_2-a_2b_0)-a_1h_1\\h_3=(b_3-a_3b_0)-a_2h_1-a_1h_2\\\vdots\\h_n=(b_n-a_nb_0)-a_{n-1}h_1-a_{n-2}h_2-\cdots-a_1h_{n-1}\end{cases}$$

其状态方程和输出方程可表示为

$$\begin{cases}\boldsymbol{X}(k+1)=\boldsymbol{AX}(k)+\boldsymbol{BU}(k)\\\boldsymbol{Y}(k)=\boldsymbol{CX}(k)+\boldsymbol{DU}(k)\end{cases}$$

式中,系数矩阵 $\boldsymbol{A}$、$\boldsymbol{B}$、$\boldsymbol{C}$、$\boldsymbol{D}$ 分别为

$$
\boldsymbol{A}=\begin{bmatrix} 0 & 1 & \cdots & 0 \\ 0 & 0 & \cdots & 0 \\ \vdots & \vdots & \ddots & \vdots \\ 0 & 0 & \cdots & 1 \\ -a_n & -a_{n-1} & \cdots & -a_1 \end{bmatrix}, \quad \boldsymbol{B}=\begin{bmatrix} h_1 \\ h_2 \\ \vdots \\ h_{n-1} \\ h_n \end{bmatrix}
$$

$$
\boldsymbol{C}=[1 \quad 0 \quad \cdots \quad 0], \quad \boldsymbol{D}=b_0
$$

例 6.1 设线性定常差分方程为

$$
y(k+3)+5y(k+2)+7y(k+1)+3y(k)=u(k+1)+2u(k)
$$

试写出状态方程和输出方程。

解：由已知条件知 $a_1=5, a_2=7, a_3=3, b_0=b_1=0, b_2=1, b_3=2$，可以求得 $h_1=0, h_2=1, h_3=-3$，于是得到状态方程和输出方程分别为

$$
\begin{bmatrix} x_1(k+1) \\ x_2(k+1) \\ x_3(k+1) \end{bmatrix}=\begin{bmatrix} 0 & 1 & 0 \\ 0 & 0 & 1 \\ -3 & -7 & -5 \end{bmatrix}\begin{bmatrix} x_1(k) \\ x_2(k) \\ x_3(k) \end{bmatrix}+\begin{bmatrix} 0 \\ 1 \\ -3 \end{bmatrix}u(k)
$$

$$
y(k)=[1 \quad 0 \quad 0]\begin{bmatrix} x_1(k) \\ x_2(k) \\ x_3(k) \end{bmatrix}
$$

6.1.2 由 Z 传递函数求状态方程

因为系统的 Z 传递函数描述与它的差分方程描述之间有着很简单的对应关系，若已知系统的 Z 传递函数描述，立即可以得到它的差分方程描述，再根据前面所介绍的方法，即可以得到系统的状态方程。反之，若已知系统的差分方程描述，也立即可得到它的 Z 传递函数，再利用下面所介绍的方法，也可以得到系统的状态方程。因此，不管系统是以 Z 传递函数描述，还是以差分方程描述，推导它的状态方程描述的方法实际上是一致的。之所以将以下的方法归结为化 Z 传递函数为状态方程这一类，只是因为当系统用 Z 传递函数表示时，以下推导过程比较简单而已。

设离散系统的 Z 传递函数的一般形式为

$$
G(z)=\frac{Y(z)}{U(z)}=\frac{b_0 z^m+b_1 z^{m-1}+\cdots+b_{m-1}z+b_m}{z^n+a_1 z^{n-1}+\cdots+a_{n-1}z+a_n}
$$

式中 $n \geqslant m$，a_i，b_j 为常系数。

下面根据 $G(z)$ 的不同形式，介绍由 Z 传递函数求状态方程的方法，实际上就是用计算机实现 $G(z)$ 的算法。

1. 并行程序法

并行程序法也称为部分分式法，当 Z 传递函数 $G(z)$ 的极点已知时，将 $G(z)$ 表示成部分分式和的形式，用这种方法比较简便。下面分单极点和重极点两种情况，分别举例说明用这种方法求状态方程和输出方程。

例 6.2 设 Z 传递函数为

$$G(z)=\frac{Y(z)}{U(z)}=\frac{z^2+2z+1}{z^2+5z+6}$$

试用并行法求状态方程和输出方程。

解：将 $G(z)$ 表示成极点形式

$$G(z)=\frac{Y(z)}{U(z)}=\frac{z^2+2z+1}{z^2+5z+6}=1+\frac{1}{z+2}-\frac{4}{z+3}$$

于是得到

$$Y(z)=U(z)+\frac{1}{z+2}U(z)-\frac{4}{z+3}U(z)$$

选取的状态变量为

$$\begin{cases}x_1(z)=\dfrac{1}{z+2}U(z)\\ x_2(z)=\dfrac{1}{z+3}U(z)\end{cases}$$

输出为

$$Y(z)=x_1(z)-4x_2(z)+U(z)$$

则对应的差分方程为

$$\begin{cases}x_1(k+1)=-2x_1(k)+u(k)\\ x_2(k+1)=-3x_2(k)+u(k)\end{cases}$$

$$y(k)=x_1(k)-4x_2(k)+u(k)$$

对应的状态方程为

$$\begin{bmatrix}x_1(k+1)\\ x_2(k+1)\end{bmatrix}=\begin{bmatrix}-2 & 0\\ 0 & -3\end{bmatrix}\begin{bmatrix}x_1(k)\\ x_2(k)\end{bmatrix}+\begin{bmatrix}1\\ 1\end{bmatrix}u(k)$$

输出方程为

$$y(k)=\begin{bmatrix}1 & 4\end{bmatrix}\begin{bmatrix}x_1(k)\\ x_2(k)\end{bmatrix}+u(k)$$

系数矩阵 **A** 的对角线上的两个元素即为 $G(z)$ 的两个极点，则对应的框图如图 6.2 所示。

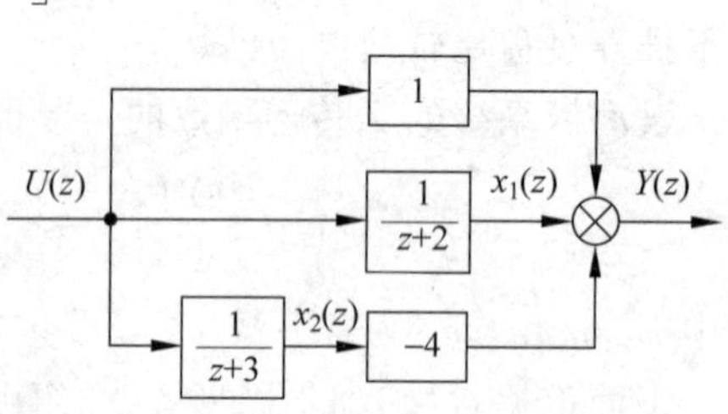

图 6.2 例 6.2 框图

2. 串行程序法

串行程序法也叫迭代程序法，当 $G(z)$ 的零极点都已知时，用这种方法比较方便。因此，在串行程序法中，应将 Z 传递函数 $G(z)$ 表示成零极点形式。

例 6.3 设 Z 传递函数为

$$G(z)=\frac{Y(z)}{U(z)}=\frac{z+1}{z^2+5z+6}$$

试用串行法求状态方程和输出方程。

解：将 $G(z)$ 表示成零极点形式

$$G(z)=\frac{Y(z)}{U(z)}=\frac{1}{z+2}\cdot\frac{z+1}{z+3}$$

于是得到

$$Y(z)=\frac{1}{z+2}\cdot\frac{z+1}{z+3}U(z)$$

选取的状态变量为

$$\begin{cases}x_1(z)=\dfrac{1}{z+2}U(z)\\ x_2(z)=\dfrac{z+1}{z+3}x_1(z)\end{cases}$$

输出为

$$Y(z)=x_2(z)$$

因而有关系式

$$\begin{cases}zx_1(z)=-2x_1(z)+U(z)\\ zx_2(z)=-3x_2(z)+zx_1(z)+x_1(z)=-x_1(z)-3x_2(z)+U(z)\end{cases}$$

则对应的差分方程为

$$\begin{cases}x_1(k+1)=-2x_1(k)+u(k)\\ x_2(k+1)=-x_1(k)-3x_2(k)+u(k)\end{cases}$$

$$y(k)=x_2(k)$$

对应的状态方程为

$$\begin{bmatrix}x_1(k+1)\\ x_2(k+1)\end{bmatrix}=\begin{bmatrix}-2 & 0\\ -1 & -3\end{bmatrix}\begin{bmatrix}x_1(k)\\ x_2(k)\end{bmatrix}+\begin{bmatrix}1\\ 1\end{bmatrix}u(k)$$

输出方程为

$$y(k)=\begin{bmatrix}0 & 1\end{bmatrix}\begin{bmatrix}x_1(k)\\ x_2(k)\end{bmatrix}$$

对应的框图如图6.3所示。

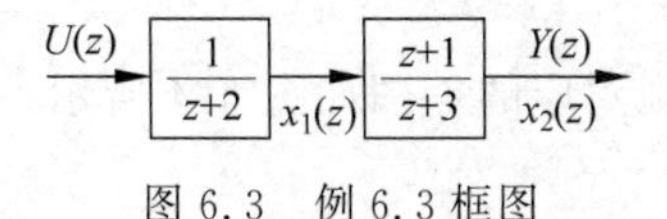

图6.3　例6.3框图

可见，串行程序法对于状态变量的选择很方便，它总是由前一个状态变量递推出后一个状态变量，这是一个递推过程，所以串行程序法也叫递推程序法或迭代程序法。

3. 直接程序法

当 $G(z)$ 以有理分式表示，且零极点不便于求出时，用直接程序法比较方便。

例6.4　设Z传递函数为

$$G(z)=\frac{Y(z)}{U(z)}=\frac{z+4}{z^2+3z+2}$$

试用直接程序法求状态方程和输出方程。

解：将 $G(z)$ 表示成如下形式

$$G(z)=\frac{Y(z)}{U(z)}=\frac{z^{-1}+4z^{-2}}{1+3z^{-1}+2z^{-2}}$$

则

$$\frac{Y(z)}{z^{-1}+4z^{-2}}=\frac{U(z)}{1+3z^{-1}+2z^{-2}}\stackrel{\Delta}{=}Q(z)$$

由上式可得到

$$\begin{cases}Q(z)=-3z^{-1}Q(z)-2z^{-2}Q(z)+U(z)\\Y(z)=z^{-1}Q(z)+4z^{-2}Q(z)\end{cases}$$

选取的状态变量为

$$\begin{cases}x_1(z)=z^{-1}Q(z)\\x_2(z)=z^{-1}x_1(z)\end{cases}$$

输出为

$$Y(z)=x_1(z)+4x_2(z)$$

因而有关系式

$$\begin{cases}zx_1(z)=Q(z)=-3x_1(z)-2x_2(z)+U(z)\\zx_2(z)=x_1(z)\end{cases}$$

则对应的差分方程为

$$\begin{cases}x_1(k+1)=-3x_1(k)-2x_2(k)+u(k)\\x_2(k+1)=x_1(k)\end{cases}$$

$$y(k)=x_1(k)+4x_2(k)$$

对应的状态方程为

$$\begin{bmatrix}x_1(k+1)\\x_2(k+1)\end{bmatrix}=\begin{bmatrix}-3 & -2\\1 & 0\end{bmatrix}\begin{bmatrix}x_1(k)\\x_2(k)\end{bmatrix}+\begin{bmatrix}1\\0\end{bmatrix}u(k)$$

输出方程为

$$y(k)=\begin{bmatrix}1 & 4\end{bmatrix}\begin{bmatrix}x_1(k)\\x_2(k)\end{bmatrix}$$

则对应的框图如图 6.4 所示。

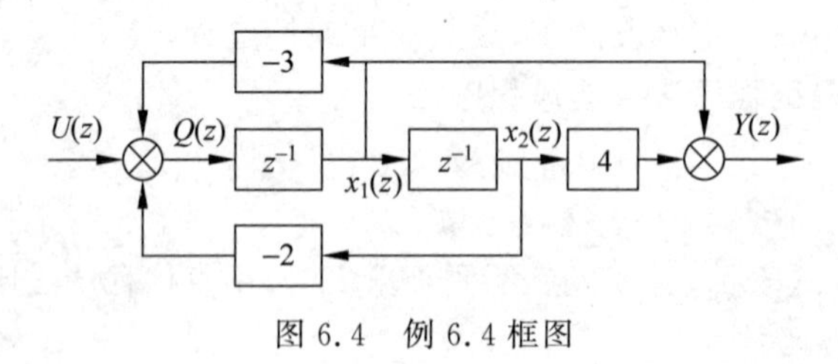

图 6.4 例 6.4 框图

4. 嵌套程序法

当 $G(z)$以有理分式表示,且零极点不便于求出时,除了可以用直接程序法外,还可以用嵌套程序法求状态方程。

例 6.5 设 Z 传递函数为

$$G(z)=\frac{Y(z)}{U(z)}=\frac{z+4}{z^2+3z+2}$$

试用嵌套程序法求状态方程和输出方程。

解：将 $G(z)$ 表示成如下形式

$$G(z)=\frac{Y(z)}{U(z)}=\frac{z^{-1}+4z^{-2}}{1+3z^{-1}+2z^{-2}}$$

则

$$Y(z)+3z^{-1}Y(z)+2z^{-2}Y(z)=z^{-1}U(z)+4z^{-2}U(z)$$

整理得

$$Y(z)=z^{-1}\{U(z)-3Y(z)+z^{-1}[4U(z)-2Y(z)]\}$$

选取的状态变量为

$$\begin{cases}x_1(z)=z^{-1}[4U(z)-2Y(z)]\\x_2(z)=z^{-1}[U(z)-3Y(z)+x_1(z)]\end{cases}$$

输出为

$$Y(z)=x_2(z)$$

于是得到

$$\begin{cases}zx_1(z)=-2x_2(z)+4U(z)\\zx_2(z)=x_1(z)-3x_2(z)+U(z)\end{cases}$$

则对应的差分方程为

$$\begin{cases}x_1(k+1)=-2x_2(k)+4u(k)\\x_2(k+1)=x_1(k)-3x_2(k)+u(k)\end{cases}$$

$$y(k)=x_2(k)$$

对应的状态方程为

$$\begin{bmatrix}x_1(k+1)\\x_2(k+1)\end{bmatrix}=\begin{bmatrix}0&-2\\1&-3\end{bmatrix}\begin{bmatrix}x_1(k)\\x_2(k)\end{bmatrix}+\begin{bmatrix}4\\1\end{bmatrix}u(k)$$

输出方程为

$$y(k)=[0\quad 1]\begin{bmatrix}x_1(k)\\x_2(k)\end{bmatrix}$$

则对应的框图如图 6.5 所示。

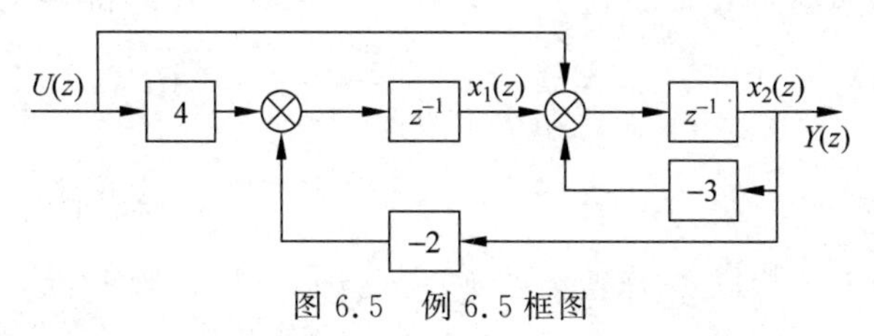

图 6.5 例 6.5 框图

可以看出，直接程序法与嵌套程序法的 **A** 矩阵是互为转置的，且它们之间的系数矩阵 **B** 与 **C** 也是互为转置的，也就是说它们是互为对偶的。

6.2 连续状态方程的离散化

对于一个完整的计算机控制系统,除了有离散部分外还有连续部分,即它是由离散和连续两部分所组成的混合系统。图6.6所示是一个典型的计算机控制系统结构,它的离散部分是数字控制器,其状态方程可用6.1节介绍的方法列写,它的连续部分是由零阶保持器与被控制对象串联而成,其离散状态方程可由其离散化的差分方程或Z传递函数用6.1节介绍的方法列写,也可由其连续状态方程离散化得到。

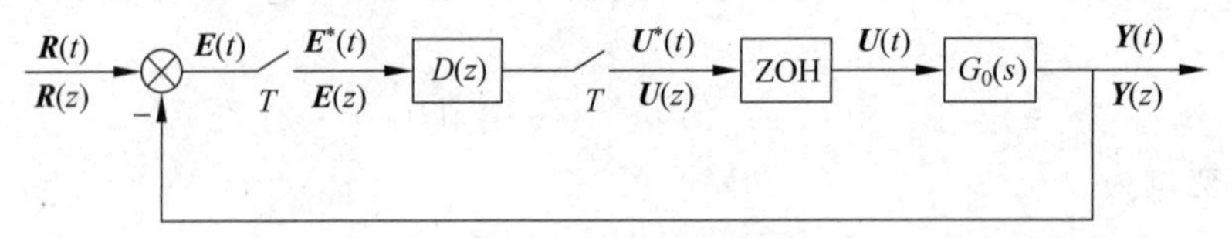

图6.6 典型的计算机控制系统结构

控制对象的输入信号是零阶保持器的输出信号$\boldsymbol{U}(t)$,它是为梯形的分段常值的连续函数,即有$\boldsymbol{U}(kT+\tau)=\boldsymbol{U}(kT)$,$kT\leqslant\tau<(k+1)T$,其中$\boldsymbol{U}(kT)$为在某一采样时刻$kT$时的数字控制器的输出信号$\boldsymbol{U}^*(t)$在$kT$时刻的值。上式表示零阶保持器将数值控制器输出的数字信号在一个采样周期内保持恒定不变,直至下一个采样时刻才变为新的数值。于是,连续状态方程的离散化问题就变成在阶梯信号作用下控制对象的连续状态方程的离散化问题。

设控制对象的连续状态方程和输出方程为

$$\begin{cases}\dot{\boldsymbol{X}}(t)=\boldsymbol{F}\boldsymbol{X}(t)+\boldsymbol{G}\boldsymbol{U}(t)\\ \boldsymbol{Y}(t)=\boldsymbol{C}\boldsymbol{X}(t)+\boldsymbol{D}\boldsymbol{U}(t)\end{cases}$$

式中$\boldsymbol{X}(t)$为$n\times1$维的状态向量,$\boldsymbol{U}(t)$为$m\times1$维的控制向量,$\boldsymbol{Y}(t)$为$p\times1$维的输出向量,系数矩阵$\boldsymbol{F}$、$\boldsymbol{G}$、$\boldsymbol{C}$、$\boldsymbol{D}$分别为$n\times n$、$n\times m$、$p\times n$、$p\times m$矩阵。并设初始状态为$\boldsymbol{X}(t_0)=\boldsymbol{X}_0$,则可解得

$$\dot{\boldsymbol{X}}(t)=\mathrm{e}^{\boldsymbol{F}(t-t_0)}\boldsymbol{X}_0+\int_{t_0}^{t}\mathrm{e}^{\boldsymbol{F}(t-t_0)}\boldsymbol{G}\boldsymbol{U}(\tau)\mathrm{d}\tau$$

考虑到在一个采样周期T的时间间隔内,有

$$\boldsymbol{U}(t)=\boldsymbol{U}(kT)\quad kT\leqslant t<(k+1)T$$

在此时间区间的开始时刻的初始状态是

$$\boldsymbol{X}(t_0)=\boldsymbol{X}(kT)$$

为了确定这个时间区间结束时刻状态$\boldsymbol{X}(t)$可以将$t_0=KT$和$t=(k+1)T$代入,得到

$$\begin{aligned}\boldsymbol{X}[(k+1)T]&=\mathrm{e}^{\boldsymbol{F}T}\boldsymbol{X}(k)+\int_{kT}^{(k+1)T}\mathrm{e}^{\boldsymbol{F}[(k+1)T-\tau]}\boldsymbol{G}\boldsymbol{U}(kT)\mathrm{d}\tau\\&=\mathrm{e}^{\boldsymbol{F}T}\boldsymbol{X}(k)+\left\{\int_{kT}^{(k+1)T}\mathrm{e}^{\boldsymbol{F}[(k+1)T-\tau]}\boldsymbol{G}\mathrm{d}\tau\right\}\boldsymbol{U}(kT)\end{aligned}$$

由于积分对所有k值均成立,取变量置换$t=(k+1)T-\tau$,则有$\mathrm{d}t=-\mathrm{d}\tau$,以及当$\tau=kT$时$t=0$,故上式变为

$$\boldsymbol{X}[(k+1)T]=\mathrm{e}^{\boldsymbol{F}T}\boldsymbol{X}(kT)+\left[\int_0^T\mathrm{e}^{\boldsymbol{F}T}\boldsymbol{G}\mathrm{d}t\right]\boldsymbol{U}(kT)$$

$$\triangleq \boldsymbol{A}(T)\boldsymbol{X}(kT)+\boldsymbol{B}(T)\boldsymbol{U}(kT)$$

上式就是整个连续部分(包括零阶保持器和控制对象在内)的离散化状态方程式。式中系数矩阵分别为

$$\boldsymbol{A}(T)=\mathrm{e}^{\boldsymbol{F}T},\quad \boldsymbol{B}(T)=\left[\int_0^T \mathrm{e}^{\boldsymbol{F}T}\mathrm{d}t\right]\boldsymbol{G}$$

显然,它们均与采样周期 T 有关,是 T 的函数矩阵。但当采样周期 T 为恒定值时,$\boldsymbol{A}(T)$和 $\boldsymbol{B}(T)$就是常数矩阵,这时仍然可表示成

$$\boldsymbol{A}(T)=\boldsymbol{A},\quad \boldsymbol{B}(T)=\boldsymbol{B}$$

输出方程的离散化可以很容易地写出

$$\boldsymbol{Y}(kT)=\boldsymbol{CX}(kT)+\boldsymbol{DU}(kT)$$

通常也把状态方程和输出方程简写为

$$\begin{cases}\boldsymbol{X}(k+1)=\boldsymbol{AX}(k)+\boldsymbol{BU}(k)\\ \boldsymbol{Y}(k)=\boldsymbol{CX}(k)+\boldsymbol{DU}(k)\end{cases}$$

由于

$$(s\boldsymbol{I}-\boldsymbol{F})\left(\frac{\boldsymbol{I}}{s}+\frac{\boldsymbol{F}}{s^2}+\frac{\boldsymbol{F}^2}{s^3}+\cdots\right)=\left(\boldsymbol{I}+\frac{\boldsymbol{F}}{s^1}+\frac{\boldsymbol{F}^2}{s^2}+\cdots\right)-\left(\frac{\boldsymbol{F}}{s}+\frac{\boldsymbol{F}^2}{s^2}+\frac{\boldsymbol{F}^3}{s^3}+\cdots\right)=\boldsymbol{I}$$

则

$$(s\boldsymbol{I}-\boldsymbol{F})^{-1}=\left(\frac{\boldsymbol{I}}{s}+\frac{\boldsymbol{F}}{s^2}+\frac{\boldsymbol{F}^2}{s^3}+\cdots\right)$$

由于

$$\begin{aligned}\boldsymbol{A}(t)&=\mathrm{e}^{\boldsymbol{F}t}\\ &=\boldsymbol{I}+\boldsymbol{F}t+\frac{(\boldsymbol{F}t)^2}{2!}+\frac{(\boldsymbol{F}t)^3}{3!}+\cdots\\ &=\mathcal{L}^{-1}\left[(s\boldsymbol{I}-\boldsymbol{F})^{-1}\right]\end{aligned}$$

所以

$$\boldsymbol{A}(T)=\mathcal{L}^{-1}\left[(s\boldsymbol{I}-\boldsymbol{F})^{-1}\right]\big|_{t=T}$$

例 6.6　设连续控制对象的状态空间方程为

$$\begin{cases}\dot{\boldsymbol{X}}(t)=\begin{bmatrix}-3 & 1\\ -2 & 0\end{bmatrix}\boldsymbol{X}(t)+\begin{bmatrix}0\\ 1\end{bmatrix}\boldsymbol{U}(t)\\ \boldsymbol{Y}(t)=\begin{bmatrix}1 & 0\end{bmatrix}\boldsymbol{X}(t)\end{cases}$$

使用零阶保持器,采样周期 $T=1\mathrm{s}$,试求离散化状态空间方程。

解:由给定对象的连续状态方程可知

$$\boldsymbol{F}=\begin{bmatrix}-3 & 1\\ -2 & 0\end{bmatrix},\quad \boldsymbol{G}=\begin{bmatrix}0\\ 1\end{bmatrix},\quad \boldsymbol{C}=\begin{bmatrix}1 & 0\end{bmatrix}$$

可以求出

$$(s\boldsymbol{I}-\boldsymbol{F})^{-1}=\frac{1}{(s+1)(s+2)}\begin{bmatrix}s & 1\\ -2 & s+3\end{bmatrix}$$

得

$$\boldsymbol{A}(t)=\mathcal{L}^{-1}\left[(s\boldsymbol{I}-F)^{-1}\right]$$

$$= \begin{bmatrix} 2e^{-2t} - e^{-t} & e^{-t} - e^{-2t} \\ 2e^{-2t} - 2e^{-t} & 2e^{-t} - e^{-2t} \end{bmatrix}$$

离散化状态方程的系数矩阵为

$$\boldsymbol{A}(T) = \begin{bmatrix} 2e^{-2T} - e^{-T} & e^{-T} - e^{-2T} \\ 2e^{-2T} - 2e^{-T} & 2e^{-T} - e^{-2T} \end{bmatrix}$$

同样求得

$$\boldsymbol{B}(T) = \int_0^T e^{\boldsymbol{F}T} \mathrm{d}t\boldsymbol{G}$$

$$= \int_0^T \begin{bmatrix} 2e^{-2t} - e^{-t} & e^{-t} - e^{-2t} \\ 2e^{-2t} - 2e^{-t} & 2e^{-t} - e^{-2t} \end{bmatrix} \mathrm{d}t \begin{bmatrix} 0 \\ 1 \end{bmatrix}$$

$$= \begin{bmatrix} \times & \frac{1}{2}e^{-2T} - e^{-T} + \frac{1}{2} \\ \times & \frac{1}{2}e^{-2T} - 2e^{-T} + \frac{3}{2} \end{bmatrix} \begin{bmatrix} 0 \\ 1 \end{bmatrix}$$

$$= \begin{bmatrix} \frac{1}{2}e^{-2T} - e^{-T} + \frac{1}{2} \\ \frac{1}{2}e^{-2T} - 2e^{-T} + \frac{3}{2} \end{bmatrix}$$

设 $T=1s$,则得到

$$\boldsymbol{A} = \boldsymbol{A}(1) = \begin{bmatrix} -0.0972 & 0.2325 \\ -0.4651 & 0.6004 \end{bmatrix}$$

$$\boldsymbol{B} = \boldsymbol{B}(1) = \begin{bmatrix} 0.1998 \\ 0.8319 \end{bmatrix}$$

于是,得到离散化状态空间方程为

$$\begin{bmatrix} x_1(k+1) \\ x_2(k+1) \end{bmatrix} = \begin{bmatrix} -0.0972 & 0.2325 \\ -0.4651 & 0.6004 \end{bmatrix} \begin{bmatrix} x_1(k) \\ x_2(k) \end{bmatrix} + \begin{bmatrix} 0.1998 \\ 0.8319 \end{bmatrix} u(k)$$

$$y(k) = \begin{bmatrix} 1 & 0 \end{bmatrix} \begin{bmatrix} x_1(k) \\ x_2(k) \end{bmatrix}$$

6.3 计算机控制系统闭环离散状态方程

由于计算机控制系统实质上是离散系统,下面以一个离散计算机控制系统为例,介绍闭环离散状态方程的列写。

例 6.7 试列写图 6.7 所示离散系统的闭环离散状态方程。

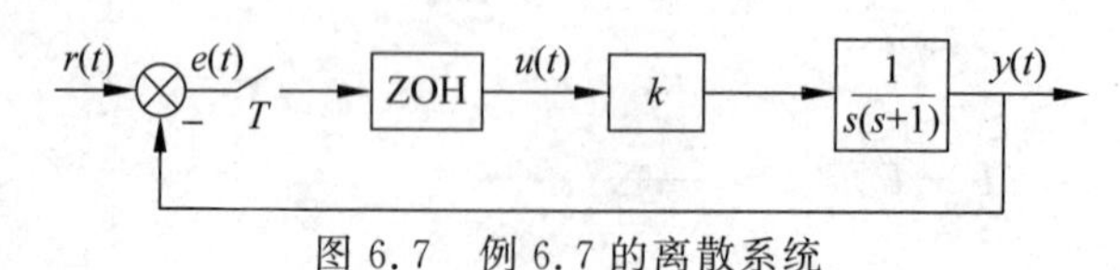

图 6.7 例 6.7 的离散系统

解:对于给定的连续控制对象的传递函数,所对应的连续状态方程和输出方程为

$$\begin{bmatrix}\dot{x}_1(t)\\ \dot{x}_2(t)\end{bmatrix}=\begin{bmatrix}0 & 1\\ 0 & -1\end{bmatrix}\begin{bmatrix}x_1(t)\\ x_2(t)\end{bmatrix}+\begin{bmatrix}0\\ k\end{bmatrix}u(t)$$

$$y(t)=x_1(t)$$

由于控制对象的输入信号是零阶保持器的输出信号 $u(t)$，它是阶梯形分段常值的连续函数。因此，可用上节的方法求连续部分的离散化状态方程。求得系数矩阵为

$$\boldsymbol{A}(T)=\mathrm{e}^{\boldsymbol{F}T}=\begin{bmatrix}1 & 1-\mathrm{e}^{-T}\\ 0 & \mathrm{e}^{-T}\end{bmatrix}$$

$$\begin{aligned}\boldsymbol{B}(T)&=\int_0^T \mathrm{e}^{\boldsymbol{F}T}\boldsymbol{G}\mathrm{d}t\\ &=\int_0^T\begin{bmatrix}1 & 1-\mathrm{e}^{-t}\\ 0 & \mathrm{e}^{-t}\end{bmatrix}\begin{bmatrix}0\\ k\end{bmatrix}\mathrm{d}t\\ &=\begin{bmatrix}k(T+\mathrm{e}^{-T}-1)\\ k(1-\mathrm{e}^{-T})\end{bmatrix}\end{aligned}$$

于是，得到连续部分的离散化状态方程为

$$\begin{bmatrix}x_1[(k+1)T]\\ x_2[(k+1)T]\end{bmatrix}=\begin{bmatrix}1 & 1-\mathrm{e}^{-T}\\ 0 & \mathrm{e}^{-T}\end{bmatrix}\begin{bmatrix}x_1(kT)\\ x_2(kT)\end{bmatrix}+\begin{bmatrix}k(T+\mathrm{e}^{-T}-1)\\ k(1-\mathrm{e}^{-T})\end{bmatrix}u(kT)$$

式中考虑了在一个采样周期 T 内，零阶保持器的输出 $u(t)$ 的值恒定不变，且等于采样周期 T 的时间区间的开始瞬时的 $e(kT)$ 的值。

将 $e(kT)=r(kT)-y(kT)$ 和 $y(kT)=x_1(kT)$ 代入上式，便可得到闭环离散状态方程为

$$\begin{aligned}\begin{bmatrix}x_1[(k+1)T]\\ x_2[(k+1)T]\end{bmatrix}&=\begin{bmatrix}1 & 1-\mathrm{e}^{-T}\\ 0 & \mathrm{e}^{-T}\end{bmatrix}\begin{bmatrix}x_1(kT)\\ x_2(kT)\end{bmatrix}+\begin{bmatrix}k(T+\mathrm{e}^{-T}-1)\\ k(1-\mathrm{e}^{-T})\end{bmatrix}[r(kT)-y(kT)]\\ &=\begin{bmatrix}1-k(T+\mathrm{e}^{-T}-1) & 1-\mathrm{e}^{-T}\\ k(1-\mathrm{e}^{-T}) & \mathrm{e}^{-T}\end{bmatrix}\begin{bmatrix}x_1(kT)\\ x_2(kT)\end{bmatrix}+\begin{bmatrix}k(T+\mathrm{e}^{-T}-1)\\ k(1-\mathrm{e}^{-T})\end{bmatrix}r(kT)\end{aligned}$$

其输出方程为

$$y(kT)=x_1(kT)=[1\quad 0]\begin{bmatrix}x_1(kT)\\ x_2(kT)\end{bmatrix}$$

进一步，如果需要得到两个采样点之间的响应特性，可以在 kT 与 $(k+1)T$ 之间增加虚构采样点，例如引入一个变量 Δ，且 Δ 的取值范围为 $0\leqslant\Delta\leqslant1$，这样就可得到两个采样点之间的响应特性。就本例来说，为了得到两个采样点之间的响应特性，则其闭环离散状态方程和输出方程可写成

$$\begin{bmatrix}x_1[(k+\Delta)T]\\ x_2[(k+\Delta)T]\end{bmatrix}=\begin{bmatrix}1-k(\Delta T+e^{-\Delta T}-1) & \mathrm{e}^{-\Delta T}-1\\ k(\mathrm{e}^{-\Delta T}-1) & \mathrm{e}^{-\Delta T}\end{bmatrix}\begin{bmatrix}x_1(kT)\\ x_2(kT)\end{bmatrix}+\begin{bmatrix}k(\Delta T+\mathrm{e}^{-\Delta T}-1)\\ k(\mathrm{e}^{-\Delta T}-1)\end{bmatrix}r(kT)$$

$$y[(k+\Delta)T]=[1\quad 0]\begin{bmatrix}x_1[(k+\Delta)T]\\ x_2[(k+\Delta)T]\end{bmatrix}$$

可见，原来从 kT 至 $(k+1)T$ 的状态转移特性，现在变成从 kT 至 $(k+\Delta)T$ 的状态转移特性。当 Δ 在 0 与 1 之间取不同值时，就可得到连续的状态转移特性。

6.4 线性离散系统的传递函数矩阵与特征值

因为线性离散系统的传递函数矩阵与特征值问题和连续系统相似,因此只做简单介绍。

设线性定常离散系统状态方程和输出方程的一般形式为

$$\begin{cases} \boldsymbol{X}(k+1)=\boldsymbol{A}\boldsymbol{X}(k)+\boldsymbol{b}U(k) \\ \boldsymbol{Y}(k)=\boldsymbol{C}\boldsymbol{X}(k)+\boldsymbol{D}\boldsymbol{U}(k) \end{cases}$$

式中 $\boldsymbol{X}(k)$为 n 维状态向量,$\boldsymbol{U}(k)$为 m 维控制向量,$\boldsymbol{Y}(k)$为 p 维输出向量,系数矩阵 $\boldsymbol{A}$、$\boldsymbol{B}$、$\boldsymbol{C}$、$\boldsymbol{D}$ 分别为$n\times n$、$n\times m$、$p\times n$ 和 $p\times m$ 矩阵。设初始状态 $\boldsymbol{X}(0)=0$,对上式取 Z 变换,得到

$$\begin{cases} z\boldsymbol{X}(z)=\boldsymbol{A}\boldsymbol{X}(z)+\boldsymbol{B}\boldsymbol{U}(z) \\ \boldsymbol{Y}(z)=\boldsymbol{C}\boldsymbol{X}(z)+\boldsymbol{D}\boldsymbol{U}(z) \end{cases}$$

由此得到

$$\begin{cases} \boldsymbol{X}(z)=(z\boldsymbol{I}-A)^{-1}\boldsymbol{B}\boldsymbol{U}(z) \\ \boldsymbol{Y}(z)=[\boldsymbol{C}(z\boldsymbol{I}-A)^{-1}\boldsymbol{B}+\boldsymbol{D}]\boldsymbol{U}(z) \end{cases}$$

采用如下记号

$$\begin{cases} \boldsymbol{G}_x(z)=(z\boldsymbol{I}-\boldsymbol{A})^{-1}\boldsymbol{B} \\ \boldsymbol{G}(z)=\boldsymbol{C}(z\boldsymbol{I}-\boldsymbol{A})^{-1}\boldsymbol{B}+\boldsymbol{D} \end{cases}$$

则称矩阵 $\boldsymbol{G}_x(z)$为输入-状态传递函数矩阵,矩阵 $\boldsymbol{G}(z)$为输入-输出传递函数矩阵,方程 $\det(z\boldsymbol{I}-\boldsymbol{A})=0$ 称为离散系统的特征方程,特征方程的根既为特征值,也为系统的极点。

例 6.8 已知离散系统的状态空间方程为

$$\begin{bmatrix} x_1(k+1) \\ x_2(k+1) \end{bmatrix}=\begin{bmatrix} 0 & 1 \\ -0.16 & -1 \end{bmatrix}\begin{bmatrix} x_1(k) \\ x_2(k) \end{bmatrix}+\begin{bmatrix} 1 \\ 1 \end{bmatrix}u(k)$$

$$y(k)=\begin{bmatrix} 1 & -1 \end{bmatrix}\begin{bmatrix} x_1(k) \\ x_2(k) \end{bmatrix}$$

试求 Z 传递函数 $\boldsymbol{G}(z)$。

解:由已知条件得到系数矩阵分别为

$$\boldsymbol{A}=\begin{bmatrix} 0 & 1 \\ -0.16 & -1 \end{bmatrix}$$

$$\boldsymbol{B}=\begin{bmatrix} 1 \\ 1 \end{bmatrix}$$

$$\boldsymbol{C}=\begin{bmatrix} 1 & -1 \end{bmatrix}$$

可以求得逆矩阵为

$$(z\boldsymbol{I}-\boldsymbol{A})^{-1}=\frac{\begin{bmatrix} z+1 & 1 \\ -0.16 & z \end{bmatrix}}{(z+0.2)(z+0.8)}$$

本例为单输入单输出离散系统,因此,输出与输入之间的 Z 传递函数矩阵就是通常的 Z

传递函数，它是标量函数而不是函数矩阵。求得其传递函数如下

$$\boldsymbol{G}(z)=\frac{\boldsymbol{Y}(z)}{\boldsymbol{U}(z)}=\boldsymbol{C}(z\boldsymbol{I}-\boldsymbol{A})^{-1}\boldsymbol{B}$$

$$=\begin{bmatrix}1 & -1\end{bmatrix}\frac{\begin{bmatrix}z+1 & 1\\ -0.16 & z\end{bmatrix}}{(z+0.2)(z+0.8)}\begin{bmatrix}1\\1\end{bmatrix}=\frac{2(z+1.08z)}{(z+0.2)(z+0.8)}$$

例 6.9 已知离散系统的状态空间方程为

$$\begin{bmatrix}x_1(k+1)\\x_2(k+1)\\x_3(k+1)\end{bmatrix}=\begin{bmatrix}0.2 & 0 & 0\\0 & 0.4 & 0\\0 & 0 & 0.6\end{bmatrix}\begin{bmatrix}x_1(k)\\x_2(k)\\x_3(k)\end{bmatrix}+\begin{bmatrix}1 & 2\\2 & 1\\1 & 2\end{bmatrix}u(k)$$

$$y(k)=\begin{bmatrix}1 & 0 & 1\\1 & 2 & 2\end{bmatrix}\begin{bmatrix}x_1(k)\\x_2(k)\\x_3(k)\end{bmatrix}$$

试求 Z 传递函数矩阵 $\boldsymbol{G}(z)=\boldsymbol{C}(z\boldsymbol{I}-\boldsymbol{A})^{-1}\boldsymbol{B}$。

解：由已知条件得到系数矩阵分别为

$$\boldsymbol{A}=\begin{bmatrix}0.2 & 0 & 0\\0 & 0.4 & 0\\0 & 0 & 0.6\end{bmatrix}$$

$$\boldsymbol{B}=\begin{bmatrix}1 & 2\\2 & 1\\1 & 2\end{bmatrix}$$

$$\boldsymbol{C}=\begin{bmatrix}1 & 0 & 1\\1 & 2 & 2\end{bmatrix}$$

可以求得逆矩阵为

$$(z\boldsymbol{I}-\boldsymbol{A})^{-1}=\begin{bmatrix}z-0.2 & 0 & 0\\0 & z-0.4 & 0\\0 & 0 & z-0.6\end{bmatrix}^{-1}$$

$$=\begin{bmatrix}\frac{1}{z-0.2} & 0 & 0\\0 & \frac{1}{z-0.4} & 0\\0 & 0 & \frac{1}{z-0.6}\end{bmatrix}$$

于是，得到 Z 传递函数矩阵 $\boldsymbol{G}(z)$ 为

$$\boldsymbol{G}(z)=\boldsymbol{C}(z\boldsymbol{I}-\boldsymbol{A})^{-1}\boldsymbol{B}=\begin{bmatrix}\frac{2z-0.8}{z^2-0.8z+0.12} & \frac{4z-1.6}{z^2-0.8z+0.12}\\ \frac{7z^2-5.4z+0.88}{z^2-0.8z+0.12} & \frac{8z^2-6z+1.04}{z^2-0.8z+0.12}\end{bmatrix}$$

最后说明一点，和连续系统一样，对离散状态方程做线性非奇异变换（坐标变换）后，系

统的特征值保持不变,系统的传递函数矩阵也保持不变,即互为代数等价的系统具有相同的特征值和相同的传递函数矩阵,因而可推得有相同的稳定性。以后还可以看到,互为代数等价的系统有相同的可控性和相同的可测性。

6.5 线性离散状态方程的求解

求解离散状态方程是为了分析系统的运动状态,线性定常离散状态方程的求解方法有递推法和Z变换法。

6.5.1 递推法

设线性定常离散状态空间方程的一般形式为

$$\begin{cases}\boldsymbol{X}(k+1)=\boldsymbol{AX}(k)+\boldsymbol{BU}(k)\\ \boldsymbol{Y}(k)=\boldsymbol{CX}(k)+\boldsymbol{DU}(k)\end{cases}$$

式中 $\boldsymbol{X}(k)$为 n 维状态向量,$\boldsymbol{U}(k)$为 m 维控制向量,$\boldsymbol{Y}(k)$为 p 维输出向量,系数矩阵 $\boldsymbol{A}$、$\boldsymbol{B}$、$\boldsymbol{C}$、$\boldsymbol{D}$ 分别为 $n\times n$、$n\times m$、$p\times n$ 和 $p\times m$ 矩阵。在状态方程中,设给定初始条件为 $\boldsymbol{X}(0)$和 $\boldsymbol{U}(0)$,给定 $\boldsymbol{U}(k)$,则依次取 $k=0,1,2,\cdots$,便可用递推法得到

$$\begin{cases}\boldsymbol{X}(1)=\boldsymbol{AX}(0)+\boldsymbol{BU}(0)\\ \boldsymbol{X}(2)=\boldsymbol{AX}(1)+\boldsymbol{BU}(1)=\boldsymbol{A}^2\boldsymbol{X}(0)+\boldsymbol{ABU}(0)+\boldsymbol{BU}(1)\\ \vdots\\ \boldsymbol{X}(k)=\boldsymbol{A}^k\boldsymbol{X}(0)+\boldsymbol{A}^{k-1}\boldsymbol{BU}(0)+\boldsymbol{A}^{k-2}\boldsymbol{BU}(1)+\cdots+\boldsymbol{ABU}(k-2)+\boldsymbol{BU}(k-1)\end{cases}$$

或表示成

$$\boldsymbol{X}(k)=\boldsymbol{A}^k\boldsymbol{X}(0)+\sum_{j=0}^{k-1}\boldsymbol{A}^{k-j-1}\boldsymbol{BU}(j)$$

或

$$\boldsymbol{X}(k)=\boldsymbol{A}^k\boldsymbol{X}(0)+\sum_{i=0}^{k-1}\boldsymbol{A}^i\boldsymbol{BU}(k-i-1)$$

由上式可见,由状态方程的解所表达的状态轨迹是离散轨迹,由初始状态和输入控制作用两部分所引起的状态转移而构成。在第 k 时刻的状态只由 k 时刻以前的输入决定,而与第 k 时刻及其后的输入无关,这正是物理可实现的基本条件。

在上式中,若用记号 $\boldsymbol{\Phi}(k)=\boldsymbol{A}^k$ 表示的矩阵称为离散状态转移矩阵,且有

$$\begin{cases}\boldsymbol{\Phi}(k+1)=\boldsymbol{A}\boldsymbol{\Phi}(k)\\ \boldsymbol{\Phi}(0)=\boldsymbol{I}\end{cases}$$

成立,则上式可表示为

$$\boldsymbol{X}(k)=\boldsymbol{\Phi}(k)\boldsymbol{X}(0)+\sum_{j=0}^{k-1}\boldsymbol{\Phi}(k-j-1)\boldsymbol{BU}(j)$$

或

$$\boldsymbol{X}(k)=\boldsymbol{\Phi}(k)\boldsymbol{X}(0)+\sum_{i=0}^{k-1}\boldsymbol{\Phi}(i)\boldsymbol{BU}(k-i-1)$$

将上式代入输出方程，得到

$$\boldsymbol{Y}(k)=\boldsymbol{C\Phi}(k)\boldsymbol{X}(0)+\boldsymbol{C}\sum_{j=0}^{k-1}\boldsymbol{\Phi}(k-j-1)\boldsymbol{BU}(j)+\boldsymbol{DU}(k)$$

或

$$\boldsymbol{Y}(k)=\boldsymbol{C\Phi}(k)\boldsymbol{X}(0)+\boldsymbol{C}\sum_{i=0}^{k-1}\boldsymbol{\Phi}(i)\boldsymbol{BU}(k-i-1)+\boldsymbol{DU}(k)$$

例 6.10 试用递推法求例 6.7 的闭环离散状态方程的解，设 $k=1,T=1\mathrm{s},x_1(0)=x_2(0)=0,r(kT)=1$。

解：该闭环离散状态方程和输出方程为

$$\begin{bmatrix}x_1(k+1)\\x_2(k+1)\end{bmatrix}=\begin{bmatrix}0.632&0.632\\-0.632&0.368\end{bmatrix}\begin{bmatrix}x_1(k)\\x_2(k)\end{bmatrix}+\begin{bmatrix}0.368\\0.632\end{bmatrix}r(k)$$

$$y(k)=x_1(k)$$

根据给定的 $x_1(0)=x_2(0)=0$ 和 $r(kT)=1$，令 $k=0,1,2,\cdots$，对状态方程进行迭代求解，则可得到

$$\begin{bmatrix}x_1(1)\\x_2(1)\end{bmatrix}=\begin{bmatrix}0.632&0.632\\-0.632&0.368\end{bmatrix}\begin{bmatrix}0\\0\end{bmatrix}+\begin{bmatrix}0.368\\0.632\end{bmatrix}=\begin{bmatrix}0.368\\0.632\end{bmatrix}$$

$$\begin{bmatrix}x_1(2)\\x_2(2)\end{bmatrix}=\begin{bmatrix}0.632&0.632\\-0.632&0.368\end{bmatrix}\begin{bmatrix}0.368\\0.632\end{bmatrix}+\begin{bmatrix}0.368\\0.632\end{bmatrix}=\begin{bmatrix}1\\0.632\end{bmatrix}$$

$$\begin{bmatrix}x_1(3)\\x_2(3)\end{bmatrix}=\begin{bmatrix}0.632&0.632\\-0.632&0.368\end{bmatrix}\begin{bmatrix}1\\0.632\end{bmatrix}+\begin{bmatrix}0.368\\0.632\end{bmatrix}=\begin{bmatrix}1.399\\0.233\end{bmatrix}$$

$$\begin{bmatrix}x_1(4)\\x_2(4)\end{bmatrix}=\begin{bmatrix}0.632&0.632\\-0.632&0.368\end{bmatrix}\begin{bmatrix}1.399\\0.233\end{bmatrix}+\begin{bmatrix}0.368\\0.632\end{bmatrix}=\begin{bmatrix}1.399\\-0.166\end{bmatrix}$$

$$\begin{bmatrix}x_1(5)\\x_2(5)\end{bmatrix}=\begin{bmatrix}0.632&0.632\\-0.632&0.368\end{bmatrix}\begin{bmatrix}1.399\\-0.166\end{bmatrix}+\begin{bmatrix}0.368\\0.632\end{bmatrix}=\begin{bmatrix}1.147\\-0.313\end{bmatrix}$$

$$\begin{bmatrix}x_1(6)\\x_2(6)\end{bmatrix}=\begin{bmatrix}0.632&0.632\\-0.632&0.368\end{bmatrix}\begin{bmatrix}1.147\\-0.313\end{bmatrix}+\begin{bmatrix}0.368\\0.632\end{bmatrix}=\begin{bmatrix}0.895\\-0.203\end{bmatrix}$$

$$\vdots$$

于是，根据输出方程，便可得到

$$y(k)=\{1,0.368,1,1.399,1.399,1.147,0.895,\cdots\}$$

进一步，如果需要得到两个采样点之间的响应特性，则可利用例 6.7 中得到的结论来求得两个采样点间的响应特性。即

$$\begin{bmatrix}x_1[(k+\Delta)T]\\x_2[(k+\Delta)T]\end{bmatrix}=\begin{bmatrix}1-k(\Delta T+\mathrm{e}^{-\Delta T}-1)&\mathrm{e}^{-\Delta T}-1\\k(\mathrm{e}^{-\Delta T}-1)&\mathrm{e}^{-\Delta T}\end{bmatrix}\begin{bmatrix}x_1(kT)\\x_2(kT)\end{bmatrix}+\begin{bmatrix}k(\Delta T+\mathrm{e}^{-\Delta T}-1)\\k(\mathrm{e}^{-\Delta T}-1)\end{bmatrix}r(kT)$$

$$y[(k+\Delta)T]=x_1[(k+\Delta)T]$$

取 $\Delta=0.5$，则可计算得到

$$\begin{bmatrix} x_1(0.5) \\ x_2(0.5) \end{bmatrix} = \begin{bmatrix} 0.8935 & 0.3935 \\ -0.3935 & 0.6065 \end{bmatrix} \begin{bmatrix} 0 \\ 0 \end{bmatrix} + \begin{bmatrix} 0.1065 \\ 0.3935 \end{bmatrix} = \begin{bmatrix} 0.1065 \\ 0.3935 \end{bmatrix}$$

$$\begin{bmatrix} x_1(1.5) \\ x_2(1.5) \end{bmatrix} = \begin{bmatrix} 0.8935 & 0.3935 \\ -0.3935 & 0.6065 \end{bmatrix} \begin{bmatrix} 0.368 \\ 0.632 \end{bmatrix} + \begin{bmatrix} 0.1065 \\ 0.3935 \end{bmatrix} = \begin{bmatrix} 0.684 \\ 0.632 \end{bmatrix}$$

$$\begin{bmatrix} x_1(2.5) \\ x_2(2.5) \end{bmatrix} = \begin{bmatrix} 0.8935 & 0.3935 \\ -0.3935 & 0.6065 \end{bmatrix} \begin{bmatrix} 1 \\ 0.632 \end{bmatrix} + \begin{bmatrix} 0.1065 \\ 0.3935 \end{bmatrix} = \begin{bmatrix} 1.2487 \\ 0.3833 \end{bmatrix}$$

$$\begin{bmatrix} x_1(3.5) \\ x_2(3.5) \end{bmatrix} = \begin{bmatrix} 0.8935 & 0.3935 \\ -0.3935 & 0.6065 \end{bmatrix} \begin{bmatrix} 1.399 \\ 0.233 \end{bmatrix} + \begin{bmatrix} 0.1065 \\ 0.3935 \end{bmatrix} = \begin{bmatrix} 1.4482 \\ -0.0157 \end{bmatrix}$$

$$\begin{bmatrix} x_1(4.5) \\ x_2(4.5) \end{bmatrix} = \begin{bmatrix} 0.8935 & 0.3935 \\ -0.3935 & 0.6065 \end{bmatrix} \begin{bmatrix} 1.399 \\ -0.166 \end{bmatrix} + \begin{bmatrix} 0.1065 \\ 0.3935 \end{bmatrix} = \begin{bmatrix} 1.3308 \\ -0.2577 \end{bmatrix}$$

$$\begin{bmatrix} x_1(5.5) \\ x_2(5.5) \end{bmatrix} = \begin{bmatrix} 0.8935 & 0.3935 \\ -0.3935 & 0.6065 \end{bmatrix} \begin{bmatrix} 1.147 \\ -0.313 \end{bmatrix} + \begin{bmatrix} 0.1065 \\ 0.3935 \end{bmatrix} = \begin{bmatrix} 1.0081 \\ -0.2476 \end{bmatrix}$$

$$\vdots$$

于是,根据输出方程,便可得到

$$y(k+0.5) = \{0, 0.1065, 0.684, 1.2487, 1.4482, 1.3308, 1.008, \cdots\}$$

例 6.11 试用递推法求如下状态方程的解

$$\begin{bmatrix} x_1(k+1) \\ x_2(k+1) \end{bmatrix} = \begin{bmatrix} 0 & 1 \\ -0.16 & -1 \end{bmatrix} \begin{bmatrix} x_1(k) \\ x_2(k) \end{bmatrix} + \begin{bmatrix} 1 \\ 1 \end{bmatrix} u(k)$$

设

$$\begin{bmatrix} x_1(0) \\ x_2(0) \end{bmatrix} = \begin{bmatrix} 1 \\ -1 \end{bmatrix}, \quad u(k) = 1$$

解:令 $k=0,1,2,\cdots$,用递推关系式,可得状态方程的解为

$$\begin{bmatrix} x_1(1) \\ x_2(1) \end{bmatrix} = \begin{bmatrix} 0 & 1 \\ -0.16 & -1 \end{bmatrix} \begin{bmatrix} 1 \\ -1 \end{bmatrix} + \begin{bmatrix} 1 \\ 1 \end{bmatrix} = \begin{bmatrix} 0 \\ 1.84 \end{bmatrix}$$

$$\begin{bmatrix} x_1(2) \\ x_2(2) \end{bmatrix} = \begin{bmatrix} 0 & 1 \\ -0.16 & -1 \end{bmatrix} \begin{bmatrix} 0 \\ 1.84 \end{bmatrix} + \begin{bmatrix} 1 \\ 1 \end{bmatrix} = \begin{bmatrix} 2.84 \\ -0.84 \end{bmatrix}$$

$$\begin{bmatrix} x_1(3) \\ x_2(3) \end{bmatrix} = \begin{bmatrix} 0 & 1 \\ -0.16 & -1 \end{bmatrix} \begin{bmatrix} 2.84 \\ -0.84 \end{bmatrix} + \begin{bmatrix} 1 \\ 1 \end{bmatrix} = \begin{bmatrix} 0.16 \\ 1.39 \end{bmatrix}$$

$$\begin{bmatrix} x_1(4) \\ x_2(4) \end{bmatrix} = \begin{bmatrix} 0 & 1 \\ -0.16 & -1 \end{bmatrix} \begin{bmatrix} 0.16 \\ 1.39 \end{bmatrix} + \begin{bmatrix} 1 \\ 1 \end{bmatrix} = \begin{bmatrix} 2.39 \\ -0.41 \end{bmatrix}$$

$$\vdots$$

用递推法求得上述的解,只能得到数值解而不能写成闭合形式。若要写成闭式解,可以先求出状态转移矩阵 $\boldsymbol{\Phi}(k)=\boldsymbol{A}^k$,然后求得闭式解。具体求法如下

$$\boldsymbol{\Phi}(k) = \boldsymbol{A}^k = \begin{bmatrix} 0 & 1 \\ -0.16 & -1 \end{bmatrix}^k$$

可求得 $\boldsymbol{A}$ 特征值为 0.8 和 0.2,则 $\boldsymbol{A}$ 的对角化矩阵 $\boldsymbol{P}$ 为

$$\boldsymbol{P} = \begin{bmatrix} 1 & 1 \\ -0.2 & -0.8 \end{bmatrix}, \quad \boldsymbol{P}^{-1} = \frac{1}{3}\begin{bmatrix} 4 & 5 \\ -1 & -5 \end{bmatrix}$$

则 $\boldsymbol{A}$ 的对角化矩阵为

$$\boldsymbol{P}^{-1}\boldsymbol{A}\boldsymbol{P}=\begin{bmatrix}-0.2 & 0\\ 0 & -0.8\end{bmatrix}$$

于是,可得到

$$\begin{aligned}\boldsymbol{A}^{k}&=\boldsymbol{P}(\boldsymbol{P}^{-1}\boldsymbol{A}\boldsymbol{P})k\boldsymbol{P}^{-1}\\&=\frac{1}{3}\begin{bmatrix}4(-0.2)^{k}-(-0.8)^{k} & 5[(-0.2)^{k}-(-0.8)^{k}]\\ 0.8[(-0.8)^{k}-(-0.2)^{k}] & 4(-0.8)^{k}-(-0.2)^{k}\end{bmatrix}\end{aligned}$$

算出状态方程的解 $\boldsymbol{X}(k)$的第一项与第二项

$$\boldsymbol{A}^{k}\boldsymbol{X}(0)=\frac{1}{3}\begin{bmatrix}4(-0.2)^{k} & -(-0.8)^{k}\\ 0.2(-0.2)^{k} & -3.2(-0.8)^{k}\end{bmatrix}$$

$$\begin{aligned}\sum_{i=0}^{k-1}\boldsymbol{A}^{i}\boldsymbol{B}\boldsymbol{u}(k-i-1)&=\sum_{i=1}^{k-1}\boldsymbol{P}\begin{bmatrix}(-0.2)^{i} & 0\\ 0 & (-0.8)^{i}\end{bmatrix}\boldsymbol{P}^{-1}\boldsymbol{B}\\&=\begin{bmatrix}-\frac{15}{6}(-0.2)^{k}+\frac{10}{9}(-0.8)^{k}+\frac{25}{18}\\ \frac{1}{2}(-0.2)^{k}+\frac{8}{9}(-0.8)^{k}+\frac{7}{18}\end{bmatrix}\end{aligned}$$

得到 $\boldsymbol{X}(k)$的闭式解为

$$\begin{aligned}\boldsymbol{X}(k)&=\boldsymbol{A}^{k}\boldsymbol{X}(0)+\sum_{i=0}^{k-1}\boldsymbol{A}^{i}\boldsymbol{B}\boldsymbol{u}(k-i-1)\\&=\begin{bmatrix}-\frac{17}{6}(-0.2)^{k}+\frac{22}{9}(-0.8)^{k}+\frac{25}{18}\\ \frac{3.4}{6}(-0.2)^{k}+\frac{17.6}{9}(-0.8)^{k}+\frac{7}{18}\end{bmatrix}\end{aligned}$$

由上式可见,求状态转移矩阵$\boldsymbol{\Phi}(k)$是求得状态方程闭式解的重要一环。

6.5.2 Z变换法

将离散状态方程

$$\boldsymbol{X}(k+1)=\boldsymbol{A}\boldsymbol{X}(k)+\boldsymbol{B}\boldsymbol{U}(k)$$

两边取Z变换,得到

$$z\boldsymbol{X}(z)-z\boldsymbol{X}(0)=\boldsymbol{A}\boldsymbol{X}(z)+\boldsymbol{B}\boldsymbol{U}(z)$$

则

$$\boldsymbol{X}(z)=(z\boldsymbol{I}-\boldsymbol{A})^{-1}z\boldsymbol{X}(0)+(z\boldsymbol{I}-\boldsymbol{A})^{-1}\boldsymbol{B}\boldsymbol{U}(z)$$

两边取Z反变换得

$$\boldsymbol{X}(k)=\mathcal{Z}^{-1}[(z\boldsymbol{I}-\boldsymbol{A})^{-1}z]\boldsymbol{X}(0)+\mathcal{Z}^{-1}[(z\boldsymbol{I}-\boldsymbol{A})^{-1}\boldsymbol{B}\boldsymbol{U}(z)]$$

则应有

$$\boldsymbol{A}^{k}=\mathcal{Z}^{-1}[(z\boldsymbol{I}-\boldsymbol{A})^{-1}z]$$

$$\sum_{j=0}^{k-1}\boldsymbol{A}^{k-j-1}\boldsymbol{B}\boldsymbol{U}(j)=\mathcal{Z}^{-1}[(z\boldsymbol{I}-\boldsymbol{A})^{-1}\boldsymbol{B}\boldsymbol{U}(z)]$$

例 6.12 试用Z变换法求解例6.11。

解：

$$\boldsymbol{A}^k=\boldsymbol{\Phi}(k)=\mathcal{Z}^{-1}[(z\boldsymbol{I}-\boldsymbol{A})^{-1}z]$$
$$=\mathcal{Z}^{-1}\left[z\begin{bmatrix}z & -1\\0.16 & z+1\end{bmatrix}^{-1}\right]$$
$$=\frac{1}{3}\begin{bmatrix}4(-0.2)^k-(-0.8)^k & 5[(-0.2)^k-(-0.8)^k]\\0.8[(-0.8)^k-(-0.2)^k] & 4(-0.8)^k-(-0.2)^k\end{bmatrix}$$

于是可以算出

$$\mathcal{Z}^{-1}[(z\boldsymbol{I}-\boldsymbol{A})^{-1}z]\boldsymbol{X}(0)=\frac{1}{3}\begin{bmatrix}4(-0.2)^k & -(-0.8)^k\\0.2(-0.2)^k & -3.2(-0.8)^k\end{bmatrix}$$

$$\mathcal{Z}^{-1}[(z\boldsymbol{I}-\boldsymbol{A})^{-1}\boldsymbol{B}\boldsymbol{U}(z)]\boldsymbol{X}(0)=\begin{bmatrix}-\frac{15}{6}(-0.2)^k+\frac{10}{9}(-0.8)^k+\frac{25}{18}\\\frac{1}{2}(-0.2)^k+\frac{8}{9}(-0.8)^k+\frac{7}{18}\end{bmatrix}$$

解得 $\boldsymbol{X}(k)$ 为

$$\boldsymbol{X}(k)=\begin{bmatrix}-\frac{17}{6}(-0.2)^k+\frac{22}{9}(-0.8)^k+\frac{25}{18}\\\frac{3.4}{6}(-0.2)^k+\frac{17.6}{9}(-0.8)^k+\frac{7}{18}\end{bmatrix}$$

6.6 线性离散系统的稳定性、可控性和可测性

在自动控制系统中,被控对象是由控制器发出的控制信息控制的,而这个控制信息又是控制器根据被控对象的输出信息以及所规定的控制规律产生的。显然,要使上述控制过程成为物理上可实现的,就面临着这样两个基本问题:第一,控制作用是否必然可使系统在有限时间内从起始状态指引到所要求的状态;第二,是否能够通过观测有限时间内输出的观测值来识别系统的状态,以便反馈。

实质上,第一个问题是可控性问题,第二个问题则是可测性问题。在经典控制理论中,由于着眼于输出的控制,输出量既是被控量,又是检测量,所以这两个问题被掩盖起来了。然而在现代控制理论中,由于着眼于状态的控制,因而状态是否必然被控制信息所控制,状态又是否必然可以通过测量输出量来获得,其回答是不肯定的,所以这两个问题是现代控制理论中必须研究的基本问题。本节就线性定常系统的可控性和可测性问题进行讨论。

6.6.1 线性离散系统的稳定性

在第3章中已知,线性离散系统稳定的充要条件是系统的全部特征值位于单位圆内,或全部特征值的模小于1。

设线性离散系统的特征方程为

$$\det(z\boldsymbol{I}-\boldsymbol{A})=0$$

其特征值为 z_i，则线性离散系统稳定的充要条件是 $|z_i|<1$。

例 6.13 试确定例 6.7 中离散系统在如下情况下的稳定性。

(1) $k=1, T=1$

(2) $k=5, T=1$

(3) $k=1, T=4$

(4) $k=1, T=0.1$

(5) $k=5, T=0.1$

解：求得闭环离散系统的系数矩阵为

$$\boldsymbol{A}=\begin{bmatrix}1-k(T+\mathrm{e}^{-T}-1) & 1-\mathrm{e}^{-T}\\ k(\mathrm{e}^{-T}-1) & \mathrm{e}^{-T}\end{bmatrix}$$

则系统的特征方程为

$$\det(z\boldsymbol{I}-\boldsymbol{A})=\begin{vmatrix}z+k(T+\mathrm{e}^{-T}-1)+1 & \mathrm{e}^{-T}-1\\ k(1-\mathrm{e}^{-T}) & z-\mathrm{e}^{-T}\end{vmatrix}$$

$$=z^2+[(k-1)\mathrm{e}^{-T}+k(T-1)-1]z+[k+(1-k-kT)\mathrm{e}^{-T}]=0$$

(1) 当 $k=1, T=1$ 时，该闭环系统的特征值为

$$z_{1,2}=0.5\pm \mathrm{j}0.618$$

此时有 $|z_{1,2}|=0.795<1$，故该系统是稳定的。

(2) 当 $k=5, T=1$ 时，该闭环系统的特征值为

$$z_{1,2}=-0.236\pm \mathrm{j}1.728$$

此时有 $|z_{1,2}|=1.744>1$，故该系统是不稳定的。

(3) 当 $k=1, T=4$ 时，该闭环系统的特征值为

$$z_1=-0.765,\quad z_2=-1.235$$

此时有 $|z_2|=1.235>1$，故该系统是不稳定的。

(4) 当 $k=1, T=0.1$ 时，该闭环系统的特征值为

$$z_{1,2}=0.95\pm \mathrm{j}0.0866$$

此时有 $|z_{1,2}|=0.954<1$，且 $z_{1,2}$ 几乎在正实轴上，故该系统是稳定的且几乎没有超调量。

(5) 当 $k=5, T=0.1$ 时，该闭环系统的特征值为

$$z_{1,2}=0.94\pm \mathrm{j}0.21$$

此时有 $|z_{1,2}|=0.963<1$，和(4)相比，特征值的虚部增大，会使系统的阶跃响应出现超调量，但该系统是稳定的。

上述各种情况说明，线性离散系统的稳定性与系统的 k 和 T 有关。一般来说，k 增大或 T 增大，系统的稳定性变差；反之，k 减小或 T 减小，系统的稳定性变好。因此，为了使线性离散系统有良好的动态特性，必须适当选择 k 和 T。

现在介绍线性定常离散系统的 Liapunov 稳定性定理。

设离散系统的自由运动方程为

$$\boldsymbol{X}(k+1)=\boldsymbol{A}\boldsymbol{X}(k)$$

则离散系统在平衡点 $x_e=0$ 时渐近稳定的充要条件是：给定任一实对称正定矩阵 $\boldsymbol{Q}$ 必存在一个实对称正定矩阵 $\boldsymbol{P}$，使得

$$\boldsymbol{A}^{\mathrm{T}}\boldsymbol{P}\boldsymbol{A}-\boldsymbol{P}=-\boldsymbol{Q}$$

成立。

标量函数

$$V[\boldsymbol{X}(k)]=\boldsymbol{X}^{\mathrm{T}}(k)\boldsymbol{P}\boldsymbol{X}(k)$$

就是该系统的 Liapunov 函数。

证明：假设选定的 Liapunov 函数为

$$V[\boldsymbol{X}(k)]=\boldsymbol{X}^{\mathrm{T}}(k)\boldsymbol{P}\boldsymbol{X}(k)>0$$

其中 $\boldsymbol{P}$ 是实对称正定矩阵。对于线性离散系统，则有

$$\begin{aligned}\Delta V[\boldsymbol{X}(k)]&=V[\boldsymbol{X}(k+1)]-V[\boldsymbol{X}(k)]\\&=\boldsymbol{X}^{\mathrm{T}}(k+1)\boldsymbol{P}\boldsymbol{X}(k+1)-\boldsymbol{X}^{\mathrm{T}}(k)\boldsymbol{P}\boldsymbol{X}(k)\\&=[\boldsymbol{A}\boldsymbol{X}(k)]^{\mathrm{T}}\boldsymbol{P}[\boldsymbol{A}\boldsymbol{X}(k)]-\boldsymbol{X}^{\mathrm{T}}(k)\boldsymbol{P}\boldsymbol{X}(k)\\&=\boldsymbol{X}^{\mathrm{T}}(k)\boldsymbol{A}^{\mathrm{T}}\boldsymbol{P}\boldsymbol{A}\boldsymbol{X}(k)-\boldsymbol{X}^{\mathrm{T}}(k)\boldsymbol{P}\boldsymbol{X}(k)\\&=\boldsymbol{X}^{\mathrm{T}}(k)[\boldsymbol{A}^{\mathrm{T}}\boldsymbol{P}\boldsymbol{A}-\boldsymbol{P}]\boldsymbol{X}(k)\\&\triangleq-\boldsymbol{X}^{\mathrm{T}}(k)\boldsymbol{Q}\boldsymbol{X}(k)\end{aligned}$$

由于标量函数 $V[\boldsymbol{X}(k)]$ 为正定的，根据渐近稳定的条件要求标量函数

$$\Delta V[\boldsymbol{X}(k)]=V[\boldsymbol{X}(k+1)]-V[\boldsymbol{X}(k)]$$

为负正定的，其中 $\boldsymbol{A}^{\mathrm{T}}\boldsymbol{P}\boldsymbol{A}-\boldsymbol{P}=-\boldsymbol{Q}$，且 $\boldsymbol{Q}$ 应是正定的。

在具体应用上述稳定性定理来判断离散系统的稳定性时，可以选正定矩阵 $\boldsymbol{Q}$ 来确定矩阵 $\boldsymbol{P}$，并检验 $\boldsymbol{P}$ 是否为正定矩阵，便可判断线性离散系统的渐近稳定性。

例 6.14 试判断如下离散系统在平衡点 $x_e=0$ 处的渐近稳定性。

$$\begin{bmatrix}x_1(k+1)\\x_2(k+1)\end{bmatrix}=\begin{bmatrix}0.8&1\\0&0.9\end{bmatrix}\begin{bmatrix}x_1(k)\\x_2(k)\end{bmatrix}$$

解：选 $\boldsymbol{Q}=\boldsymbol{I}$ 为正定对称矩阵，设矩阵 $\boldsymbol{P}$ 可表示为

$$\boldsymbol{P}=\begin{bmatrix}p_{11}&p_{12}\\p_{12}&p_{22}\end{bmatrix}$$

则有

$$\begin{bmatrix}0.8&1\\0&0.9\end{bmatrix}^{\mathrm{T}}\begin{bmatrix}p_{11}&p_{12}\\p_{12}&p_{22}\end{bmatrix}\begin{bmatrix}0.8&1\\0&0.9\end{bmatrix}-\begin{bmatrix}p_{11}&p_{12}\\p_{12}&p_{22}\end{bmatrix}=\begin{bmatrix}-1&0\\0&-1\end{bmatrix}$$

于是，得到

$$\boldsymbol{P}=\begin{bmatrix}2.78&7.94\\7.94&95.11\end{bmatrix}$$

由于 $\Delta_1=P_{11}=2.78>0$，$\Delta_2=|\boldsymbol{P}|=201>0$，因此矩阵 $\boldsymbol{P}$ 是正定的，且是对称的。于是，可判断该离散系统的平衡点 $x_e=0$ 是渐近稳定的。其实，这个系统的系数矩阵 $\boldsymbol{A}$ 的特征值为 0.8 和 0.9，其模均小于 1，故该离散系统是渐近稳定的。

上例选定正定对称矩阵 $\boldsymbol{Q}$ 为单位阵，以此来确定正定对称 $\boldsymbol{P}$。事实上矩阵 $\boldsymbol{Q}$ 可以选定 $k\boldsymbol{I}$，k 是大于零的任意实数，而且，也可以选定正定对称矩阵 $\boldsymbol{P}$ 为单位阵(或类似地选定为 $k\boldsymbol{I}$)，来确定正定对称矩阵 $\boldsymbol{Q}$，进而判定离散系统的渐近稳定性。

例 6.15 设线性离散系统的状态方程为

$$\begin{bmatrix}x_1(k+1)\\x_2(k+1)\end{bmatrix}=\begin{bmatrix}0.2&-0.458\\0.458&0.2\end{bmatrix}\begin{bmatrix}x_1(k)\\x_2(k)\end{bmatrix}$$

$$\begin{bmatrix} x_1(0) \\ x_2(0) \end{bmatrix} = \begin{bmatrix} 1 \\ 0 \end{bmatrix}$$

试确定系统在平衡点 $x_e=0$ 处的渐近稳定性。

解：设正定对称矩阵 $\boldsymbol{P}$ 为单位阵，以及 $\boldsymbol{Q}$ 为

$$\boldsymbol{Q} = \begin{bmatrix} q_{11} & q_{12} \\ q_{12} & q_{22} \end{bmatrix}$$

则可得到

$$\begin{bmatrix} 0.2 & -0.458 \\ 0.458 & 0.2 \end{bmatrix}^{\mathrm{T}} \begin{bmatrix} 1 & 0 \\ 0 & 1 \end{bmatrix} \begin{bmatrix} 0.2 & -0.458 \\ 0.458 & 0.2 \end{bmatrix} - \begin{bmatrix} 1 & 0 \\ 0 & 1 \end{bmatrix} = -\begin{bmatrix} q_{11} & q_{12} \\ q_{12} & q_{22} \end{bmatrix}$$

解得

$$\boldsymbol{Q} = \begin{bmatrix} 0.75 & 0 \\ 0 & 0.75 \end{bmatrix}$$

由于 $\Delta_1 = q_{11} = 0.75 > 0$，$\Delta_2 = |\boldsymbol{Q}| = 0.563 > 0$，因此矩阵 $\boldsymbol{Q}$ 是正定的，且是对称的。于是，可判断该离散系统在平衡点 $x_e=0$ 是渐近稳定的。

6.6.2 线性离散系统的可控性

设线性定常离散系统状态方程和输出方程的一般形式为

$$\begin{cases} \boldsymbol{X}(k+1) = \boldsymbol{AX}(k) + \boldsymbol{BU}(k) \\ \boldsymbol{Y}(k) = \boldsymbol{CX}(k) + \boldsymbol{DU}(k) \end{cases}$$

式中 $\boldsymbol{X}(k)$为 n 维状态向量，$\boldsymbol{U}(k)$为 m 维控制向量，$\boldsymbol{Y}(k)$为 p 维输出向量，系数矩阵 $\boldsymbol{A}$、$\boldsymbol{B}$、$\boldsymbol{C}$、$\boldsymbol{D}$ 分别为 $n\times n$、$n\times m$、$p\times n$ 和 $p\times m$ 矩阵。

1. 线性离散系统的状态可控性

对于线性离散系统，如果存在着一组无约束的控制序列 $\boldsymbol{U}(k)$，$k=0,1,2,\cdots,N-1$，在有限时间 NT 内能把系统从任意初始状态 $\boldsymbol{X}(0)$转移到任意指定的期望终态 $\boldsymbol{X}(N)$，则称该线性离散系统是状态完全可控的。其状态完全可控的充要条件是

$$\operatorname{rank}[\boldsymbol{B} \quad \boldsymbol{AB} \quad \cdots \quad \boldsymbol{A}^{n-1}\boldsymbol{B}] = n$$

例 6.16 设线性离散系统的状态方程为

$$\begin{bmatrix} x_1(k+1) \\ x_2(k+1) \\ x_3(k+1) \end{bmatrix} = \begin{bmatrix} 1 & 2 & -1 \\ 0 & 1 & 0 \\ 1 & 0 & 3 \end{bmatrix} \begin{bmatrix} x_1(k) \\ x_2(k) \\ x_3(k) \end{bmatrix} + \begin{bmatrix} 1 & 0 \\ 0 & 1 \\ 0 & 0 \end{bmatrix} \begin{bmatrix} u_1(x) \\ u_2(x) \end{bmatrix}$$

试确定该系统是否状态完全可控。

解：由已知条件可知 $n=3$，则

$$\operatorname{rank}[\boldsymbol{B} \quad \boldsymbol{AB} \quad \boldsymbol{A}^2\boldsymbol{B}] = \operatorname{rank}\begin{bmatrix} 1 & 0 & 1 & 2 & 0 & 4 \\ 0 & 1 & 0 & 1 & 0 & 1 \\ 0 & 0 & 1 & 0 & 4 & 2 \end{bmatrix} = 3$$

故该离散系统是状态完全可控的。

2. 线性离散系统的输出可控性

对于线性离散系统,如果存在着一组无约束的控制序列$\boldsymbol{U}(k)$,$k=0,1,2,\cdots,N-1$,在有限时间NT内能把任意的初始输出值$\boldsymbol{Y}(0)$转移到任意指定的期望终值输出值$\boldsymbol{Y}(N)$,称该系统是输出完全可控的。其输出完全可控的充要条件是

$$\text{rank}[\boldsymbol{CB}\quad \boldsymbol{CAB}\quad \cdots\quad \boldsymbol{CA}^{n-1}\boldsymbol{B}\quad \boldsymbol{D}]=p$$

例 6.17 设线性离散系统的状态方程为

$$\begin{bmatrix} x_1(k+1) \\ x_2(k+1) \end{bmatrix}=\begin{bmatrix} -4 & 5 \\ 1 & 0 \end{bmatrix}\begin{bmatrix} x_1(k) \\ x_2(k) \end{bmatrix}+\begin{bmatrix} -5 \\ 1 \end{bmatrix}u(k)$$

$$y(k)=\begin{bmatrix} 1 & -1 \end{bmatrix}\begin{bmatrix} x_1(k) \\ x_2(k) \end{bmatrix}+u(k)$$

试确定该系统是否输出完全可控。

解:由已知条件可知$p=1$,则

$$\text{rank}[\boldsymbol{CB}\quad \boldsymbol{CAB}\quad \boldsymbol{D}]=\text{rank}[-6\quad 30\quad 1]=1$$

因此,该系统是输出完全可控的。但由于

$$\text{rank}[\boldsymbol{B}\quad \boldsymbol{AB}]=\text{rank}\begin{bmatrix} -5 & 25 \\ 1 & -5 \end{bmatrix}=1$$

因此,该系统是状态不完全可控的。

由此可知,系统的输出可控性与状态可控性不是等价的,输出可控,状态未必可控。

6.6.3 线性离散系统的可测性

设线性定常离散系统状态方程和输出方程的一般形式为

$$\begin{cases} \boldsymbol{X}(k+1)=\boldsymbol{AX}(k)+\boldsymbol{BU}(k) \\ \boldsymbol{Y}(k)=\boldsymbol{CX}(k)+\boldsymbol{DU}(k) \end{cases}$$

式中$\boldsymbol{X}(k)$为n维状态向量,$\boldsymbol{U}(k)$为m维控制向量,$\boldsymbol{Y}(k)$为p维输出向量,系数矩阵$\boldsymbol{A}$、$\boldsymbol{B}$、$\boldsymbol{C}$、$\boldsymbol{D}$分别为$n\times n$、$n\times m$、$p\times n$和$p\times m$矩阵。若任意初始状态$\boldsymbol{X}(0)$均可在有限时间NT内由系统输出$\boldsymbol{Y}(k)$来确定,称该系统是状态完全可测的。离散系统状态完全可测的充分条件是

$$\text{rank}\begin{bmatrix} \boldsymbol{C} \\ \boldsymbol{CA} \\ \vdots \\ \boldsymbol{CA}^{n-1} \end{bmatrix}=n$$

例 6.18 设线性离散系统的状态方程为

$$\begin{bmatrix} x_1(k+1) \\ x_2(k+1) \\ x_3(k+1) \end{bmatrix}=\begin{bmatrix} 2 & 0 & 3 \\ -1 & -2 & 0 \\ 0 & 1 & 2 \end{bmatrix}\begin{bmatrix} x_1(k) \\ x_2(k) \\ x_3(k) \end{bmatrix}$$

$$y(k)=\begin{bmatrix}1&0&0\\0&1&0\end{bmatrix}\begin{bmatrix}x_1(k)\\x_2(k)\\x_3(k)\end{bmatrix}$$

试确定该系统是否状态完全可测。

解：由已知条件可知 $n=3$，则

$$\mathrm{rank}\begin{bmatrix}\boldsymbol{C}\\\boldsymbol{CA}\\\boldsymbol{CA}^2\end{bmatrix}=\mathrm{rank}\begin{bmatrix}1&0&0\\0&1&0\\2&0&3\\-1&-2&0\\4&3&12\\0&4&-3\end{bmatrix}=3$$

因此，该离散系统是状态完全可测的。

6.6.4　可控标准型与可测标准型

设线性定常离散系统为

$$\begin{cases}\boldsymbol{X}(k+1)=\boldsymbol{AX}(k)+\boldsymbol{B}u(k)\\y(k)=\boldsymbol{CX}(k)+\boldsymbol{D}u(k)\end{cases}$$

式中 $\boldsymbol{X}(k)$为 $n\times1$ 向量，$u(k)$为标量，$y(k)$为标量，即单输入单输出系统，$\boldsymbol{A}$、$\boldsymbol{B}$、$\boldsymbol{C}$、$\boldsymbol{D}$ 分别为 $n\times n$、$n\times1$、$1\times n$、$n\times1$ 矩阵。其特征方程为

$$\det[z\boldsymbol{I}-\boldsymbol{A}]=z^n+a_{n-1}z^{n-1}+\cdots+a_1z+a_0=0$$

若系统为完全可控的，则构造如下变换矩阵

$$\boldsymbol{P}=[\boldsymbol{A}^{n-1}\boldsymbol{B}\quad\cdots\quad\boldsymbol{AB}\quad\boldsymbol{B}]\begin{bmatrix}1&0&\cdots&0&0\\a_{n-1}&1&\cdots&0&0\\\vdots&\vdots&\ddots&\vdots&\vdots\\a_2&a_3&\cdots&1&0\\a_1&a_2&\cdots&a_{n-1}&1\end{bmatrix}$$

引入线性非奇异变换

$$\bar{\boldsymbol{X}}=\boldsymbol{P}^{-1}\boldsymbol{X}$$

得

$$\begin{cases}\bar{\boldsymbol{X}}(k+1)=\bar{\boldsymbol{A}}\bar{\boldsymbol{X}}(k)+\bar{\boldsymbol{B}}u(k)\\y(k)=\bar{\boldsymbol{C}}\bar{\boldsymbol{X}}(k)+\boldsymbol{D}u(k)\end{cases}$$

其中

$$\bar{\boldsymbol{A}}=\boldsymbol{P}^{-1}\boldsymbol{AP}=\begin{bmatrix}0&1&0&\cdots&0\\0&0&1&\cdots&0\\\vdots&\vdots&\ddots&\ddots&\vdots\\0&0&0&\cdots&0\\-a_0&-a_1&-a_2&\cdots&-a_{n-1}\end{bmatrix}$$

$$\bar{\boldsymbol{B}}=\boldsymbol{P}^{-1}\boldsymbol{B}=\begin{bmatrix}0\\ \vdots\\ 0\\ 1\end{bmatrix}$$

$$\bar{\boldsymbol{C}}=\boldsymbol{CP}$$

即为可控标准型。

例 6.19 设线性离散系统的状态方程为

$$\begin{bmatrix}x_1(k+1)\\ x_2(k+1)\\ x_3(k+1)\end{bmatrix}=\begin{bmatrix}1 & 0 & 2\\ 2 & 1 & 1\\ 1 & 0 & -2\end{bmatrix}\begin{bmatrix}x_1(k)\\ x_2(k)\\ x_3(k)\end{bmatrix}+\begin{bmatrix}1\\ 2\\ 1\end{bmatrix}u(k)$$

$$y(k)=\begin{bmatrix}0 & 1 & 1\end{bmatrix}\begin{bmatrix}x_1(k)\\ x_2(k)\\ x_3(k)\end{bmatrix}$$

试确定该系统可控标准型。

解:求得其特征方程为

$$\det[z\boldsymbol{I}-\boldsymbol{A}]=z^3-5z+4=0$$

求得

$$\operatorname{rank}[\boldsymbol{B}\quad \boldsymbol{AB}\quad \boldsymbol{A}^2\boldsymbol{B}]=3$$

可知系统状态完全可控。其变换矩阵为

$$\boldsymbol{P}=\begin{bmatrix}-4 & 3 & 1\\ 0 & 5 & 2\\ 0 & -1 & 1\end{bmatrix}$$

$$\boldsymbol{P}^{-1}=\begin{bmatrix}-\frac{1}{4} & \frac{1}{7} & -\frac{1}{28}\\ 0 & \frac{1}{7} & -\frac{2}{7}\\ 0 & \frac{1}{7} & \frac{5}{7}\end{bmatrix}$$

求得

$$\bar{\boldsymbol{A}}=\boldsymbol{P}^{-1}\boldsymbol{AP}=\begin{bmatrix}0 & 1 & 0\\ 0 & 0 & 1\\ -4 & 5 & 0\end{bmatrix}$$

$$\bar{\boldsymbol{B}}=\boldsymbol{P}^{-1}\boldsymbol{B}=\begin{bmatrix}0\\ 0\\ 1\end{bmatrix}$$

$$\bar{\boldsymbol{C}}=\boldsymbol{CP}=[0\quad 4\quad 3]$$

得系统可控标准型为

$$\begin{bmatrix}\bar{x}_1(k+1)\\\bar{x}_2(k+1)\\\bar{x}_3(k+1)\end{bmatrix}=\begin{bmatrix}0&1&0\\0&0&1\\-4&5&0\end{bmatrix}\begin{bmatrix}\bar{x}_1(k)\\\bar{x}_2(k)\\\bar{x}_3(k)\end{bmatrix}+\begin{bmatrix}0\\0\\1\end{bmatrix}u(k)$$

$$y(k)=\begin{bmatrix}0&4&3\end{bmatrix}\begin{bmatrix}\bar{x}_1(k)\\\bar{x}_2(k)\\\bar{x}_3(k)\end{bmatrix}$$

同样，若系统为完全可测的，则构造如下变换矩阵

$$\boldsymbol{Q}=\begin{bmatrix}1&a_{n-1}&\cdots&a_2&a_1\\0&1&\cdots&a_3&a_2\\\vdots&\vdots&\ddots&\vdots&\vdots\\0&0&\cdots&1&a_{n-1}\\0&0&\cdots&0&1\end{bmatrix}\begin{bmatrix}\boldsymbol{CA}^{n-1}\\\boldsymbol{CA}^{n-2}\\\vdots\\\boldsymbol{CA}\\\boldsymbol{C}\end{bmatrix}$$

引入线性非奇异变换

$$\bar{\boldsymbol{X}}=\boldsymbol{Q}\boldsymbol{X}$$

得

$$\begin{cases}\bar{\boldsymbol{X}}(k+1)=\bar{\boldsymbol{A}}\bar{\boldsymbol{X}}(k)+\bar{\boldsymbol{B}}u(k)\\y(k)=\bar{\boldsymbol{C}}\bar{\boldsymbol{X}}(k)+\boldsymbol{D}u(k)\end{cases}$$

其中

$$\bar{\boldsymbol{A}}=\boldsymbol{QAQ}^{-1}=\begin{bmatrix}0&0&\cdots&0&-a_0\\1&0&\cdots&0&-a_1\\0&1&\cdots&0&-a_2\\\cdots&\cdots&\ddots&\cdots&\cdots\\0&0&\cdots&1&-a_{n-1}\end{bmatrix}$$

$$\bar{\boldsymbol{B}}=\boldsymbol{QB}$$

$$\bar{\boldsymbol{C}}=\boldsymbol{CQ}^{-1}=\begin{bmatrix}0&\cdots&0&1\end{bmatrix}$$

即为可测标准型。

例 6.20　确定例 6.18 的可测标准型。

解：求得其特征方程为

$$\det[z\boldsymbol{I}-\boldsymbol{A}]=z^3-5z+4=0$$

求得

$$\operatorname{rank}\begin{bmatrix}\boldsymbol{C}\\\boldsymbol{CA}\\\boldsymbol{CA}^2\end{bmatrix}=3$$

可知系统状态完全可测。其变换矩阵为

$$\boldsymbol{Q}=\begin{bmatrix}4&-4&4\\3&1&-1\\0&1&1\end{bmatrix}$$

求得

$$\bar{\boldsymbol{A}}=\boldsymbol{QAQ}^{-1}=\begin{bmatrix}0 & 0 & -4\\1 & 0 & 5\\0 & 1 & 0\end{bmatrix}$$

$$\bar{\boldsymbol{B}}=\boldsymbol{QB}=\begin{bmatrix}0\\4\\3\end{bmatrix}$$

$$\bar{\boldsymbol{C}}=\boldsymbol{CQ}^{-1}=\begin{bmatrix}0 & 0 & 1\end{bmatrix}$$

得系统可测标准型为

$$\begin{bmatrix}\bar{x}_1(k+1)\\\bar{x}_2(k+1)\\\bar{x}_3(k+1)\end{bmatrix}=\begin{bmatrix}0 & 0 & -4\\1 & 0 & 5\\0 & 1 & 0\end{bmatrix}\begin{bmatrix}\bar{x}_1(k)\\\bar{x}_2(k)\\\bar{x}_3(k)\end{bmatrix}+\begin{bmatrix}0\\4\\3\end{bmatrix}u(k)$$

$$y(k)=\begin{bmatrix}0 & 0 & 1\end{bmatrix}\begin{bmatrix}\bar{x}_1(k)\\\bar{x}_2(k)\\\bar{x}_3(k)\end{bmatrix}$$

6.6.5 可控性、可测性与传递函数矩阵的关系

由于控制系统的复杂性,一个复杂系统通常可分为可控可测子系统、可控不可测子系统、不可控可测子系统和不可控不可测子系统,由前面可知系统的输入输出传递函数矩阵为

$$\boldsymbol{G}(z)=\boldsymbol{C}(z\boldsymbol{I}-\boldsymbol{A})^{-1}\boldsymbol{B}+\boldsymbol{D}$$

和连续系统一样,线性离散系统的可控性、可测性与传递函数矩阵的关系如下。

(1) 若$(z\boldsymbol{I}-\boldsymbol{A})^{-1}\boldsymbol{B}$分子分母无相消因子,则线性离散系统的状态完全可控;否则,线性离散系统的状态完全不可控。

(2) 若$C(z\boldsymbol{I}-\boldsymbol{A})^{-1}$分子分母无相消因子,则线性离散系统的状态完全可测;否则,线性离散系统的状态完全不可测。

(3) 若$C(z\boldsymbol{I}-\boldsymbol{A})^{-1}\boldsymbol{B}$分子分母无相消因子,则线性离散系统的状态完全可控且完全可测;否则,可能是状态不完全可控的,也可能是状态不完全可测的,又或可能是状态既不完全可控又不完全可测。产生这些可能性的原因取决于状态变量的选择,由于状态变量的选择不是唯一的,因而不同的状态变量的选择就造成这些可能性。

例 6.21 设线性离散系统的状态方程为

$$\begin{bmatrix}x_1(k+1)\\x_2(k+1)\end{bmatrix}=\begin{bmatrix}0 & 1\\-2 & -3\end{bmatrix}\begin{bmatrix}x_1(k)\\x_2(k)\end{bmatrix}+\begin{bmatrix}0\\1\end{bmatrix}u(k)$$

$$y(k)=\begin{bmatrix}2 & 1\end{bmatrix}\begin{bmatrix}x_1(k)\\x_2(k)\end{bmatrix}$$

试用传递函数来确定该系统的状态可控性与状态可测性。

解：由已知条件可得

$$\boldsymbol{C}(z\boldsymbol{I}-\boldsymbol{A})^{-1}\boldsymbol{B}=\frac{z+2}{(z+2)(z+1)}$$

由于$\boldsymbol{C}(z\boldsymbol{I}-\boldsymbol{A})^{-1}\boldsymbol{B}$的分子分母有相消因子$(z+2)$，故系统可能是状态不完全可控的，也可能是状态不完全可测的。

$$\boldsymbol{C}(z\boldsymbol{I}-\boldsymbol{A})^{-1}=\frac{\begin{bmatrix}2(z+2) & (z+2)\end{bmatrix}}{(z+2)(z+1)}$$

由于$\boldsymbol{C}(z\boldsymbol{I}-\boldsymbol{A})^{-1}$的分子分母有相消因子$(z+2)$，故系统是状态不完全可测的。

$$(z\boldsymbol{I}-\boldsymbol{A})^{-1}\boldsymbol{B}=\frac{1}{(z+2)(z+1)}\begin{bmatrix}1\\ z\end{bmatrix}$$

由于$(z\boldsymbol{I}-\boldsymbol{A})^{-1}\boldsymbol{B}$的分子分母无相消因子，故系统是状态完全可控的。

因此，该线性离散系统是状态完全可控的但状态是不完全可测的，是可控不可测系统，$\boldsymbol{C}(z\boldsymbol{I}-\boldsymbol{A})^{-1}\boldsymbol{B}$的分子分母相消因子$(z+2)$是产生状态不完全可测的因子。

事实上，所给定的状态空间表达式是可控标准型，其一定是状态完全可控的，但未必是状态完全可测的。

例 6.22　设线性离散系统的状态方程为

$$\begin{bmatrix}x_1(k+1)\\ x_2(k+1)\end{bmatrix}=\begin{bmatrix}0 & -2\\ 1 & -3\end{bmatrix}\begin{bmatrix}x_1(k)\\ x_2(k)\end{bmatrix}+\begin{bmatrix}2\\ 1\end{bmatrix}u(k)$$

$$y(k)=\begin{bmatrix}0 & 1\end{bmatrix}\begin{bmatrix}x_1(k)\\ x_2(k)\end{bmatrix}$$

试用传递函数来确定该系统的状态可控性与状态可测性。

解：由已知条件可得

$$\boldsymbol{C}(z\boldsymbol{I}-\boldsymbol{A})^{-1}\boldsymbol{B}=\frac{z+2}{(z+2)(z+1)}$$

$$(z\boldsymbol{I}-\boldsymbol{A})^{-1}\boldsymbol{B}=\frac{1}{(z+2)(z+1)}\begin{bmatrix}2(z+2)\\ z+2\end{bmatrix}$$

$$\boldsymbol{C}(z\boldsymbol{I}-\boldsymbol{A})^{-1}=\frac{\begin{bmatrix}1 & z\end{bmatrix}}{(z+2)(z+1)}$$

由于$\boldsymbol{C}(z\boldsymbol{I}-\boldsymbol{A})^{-1}\boldsymbol{B}$的分子分母有相消因子$(z+2)$，$(z\boldsymbol{I}-\boldsymbol{A})^{-1}\boldsymbol{B}$的分子分母有相消因子$(z+2)$，而$\boldsymbol{C}(z\boldsymbol{I}-\boldsymbol{A})^{-1}$的分子分母无相消因子，因此，可以确定该线性离散系统是状态不完全可控的但状态是完全可测的，是不可控可测系统，$\boldsymbol{C}(z\boldsymbol{I}-\boldsymbol{A})^{-1}\boldsymbol{B}$的分子分母相消因子$(z+2)$是产生状态不完全可控的因子。

事实上，所给定状态空间表达式是可测标准型，故一定是状态完全可测的，但未必是状态完全可控的。

例 6.21 和例 6.22 的状态空间表达式是互为对偶的，因此，这两个系统是互为对偶的系统。应指出，上述传递函数与可控性可测性关系的结论只是对单输入单输出系统是正确的，对多输入多输出系统未必正确，一般来说，对多输入多输出系统是不正确的。

习题 6

1. 求下列差分方程的状态方程与输出方程。

(1) $y(k+3)+4y(k+2)+2y(k+1)+5y(k)=u(k)$

(2) $y(k+2)+6y(k+2)+3y(k+1)+2y(k)=u(k+20+4u(k+1)+u(k))$

2. 设某系统的 Z 传递函数为

$$G(z)=\frac{Y(z)}{U(z)}=\frac{z-0.4}{z^2-0.7z+0.06}$$

试用并行程序法、串行程序法、直接程序法、嵌套程序法求状态空间表达式。

3. 某系统的传递函数为

$$G(s)=\frac{Y(s)}{U(s)}=\frac{1}{s(s+2)}$$

对应的状态空间方程为

$$\begin{bmatrix}\dot{x}_1(t)\\ \dot{x}_2(t)\end{bmatrix}=\begin{bmatrix}0 & 1\\ 0 & -2\end{bmatrix}\begin{bmatrix}x_1(t)\\ x_2(t)\end{bmatrix}+\begin{bmatrix}0\\ 1\end{bmatrix}u(t)$$

$$y(t)=\begin{bmatrix}1 & 0\end{bmatrix}\begin{bmatrix}x_1(t)\\ x_2(t)\end{bmatrix}$$

采样周期 $T=1\text{s}$,并使用零阶保持器,试求离散化状态空间方程。

4. 设离散系统的状态空间表达式为

$$\begin{bmatrix}x_1(k+1)\\ x_2(k+1)\end{bmatrix}=\begin{bmatrix}0.6 & 0\\ 0.2 & 0.1\end{bmatrix}\begin{bmatrix}x_1(k)\\ x_2(k)\end{bmatrix}+\begin{bmatrix}1\\ 1\end{bmatrix}u(k)$$

$$y(k)=\begin{bmatrix}0 & 1\end{bmatrix}\begin{bmatrix}x_1(k)\\ x_2(k)\end{bmatrix}$$

试求传递函数 $\boldsymbol{G}(z)=\boldsymbol{C}(z\boldsymbol{I}-\boldsymbol{A})^{-1}\boldsymbol{B}$ 和 $\boldsymbol{A}$ 的特征值。

5. 设离散系统的状态空间表达式为

$$\begin{bmatrix}x_1(k+1)\\ x_2(k+1)\end{bmatrix}=\begin{bmatrix}0 & 1\\ 3 & 2\end{bmatrix}\begin{bmatrix}x_1(k)\\ x_2(k)\end{bmatrix}+\begin{bmatrix}0\\ 1\end{bmatrix}u(k)$$

$$y(k)=\begin{bmatrix}1 & 0\end{bmatrix}\begin{bmatrix}x_1(k)\\ x_2(k)\end{bmatrix}$$

设控制信号 $u(k)=0(k\geqslant 0)$,初始状态为

$$\begin{bmatrix}x_1(0)\\ x_2(0)\end{bmatrix}=\begin{bmatrix}1\\ 0\end{bmatrix}$$

试用递推法求解状态空间方程(要求算出 $k=1,2,3$)。

6. 设离散系统的系数矩阵为

$$\boldsymbol{A}=\begin{bmatrix}0 & 1\\ -1 & -2\end{bmatrix}$$

试根据系统稳定的充要条件确定该系统的稳定性。

7. 设离散系统的系数矩阵为

$$\boldsymbol{A}=\begin{bmatrix}0.4 & 1\\ 0 & 0.6\end{bmatrix}$$

试用 Liapunov 法确定该系统的稳定性。

8. 试确定下列离散系统的状态可控性

(1) $\boldsymbol{A}=\begin{bmatrix}1 & 2\\ 3 & 1\end{bmatrix},\boldsymbol{B}=\begin{bmatrix}0\\ 1\end{bmatrix}$

(2) $\boldsymbol{A}=\begin{bmatrix}2 & 1 & 3\\ 3 & 2 & 4\\ 1 & 3 & 0\end{bmatrix},\boldsymbol{B}=\begin{bmatrix}2 & 4\\ 0 & 0\\ 3 & 0\end{bmatrix}$

(3) $\boldsymbol{A}=\begin{bmatrix}1 & 0 & 0\\ 0 & 2 & 0\\ 0 & 1 & 2\end{bmatrix},\boldsymbol{B}=\begin{bmatrix}1 & 6\\ 0 & 3\\ 2 & 0\end{bmatrix}$

9. 试确定参数 a 和 b,使下列离散系统是状态完全可控的。

(1) $\boldsymbol{A}=\begin{bmatrix}0 & 1\\ 2 & a\end{bmatrix},\boldsymbol{B}=\begin{bmatrix}0\\ 1\end{bmatrix}$

(2) $\boldsymbol{A}=\begin{bmatrix}1 & 0\\ 0 & -1\end{bmatrix},\boldsymbol{B}=\begin{bmatrix}b\\ 1\end{bmatrix}$

(3) $\boldsymbol{A}=\begin{bmatrix}a & 1\\ 0 & 1\end{bmatrix},\boldsymbol{B}=\begin{bmatrix}0\\ b\end{bmatrix}$

10. 试确定下列离散系统状态的可测性。

(1) $\boldsymbol{A}=\begin{bmatrix}2 & 1\\ 0 & 3\end{bmatrix},\boldsymbol{C}=\begin{bmatrix}1 & 0\end{bmatrix}$

(2) $\boldsymbol{A}=\begin{bmatrix}1 & 0 & 2\\ 3 & 0 & 1\\ 0 & 1 & 0\end{bmatrix},\boldsymbol{C}=\begin{bmatrix}1 & 0 & 0\\ 0 & 2 & 1\end{bmatrix}$

(3) $\boldsymbol{A}=\begin{bmatrix}-1 & 0 & 0\\ 0 & 1 & 2\\ 0 & 2 & 0\end{bmatrix},\boldsymbol{C}=\begin{bmatrix}0 & 1 & 2\\ 1 & 0 & 0\end{bmatrix}$

11. 试确定参数 a 和 b,使下列离散系统是状态完全可测的。

(1) $\boldsymbol{A}=\begin{bmatrix}0 & 0 & 3\\ 1 & 0 & a\\ 0 & 2 & 1\end{bmatrix},\boldsymbol{C}=\begin{bmatrix}b & 0 & 0\end{bmatrix}$

(2) $\boldsymbol{A}=\begin{bmatrix}0 & a\\ 1 & 3\end{bmatrix},\boldsymbol{C}=\begin{bmatrix}0 & 1\end{bmatrix}$

12. 设离散系统的状态方程为

$$\begin{bmatrix}x_1(k+1)\\ x_2(k+1)\\ x_3(k+1)\end{bmatrix}=\begin{bmatrix}a & 1 & 0\\ 0 & a & 0\\ 0 & 0 & a\end{bmatrix}\begin{bmatrix}x_1(k)\\ x_2(k)\\ x_3(k)\end{bmatrix}+\begin{bmatrix}b_1\\ b_2\\ b_3\end{bmatrix}u(k)$$

其中 a 为常数,试证:不论 b_1,b_2,b_3 为何值,都不能使离散系统为状态完全可控的。

13. 设离散系统的状态方程为

$$\begin{bmatrix} x_1(k+1) \\ x_2(k+1) \\ x_3(k+1) \end{bmatrix} = \begin{bmatrix} a & 1 & 0 \\ 0 & a & 0 \\ 0 & 0 & a \end{bmatrix} \begin{bmatrix} x_1(k) \\ x_2(k) \\ x_3(k) \end{bmatrix}$$

$$y(k) = \begin{bmatrix} c_1 & c_2 & c_3 \end{bmatrix} \begin{bmatrix} x_1(k) \\ x_2(k) \\ x_3(k) \end{bmatrix}$$

其中 a 为常数,试证:不论 c_1,c_2,c_3 为何值,都不能使离散系统为状态完全可测的。

第7章 线性离散系统状态空间设计

现代控制理论与经典控制理论相比有许多突出的优点，它适用于多输入多输出系统，这些系统可以是线性的，也可以是非线性的；可以是定常的，也可以是时变的。另外，现代控制理论采用的分析方法是时域的，时域方法对于控制过程来说是直接的。现代控制理论采用的分析方法是基于确定一个控制规律或最优控制策略，采用这种控制方式可使得某个性能指标为极值。对于比较简单的系统，应用滤波器或有源网络可实现最优策略；对于复杂的系统，则需要采用数字计算机产生最优控制策略，利用从过程或对象输入计算机的信息，经过一系列的运算，给出一系列的数字指令。目前有许多标准算法程序可供直接使用，此外，在现代控制理论的综合步骤中还要考虑任意初始条件。总之，基于状态空间描述的现代控制理论为数字控制器的设计提供了强有力的工具。

7.1 线性离散系统输出反馈设计

在现代控制理论中主要有两大类反馈校正形式，即状态反馈和输出反馈。系统状态均可直接测量时，可以用状态反馈进行闭环系统极点的任意配置，但在有些情况下，系统的某些状态可能不可直接测量，直接的状态反馈设计在工程上就不可实现，另外，输出信号总是直观、简便易得的，若仅使用输出反馈就可达到目的当然是所希望的。

所谓输出反馈就是将系统的输出量乘以相应的反馈系数馈送到输入端与参考输入相加，其和作为受控系统的控制输入。

一般情况下，由于系统输出中所包含的信息不一定是系统的全部状态信息，所以输出反馈一般只相当于部分状态反馈，在不附加其他环节的条件下，其效果显然没有状态反馈效果好。但是，只要被控系统具有足够的线性独立的输出，就可由其输出和输入形成其状态然后反馈，这时的输出反馈就相当于全状态反馈。

7.1.1 在单位阶跃信号作用下单变量最少拍系统设计

对于如图 7.1 所示的单变量控制系统，确定数字控制器 $D(z)$，使闭环系统在单位阶跃信号作用下的调整时间的拍数 N 为最少，且无稳态误差和无波纹。

为了分析直观方便，通过实例来说明最少拍系统数字控制器的设计过程。设被控对象的传递函数为

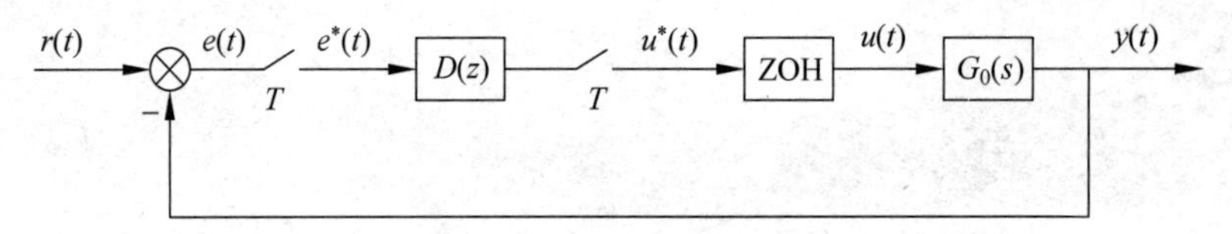

图 7.1 单变量控制系统

$$G_0(s)=\frac{1}{s(s+1)}$$

连续控制对象的状态空间方程为

$$\begin{bmatrix}\dot{x}_1(t)\\ \dot{x}_2(t)\end{bmatrix}=\begin{bmatrix}0 & 1\\ 0 & -1\end{bmatrix}\begin{bmatrix}x_1(t)\\ x_2(t)\end{bmatrix}+\begin{bmatrix}0\\ 1\end{bmatrix}u(t)$$

$$y(t)=\begin{bmatrix}1 & 0\end{bmatrix}\begin{bmatrix}x_1(t)\\ x_2(t)\end{bmatrix}$$

若采用零阶保持器,则连续部分离散化状态空间方程为

$$\begin{bmatrix}x_1(k+1)\\ x_2(k+1)\end{bmatrix}=\begin{bmatrix}1 & 1-\mathrm{e}^{-T}\\ 0 & \mathrm{e}^{-T}\end{bmatrix}\begin{bmatrix}x_1(k)\\ x_2(k)\end{bmatrix}+\begin{bmatrix}T+\mathrm{e}^{-T}-1\\ 1-\mathrm{e}^{-T}\end{bmatrix}u(k)$$

$$y(k)=\begin{bmatrix}1 & 0\end{bmatrix}\begin{bmatrix}x_1(k)\\ x_2(k)\end{bmatrix}$$

设采样周期 $T=1\mathrm{s}$,则上式为

$$\begin{bmatrix}x_1(k+1)\\ x_2(k+1)\end{bmatrix}=\begin{bmatrix}1 & 0.632\\ 0 & 0.368\end{bmatrix}\begin{bmatrix}x_1(k)\\ x_2(k)\end{bmatrix}+\begin{bmatrix}0.368\\ 0.632\end{bmatrix}u(k)$$

$$y(k)=\begin{bmatrix}1 & 0\end{bmatrix}\begin{bmatrix}x_1(k)\\ x_2(k)\end{bmatrix}$$

若要求在单位阶跃输入下,系统的调整时间为最少拍,就必须确定适当的数字序列 $u(k)$,以便是被控对象在 $u(k)$的作用下,能从初态 $x_1(0)=x_2(0)=0$(假定初态为零,且离散化后是状态完全可控的)经 N 拍后转移到对应于输出 $y(t)$恒等于输入 $r(t)=1$ 时的终态。用数学关系表示为

$$\begin{cases}y(t)=r(t)=1(t)=x_1(t)\\ \dot{y}(t)=\dot{x}_1(t)=x_2(t)=0\end{cases}\quad t>t_{\mathrm{f}}=NT>0$$

其中 t_{f} 是对应于 N 拍的终态时间。

$y(t)$的导数为0,意味着输出跟踪上输入之后,输出就不再变化了,因此,上式就是无稳态误差且无波纹的条件,因为 t_{f} 对应于某个离散时刻 NT,所以上式又可以变为

$$\begin{cases}x_1(N)=1\\ x_2(N)=0\end{cases}$$

式中正整数 N 是最少拍的拍数。

1. 有波纹设计($N=1$)

令 $k=0$,得到第一个采样周期的状态转移方程为

$$\begin{bmatrix} x_1(1) \\ x_2(1) \end{bmatrix} = \begin{bmatrix} 1 & 0.632 \\ 0 & 0.368 \end{bmatrix} \begin{bmatrix} x_1(0) \\ x_2(0) \end{bmatrix} + \begin{bmatrix} 0.368 \\ 0.632 \end{bmatrix} u(0)$$

由于 $x_1(0)=x_2(0)=0$,故得到

$$\begin{cases} x_1(1)=0.368u(0) \\ x_2(1)=0.632u(0) \end{cases}$$

显然,对于同一个 $u(0)$,要同时满足以上两式是不可能的。因此,只经过一拍输出就跟踪输入,就可能出现波纹。事实上,若只考虑条件 $x_1(1)=0.368u(0)$时,就是经过一拍输出能跟踪输入,但存在波纹。因此,只考虑满足条件 $x_1(1)=0.368u(0)$且 $x_1(1)=1$ 即可,则有 $u(0)=1/0.368=2.72$,可求得 $x_2(1)=0.632\times 2.72=1.72\neq 0$,这表明无波纹条件不能得到满足,所以是有波纹的。为了能得到这种有波纹情况下的数字控制器 $D(z)$,为此取 $k=1$,即可得到第二个采样周期的状态转移方程为

$$\begin{bmatrix} x_1(2) \\ x_2(2) \end{bmatrix} = \begin{bmatrix} 1 & 0.632 \\ 0 & 0.368 \end{bmatrix} \begin{bmatrix} x_1(1) \\ x_2(1) \end{bmatrix} + \begin{bmatrix} 0.368 \\ 0.632 \end{bmatrix} u(1)$$

将 $x_1(1)=1, x_2(1)=1.72$ 得到

$$\begin{bmatrix} x_1(2) \\ x_2(2) \end{bmatrix} = \begin{bmatrix} 0.368u(1)+1+0.632\times 1.72 \\ 0.632u(1)+0.368\times 1.72 \end{bmatrix}$$

如果只考虑满足 $x_1(2)=y(2)=1$ 的条件,而不考虑 $x_2(2)=0$ 的条件,则由上式得到

$$u(1)=-0.632\times 1.72/0.368=-2.95$$

于是可得

$$x_2(2)=-2.95\times 0.632+0.368\times 1.72=-1.23\neq 0$$

同理,取 $k=2$,并用 $x_1(3)=y(3)=1$,可求得 $u(2)=2.12$。类似地,可取 $k=3,4,\cdots$,并用 $x_1(k)=y(k)=1$ 条件,就可求得 $u(3)=-1.52, u(4)=1.08,\cdots$,则可得到 $u(k)$的 Z 变换为

$$\begin{aligned} U(z) &= \sum_{k=0}^{\infty} u(k)z^{-k} \\ &= 2.72-2.95z^{-1}+2.12z^{-2}-1.52z^{-3}+1.08z^{-4}-\cdots \end{aligned}$$

由于 $U(z)=D(z)E(z)$,因此,若要求得 $D(z)$还应求得 $E(z)$。根据关系 $e(k)=r(k)-y(k)=1-y(k), k=0,1,2,\cdots$,因此,当 $k=0$ 时,有 $e(0)=1-y(0)=1-x_1(0)=1$,又根据最少拍($N=1$)消除误差,即 $y(1)=r(1)=1$ 或 $e(1)=0$,这就表明,当 $k>0$ 时,应有 $e(k)=0$,于是,就得到 $e(k)$的 Z 变换为

$$E(z)=\sum_{k=0}^{\infty} e(k)z^{-k}=e(0)+0=1$$

根据所求得的 $U(z)$和 $E(z)$,便可得到数字控制器 $D(z)$为

$$\begin{aligned} D(z) &= \frac{U(z)}{E(z)} \\ &= 2.72-2.95z^{-1}+2.12z^{-2}-1.52z^{-3}+1.08z^{-4}-\cdots \\ &= \frac{2.72-z^{-1}}{1+0.718z^{-1}} \end{aligned}$$

上式就是在单位阶跃输入下,系统输出经过一拍就能跟踪输入的数字控制器 $D(z)$。但由于输出 $y(t)$的导数不为0,所以是有波纹的,如图7.2所示。

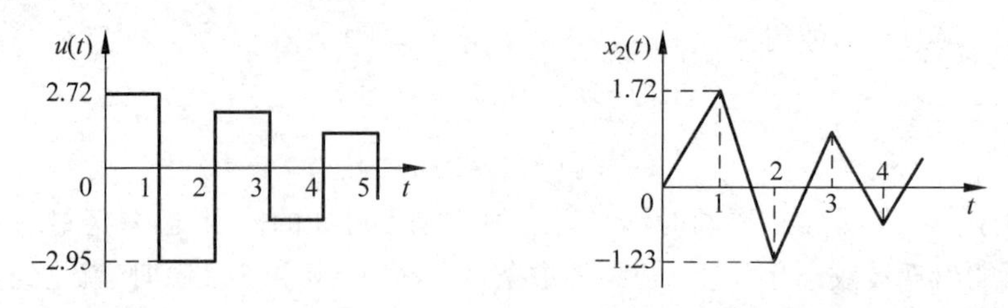

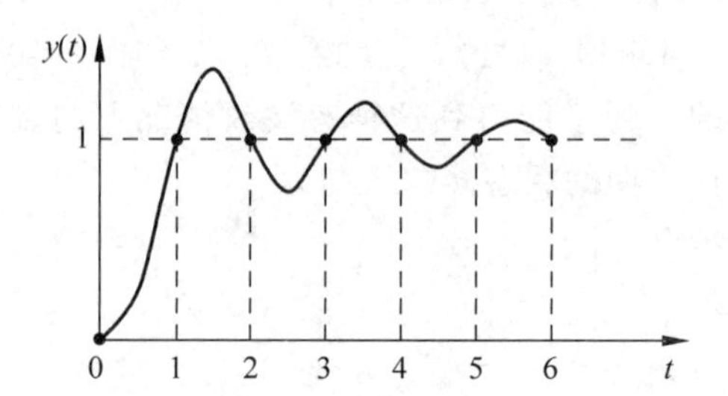

图7.2 单位阶跃输入有波纹最少拍系统输出特性

2. 无波纹设计($N=2$)

如果系统在单位阶跃输入下能在两拍内使系统从零初态转移到所规定的终态,那么就可以保证系统的输出 $y(t)$能在两拍后达到无波纹、无稳态误差跟踪输入。经过两拍的状态转移方程为

$$\begin{bmatrix} x_1(2) \\ x_2(2) \end{bmatrix} = \begin{bmatrix} 1 & 0.632 \\ 0 & 0.368 \end{bmatrix}^2 \begin{bmatrix} x_1(0) \\ x_2(0) \end{bmatrix} + \begin{bmatrix} 1 & 0.632 \\ 0 & 0.368 \end{bmatrix} \begin{bmatrix} 0.368 \\ 0.632 \end{bmatrix} u(0) + \begin{bmatrix} 0.368 \\ 0.632 \end{bmatrix} u(1)$$

根据 $N=2$ 拍完全跟踪,即两拍后无波纹、无稳态误差,在零初始条件下,应有

$$\begin{bmatrix} x_1(2) \\ x_2(2) \end{bmatrix} = \begin{bmatrix} 1 \\ 0 \end{bmatrix} \quad 和 \quad \begin{bmatrix} x_1(0) \\ x_2(0) \end{bmatrix} = \begin{bmatrix} 0 \\ 0 \end{bmatrix}$$

代入上式解得

$$\begin{bmatrix} u(0) \\ u(1) \end{bmatrix} = \begin{bmatrix} 1.58 \\ -0.58 \end{bmatrix}$$

所求得的 $u(0)=1.58$ 和 $u(1)=-0.58$ 就是用来驱动系统从零初态 $x_1(0)=x_2(0)=0$ 转移到终态 $x_1(2)=1$、$x_2(2)=0$ 所需要的控制器输出序列 $u(k)$前两拍的值。由于系统从初态转移到终态只需要两拍,因此,当 $k>2$ 时,$u(k)=0$,说明系统输出经过两拍后完全跟踪输入,则有

$$U(z)=1.58-0.58z^{-1}$$

根据 $e(k)=r(k)-y(k)=r(k)-x_1(k)$,得到

$$\begin{cases} e(0)=r(0)-x_1(0)=1-0=1 \\ e(1)=1-x_1(1)=1-0.368u(0)=1-0.368\times 1.58=0.419 \end{cases}$$

同理,当 $k>2$ 时,$e(k)=0$,于是得到

$$E(z)=1+0.419z^{-1}$$

因此,在 $N=2$ 时的数字控制器 $D(z)$ 为

$$D(z)=\frac{U(z)}{E(z)}=\frac{1.58-0.58z^{-1}}{1+0.419z^{-1}}$$

图 7.3 表示了系统的单位阶跃控制过程,调整时间为两拍,且无波纹、无稳态误差。

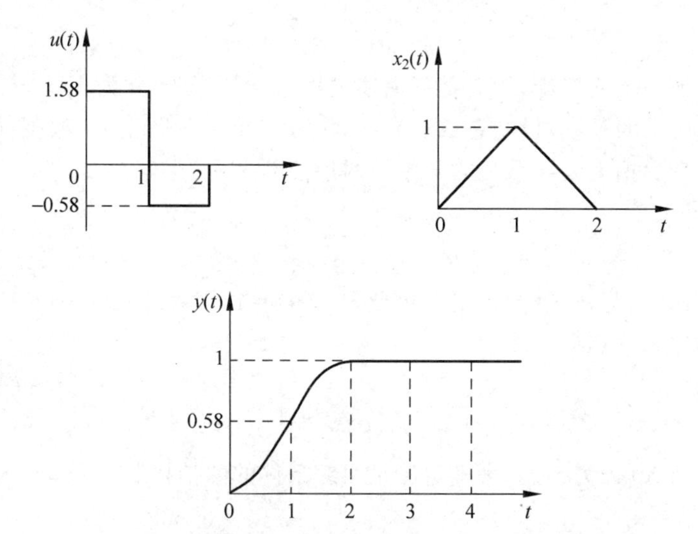

图 7.3 单位阶跃输入无波纹最少拍系统输出特性

上述 $N=1$ 和 $N=2$ 两种情况表明,系统的调整时间为一拍时,只能满足 $x_1(N)=1$,而不能满足 $x_2(N)=0$ 条件,所以系统输出就出现了波纹。当调整时间增加一拍时,满足了 $x_1(N)=1$ 且 $x_2(N)=0$ 条件,所以系统能实现两拍跟踪且无稳态误差、无波纹。

从这里可以看到调整时间每增加一拍,就可以对系统性能增加一项要求,且得到满足。可以想见,当 $N>3$ 时,对系统的要求可以增加,例如,可以满足由于控制对象执行元件的饱和特性对输入幅值限制的要求,或最大速度和最大加速度限制的要求等,以便使它们的数值大小限制在整个控制过程中所允许的范围内。

3. 被控对象有饱和非线性特性时的设计($N>2$)

被控对象有饱和非线性特性时的系统如图 7.4 所示。

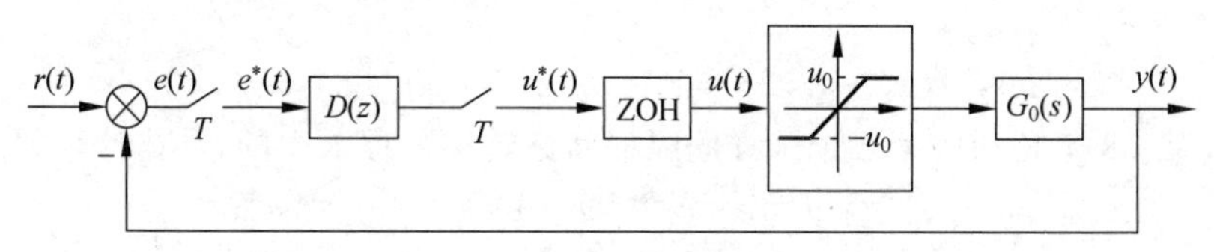

图 7.4 被控对象有饱和非线性特性时的系统

设

$$G_0(s)=\frac{1}{s(s+1)}$$

如果被控对象存在饱和非线性特性,那么,在单位阶跃输入作用下,要求实现最少拍且无波纹。被控对象的输入 $u(t)$ 应满足 $u(t)\leqslant u_0$ 或 $u^*(t)\leqslant u_0$ 或 $u(k)\leqslant u_0$。针对单位阶跃输

入,为简单起见,设 $u_0=1$。

设计的基本思想是:先按前面没有饱和特性的无稳态误差、无波纹最少拍设计方法进行设计,计算出前两拍的控制序列 $u(0)$ 和 $u(1)$,如果满足 $|u(k)|\leqslant 1, k=1,2$,则设计是满足要求的,并进一步可求出数字控制器 $D(z)$;否则,可按下式计算

$$u(k)=\begin{cases}1 & u(k)>1 \\ -1 & u(k)<-1\end{cases} \quad k=0,1$$

并将调整时间增加一步或多步,然后重复上述过程,直到满足条件为止。

对于图7.4所示的系统,设初态 $\boldsymbol{X}(0)=0$,输入为单位阶跃信号,根据前面已经算出的没有饱和特性的最少拍无波纹系统的开始的两拍控制序列为

$$\begin{bmatrix} u(0) \\ u(1) \end{bmatrix}=\begin{bmatrix} 1.58 \\ -0.58 \end{bmatrix}$$

其中,$u(0)=1.58>1$,超过了线性范围,因此取 $u(0)=1$,则系统在 $u(0)=1$ 作用下,由初态 $\boldsymbol{X}(0)=0$ 转移到终态 $\boldsymbol{X}(1)$,可求得

$$\begin{bmatrix} x_1(1) \\ x_2(1) \end{bmatrix}=\begin{bmatrix} 1 & 0.632 \\ 0 & 0.368 \end{bmatrix}\begin{bmatrix} x_1(0) \\ x_2(0) \end{bmatrix}+\begin{bmatrix} 0.368 \\ 0.632 \end{bmatrix}u(0)=\begin{bmatrix} 0.368 \\ 0.632 \end{bmatrix}$$

现在以求得的 $\boldsymbol{X}(1)$ 为初态,来确定满足跟踪条件的两拍控制序列 $u(1)$ 和 $u(2)$,则有

$$\begin{bmatrix} x_1(3) \\ x_2(3) \end{bmatrix}=\begin{bmatrix} 1 & 0.632 \\ 0 & 0.368 \end{bmatrix}^2\begin{bmatrix} x_1(1) \\ x_2(1) \end{bmatrix}+\begin{bmatrix} 1 & 0.632 \\ 0 & 0.368 \end{bmatrix}\begin{bmatrix} 0.368 \\ 0.632 \end{bmatrix}u(1)+\begin{bmatrix} 0.368 \\ 0.632 \end{bmatrix}u(2)$$

将前面求得的 $\boldsymbol{X}(1)$ 的值代入上式求得

$$\begin{bmatrix} u(1) \\ u(2) \end{bmatrix}=\begin{bmatrix} 0.215 \\ -0.215 \end{bmatrix}$$

可以看到,以上所求的 $u(1)$ 和 $u(2)$ 满足限制条件,所以设计是有效的,以后的控制序列 $u(3)=u(4)=\cdots=0$。于是,得到 $U(z)$ 为

$$U(z)=1+0.215z^{-1}-0.215z^{-2}$$

对于 $k=0$ 有

$$e(0)=r(0)-y(0)=1-x_1(0)=1$$

对于 $k=1$ 有

$$e(1)=r(1)-y(1)=1-x_1(1)=1-0.368=0.632$$

对于 $k=2$ 有

$$e(2)=r(2)-y(2)=1-x_1(2)=1-0.847=0.153$$

其中,$x_1(2)=0.847$ 是利用第二个采样间隔的状态转移方程求得的,具体计算如下:

$$\begin{bmatrix} x_1(2) \\ x_2(2) \end{bmatrix}=\begin{bmatrix} 1 & 0.632 \\ 0 & 0.368 \end{bmatrix}\begin{bmatrix} x_1(1) \\ x_2(1) \end{bmatrix}+\begin{bmatrix} 0.368 \\ 0.632 \end{bmatrix}u(1)$$

将 $x_1(1)=0.368, x_2(1)=0.632, u(1)=0.215$ 代入可以求得

$$\begin{bmatrix} x_1(2) \\ x_2(2) \end{bmatrix}=\begin{bmatrix} 0.847 \\ 0.368 \end{bmatrix}$$

将上述求得的 $e(0)$、$e(1)$、$e(2)$ 输入到数字控制器 $D(z)$ 后,其输出就是前面所求得的 $u(0)$、$u(1)$、$u(2)$。可以推断,在 $k>2$ 时,$e(k)=0$,相应的Z变换为

$$E(z)=1+0.632z^{-1}+0.153z^{-2}$$

于是,可得到数字控制器 $D(z)$ 为

$$D(z)=\frac{U(z)}{E(z)}=\frac{1+0.215z^{-1}-0.215z^{-2}}{1+0.632z^{-1}+0.153z^{-2}}$$

图 7.5 是所设计的系统在单位阶跃输入下的控制过程,调整时间为三拍,且无波纹、无稳态误差。

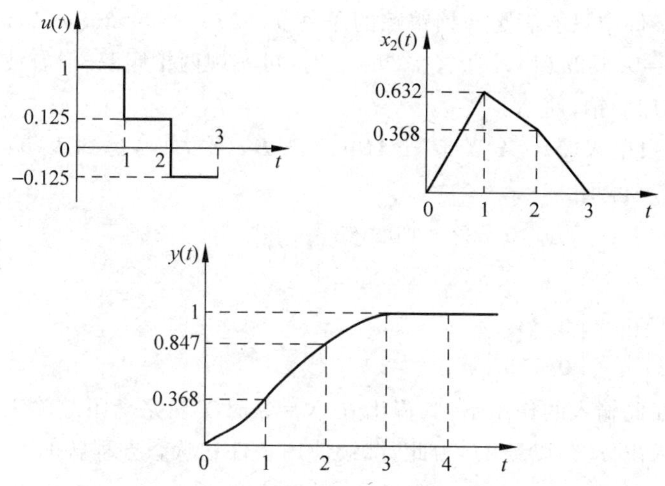

图 7.5　被控对象有饱和特性的无波纹最少拍系统输出特性

应当指出,这里是针对单位阶跃输入信号设计的,如果阶跃输入的幅度增大了,那么所需要的调整时间的拍数也相应地增加。一般来说,阶跃输入的幅度越大或饱和特性的线性范围越窄即饱和深度越深,则调整时间的拍数 N 就越多。

在单位阶跃输入作用下,无波纹、无稳态误差最少拍系统的拍数 N 有如下规律:对于线性定常单变量系统为 $N=n$(n 为系统的阶数),而对于非线性定常单变量系统为 $N=n+q$,q 为正整数,它应按上面所介绍的方法试探决定。试探方法就是前面所提到的设计思想,即先按线性系统的跟踪条件,求出 n 步的控制序列 $u(k)$,当 $u(k)\leqslant 1$ 时 $q=0$,否则,令 $u(k)=1$ 并且令 $q=q+1$(即增加一拍),重复上述过程,直到满足条件为止。

7.1.2　在单位速度信号作用下单变量最少拍系统设计

对于如图 7.1 所示的单变量系统,在单位速度信号作用下的设计要求是:确定数字控制器 $D(z)$,使系统调整时间的拍数 N 为最少,无稳态误差、无波纹。可表示为

$$\begin{cases}x_1(t)=y(t)=r(t)=t\\x_2(t)=\dot{y}(t)=\dot{x}_1(t)=\dot{r}(t)=1\end{cases}\quad t>t_f=NT>0$$

其中 t_f 是对应于 N 拍的终态时间。

设计方法同前面单位阶跃输入下的设计方法相似,为简便起见,仍设系统初态 $\boldsymbol{X}(0)=0$,采样周期 $T=1\text{s}$,则上式无稳态误差、无波纹跟踪条件为

$$\begin{cases}x_1(N)=N\\x_2(N)=1\end{cases}$$

显然，$N=1$ 是没有意义的，因为 $e(0)=r(0)-y(0)=0$。也就是说，在第一个采样周期内，没有任何信息输入到数字控制器，因而就没有输出，即 $u(0)=0$，故无控制作用。

当 $N=2$ 时，根据 $\boldsymbol{X}(2)=\boldsymbol{A}^2\boldsymbol{X}(0)+\boldsymbol{AB}u(0)+\boldsymbol{B}u(1)$，并考虑到 $\boldsymbol{X}(0)=0, u(0)=0$，便可求得

$$\begin{bmatrix} x_1(2) \\ x_2(2) \end{bmatrix} = \begin{bmatrix} 0.368u(1) \\ 0.632u(1) \end{bmatrix} = \begin{bmatrix} 2 \\ 1 \end{bmatrix}$$

上式的两个条件中只能满足两拍跟踪的条件 $x_1(2)=2=0.368u(1)$，而不能满足无波纹条件 $x_2(2)=1=0.632u(1)$，因此，在 $N=2$ 时，可实现两拍跟踪，但有波纹存在。由前面讨论可知，必须增加一拍，使 $N>2$。

当 $N=3$ 时，根据 $\boldsymbol{X}(3)=\boldsymbol{A}^3\boldsymbol{X}(0)+\boldsymbol{AB}u(1)+\boldsymbol{B}u(2)$，并考虑到 $\boldsymbol{X}(0)=0, u(0)=0$，则有 $\boldsymbol{X}(1)=0$，便可求得

$$\begin{bmatrix} x_1(3) \\ x_2(3) \end{bmatrix} = \begin{bmatrix} 1 & 0.632 \\ 0 & 0.368 \end{bmatrix} \begin{bmatrix} 0.368 \\ 0.632 \end{bmatrix} u(1) + \begin{bmatrix} 0.368 \\ 0.632 \end{bmatrix} u(2) = \begin{bmatrix} 3 \\ 1 \end{bmatrix}$$

$$\begin{bmatrix} u(1) \\ u(2) \end{bmatrix} = \begin{bmatrix} 3.83 \\ 0.173 \end{bmatrix}$$

这说明系统在此输入的作用下，其输出在 $N=3$ 时实现完全跟踪输入 $r(t)=t$ 且无波纹。下面进一步求出 $u(k)(k>2)$，为此，继续使用条件和状态方程解的迭代公式，得到

$$\begin{aligned} \begin{bmatrix} x_1(4) \\ x_2(4) \end{bmatrix} &= \boldsymbol{A}^4\boldsymbol{X}(0)+\boldsymbol{A}^3\boldsymbol{B}u(0)+\boldsymbol{A}^2\boldsymbol{B}u(1)+\boldsymbol{AB}u(2) \\ &= \begin{bmatrix} 1 & 0.632 \\ 0 & 0.368 \end{bmatrix}^2 \begin{bmatrix} 0.368 \\ 0.632 \end{bmatrix} \times 3.83 + \begin{bmatrix} 1 & 0.632 \\ 0 & 0.368 \end{bmatrix} \begin{bmatrix} 0.368 \\ 0.632 \end{bmatrix} \times 0.173 + \begin{bmatrix} 0.368 \\ 0.632 \end{bmatrix} u(3) \\ &= \begin{bmatrix} 4 \\ 1 \end{bmatrix} \end{aligned}$$

解得 $u(3)=1$，同理，可求得 $u(4)=u(5)=\cdots=1$，于是得到控制序列为

$$u(k)=\{0, 0.383, 0.173, 1, 1, \cdots\} \quad k=0,1,2,3,4,\cdots$$

从控制序列的值可以看出，系统的过渡过程结束后，$u(k)$ 的值保持恒定不变，所以不存在波纹，这与第4章的结论是一致的。

相应的Z变换为 $U(z)=3.83z^{-1}+0.173z^{-2}+z^{-3}+z^{-4}+\cdots$，相应的误差关系式为

$$e(k)=r(k)-y(k)$$

并且当 $k>2$ 时，$y(k)=r(k)$，可以求得

$$\begin{aligned} e(0)&=r(0)=y(0)=0 \\ e(1)&=1-x_1(1)=1-0=1 \\ e(2)&=2-x_1(2)=2-1.41=0.6 \\ e(3)&=e(4)=\cdots=0 \end{aligned}$$

其中 $x_1(2)=1.41$ 的求法如下

$$\begin{bmatrix} x_1(2) \\ x_2(2) \end{bmatrix} = \boldsymbol{AX}(1)+\boldsymbol{AB}u(0)+\boldsymbol{B}u(1)=\boldsymbol{B}u(1)=\begin{bmatrix} 0.368 \\ 0.632 \end{bmatrix} \times 3.83 = \begin{bmatrix} 1.41 \\ 2.43 \end{bmatrix}$$

则相应的Z变换为 $E(z)=z^{-1}+0.6z^{-2}$，于是求得数字控制器 $D(z)$ 为

$$D(z)=\frac{U(z)}{E(z)}$$

$$=\frac{3.83z^{-1}+0.173z^{-2}+z^{-3}+z^{-4}+\cdots}{z^{-1}+0.6z^{-2}}$$

$$=\frac{3.83(1-0.955z^{-1}+0.216z^{-2})}{1-0.4z^{-1}-0.6z^{-2}}$$

图 7.6 是所设计的系统在单位速度输入下的控制过程，调整时间为三拍，且无波纹、无稳态误差。

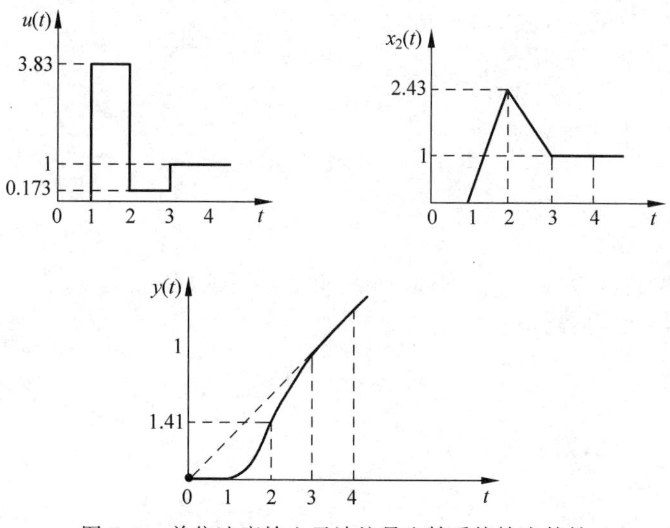

图 7.6　单位速度输入无波纹最少拍系统输出特性

7.1.3　在单位阶跃信号作用下多变量最少拍系统设计

设多变量控制系统如图 7.7 所示，确定数字控制器 $\boldsymbol{D}(z)$，使闭环系统在单位阶跃信号作用下的调整时间的拍数 N 为最少，且无稳态误差和无波纹。

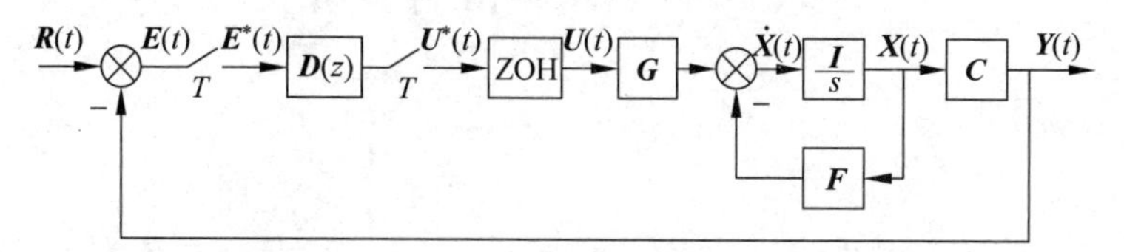

图 7.7　多变量控制系统

被控对象的状态空间表达式为

$$\begin{cases}\dot{\boldsymbol{X}}(t)=\boldsymbol{F}\boldsymbol{X}(t)+\boldsymbol{G}\boldsymbol{U}(t)\\ \boldsymbol{Y}(t)=\boldsymbol{C}\boldsymbol{X}(t)\end{cases}$$

式中，$\boldsymbol{X}(t)$为 $n\times1$ 状态向量，$\boldsymbol{U}(t)$为 $m\times1$ 控制向量，$\boldsymbol{Y}(t)$为 $p\times1$ 输出向量，$\boldsymbol{F}$、$\boldsymbol{G}$、$\boldsymbol{C}$ 分别为 $n\times n$、$n\times m$、$p\times n$ 系数矩阵，$\boldsymbol{R}(t)=\boldsymbol{R}_0$ 为 $p\times1$ 单位阶跃输入向量，$\boldsymbol{E}(t)$为 $p\times1$ 误差向量，$\boldsymbol{D}(z)$为待设计的数字控制器 $m\times p$ 的 Z 传递函数矩阵，假定使用零阶保持器以及系统是完全可控的，采样周期 $T=1\text{s}$，则可得到离散化方程为

$$\begin{cases}\boldsymbol{X}(k+1)=\boldsymbol{AX}(k)+\boldsymbol{BU}(k)\\ \boldsymbol{Y}(k)=\boldsymbol{CX}(k)\end{cases}$$

式中 $\boldsymbol{A}=\mathrm{e}^{FT}$，$\boldsymbol{B}=\boldsymbol{G}\int_{T}^{T}\mathrm{e}^{FT}\mathrm{d}t$。

设计的任务是：确定 $m\times p$ 的数字控制器 $\boldsymbol{D}(z)$，使系统在单位阶跃输入向量 $\boldsymbol{R}(t)=\boldsymbol{R}_0$ 作用下，经过最少拍使系统的输出向量能复现完全输入向量无稳态误差、无波纹。可用数学关系式表示为

$$\begin{cases}\boldsymbol{Y}(t)=\boldsymbol{R}(t)=\boldsymbol{R}_0\\ \dot{\boldsymbol{Y}}(t)=0\end{cases}\qquad t\geqslant t_{\mathrm{f}}=NT$$

其中 N 为正整数。上式可表示为

$$\begin{cases}\boldsymbol{Y}(N)=\boldsymbol{CX}(N)=\boldsymbol{r}_0\\ \dot{\boldsymbol{X}}(N)=0\end{cases}$$

为确定数字控制器 $\boldsymbol{D}(z)$，就要求出 $\boldsymbol{U}(k)$ 和 $\boldsymbol{E}(k)$ 或 $\boldsymbol{U}(z)$ 和 $\boldsymbol{E}(z)$。先确定被控对象在 $\boldsymbol{U}(k)$ 作用下的响应过程，由离散化方程得

$$\boldsymbol{X}(k)=\boldsymbol{A}^k\boldsymbol{X}(0)+\sum_{j=0}^{k-1}\boldsymbol{A}^{k-j-1}\boldsymbol{BU}(j)$$

假定初态 $\boldsymbol{X}(0)=0$，则上式变为

$$\boldsymbol{X}(k)=\sum_{j=0}^{k-1}\boldsymbol{A}^{k-j-1}\boldsymbol{BU}(j)$$

得到

$$\boldsymbol{Y}(k)=\sum_{j=0}^{k-1}\boldsymbol{CA}^{k-j-1}\boldsymbol{BU}(j)$$

要想系统在最少拍内使 $\boldsymbol{Y}(N)=\boldsymbol{R}(N)=\boldsymbol{R}_0$，则可得

$$\boldsymbol{Y}(N)=\sum_{j=0}^{N-1}\boldsymbol{CA}^{N-j-1}\boldsymbol{BU}(j)=\boldsymbol{R}_0$$

或写成矩阵形式

$$\begin{bmatrix}\boldsymbol{CA}^{N-1}\boldsymbol{B} & \boldsymbol{CA}^{N-2}\boldsymbol{B} & \cdots & \boldsymbol{CB}\end{bmatrix}\begin{bmatrix}\boldsymbol{U}(0)\\ \boldsymbol{U}(1)\\ \vdots\\ \boldsymbol{U}(N-1)\end{bmatrix}=\boldsymbol{R}_0$$

上式就是输出跟踪输入的条件，即消除误差的条件，还应加上消除波纹的条件

$$\dot{\boldsymbol{X}}(N)=0$$

可得

$$\dot{\boldsymbol{X}}(N)=\boldsymbol{FX}(N)+\boldsymbol{GU}(N)=\sum_{j=0}^{N-1}\boldsymbol{FA}^{N-j-1}\boldsymbol{BU}(j)+\boldsymbol{GU}(N)=0$$

或者写成矩阵的形式

$$\begin{bmatrix} \boldsymbol{FA}^{N-1}\boldsymbol{B} & \boldsymbol{FA}^{N-2}\boldsymbol{B} & \cdots & \boldsymbol{FB} & \boldsymbol{G} \end{bmatrix} \begin{bmatrix} \boldsymbol{U}(0) \\ \boldsymbol{U}(1) \\ \vdots \\ \boldsymbol{U}(N-1) \\ \boldsymbol{U}(N) \end{bmatrix} = 0$$

将两个矩阵的形式联立成如下方程组

$$\begin{bmatrix} \boldsymbol{CA}^{N-1}\boldsymbol{B} & \boldsymbol{CA}^{N-2}\boldsymbol{B} & \cdots & \boldsymbol{CB} & 0 \\ \boldsymbol{FA}^{N-1}\boldsymbol{B} & \boldsymbol{FA}^{N-2}\boldsymbol{B} & \cdots & \boldsymbol{FB} & \boldsymbol{G} \end{bmatrix} \begin{bmatrix} \boldsymbol{U}(0) \\ \boldsymbol{U}(1) \\ \vdots \\ \boldsymbol{U}(N-1) \\ \boldsymbol{U}(N) \end{bmatrix} = \begin{bmatrix} \boldsymbol{R}_0 \\ 0 \end{bmatrix}$$

显然,上式能满足无稳态误差、无波纹最少拍跟踪条件。因此,如果能从上式解出序列 $\boldsymbol{U}(k)(k=0,1,2,\cdots,N)$ 并能从中确定 N 的值,则 $\boldsymbol{U}(z)$ 就确定了。现假定上式有解且设解的形式为 $\boldsymbol{U}(k)=\boldsymbol{P}(k)\boldsymbol{R}_0(k=0,1,2,\cdots,N)$,其中 $\boldsymbol{P}(k)$ 为 $m\times p$ 矩阵。

当 $k\geqslant 3$ 时,系统的输出应当完全跟踪输入无稳态误差、无波纹,也就是说,当 $k\geqslant 3$ 时 $\boldsymbol{U}(k)$ 应保持恒定,则有 $\boldsymbol{U}(k)=\boldsymbol{U}(N)=\boldsymbol{P}(N)\boldsymbol{R}_0=$ 恒定值,所以 $\boldsymbol{P}(N)$ 是 $m\times p$ 常值矩阵。于是得到

$$\begin{aligned} \boldsymbol{U}(z) &= \sum_{k=0}^{\infty}\boldsymbol{U}(k)z^{-k} \\ &= \sum_{k=0}^{N-1}\boldsymbol{U}(k)z^{-k} + \sum_{k=N}^{\infty}\boldsymbol{U}(k)z^{-k} \\ &= \left[\sum_{k=0}^{N-1}\boldsymbol{P}(k)z^{-k} + \boldsymbol{P}(N)\sum_{k=N}^{\infty}z^{-k}\right]\boldsymbol{R}_0 \\ &= \left[\sum_{k=0}^{N-1}\boldsymbol{P}(k)z^{-k} + \frac{\boldsymbol{P}(N)z^{-N}}{1-z^{-1}}\right]\boldsymbol{R}_0 \end{aligned}$$

为了确定数字控制器 $\boldsymbol{D}(z)$,还应求出 $\boldsymbol{E}(k)$ 或 $\boldsymbol{E}(z)$,则

$$\boldsymbol{E}(k)=\boldsymbol{R}(k)-\boldsymbol{Y}(k)=\boldsymbol{R}_0-\sum_{j=0}^{k-1}\left[\boldsymbol{CA}^{k-j-1}\boldsymbol{BU}(j)\right]$$

将 $\boldsymbol{U}(k)=\boldsymbol{P}(k)\boldsymbol{R}_0$ 代入上式,得到

$$\boldsymbol{E}(k)=\left[\boldsymbol{I}-\sum_{j=0}^{k-1}\boldsymbol{CA}^{k-j-1}\boldsymbol{BP}(j)\right]\boldsymbol{R}_0$$

注意到当系统输出完全跟踪输入时,有 $\boldsymbol{E}(k)=0$,于是得到

$$\begin{aligned} \boldsymbol{E}(z) &= \sum_{k=0}^{\infty}\boldsymbol{E}(k)z^{-k} \\ &= \sum_{k=0}^{N-1}\boldsymbol{E}(k)z^{-k} \\ &= \sum_{k=0}^{N-1}\left[\boldsymbol{I}-\sum_{j=0}^{k-1}\boldsymbol{CA}^{k-j-1}\boldsymbol{BP}(j)\right]\boldsymbol{R}_0 z^{-k} \end{aligned}$$

则

$$\left[\sum_{k=0}^{N-1}\boldsymbol{P}(k)z^{-k}+\frac{\boldsymbol{P}(N)z^{-N}}{1-z^{-1}}\right]\boldsymbol{R}_0=\boldsymbol{D}(z)\left\{\sum_{k=0}^{N-1}\left[\boldsymbol{I}-\sum_{j=0}^{k-1}\boldsymbol{CA}^{k-j-1}\boldsymbol{BP}(j)\right]z^{-k}\right\}\boldsymbol{R}_0$$

$$\begin{aligned}\boldsymbol{D}(z)&=\frac{\boldsymbol{U}(z)}{\boldsymbol{E}(z)}\\&=\left[\sum_{k=0}^{N-1}\boldsymbol{P}(k)z^{-k}+\frac{\boldsymbol{P}(N)z^{-N}}{1-z^{-1}}\right]\left[\sum_{k=0}^{N-1}\left[\boldsymbol{I}-\sum_{j=0}^{k-1}\boldsymbol{CA}^{k-j-1}\boldsymbol{BP}(j)\right]z^{-k}\right]^{-1}\end{aligned}$$

为了满足$(p+n)$个跟踪条件,从解得的$(N+1)$个$m\times1$控制向量序列中至少提供$(p+n)$个控制参数,即

$$(N+1)m\geqslant(p+n)$$

最少拍数N应取满足上式的最小整数。

1. 当 $n=2,m=p=1$ 时

这是单输入单输出的二阶系统,对象状态空间方程为

$$\begin{bmatrix}\dot{x}_1(t)\\\dot{x}_2(t)\end{bmatrix}=\begin{bmatrix}0&1\\0&-1\end{bmatrix}\begin{bmatrix}x_1(t)\\x_2(t)\end{bmatrix}+\begin{bmatrix}0\\1\end{bmatrix}u(t)$$

$$y(t)=\begin{bmatrix}1&0\end{bmatrix}\begin{bmatrix}x_1(t)\\x_2(t)\end{bmatrix}$$

设使用零阶保持器,采样周期$T=1s$,对上式离散化,则有

$$\boldsymbol{A}=\begin{bmatrix}1&1-e^{-1}\\0&e^{-1}\end{bmatrix}=\begin{bmatrix}1&0.632\\0&0.368\end{bmatrix}$$

$$\boldsymbol{B}=\begin{bmatrix}e^{-1}\\1-e^{-1}\end{bmatrix}=\begin{bmatrix}0.368\\0.632\end{bmatrix}$$

则

$$\boldsymbol{CB}=\begin{bmatrix}1&0\end{bmatrix}\begin{bmatrix}0.368\\0.632\end{bmatrix}=0.368$$

$$\boldsymbol{CAB}=\begin{bmatrix}1&0\end{bmatrix}\begin{bmatrix}1&0.632\\0&0.368\end{bmatrix}\begin{bmatrix}0.368\\0.632\end{bmatrix}=0.768$$

$$\boldsymbol{FB}=\begin{bmatrix}0&1\\0&-1\end{bmatrix}\begin{bmatrix}0.368\\0.632\end{bmatrix}=\begin{bmatrix}0.368\\-0.632\end{bmatrix}$$

$$\boldsymbol{FAB}=\begin{bmatrix}0&1\\0&-1\end{bmatrix}\begin{bmatrix}1&0.632\\0&0.368\end{bmatrix}\begin{bmatrix}0.368\\0.632\end{bmatrix}=\begin{bmatrix}0.233\\-0.233\end{bmatrix}$$

根据前面介绍的N的求法,当$N=2$,得

$$\begin{bmatrix}0.768&0.368&0\\0.233&0.632&0\\-0.233&-0.632&1\end{bmatrix}\begin{bmatrix}u(0)\\u(1)\\u(2)\end{bmatrix}=\begin{bmatrix}r_0\\0\\0\end{bmatrix}$$

求解上式得到

$$\begin{bmatrix}u(0)\\u(1)\\u(2)\end{bmatrix}=\begin{bmatrix}1.58\\-0.58\\0\end{bmatrix}r_0$$

因此，有

$$\begin{bmatrix} p(0) \\ p(1) \\ p(2) \end{bmatrix} = \begin{bmatrix} 1.58 \\ -0.58 \\ 0 \end{bmatrix}$$

可见，经过两拍就能完全消除稳态误差且无波纹，数字控制器为

$$\begin{aligned} D(z) &= \left[p(0) + z^{-1}p(1) + \frac{z^{-2}}{1-z^{-1}}p(2)\right]\left[1 + \{1 - \boldsymbol{CB}p(0)\}z^{-1}\right]^{-1} \\ &= \frac{1.58 - 0.58z^{-1}}{1 + 0.419z^{-1}} \end{aligned}$$

这和前面的结果一致。

2. 当 $n=4, m=p=2$ 时

假定给定对象状态空间方程为

$$\begin{bmatrix} \dot{x}_1(t) \\ \dot{x}_2(t) \\ \dot{x}_3(t) \\ \dot{x}_4(t) \end{bmatrix} = \begin{bmatrix} 0 & 1 & 0 & 2 \\ 0 & -1 & 0 & 0 \\ 0 & 1 & 0 & 1 \\ 0 & 0 & 0 & -1 \end{bmatrix} \begin{bmatrix} x_1(t) \\ x_2(t) \\ x_3(t) \\ x_4(t) \end{bmatrix} + \begin{bmatrix} 0 & 0 \\ 1 & 0 \\ 0 & 0 \\ 0 & 1 \end{bmatrix} \begin{bmatrix} u_1(t) \\ u_2(t) \end{bmatrix}$$

$$\begin{bmatrix} y_1(t) \\ y_2(t) \end{bmatrix} = \begin{bmatrix} 1 & 0 & 0 & 0 \\ 0 & 0 & 1 & 0 \end{bmatrix} \begin{bmatrix} x_1(t) \\ x_2(t) \\ x_3(t) \\ x_4(t) \end{bmatrix}$$

其中

$$\boldsymbol{F} = \begin{bmatrix} 0 & 1 & 0 & 2 \\ 0 & -1 & 0 & 0 \\ 0 & 1 & 0 & 1 \\ 0 & 0 & 0 & -1 \end{bmatrix}, \quad \boldsymbol{G} = \begin{bmatrix} 0 & 0 \\ 1 & 0 \\ 0 & 0 \\ 0 & 1 \end{bmatrix}, \quad \boldsymbol{C} = \begin{bmatrix} 1 & 0 & 0 & 0 \\ 0 & 0 & 1 & 0 \end{bmatrix}$$

设使用零阶保持器，采样周期 $T=1s$，将对象方程离散化得

$$\boldsymbol{A} = \mathrm{e}^{FT} = \begin{bmatrix} 1 & 0.632 & 0 & 1.264 \\ 0 & 0.368 & 0 & 0 \\ 0 & 0.632 & 1 & 0.632 \\ 0 & 0 & 0 & 0.368 \end{bmatrix}, \quad \boldsymbol{B} = \int_0^T \mathrm{e}^{FT}\,\mathrm{d}t\boldsymbol{G} = \begin{bmatrix} 0.368 & 0.736 \\ 0.632 & 0 \\ 0.368 & 0.368 \\ 0 & 0.632 \end{bmatrix}$$

$$\boldsymbol{CB} = \begin{bmatrix} 0.368 & 0.732 \\ 0.368 & 0.368 \end{bmatrix}, \quad \boldsymbol{CAB} = \begin{bmatrix} 0.768 & 1.536 \\ 0.768 & 0.768 \end{bmatrix}$$

$$\boldsymbol{FB} = \begin{bmatrix} 0.632 & 1.264 \\ -0.632 & 0 \\ 0.632 & 0.632 \\ 0 & -0.632 \end{bmatrix}, \quad \boldsymbol{FAB} = \begin{bmatrix} 0.233 & 0.466 \\ -0.233 & 0 \\ 0.233 & 0.233 \\ 0 & -0.233 \end{bmatrix}$$

根据前面介绍的 N 的求法，$N=2$，得

$$\begin{bmatrix} \boldsymbol{CAB} & \boldsymbol{CB} & 0 \\ \boldsymbol{FABA} & \boldsymbol{FB} & 0 \end{bmatrix} \begin{bmatrix} \boldsymbol{U}(0) \\ \boldsymbol{U}(1) \\ \boldsymbol{U}(2) \end{bmatrix} = \begin{bmatrix} \boldsymbol{R}_0 \\ 0 \end{bmatrix}$$

即

$$\begin{bmatrix} 0.768 & 1.536 & 0.368 & 0.736 \\ 0.768 & 0.768 & 0.368 & 0.368 \\ 0.233 & 0.466 & 0.632 & 1.264 \\ -0.233 & 0 & -0.632 & 0 \\ 0.233 & 0.233 & 0.632 & 0.632 \\ 0 & -0.233 & 0 & -0.632 \end{bmatrix} \begin{bmatrix} 0 & 0 \\ 0 & 0 \\ 0 & 0 \\ 1 & 0 \\ 0 & 0 \\ 0 & 1 \end{bmatrix} \begin{bmatrix} \boldsymbol{U}(0) \\ \boldsymbol{U}(1) \\ \boldsymbol{U}(2) \end{bmatrix} = \begin{bmatrix} \boldsymbol{R}_0 \\ 0 \end{bmatrix}$$

由于 $m=p=2$,故 $\boldsymbol{R}_0$ 为 2×1 向量。得到

$$\boldsymbol{U}(0) = \begin{bmatrix} -1.58 & 3.16 \\ 1.58 & -1.58 \end{bmatrix} \boldsymbol{R}_0 = \boldsymbol{P}(0)\boldsymbol{R}_0$$

$$\boldsymbol{U}(1) = \begin{bmatrix} 0.58 & -1.16 \\ -0.58 & 0.58 \end{bmatrix} \boldsymbol{R}_0 = \boldsymbol{P}(1)\boldsymbol{R}_0$$

$$\boldsymbol{U}(2) = \begin{bmatrix} 0 & 0 \\ 0 & 0 \end{bmatrix} \boldsymbol{R}_0 = \boldsymbol{P}(2)\boldsymbol{R}_0$$

所以

$$\boldsymbol{P}(0) = \begin{bmatrix} -1.58 & 3.16 \\ 1.58 & -1.58 \end{bmatrix}$$

$$\boldsymbol{P}(1) = \begin{bmatrix} 0.58 & -1.16 \\ -0.58 & 0.58 \end{bmatrix}$$

$$\boldsymbol{P}(2) = \begin{bmatrix} 0 & 0 \\ 0 & 0 \end{bmatrix}$$

$$\begin{aligned} \boldsymbol{D}(z) &= \left[\boldsymbol{P}(0) + \boldsymbol{P}(1)z^{-1} + \frac{\boldsymbol{P}(2)z^{-2}}{1-z^{-1}}\right]\left[\boldsymbol{I} + z^{-1}[\boldsymbol{I} - \boldsymbol{CBP}(0)]\right]^{-1} \\ &= \begin{bmatrix} \dfrac{-1.58+0.58z^{-1}}{1+0.42z^{-1}} & \dfrac{3.16-1.16z^{-1}}{1+0.42z^{-1}} \\ \dfrac{1.58-0.58z^{-1}}{1+0.42z^{-1}} & \dfrac{-1.58+0.58z^{-1}}{1+0.42z^{-1}} \end{bmatrix} \end{aligned}$$

7.2 线性离散系统的极点配置与观测器

本节介绍的极点配置属于状态反馈闭环系统设计,它是根据给定状态反馈闭环系统的特征值(极点)来设计的。本节中把以前称为控制对象的都称为原系统,且假定原系统是状态完全可控且完全可测的。

7.2.1 用状态反馈实现指定的极点配置

用反馈矩阵 $\boldsymbol{K}$ 与原系统构成的状态反馈闭环系统根如图 7.8 所示。

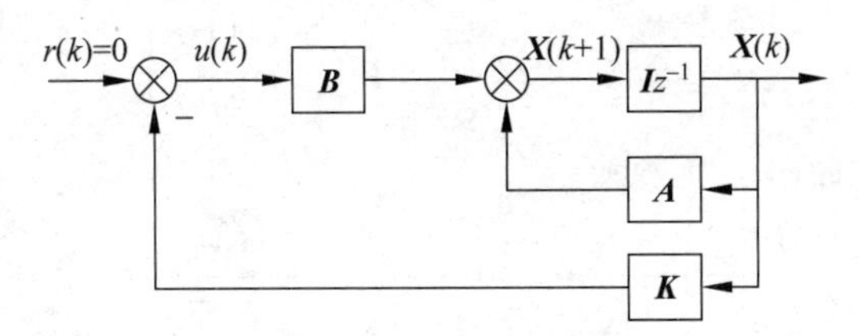

图 7.8　有反馈矩阵的控制系统

设原系统的状态方程(未加入 $\boldsymbol{K}$ 之前)为

$$\boldsymbol{X}(k+1)=\boldsymbol{AX}(k)+\boldsymbol{B}u(k)$$

式中 $\boldsymbol{X}(k)$为 $n\times 1$ 状态向量,$u(k)$为标量控制序列,即为单输入系统,加入反馈矩阵 $\boldsymbol{K}$ 之后构成了状态反馈闭环系统,其闭环状态方程为

$$\boldsymbol{X}(k+1)=\boldsymbol{AX}(k)+\boldsymbol{B}[-\boldsymbol{KX}(k)]=(\boldsymbol{A}-\boldsymbol{BK})\boldsymbol{X}(k)$$

而相应的反馈控制信号为

$$u(k)=-\boldsymbol{KX}(k)$$

式中 $\boldsymbol{K}$ 为 $1\times n$ 矩阵,是需要设计的状态反馈矩阵。假设 $\boldsymbol{K}$ 的形式为

$$\boldsymbol{K}=[\boldsymbol{K}_1\quad \boldsymbol{K}_2\quad \cdots\quad \boldsymbol{K}_n]$$

则闭环系统的特征方程为

$$\det[z\boldsymbol{I}(\boldsymbol{A}-\boldsymbol{BK})]=0$$

由上式可知,由于 $\boldsymbol{A}$、$\boldsymbol{B}$ 是给定的原系统所决定的已知系数矩阵,$\boldsymbol{K}$ 是待设计的状态反馈矩阵,且 $\boldsymbol{K}$ 的每个元素的值均可根据需要而任意选定,因此,闭环系统的特征值(极点)可以配置在任何所需要的位置上(一般来说应位于 Z 平面的单位圆内正实轴附近且靠近原点为宜)。这里使用了极点配置定理:状态反馈闭环系统能任意配置极点的充要条件是原系统状态完全可控。这个定理与连续系统的极点配置定理的概念是一样的,它是设计反馈矩阵 $\boldsymbol{K}$ 的基本定理,对单输入单输出系统和多输入多输出系统都适用。

例 7.1　设原系统状态方程为

$$\begin{bmatrix} x_1(k+1) \\ x_2(k+1) \end{bmatrix}=\begin{bmatrix} 1 & -1 \\ 0 & 1 \end{bmatrix}\begin{bmatrix} x_1(k) \\ x_2(k) \end{bmatrix}+\begin{bmatrix} 1 \\ 1 \end{bmatrix}u(k)$$

试确定状态反馈闭环控制 $u(k)=-\boldsymbol{KX}(k)$的反馈矩阵 $\boldsymbol{K}$,使状态反馈闭环系统具有指定的特征值 $z_1=0.4$ 与 $z_2=0.6$。

解:状态反馈闭环系统的特征方程为

$$\det[z\boldsymbol{I}-(\boldsymbol{A}-\boldsymbol{BK})]=z^2+(K_1+K_2-2)z+(1-2K_1-K_2)=0$$

由指定的特征值 $z_1=0.4$ 与 $z_2=0.6$ 得

$$\det[z\boldsymbol{I}-(\boldsymbol{A}-\boldsymbol{BK})]=z^2-z+0.24$$

比较两式可得

$$\begin{cases} K_1+K_2-2=-1 \\ 1-2K_1-K_2=0.24 \end{cases}$$

由此解得 $K_1=-0.24$,$K_2=1.24$,因而有

$$u(k)=-\boldsymbol{KX}(k)$$

$$=-\begin{bmatrix}-0.24 & 1.24\end{bmatrix}\begin{bmatrix}x_1(k)\\x_2(k)\end{bmatrix}$$

状态反馈闭环系统如图 7.9 所示。

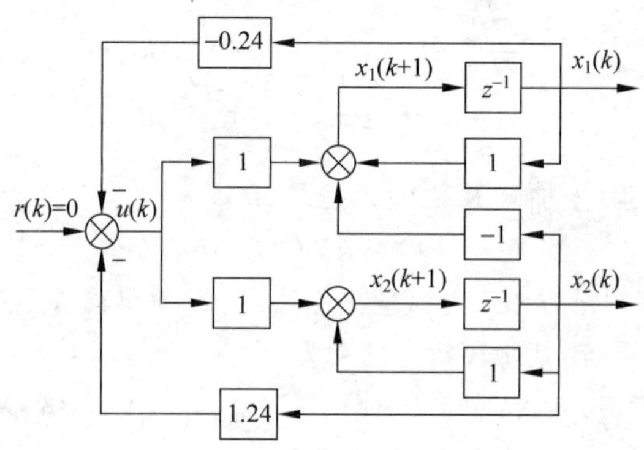

图 7.9 状态反馈闭环系统

设状态完全可控的原系统为

$$\boldsymbol{X}(k+1)=\boldsymbol{AX}(k)+\boldsymbol{B}u(k)$$

其中 $u(k)$为标量控制序列,设其特征方程可表示为

$$\det[z\boldsymbol{I}-\boldsymbol{A}]=z^n+a_{n-1}z^{n-1}+\cdots+a_1z+a_0=0$$

式中系数 a_i 由已知系数矩阵 $\boldsymbol{A}$ 决定,故 a_i 是已知的,原系统的可控性矩阵 $\boldsymbol{M}$ 为

$$\boldsymbol{M}=[\boldsymbol{B}\quad \boldsymbol{AB}\quad \cdots\quad \boldsymbol{A}^{n-1}\boldsymbol{B}]$$

将原系统变换成可控标准型的变换矩阵为

$$\boldsymbol{P}=\begin{bmatrix}\boldsymbol{B} & \boldsymbol{AB} & \cdots & \boldsymbol{A}^{n-1}\boldsymbol{B}\end{bmatrix}\begin{bmatrix}a_1 & a_2 & \cdots & a_{n-1} & 1\\ a_2 & a_3 & \cdots & 1 & 0\\ \vdots & \vdots & \ddots & \vdots & \vdots\\ a_{n-1} & 1 & \cdots & 0 & 0\\ 1 & 0 & \cdots & 0 & 0\end{bmatrix}$$

则可控标准型状态方程为

$$\bar{\boldsymbol{X}}(k+1)=\bar{\boldsymbol{A}}\bar{\boldsymbol{X}}(k)+\bar{\boldsymbol{B}}u(k)$$

式中系数矩阵分别为

$$\bar{\boldsymbol{A}}=\boldsymbol{P}^{-1}\boldsymbol{AP}=\begin{bmatrix}0 & 1 & 0 & \cdots & 0\\ 0 & 0 & 1 & \cdots & 0\\ \vdots & \vdots & \vdots & \ddots & \vdots\\ 0 & 0 & 0 & \cdots & 1\\ -a_0 & -a_1 & -a_2 & \cdots & -a_{n-1}\end{bmatrix}$$

$$\bar{\boldsymbol{B}}=\boldsymbol{P}^{-1}\boldsymbol{B}=\begin{bmatrix}0\\ \vdots\\ 0\\ 1\end{bmatrix}$$

设对应的可控标准型的状态反馈矩阵为

$$\bar{K}=[\bar{K}_1 \quad \bar{K}_2 \quad \cdots \quad \bar{K}_n]$$

反馈控制信号序列为

$$u(k)=-\bar{K}\bar{X}(k)$$

则对应于可控标准型的状态反馈闭环系统的状态方程为

$$\bar{X}(k+1)=(\bar{A}-\bar{B}\bar{K})\bar{X}(k)$$

式中 $\bar{B}\bar{K}$ 和 $\bar{A}-\bar{B}\bar{K}$ 分别为

$$\bar{B}\bar{K}=\begin{bmatrix}0\\ \vdots\\ 0\\ 1\end{bmatrix}[\bar{K}_1 \quad \bar{K}_2 \quad \cdots \quad \bar{K}_n]=\begin{bmatrix}0 & 1 & \cdots & 0\\ 0 & 0 & \cdots & 0\\ \vdots & \vdots & \ddots & \vdots\\ 0 & 0 & \cdots & 1\\ \bar{K}_1 & \bar{K}_2 & \cdots & \bar{K}_n\end{bmatrix}$$

$$\bar{A}-\bar{B}\bar{K}=\begin{bmatrix}0 & 1 & \cdots & 0\\ 0 & 0 & \cdots & 0\\ \vdots & \vdots & \ddots & \vdots\\ 0 & 0 & \cdots & 1\\ -(a_0+\bar{K}_1) & -(a_1+\bar{K}_2) & \cdots & -(a_{n-1}+\bar{K}_n)\end{bmatrix}$$

于是,得到对应于可控标准型的状态反馈闭环系统的特征方程为

$$\det[z\boldsymbol{I}-(\bar{A}-\bar{B}\bar{K})]=z^n+(a_{n-1}+\bar{K}_n)z^{n-1}+\cdots+(a_1+\bar{K}_2)z+(a_0+\bar{K}_1)=0$$

现设所需要的闭环特征值指定为 $z_i(i=1,2,\cdots,n)$,则所需要的闭环特征方程为

$$\begin{aligned}\det[z\boldsymbol{I}-(\bar{A}-\bar{B}\bar{K})]&=\sum_{i=1}^{n}(z-z_i)\\ &=(z-z_1)(z-z_2)(z-z_n)\\ &=z^n+\bar{a}_{n-1}z^{n-1}+\cdots+\bar{a}_1z+\bar{a}_0=0\end{aligned}$$

比较两式,则得到

$$\begin{cases}\bar{K}_1=\bar{a}_0-a_0\\ \bar{K}_2=\bar{a}_1-a_1\\ \quad\vdots\\ \bar{K}_n=\bar{a}_{n-1}-a_{n-1}\end{cases}$$

而对应于原系统的状态反馈矩阵 $\boldsymbol{K}$ 为

$$\boldsymbol{K}=\bar{K}\boldsymbol{P}^{-1}=[K_1 \quad K_2 \quad \cdots \quad K_n]$$

例 7.2 对于例 7.1 给定的系统状态方程,试利用可控标准型求状态反馈矩阵 $\boldsymbol{K}$。

解:原系统的系数矩阵为

$$\boldsymbol{A}=\begin{bmatrix}1 & -1\\ 0 & 1\end{bmatrix},\quad \boldsymbol{B}=\begin{bmatrix}1\\ 1\end{bmatrix}$$

则

$$\text{rank}[\boldsymbol{B} \quad \boldsymbol{AB}]=\text{rank}\begin{bmatrix}1 & 0\\ 1 & 1\end{bmatrix}=2$$

原系统状态完全可控,故可按可控标准型来设计状态反馈系统。原系统的特征方程为

$$\det[z\boldsymbol{I}-\boldsymbol{A}]=(z-1)^2=z^2-2z+1=0$$

可知原系统的两个特征值均为1,原系统不稳定,需要加入状态反馈使所得到的闭环系统稳定,且有所需要的指定的特征值。由上式得到原系统特征方程的系数 $a_1=-2$ 和 $a_2=1$。因而得到变换矩阵为

$$\boldsymbol{P}=[\boldsymbol{B}\quad \boldsymbol{AB}]\begin{bmatrix} a_1 & 1 \\ 1 & 0 \end{bmatrix}=\begin{bmatrix} 1 & 0 \\ 1 & 1 \end{bmatrix}\begin{bmatrix} -2 & 0 \\ 1 & 1 \end{bmatrix}=\begin{bmatrix} -2 & 1 \\ -1 & 1 \end{bmatrix}$$

$$\boldsymbol{P}^{-1}=\begin{bmatrix} -1 & 1 \\ -1 & 2 \end{bmatrix}$$

可控标准型的系数矩阵为

$$\bar{\boldsymbol{A}}=\boldsymbol{P}^{-1}\boldsymbol{AP}=\begin{bmatrix} 0 & 1 \\ -1 & 2 \end{bmatrix}$$

$$\bar{\boldsymbol{B}}=\boldsymbol{P}^{-1}\boldsymbol{B}=\begin{bmatrix} 0 \\ 1 \end{bmatrix}$$

由指定的特征值 $z_1=0.4$ 与 $z_2=0.6$,可得到

$$\det[z\boldsymbol{I}-(\bar{\boldsymbol{A}}-\bar{\boldsymbol{B}}\bar{\boldsymbol{K}})]=\sum_{i=1}^{2}(z-z_i)=(z-0.4)(z-0.6)=z^2-z+0.24=0$$

故有 $\bar{a}_0=0.24$,$\bar{a}_1=-1$。可得到

$$\begin{cases} \bar{K}_1=\bar{a}_0-a_0=0.24-1=-0.76 \\ \bar{K}_2=\bar{a}_1-a_1=-1-(-2)=1 \end{cases}$$

$$\bar{\boldsymbol{K}}=[\bar{K}_1\quad \bar{K}_2]=[-0.76\quad 1]$$

$$\boldsymbol{K}=\bar{\boldsymbol{K}}\boldsymbol{P}^{-1}=[-0.76\quad 1]\begin{bmatrix} -1 & 1 \\ -1 & 2 \end{bmatrix}=[-0.24\quad 1.24]$$

于是,得到状态反馈控制为

$$\begin{aligned} u(k)&=-\boldsymbol{KX}(k) \\ &=-[-0.24\quad 1.24]\begin{bmatrix} x_1(k) \\ x_2(k) \end{bmatrix} \end{aligned}$$

与例7.1结果一致。

应指出,由于状态反馈闭环系统的特征值是根据需要而指定的,当然也就可以将全部特征值都指定位于Z平面单位圆的圆心上,这就得到最少拍状态反馈闭环系统。

例7.3 设原系统的状态方程为

$$\boldsymbol{X}(k+1)=\begin{bmatrix} 0 & 1 & 0 \\ 0 & 0 & 1 \\ 0.3679 & -1.5809 & 2.2130 \end{bmatrix}\boldsymbol{X}(k)+\begin{bmatrix} 0 \\ 0 \\ 1 \end{bmatrix}u(k)$$

要求加入状态反馈矩阵 $\boldsymbol{K}$,构成的闭环系统的特征值全部为零。试确定状态反馈矩阵 $\boldsymbol{K}$。

解:原系统的状态方程已经是可控标准型,其特征方程为

$$\det[z\boldsymbol{I}-\boldsymbol{A}]=z^3-2.213z^2+1.5809z-0.3679=0$$

系数为 $a_0=-0.3679$,$a_1=1.5809$,$a_2=-2.2130$;若构成的闭环系统的特征值全部为零,

则希望的特征方程为

$$\det[z\boldsymbol{I}-\boldsymbol{A}]=z^3=0$$

系数为 $\bar{a}_0=\bar{a}_1=\bar{a}_2=0$。

设闭环系统的反馈矩阵为 $\boldsymbol{K}=[\bar{K}_1 \quad \bar{K}_2 \quad \bar{K}_3]$,则可得到

$$\begin{cases}\bar{K}_1=\bar{a}_0-a_0=0.3679\\ \bar{K}_2=\bar{a}_1-a_1=-1.5809\\ \bar{K}_3=\bar{a}_2-a_2=2.2130\end{cases}$$

于是,得到状态反馈控制为

$$\begin{aligned}u(k)&=-\boldsymbol{KX}(k)\\ &=-[0.3679 \quad -1.5809 \quad 2.2130]\begin{bmatrix}x_1(k)\\ x_2(k)\\ x_3(k)\end{bmatrix}\end{aligned}$$

应说明两点：首先,这里应用极点配置设计的状态反馈闭环系统都假定整个系统的参考输入信号 $r(kT)=0$,即所讨论的状态反馈闭环系统的调节器问题,对于实际上 $r(kT)\neq 0$ 的情况,所讨论的方法是适用的；其次,都假定每一个状态变量是可测的,且在物理上可直接取作反馈信号之用。但在实际中,每个状态变量未必都能直接取出来作为反馈信号使用,在这种情况下,可以用下面介绍的状态观测器,将状态变量观测(或重构)出来作为状态反馈信号使用,以构成带观测器的状态反馈闭环系统。有时为了区分,把前者叫作直接状态反馈系统,把后者叫作带观测器的状态反馈系统。

7.2.2 状态观测器

1. 观测器的设计

离散系统的状态观测器的设计方法和连续系统的设计方法很类似,因此,只做简单介绍且只介绍全阶观测器。

由全阶观测器组成的状态反馈闭环系统如图 7.10 所示。它是用观测状态 $\hat{\boldsymbol{X}}(k)$(也称为估值)通过状态反馈矩阵 $\boldsymbol{K}$ 来产生反馈信号,而形成带观测器的状态反馈闭环系统。

在图 7.10 中 $\hat{\boldsymbol{X}}(k)$ 与 $\boldsymbol{X}(k)$ 为 $n\times 1$ 向量,$\hat{\boldsymbol{Y}}(k)$ 与 $\boldsymbol{Y}(k)$ 为 $p\times 1$ 向量,$\boldsymbol{U}(k)$ 与 $\boldsymbol{R}(k)$ 为 $m\times 1$ 向量,系数矩阵 $\boldsymbol{A}$、$\boldsymbol{B}$、$\boldsymbol{C}$ 分别为 $n\times n$、$n\times m$、$p\times n$ 矩阵,反馈矩阵 $\boldsymbol{K}$ 为 $m\times n$ 矩阵,补偿矩阵 $\boldsymbol{G}$ 为 $n\times m$ 矩阵。其中反馈矩阵 $\boldsymbol{K}$ 可用前面的极点配置设计法来设计,也可用最优控制理论或其他方法来设计。

设状态完全可测的原系统状态空间表达式为

$$\begin{cases}\boldsymbol{X}(k+1)=\boldsymbol{AX}(k)+\boldsymbol{BU}(k)\\ \boldsymbol{Y}(k)=\boldsymbol{CX}(k)\end{cases}$$

含补偿器 $\boldsymbol{G}$ 的状态观测器的状态空间表达式为

$$\begin{cases}\hat{\boldsymbol{X}}(k+1)=\boldsymbol{A}\hat{\boldsymbol{X}}(k)-\boldsymbol{G}[\hat{\boldsymbol{Y}}(k)-\boldsymbol{Y}(k)]+\boldsymbol{BU}(k)\\ \hat{\boldsymbol{Y}}(k)=\boldsymbol{C}\hat{\boldsymbol{X}}(k)\end{cases}$$

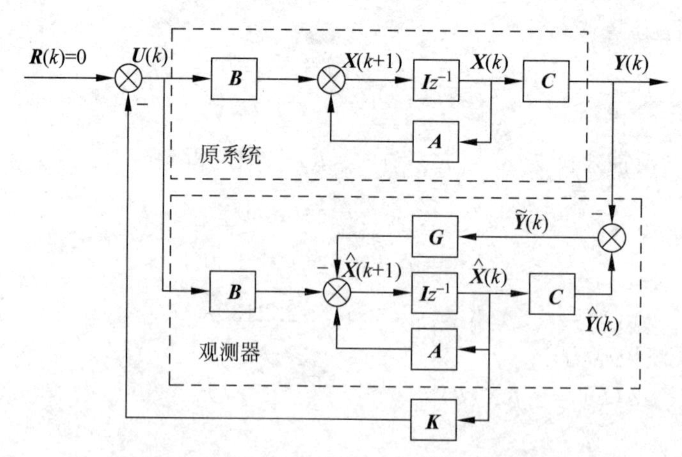

图 7.10　观测器组成的状态反馈闭环系统

由此得到含补偿器 $\boldsymbol{G}$ 的状态观测器的状态方程为

$$\hat{\boldsymbol{X}}(k+1)=(\boldsymbol{A}-\boldsymbol{GC})\hat{\boldsymbol{X}}(k)+\boldsymbol{GCX}(k)+\boldsymbol{BU}(k)$$

将观测器的状态方程与原系统的状态方程的第一组相减得

$$\begin{aligned}\widetilde{\boldsymbol{X}}(k+1)&=\hat{\boldsymbol{X}}(k+1)-\boldsymbol{X}(k+1)\\&=\boldsymbol{A}[\hat{\boldsymbol{X}}(k)-\boldsymbol{X}(k)]-\boldsymbol{GC}[\hat{\boldsymbol{X}}(k)-\boldsymbol{X}(k)]\\&=(\boldsymbol{A}-\boldsymbol{GC})\widetilde{\boldsymbol{X}}(k)\end{aligned}$$

其特征方程为

$$\det[z\boldsymbol{I}-(\boldsymbol{A}-\boldsymbol{GC})]=0$$

可见，选择适当的补偿器 $\boldsymbol{G}$，可以使矩阵$(\boldsymbol{A}-\boldsymbol{GC})$的特征值配置在Z平面单位圆内所需要的位置上，使误差状态 $\widetilde{\boldsymbol{X}}(k)=\hat{\boldsymbol{X}}(k)-\boldsymbol{X}(k)$尽快衰减到零，即使得 $\widetilde{\boldsymbol{X}}(k)$尽快等于 $\boldsymbol{X}(k)$，因而，观测器的估值状态 $\hat{\boldsymbol{X}}(k)$就可以近似代表原系统的状态 $\boldsymbol{X}(k)$，并用 $\hat{\boldsymbol{X}}(k)$代替 $\boldsymbol{X}(k)$作为状态反馈信号。这就要求矩阵$(\boldsymbol{A}-\boldsymbol{GC})$的特征值可以按需要而任意配置，也就要求原系统是状态完全可测的。这就是观测器的极点配置定理，它和连续系统观测器的极点配置定理的概念是一样的。这个定理是设计补偿器 $\boldsymbol{G}$ 的基本定理。

例 7.4　设原系统的状态空间方程为

$$\begin{bmatrix}x_1(k+1)\\x_2(k+1)\end{bmatrix}=\begin{bmatrix}0&1\\-1&1\end{bmatrix}\begin{bmatrix}x_1(k)\\x_2(k)\end{bmatrix}+\begin{bmatrix}0\\1\end{bmatrix}u(k)$$

$$y(k)=[2\quad 0]\begin{bmatrix}x_1(k)\\x_2(k)\end{bmatrix}$$

假设观测器的两个特征值指定在Z平面单位圆的圆心，试设计状态观测器的补偿器 $\boldsymbol{G}$。

解：求原系统的可测矩阵为

$$\text{rank}\begin{bmatrix}\boldsymbol{C}\\\boldsymbol{CA}\end{bmatrix}=\text{rank}\begin{bmatrix}2&0\\0&2\end{bmatrix}=2$$

故原系统状态完全可测。

本例是单输入单输出系统，即 $m=p=1$，而 $n=2$，故可设补偿器矩阵为

$$G=\begin{bmatrix}g_1\\g_2\end{bmatrix}$$

它是 2×1 矩阵。由此可得到 $\boldsymbol{GC}$ 矩阵为

$$\boldsymbol{GC}=\begin{bmatrix}g_1\\g_2\end{bmatrix}\begin{bmatrix}2 & 0\end{bmatrix}=\begin{bmatrix}2g_1 & 0\\2g_2 & 0\end{bmatrix}$$

于是,得到

$$\boldsymbol{A}-\boldsymbol{GC}=\begin{bmatrix}-2g_1 & 1\\-1-2g_2 & 1\end{bmatrix}$$

因此,可得到含补偿器 G 的状态观测器的特征方程为

$$\det[z\boldsymbol{I}-(\boldsymbol{A}-\boldsymbol{GC})]=\begin{vmatrix}z+2g_1 & -1\\1+2g_2 & z-1\end{vmatrix}$$
$$=z^2+(2g_1-1)z+(1-2g_1+2g_2)=0$$

已知状态观测器的两个特征值指定位于 Z 平面单位圆的圆心上,即

$$\det[z\boldsymbol{I}-(\boldsymbol{A}-\boldsymbol{GC})]=z^2=0$$

则由上两式对应项系数相等,可得到

$$\begin{cases}2g_1-1=0\\1-2g_1+2g_2=0\end{cases}$$

由此,可解得 $g_1=0.5,g_2=0$,补偿器 $\boldsymbol{G}$ 为

$$\boldsymbol{G}=\begin{bmatrix}g_1\\g_2\end{bmatrix}=\begin{bmatrix}0.5\\0\end{bmatrix}$$

2. 带观测器的状态反馈闭环系统

根据图 7.10,可得

$$\begin{aligned}\boldsymbol{X}(k+1)&=\boldsymbol{AX}(k)-\boldsymbol{BK}\hat{\boldsymbol{X}}(k)\\&=\boldsymbol{AX}(k)-\boldsymbol{BK}\hat{\boldsymbol{X}}(k)+\boldsymbol{BKX}(k)-\boldsymbol{BKX}(k)\\&=(\boldsymbol{A}-\boldsymbol{BK})\boldsymbol{X}(k)-\boldsymbol{BK}\tilde{\boldsymbol{X}}(k)\end{aligned}$$

$$\begin{aligned}\tilde{\boldsymbol{X}}(k+1)&=\hat{\boldsymbol{X}}(k+1)-\boldsymbol{X}(k+1)\\&=\boldsymbol{A}[\hat{\boldsymbol{X}}(k)-\boldsymbol{X}(k)]-\boldsymbol{GC}[\hat{\boldsymbol{X}}(k)-\boldsymbol{X}(k)]\\&=(\boldsymbol{A}-\boldsymbol{GC})\tilde{\boldsymbol{X}}(k)\end{aligned}$$

又

$$\boldsymbol{Y}(k)=\boldsymbol{CX}(k)$$

将上式进行合并,组成一个复合系统,即组成带观测器的状态反馈闭环系统的整体,其状态空间方程为

$$\begin{bmatrix}\boldsymbol{X}(k+1)\\\tilde{\boldsymbol{X}}(k+1)\end{bmatrix}=\begin{bmatrix}\boldsymbol{A}-\boldsymbol{BK} & -\boldsymbol{BK}\\0 & \boldsymbol{A}-\boldsymbol{GC}\end{bmatrix}\begin{bmatrix}\boldsymbol{X}(k)\\\tilde{\boldsymbol{X}}(k)\end{bmatrix}$$

$$\boldsymbol{Y}(k)=\begin{bmatrix}\boldsymbol{C} & 0\end{bmatrix}\begin{bmatrix}\boldsymbol{X}(k)\\\tilde{\boldsymbol{X}}(k)\end{bmatrix}$$

由于状态方程的系数矩阵是一个分块的三角形矩阵,因此,其特征方程为

$$\det\begin{bmatrix} \boldsymbol{A}-\boldsymbol{BK} & -\boldsymbol{BK} \\ 0 & \boldsymbol{A}-\boldsymbol{GC} \end{bmatrix}=\det[z\boldsymbol{I}-(\boldsymbol{A}-\boldsymbol{BK})]\det[z\boldsymbol{I}-(\boldsymbol{A}-\boldsymbol{GC})]=0$$

上式表明,带观测器的状态反馈闭环系统的总的特征方程由两部分组成。其中一部分是不含补偿器 $\boldsymbol{G}$ 的直接状态反馈闭环系统的特征方程,即

$$\det[z\boldsymbol{I}-(\boldsymbol{A}-\boldsymbol{BK})]=0$$

而另一部分是含补偿器 $\boldsymbol{G}$ 的观测器的特征方程,即

$$\det[z\boldsymbol{I}-(\boldsymbol{A}-\boldsymbol{GC})]=0$$

上述两部分说明,状态反馈闭环系统的状态反馈矩阵 $\boldsymbol{K}$ 的设计与观测器的补偿器矩阵 $\boldsymbol{G}$ 的设计可以各自独立进行设计,互不影响。这就说明,状态反馈闭环系统的动态性能与观测器的动态性能之间也是互相独立的,这就给带观测器的状态反馈闭环系统的设计带来很大的方便,这样的特性叫作"分离特性"。在实际工作中通常要求观测器的衰减速度比状态反馈闭环系统的衰减速度要略为快一点,即观测器特征值的实部略小于状态反馈闭环系统的特征值的实部。如果观测器与状态反馈闭环系统相比衰减速度过快的话,就会对干扰作用过于敏感,这也是不希望的。对状态反馈增益矩阵 $\boldsymbol{K}$,可用极点配置法或最优控制理论的方法进行设计,对观测器的补偿器 $\boldsymbol{G}$ 的设计可用本节的方法。

例 7.5 试对例 7.4 所给定的原系统,设计带观测器的状态反馈闭环系统的反馈增益矩阵 $\boldsymbol{K}$ 和补偿器 $\boldsymbol{G}$。要求状态反馈闭环系统的特征值为 $z_{1,2}=0.257\pm \mathrm{j}0.529$,而要求观测器的特征值为 $\lambda_{1,2}=0$,即观测器的两个特征值均位于 Z 平面单位圆的圆心。

解:已知原系统的系数矩阵为

$$\boldsymbol{A}=\begin{bmatrix} 0 & 1 \\ -1 & 1 \end{bmatrix},\quad \boldsymbol{B}=\begin{bmatrix} 0 \\ 1 \end{bmatrix},\quad \boldsymbol{C}=[2 \quad 0]$$

故为可控标准型。其特征方程为

$$\det[z\boldsymbol{I}-A]=z^2-z+1=0$$

所以特征方程的系数为 $a_1=-1, a_0=1$,而其特征值为 $0.5\pm \mathrm{j}0.865$,这两个特征值不能满足闭环特征值 $0.257\pm \mathrm{j}0.529$ 的要求,即前者比后者离 Z 平面单位圆的圆心要远,所以应引入状态反馈使之满足要求。现用极点配置设计法来设计状态反馈增益矩阵 $\boldsymbol{K}$。

这是单输入单输出的二阶系统,设状态反馈增益矩阵 $\boldsymbol{K}$ 为

$$\boldsymbol{K}=[K_1 \quad K_2]$$

根据指定的特征值,可得特征方程

$$\begin{aligned}\det[z\boldsymbol{I}-(\boldsymbol{A}-\boldsymbol{BK})]&=(z-0.257+\mathrm{j}0.529)(z-0.257-\mathrm{j}0.529)\\&=z^2-0.514z+0.346\end{aligned}$$

因给定的对象已是可控标准型,故可直接算出反馈增益矩阵为

$$\boldsymbol{K}=[K_1 \quad K_2]=[0.346-a_0 \quad -0.514-a_1]=[-0.654 \quad 0.486]$$

至于观测器已经在例 7.4 中求出,即

$$\boldsymbol{G}=\begin{bmatrix} g_1 \\ g_2 \end{bmatrix}=\begin{bmatrix} 0.5 \\ 0 \end{bmatrix}$$

3. 用可测标准型设计观测器

通常是将状态完全可测的原系统变换成可测标准型来设计观测器的补偿器矩阵 $\boldsymbol{G}$。

设状态完全可测的原系统为

$$\begin{cases}\boldsymbol{X}(k+1)=\boldsymbol{A}\boldsymbol{X}(k)+\boldsymbol{B}u(k)\\ y(k)=\boldsymbol{C}\boldsymbol{X}(k)\end{cases}$$

式中 $\boldsymbol{X}(k)$为 $n\times1$ 向量，$u(k)$为标量，$y(k)$为标量，即单输入单输出系统，$\boldsymbol{A}$、$\boldsymbol{B}$、$\boldsymbol{C}$ 分别为 $n\times n$、$n\times1$、$1\times n$ 矩阵。其特征方程为

$$\det[z\boldsymbol{I}-\boldsymbol{A}]=z^{n}+a_{n-1}z^{n-1}+\cdots+a_{1}z+a_{0}=0$$

式中系数 a_i 由已知的系数矩阵 $\boldsymbol{A}$ 决定，故 a_i 已知。

变换矩阵 $\boldsymbol{Q}$ 为

$$\boldsymbol{Q}=\begin{bmatrix}a_1 & a_2 & \cdots & a_{n-1} & 1\\ a_2 & a_3 & \cdots & 1 & 0\\ \vdots & \vdots & \ddots & \vdots & \vdots\\ a_{n-1} & 1 & \cdots & 0 & 0\\ 1 & 0 & \cdots & 0 & 0\end{bmatrix}\begin{bmatrix}\boldsymbol{C}\\ \boldsymbol{CA}\\ \vdots\\ \boldsymbol{CA}^{n-2}\\ \boldsymbol{CA}^{n-1}\end{bmatrix}$$

则可测标准型状态空间方程为

$$\begin{cases}\bar{\boldsymbol{X}}(k+1)=\bar{\boldsymbol{A}}\bar{\boldsymbol{X}}(k)+\bar{\boldsymbol{B}}u(k)\\ y(k)=\bar{\boldsymbol{C}}\bar{\boldsymbol{X}}(k)\end{cases}$$

系数矩阵 $\bar{\boldsymbol{A}}$、$\bar{\boldsymbol{B}}$ 和 $\bar{\boldsymbol{C}}$ 分别为

$$\bar{\boldsymbol{A}}=\boldsymbol{QAQ}^{-1}=\begin{bmatrix}0 & 0 & \cdots & 0 & -a_0\\ 1 & 0 & \cdots & 0 & -a_1\\ 0 & 1 & \cdots & 0 & -a_2\\ \vdots & \vdots & \ddots & \vdots & \vdots\\ 0 & 0 & \cdots & 1 & -a_{n-1}\end{bmatrix}$$

$$\bar{\boldsymbol{B}}=\boldsymbol{QB}$$

$$\bar{\boldsymbol{C}}=\boldsymbol{CQ}^{-1}=[0\quad\cdots\quad0\quad1]$$

设对应的可测标准型的补偿器为

$$\bar{\boldsymbol{G}}=\begin{bmatrix}\bar{g}_1\\ \bar{g}_2\\ \vdots\\ \bar{g}_n\end{bmatrix}$$

则得

$$\bar{\boldsymbol{G}}\bar{\boldsymbol{C}}=\begin{bmatrix}0 & 0 & \cdots & \bar{g}\\ 0 & 0 & \cdots & \bar{g}_2\\ \vdots & \vdots & \ddots & \vdots\\ 0 & 0 & \cdots & \bar{g}_n\end{bmatrix}$$

$$\bar{\boldsymbol{A}}-\bar{\boldsymbol{G}}\bar{\boldsymbol{C}}=\begin{bmatrix} 0 & 0 & \cdots & -(a_0+\bar{g}_1) \\ 1 & 0 & \cdots & -(a_1+\bar{g}_2) \\ \vdots & \vdots & \ddots & \vdots \\ 0 & 0 & 1 & -(a_{n-1}+\bar{g}_n) \end{bmatrix}$$

其特征方程为

$$\begin{aligned}\det[z\boldsymbol{I}-(\bar{\boldsymbol{A}}-\bar{\boldsymbol{G}}\bar{\boldsymbol{C}})]&=z^n+(a_{n-1}+\bar{g}_n)z^{n-1}+\cdots+(a_1+\bar{g}_2)z^1+(a_0+\bar{g}_1)\\&=0\end{aligned}$$

设所需要的观测器的特征值指定为 z_i,则可得到所需观测器的特征方程为

$$\det[z\boldsymbol{I}-(\bar{\boldsymbol{A}}-\bar{\boldsymbol{G}}\bar{\boldsymbol{C}})]=\prod_{i=1}^{n}(z-z_i)=z^n+\bar{a}_{n-1}z^{n-1}+\cdots+\bar{a}_1z^1+\bar{a}_0=0$$

比较以上两式,就可确定对应的可测标准型情况下补偿器 $\bar{\boldsymbol{G}}$ 的全部元素。

$$\begin{cases}\bar{g}_1=\bar{a}_0-a_0\\ \bar{g}_2=\bar{a}_1-a_1\\ \vdots\\ \bar{g}_n=\bar{a}_{n-1}-a_{n-1}\end{cases}$$

而对应于原系统的观测器的补偿器增益矩阵 $\boldsymbol{G}$ 为

$$\boldsymbol{G}=\boldsymbol{Q}^{-1}\bar{\boldsymbol{G}}=\begin{bmatrix} g_1\\ g_2\\ \vdots\\ g_n\end{bmatrix}$$

例 7.6 对例 7.4 所给定的原系统,假设观测器的两个特征值指定在 Z 平面单位圆的圆心,试用可测标准型设计状态观测器的补偿器 $\boldsymbol{G}$。

解:已知状态完全可测的原系统的系数矩阵分别为

$$\boldsymbol{A}=\begin{bmatrix} 0 & 1\\ -1 & 1\end{bmatrix},\quad \boldsymbol{B}=\begin{bmatrix} 0\\ 1\end{bmatrix},\quad \boldsymbol{C}=[2\quad 0]$$

特征方程为 $\det[z\boldsymbol{I}-\boldsymbol{A}]=z^2-z+1=0$,故系数 $a_0=1,a_1=-1$。

原系统可测性矩阵为

$$\text{rank}\begin{bmatrix}\boldsymbol{C}\\ \boldsymbol{CA}\end{bmatrix}=\text{rank}\begin{bmatrix} 2 & 0\\ 0 & 2\end{bmatrix}=2$$

故原系统是状态完全可测的。将原系统变换成可测标准型的变换矩阵为

$$\boldsymbol{Q}=\begin{bmatrix}\boldsymbol{C}\\ \boldsymbol{CA}\end{bmatrix}\begin{bmatrix} a_1 & 1\\ 1 & 0\end{bmatrix}=\begin{bmatrix} 2 & 0\\ 0 & 2\end{bmatrix}\begin{bmatrix} -1 & 1\\ 1 & 0\end{bmatrix}=\begin{bmatrix} -2 & 2\\ 2 & 0\end{bmatrix}$$

$$\boldsymbol{Q}^{-1}=\begin{bmatrix} 0 & 0.5\\ 0.5 & 0.5\end{bmatrix}$$

由于所需观测器的特征值指定位于 Z 平面单位圆的圆心上,故其特征方程为

$$\det[z\boldsymbol{I}-(\bar{\boldsymbol{A}}-\bar{\boldsymbol{G}}\bar{\boldsymbol{C}})]=z^2=0$$

即系数 $\bar{a}_0=0,\bar{a}_1=0$,于是可求得

$$\begin{cases}\bar{g}_1=\bar{a}_0-a_0=-1\\ \bar{g}_2=\bar{a}_1-a_1=1\end{cases}$$

则得到补偿器增益矩阵为

$$\bar{\boldsymbol{G}}=\begin{bmatrix}\bar{g}_1\\ \bar{g}_2\end{bmatrix}=\begin{bmatrix}-1\\ 1\end{bmatrix}$$

对应的原系统的观测器的补偿器增益矩阵为

$$\boldsymbol{G}=\boldsymbol{Q}^{-1}\bar{\boldsymbol{G}}=\begin{bmatrix}0 & 0.5\\ 0.5 & 0.5\end{bmatrix}\begin{bmatrix}-1\\ 1\end{bmatrix}=\begin{bmatrix}0.5\\ 0\end{bmatrix}$$

应说明一点，这里假定系统的参考输入信号 $\boldsymbol{R}(k)=0$ 来设计全阶观测器和带观测器的状态反馈闭环系统，而对于 $\boldsymbol{R}(k)\neq 0$ 情况，这里介绍的方法同样适用。

7.3 Liapunov 最优状态反馈设计

应用 Liapunov 稳定性准则设计的最优状态反馈闭环系统如图 7.11 所示，它是利用状态反馈增益矩阵 $\boldsymbol{K}$ 与原系统(即控制对象)组成的状态反馈闭环系统。

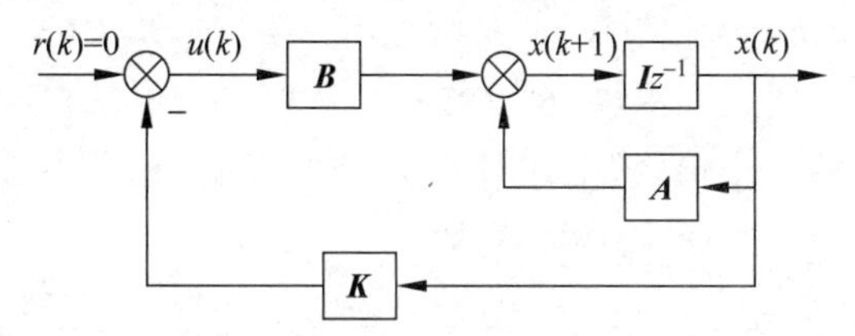

图 7.11 最优状态反馈闭环控制系统

设原系统的状态方程为

$$\boldsymbol{X}(k+1)=\boldsymbol{AX}(k)+\boldsymbol{BU}(k)$$

而状态反馈控制 $\boldsymbol{U}(k)$ 为

$$\boldsymbol{U}(k)=-\boldsymbol{KX}(k)$$

式中 $\boldsymbol{X}(k)$ 为 $n\times 1$ 状态向量，$\boldsymbol{U}(k)$ 为 $m\times 1$ 控制向量，系数矩阵 $\boldsymbol{A}$、$\boldsymbol{B}$ 分别为 $n\times n$、$n\times m$ 矩阵，状态反馈增益矩阵 $\boldsymbol{K}$ 为 $m\times n$ 矩阵，$\boldsymbol{K}$ 是待设计的。

设计的基本假定是原系统的自由运动(即 $\boldsymbol{U}(k)=0$ 时)是渐近稳定的，即假定系统系数矩阵 $\boldsymbol{A}$ 为稳定矩阵，也即 $\boldsymbol{A}$ 的特征值全部位于 Z 平面单位圆内部。

设计的要求是：设计最优状态反馈控制 $\boldsymbol{U}(k)$，将系统从任意给定的初态 $\boldsymbol{X}(0)$ 以某种最优意义转移到终态 0(不失一般性，假定终态为状态空间的原点即系统的平衡位置)。

根据 Liapunov 稳定性准则可知，由于原系统是渐近稳定的，因而给定任意一个实对称正定矩阵 $\boldsymbol{Q}$，存在一个实对称正定矩阵 $\boldsymbol{P}$，满足

$$\boldsymbol{A}^{\mathrm{T}}\boldsymbol{PA}-\boldsymbol{P}=-\boldsymbol{Q}$$

且 Liapunov 函数(标量函数)为

$$V[\boldsymbol{X}(k)]=\boldsymbol{X}^{\mathrm{T}}(k)\boldsymbol{PX}(k)$$

定义

$$\Delta V[\boldsymbol{X}(k)]=V[\boldsymbol{X}(k+1)]-V[\boldsymbol{X}(k)] \\ =-\boldsymbol{X}^{\mathrm{T}}(k)\boldsymbol{Q}\boldsymbol{X}(k)$$

使最优控制的性能指标

$$J=\Delta V[\boldsymbol{X}(k)]$$

取最小值。

现在就根据最优控制的性能指标的要求来推导最优控制的表达式,即设计反馈矩阵 $\boldsymbol{K}$。

$$\Delta V[\boldsymbol{X}(k)]=V[\boldsymbol{X}(k+1)]-V[\boldsymbol{X}(k)] \\ =\boldsymbol{X}^{\mathrm{T}}(k+1)\boldsymbol{P}\boldsymbol{X}(k+1)-\boldsymbol{X}^{\mathrm{T}}(k)\boldsymbol{P}\boldsymbol{X}(k)$$

考虑到 $\boldsymbol{P}^{\mathrm{T}}=\boldsymbol{P}$,上式还可以写成

$$\begin{aligned}\Delta V[\boldsymbol{X}(k)]&=\boldsymbol{X}^{\mathrm{T}}(k\boldsymbol{X})(\boldsymbol{A}-\boldsymbol{BK})^{\mathrm{T}}\boldsymbol{P}(\boldsymbol{A}-\boldsymbol{BK})\boldsymbol{X}(k)-\boldsymbol{X}^{\mathrm{T}}(k)\boldsymbol{P}\boldsymbol{X}(k)\\&=\boldsymbol{X}^{\mathrm{T}}(k)\boldsymbol{A}^{\mathrm{T}}\boldsymbol{PAX}(k)-\boldsymbol{X}^{\mathrm{T}}(k)\boldsymbol{K}^{\mathrm{T}}\boldsymbol{B}^{\mathrm{T}}\boldsymbol{PAX}(k)-\boldsymbol{X}^{\mathrm{T}}(k)\boldsymbol{A}^{\mathrm{T}}\boldsymbol{PBKX}(k)+\\&\quad\boldsymbol{X}^{\mathrm{T}}(k)\boldsymbol{K}^{\mathrm{T}}\boldsymbol{B}^{\mathrm{T}}\boldsymbol{PBKX}(k)-\boldsymbol{X}^{\mathrm{T}}(k)\boldsymbol{PX}(k)\\&=\boldsymbol{X}^{\mathrm{T}}(k)\boldsymbol{A}^{\mathrm{T}}\boldsymbol{PAX}(k)+\boldsymbol{U}^{\mathrm{T}}(k)\boldsymbol{B}^{\mathrm{T}}\boldsymbol{PAX}(k)+\boldsymbol{X}^{\mathrm{T}}(k)\boldsymbol{A}^{\mathrm{T}}\boldsymbol{PBU}(k)+\\&\quad\boldsymbol{U}^{\mathrm{T}}(k)\boldsymbol{B}^{\mathrm{T}}\boldsymbol{PBU}(k)-\boldsymbol{X}^{\mathrm{T}}(k)\boldsymbol{PX}(k)\end{aligned}$$

由于 $V[\boldsymbol{X}(k)]$和 $\Delta V[\boldsymbol{X}(k)]$是标量函数,故上式右边各项均为标量,所以上式第二项和第三项是相等的,因而,上式可以写成

$$\begin{aligned}\Delta V[\boldsymbol{X}(k)]=&\ \boldsymbol{X}^{\mathrm{T}}(k)\boldsymbol{A}^{\mathrm{T}}\boldsymbol{PAX}(k)+2\boldsymbol{U}^{\mathrm{T}}(k)\boldsymbol{B}^{\mathrm{T}}\boldsymbol{PAX}(k)+\\&\boldsymbol{U}^{\mathrm{T}}(k)\boldsymbol{B}^{\mathrm{T}}\boldsymbol{PBU}(k)-\boldsymbol{X}^{\mathrm{T}}(k)\boldsymbol{PX}(k)\end{aligned}$$

为了求得性能指标的最小值,将上式对 $\boldsymbol{U}(k)$求一阶偏导数,并令其为 0,即

$$\frac{\partial\Delta V[\boldsymbol{X}(k)]}{\partial\boldsymbol{U}(k)}=0$$

则得到

$$2\boldsymbol{B}^{\mathrm{T}}\boldsymbol{PAX}(k)+2\boldsymbol{B}^{\mathrm{T}}\boldsymbol{PBU}(k)=0$$

便可得到最优控制为

$$\boldsymbol{U}(k)=-(\boldsymbol{B}^{\mathrm{T}}\boldsymbol{PB})^{-1}\boldsymbol{B}^{\mathrm{T}}\boldsymbol{PAX}(k)=-\boldsymbol{KX}(k)$$

于是,得到状态反馈矩阵为

$$\boldsymbol{K}=-(\boldsymbol{B}^{\mathrm{T}}\boldsymbol{PB})^{-1}\boldsymbol{B}^{\mathrm{T}}\boldsymbol{PA}$$

上式中,$\boldsymbol{A}$ 和 $\boldsymbol{B}$ 是控制对象的状态方程的系数矩阵,是已知的,而 $\boldsymbol{P}$ 为对称的正定解,即 $\boldsymbol{P}$ 也是已知的。因此,由上式便可设计出最优状态反馈控制的反馈矩阵 $\boldsymbol{K}$。

由以上最优控制的推导过程可以看到,由于系统对平衡位置是渐近稳定的,即任意给定初态能渐近地转移到平衡位置,由此出发按性能指标为最小值所推导出来的最优控制 $\boldsymbol{U}(k)$ 可以使系统的任意给定的初态按照最优控制 $\boldsymbol{U}(k)$所确定的最优轨线转移到平衡位置。这里假定$(\boldsymbol{B}^{\mathrm{T}}\boldsymbol{PB})^{-1}$ 存在,否则就无法找到最优控制。

例 7.7 设控制对象的状态方程为 $\boldsymbol{X}(k+1)=\boldsymbol{AX}(k)+\boldsymbol{B}u(k)$,其中系数矩阵分别为

$$\boldsymbol{A}=\begin{bmatrix}0.5&0\\0&0.2\end{bmatrix},\quad\boldsymbol{B}=\begin{bmatrix}1\\1\end{bmatrix}$$

试用 Liapunov 法设计最优状态反馈矩阵 $\boldsymbol{K}$,构成最优状态反馈控制 $u(k)=-\boldsymbol{KX}(k)$,使性能指标 $\boldsymbol{J}=\Delta V[\boldsymbol{X}(k)]$取最小值。

解:由所给控制对象的系数矩阵 $\boldsymbol{A}$ 可知,它是稳定矩阵,其特征值为 0.5 和 0.2,故原

系统是渐近稳定的。

为了求最优状态反馈控制 $u(k)$，设给定正定对称矩阵 $\boldsymbol{Q}=\boldsymbol{I}$，则由 $\boldsymbol{A}^{\mathrm{T}}\boldsymbol{P}\boldsymbol{A}-\boldsymbol{P}=-\boldsymbol{Q}$ 可解得正定对称矩阵 $\boldsymbol{P}$。设 $\boldsymbol{P}$ 可表示为

$$\boldsymbol{P}=\begin{bmatrix} P_{11} & P_{12} \\ P_{12} & P_{22} \end{bmatrix}$$

代入上式，有

$$\boldsymbol{A}^{\mathrm{T}}\boldsymbol{P}\boldsymbol{A}-\boldsymbol{P}=\begin{bmatrix} 0.5 & 0 \\ 0 & 0.2 \end{bmatrix}\begin{bmatrix} P_{11} & P_{12} \\ P_{12} & P_{22} \end{bmatrix}\begin{bmatrix} 0.5 & 0 \\ 0 & 0.2 \end{bmatrix}-\begin{bmatrix} P_{11} & P_{12} \\ P_{12} & P_{22} \end{bmatrix}=-\begin{bmatrix} 1 & 0 \\ 0 & 1 \end{bmatrix}$$

解得

$$\begin{cases} P_{11}=1.333 \\ P_{12}=0 \\ P_{22}=1.042 \end{cases}$$

故 $\boldsymbol{P}$ 矩阵为

$$\boldsymbol{P}=\begin{bmatrix} 1.333 & 0 \\ 0 & 1.042 \end{bmatrix}$$

此矩阵为正定矩阵，由此可知该系统是渐近稳定的。

使性能指标 $J=\Delta V(x(k))$ 取最小值的反馈增益矩阵为

$$\begin{aligned}\boldsymbol{K}&=(\boldsymbol{B}^{\mathrm{T}}\boldsymbol{P}\boldsymbol{B})^{-1}\boldsymbol{B}^{\mathrm{T}}\boldsymbol{P}\boldsymbol{A} \\ &=\left(\begin{bmatrix} 1 & 1 \end{bmatrix}\begin{bmatrix} 1.333 & 0 \\ 0 & 1.042 \end{bmatrix}\begin{bmatrix} 1 \\ 1 \end{bmatrix}\right)^{-1}\begin{bmatrix} 1 & 1 \end{bmatrix}\begin{bmatrix} 1.333 & 0 \\ 0 & 1.042 \end{bmatrix}\begin{bmatrix} 0.5 & 0 \\ 0 & 0.2 \end{bmatrix} \\ &=\begin{bmatrix} 0.281 & 0.088 \end{bmatrix}\end{aligned}$$

最优状态反馈控制为

$$\begin{aligned}\boldsymbol{u}(k)&=-\boldsymbol{K}\boldsymbol{X}(k) \\ &=-\begin{bmatrix} 0.281 & 0.088 \end{bmatrix}\begin{bmatrix} x_1(k) \\ x_2(k) \end{bmatrix} \\ &=-0.281x_1(k)-0.088x_2(k)\end{aligned}$$

本例最优状态反馈闭环系统如图 7.12 所示。

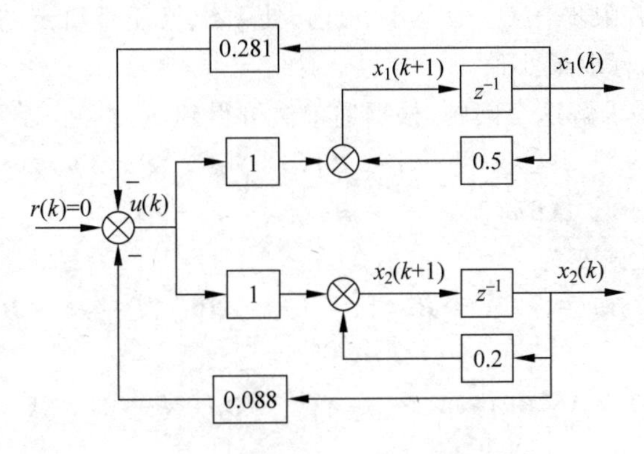

图 7.12　例 7.7 最优状态反馈闭环系统

由图7.12可以写出最优状态反馈闭环系统的状态方程为

$$\begin{cases}x_1(k+1)=0.5x_1(k)-0.281x_1(k)-0.088x_2(k)=0.219x_1(k)-0.088x_2(k)\\x_2(k+1)=0.2x_2(k)-0.088x_2(k)-0.281x_1(k)=-0.281x_1(k)+0.112x_2(k)\end{cases}$$

或写成向量矩阵形式

$$\begin{bmatrix}x_1(k+1)\\x_2(k+1)\end{bmatrix}=\begin{bmatrix}0.219 & -0.088\\-0.281 & 0.112\end{bmatrix}\begin{bmatrix}x_1(k)\\x_2(k)\end{bmatrix}$$

由上式可得到闭环系统的特征方程为

$$\det\begin{bmatrix}z-0.219 & 0.088\\0.281 & z-0.112\end{bmatrix}=(z-0.219)(z-0.112)-0.088\times 0.281$$

$$=z(z-0.331)=0$$

于是,得到闭环系统的两个特征值0和0.331。可见,闭环系统是稳定的且有足够快的衰减速度。

7.4 最小能量控制系统设计

损耗"控制能量"最小的系统的性能指标一般可表示为

$$J=\min\left\{\sum_{k=0}^{N-1}\boldsymbol{U}^{\mathrm{T}}(k)\boldsymbol{U}(k)\right\}$$

式中$\boldsymbol{U}(k)$为$m\times 1$控制向量,N是控制步数(拍数),由以前的知识可知,一般有$N\geqslant n$,n是系统的维数。对于单输入系统可表示为

$$J=\min\left\{\sum_{k=0}^{N-1}u^2(k)\right\}$$

为了简单起见,考虑单输入系统,设其状态方程为

$$\boldsymbol{X}(k+1)=\boldsymbol{AX}(k)=\boldsymbol{B}u(k)$$

式中$\boldsymbol{X}(k)$为$n\times 1$状态向量,$u(k)$为标量,$\boldsymbol{A}$是$n\times n$非奇异系数矩阵,$\boldsymbol{B}$是$n\times 1$系数矩阵。

要求设计损耗"控制能量"最小的数字控制器,以产生控制序列$u(0),u(1),\cdots,u(n-1)$,使系统能在有限步N(一般$N\geqslant n$)内,使系统从任意给定初态$\boldsymbol{X}(0)$转移到终态$\boldsymbol{X}(N)=0$,并使性能指标取最小值。

应用递推法很容易求解这个问题,根据递推法可得到

$$\boldsymbol{X}(N)=\boldsymbol{A}^N\boldsymbol{X}(0)+\boldsymbol{A}^{N-1}\boldsymbol{B}u(0)+\boldsymbol{A}^{N-2}\boldsymbol{B}u(1)+\cdots+\boldsymbol{AB}u(N-2)+\boldsymbol{B}u(N-1)$$

根据要求$\boldsymbol{X}(N)=0$,上式变为

$$\boldsymbol{A}^N\boldsymbol{X}(0)+\boldsymbol{A}^{N-1}\boldsymbol{B}u(0)+\boldsymbol{A}^{N-2}\boldsymbol{B}u(1)+\cdots+\boldsymbol{AB}u(N-2)+\boldsymbol{B}u(N-1)=0$$

或写成

$$\boldsymbol{X}(0)+\boldsymbol{A}^{-1}\boldsymbol{B}u(0)+\boldsymbol{A}^{-2}\boldsymbol{B}u(1)+\cdots+\boldsymbol{A}^{-(N-1)}\boldsymbol{B}u(N-2)+\boldsymbol{A}^{-N}\boldsymbol{B}u(N-1)=0$$

又可写成

$$[\boldsymbol{A}^{-1}\boldsymbol{B} \quad \boldsymbol{A}^{-2}\boldsymbol{B} \quad \cdots \quad \boldsymbol{A}^{-N}\boldsymbol{B}]\begin{bmatrix} u(0) \\ u(1) \\ \vdots \\ u(N-1) \end{bmatrix} = -\boldsymbol{X}(0)$$

简记为

$$\boldsymbol{QU} = -\boldsymbol{X}(0)$$

式中 $\boldsymbol{Q}$ 为是 $n\times N$ 矩阵,$\boldsymbol{U}$ 为 $N\times 1$ 向量,分别为

$$\boldsymbol{Q} = [\boldsymbol{A}^{-1}\boldsymbol{B} \quad \boldsymbol{A}^{-2}\boldsymbol{B} \quad \cdots \quad \boldsymbol{A}^{-N}\boldsymbol{B}]$$

$$\boldsymbol{U} = \begin{bmatrix} u(0) \\ u(1) \\ \vdots \\ u(N-1) \end{bmatrix}$$

对于状态完全可控系数,矩阵 $\boldsymbol{Q}$ 的秩为 n。

因一般 $N\geqslant n$,因此,$\boldsymbol{Q}$ 有最小右逆,即

$$\boldsymbol{Q}^{RM} = \boldsymbol{Q}^{\mathrm{T}}(\boldsymbol{QQ}^{\mathrm{T}})^{-1}$$

于是,可得到最小能量控制序列

$$\boldsymbol{U} = -\boldsymbol{Q}^{RM}\boldsymbol{X}(0) = -\boldsymbol{Q}^{\mathrm{T}}(\boldsymbol{QQ}^{\mathrm{T}})^{-1}\boldsymbol{X}(0)$$

例 7.8 设控制对象的传递函数为

$$G(s) = \frac{1}{s(s+1)}$$

设采样周期 $T=1\mathrm{s}$,使用零阶保持器,求出 $N=2,3,4$ 时的最小能量控制系统的控制序列。

解:可以求得系数矩阵为

$$\boldsymbol{A} = \begin{bmatrix} 1 & 1-\mathrm{e}^{-T} \\ 0 & \mathrm{e}^{-T} \end{bmatrix} = \begin{bmatrix} 1 & 0.632 \\ 0 & 0.368 \end{bmatrix}$$

$$\boldsymbol{B} = \begin{bmatrix} \mathrm{e}^{-T} \\ 1-\mathrm{e}^{-T} \end{bmatrix} = \begin{bmatrix} 0.368 \\ 0.632 \end{bmatrix}$$

当 $N=4$ 时可以求出

$$\boldsymbol{A}^{-1} = \begin{bmatrix} 1 & 1-\mathrm{e}^{T} \\ 0 & \mathrm{e}^{T} \end{bmatrix} = \begin{bmatrix} 1 & -1.7183 \\ 0 & 2.7183 \end{bmatrix}$$

$$\boldsymbol{A}^{-1}\boldsymbol{B} = \begin{bmatrix} 2-\mathrm{e}^{T} \\ \mathrm{e}^{T}-1 \end{bmatrix} = \begin{bmatrix} -0.7183 \\ 1.7183 \end{bmatrix}$$

$$\boldsymbol{A}^{-2}\boldsymbol{B} = \begin{bmatrix} 1-\mathrm{e}^{T}(\mathrm{e}^{T}-1) \\ \mathrm{e}^{T}(\mathrm{e}^{T}-1) \end{bmatrix} = \begin{bmatrix} -3.6708 \\ 4.6708 \end{bmatrix}$$

$$\boldsymbol{A}^{-3}\boldsymbol{B} = \begin{bmatrix} 1-\mathrm{e}^{2T}(\mathrm{e}^{T}-1) \\ \mathrm{e}^{2T}(\mathrm{e}^{T}-1) \end{bmatrix} = \begin{bmatrix} -11.6965 \\ 12.6965 \end{bmatrix}$$

$$\boldsymbol{A}^{-4}\boldsymbol{B} = \begin{bmatrix} 1-\mathrm{e}^{3T}(\mathrm{e}^{T}-1) \\ \mathrm{e}^{3T}(\mathrm{e}^{T}-1) \end{bmatrix} = \begin{bmatrix} -33.5126 \\ 34.5126 \end{bmatrix}$$

由于矩阵 $\boldsymbol{Q}$ 的秩为 2,因此有最小右逆,计算如下

$$Q^{\mathrm{T}}=\begin{bmatrix}-0.7183 & 1.7183\\ -3.6708 & 4.6708\\ -11.6965 & 12.6965\\ -33.5126 & 34.5126\end{bmatrix}$$

$$QQ^{\mathrm{T}}=\begin{bmatrix}1273.8924 & -1323.4916\\ -1323.4916 & 1377.0897\end{bmatrix}$$

$$(QQ^{\mathrm{T}})^{-1}=\begin{bmatrix}0.5225 & 0.5022\\ 0.5022 & 0.4833\end{bmatrix}$$

$$Q^{RM}=Q^{\mathrm{T}}(QQ^{\mathrm{T}})^{-1}=\begin{bmatrix}0.4876 & 0.4698\\ 0.4275 & 0.4143\\ 0.2643 & 0.2632\\ -0.1794 & -0.1473\end{bmatrix}$$

于是,可求得最小能量控制序列为

$$\begin{bmatrix}u(0)\\ u(1)\\ u(2)\\ u(3)\end{bmatrix}=\begin{bmatrix}0.4876 & 0.4698\\ 0.4275 & 0.4143\\ 0.2643 & 0.2632\\ -0.1794 & -0.1473\end{bmatrix}\begin{bmatrix}x_1(0)\\ x_2(0)\end{bmatrix}$$

以上是对于 $N=4$ 的情况。同样,对于 $N=3$ 和 $N=2$ 时的情况可以分别求得

$$\begin{bmatrix}u(0)\\ u(1)\\ u(2)\end{bmatrix}=\begin{bmatrix}0.791 & 0.7191\\ 0.5 & 0.4738\\ -0.291 & -0.1929\end{bmatrix}\begin{bmatrix}x_1(0)\\ x_2(0)\end{bmatrix}$$

$$\begin{bmatrix}u(0)\\ u(1)\end{bmatrix}=\begin{bmatrix}1.582 & 1.2433\\ -0.582 & -0.2433\end{bmatrix}\begin{bmatrix}x_1(0)\\ x_2(0)\end{bmatrix}$$

如果给定初态为

$$\begin{bmatrix}x_1(0)\\ x_2(0)\end{bmatrix}=\begin{bmatrix}-40.9067\\ 43.5067\end{bmatrix}$$

可求得 $N=4,3,2$ 时的最小能量控制序列分别为

$$\begin{bmatrix}u(0)\\ u(1)\\ u(2)\\ u(3)\end{bmatrix}=\begin{bmatrix}-0.4963\\ -0.5352\\ -0.6408\\ -0.9277\end{bmatrix}$$

$$\begin{bmatrix}u(0)\\ u(1)\\ u(2)\end{bmatrix}=\begin{bmatrix}1.0732\\ -0.1602\\ -3.513\end{bmatrix}$$

$$\begin{bmatrix}u(0)\\ u(1)\end{bmatrix}=\begin{bmatrix}10.6225\\ -13.2225\end{bmatrix}$$

对应的最小控制能量分别为

$N=4$ 时 $$J=\sum_{k=0}^{3}u^2(k)=1.804$$

$N=3$ 时 $$J=\sum_{k=0}^{2}u^2(k)=13.5186$$

$N=2$ 时 $$J=\sum_{k=0}^{1}u^2(k)=287.672$$

由以上可以看出，对于 $n=2$ 的系统，不论取 $N=2,3$ 或 4，只要分别取上述控制序列，就都能把系统从给定初态 $\boldsymbol{x}(0)$ 转移到终态 $\boldsymbol{x}(N)=0$，且所用的控制能量最小。但是，随着控制步数 N 的增多，所用控制能量则急剧减小。

7.5 离散最优控制

最优控制是现代控制理论的一个重要组成部分，它所研究的中心问题是怎样选择控制规律才能使控制系统的性能在某种意义下是最优的。也就是说，利用最优控制理论，有可能在严格的数学基础上获得一个控制规律，并使描述系统性能的某个“性能指标”达到最优值。

十几年来，由于对高质量控制的需要和为了更有效地使用计算机，最优控制问题受到了人们的普遍重视。

本节简单介绍离散极小值原理和离散动态规划法，它们与连续系统很类似，因此无须多加说明就能很好地理解。

7.5.1 离散极小值原理

设离散系统状态方程为

$$\boldsymbol{X}(k+1)=\boldsymbol{F}(k),\quad k=0,1,\cdots,N-1$$

设初始时刻 $k=0$，终端时刻 $k=N$，始端状态固定，即 $\boldsymbol{X}(0)=\boldsymbol{X}_0$，终端状态 $\boldsymbol{X}(N)$ 自由，控制序列 $\boldsymbol{U}(k)$ 无约束，取性能指标为

$$J=\Phi(N)+\sum_{k=0}^{N-1}L(k)$$

最优控制问题的提法是确定幅值不受约束的最优控制序列 $\boldsymbol{U}(k)$，$k=0,1,\cdots,N-1$，使性能 J 最小。其中 $\boldsymbol{X}(k)$ 为 n 维状态向量序列，$\boldsymbol{U}(k)$ 是 m 维控制向量序列，$\boldsymbol{F}$ 是连续可微的 n 维向量函数，Φ 和 L 都是连续可微的数量函数。

为了求得最优控制序列 $\boldsymbol{U}(k)$，和连续极小值原理相似，引进称为协态向量的 n 维拉格朗日(Lagrange)算子向量序列 $\boldsymbol{\lambda}(k)$，$k=1,2,\cdots,N$，则将性能指标改写为

$$J=\Phi(N)+\sum_{k=0}^{N-1}\{L(k)+\boldsymbol{\lambda}^{\mathrm{T}}(k+1)[\boldsymbol{F}(k)-\boldsymbol{X}(k+1)]\}$$

定义一个标量哈米尔顿(Hamilton)序列为

$$H(k)=L(k)+\boldsymbol{\lambda}^{\mathrm{T}}(k+1)\boldsymbol{F}(k),\quad k=0,1,\cdots,N-1$$

则将性能指标改写为

$$\begin{aligned}J&=\Phi(N)+\sum_{k=0}^{N-1}[H(k)-\boldsymbol{\lambda}^{\mathrm{T}}(k+1)\boldsymbol{X}(k+1)]\\&=\Phi(N)-\boldsymbol{\lambda}^{\mathrm{T}}(N)\boldsymbol{X}(N)+\boldsymbol{\lambda}^{\mathrm{T}}(0)\boldsymbol{X}(0)+\sum_{k=0}^{N-1}[H(k)-\boldsymbol{\lambda}^{\mathrm{T}}(k)\boldsymbol{X}(k)]\end{aligned}$$

则性能指标 J 的一阶变分为

$$\delta_J = \left[\frac{\partial \Phi(N)}{\partial \boldsymbol{X}(N)} - \boldsymbol{\lambda}(N)\right]^{\mathrm{T}} \delta_{X(N)} + \sum_{k=0}^{N-1}\left\{\left[\frac{\partial H(k)}{\partial \boldsymbol{X}(k)} - \boldsymbol{\lambda}(k)\right]^{\mathrm{T}} \delta_{X(k)} + \left[\frac{\partial H(k)}{\partial \boldsymbol{U}(k)}\right]^{\mathrm{T}} \delta_{U(k)}\right\} + \frac{\partial H(0)}{\partial \boldsymbol{X}(0)}\delta_{X(0)} + \frac{\partial H(0)}{\partial \boldsymbol{U}(0)}\delta_{U(0)}$$

取极值的必要条件是性能指标 J 的一阶变分为零,则有

$$\boldsymbol{\lambda}(k) = \frac{\partial H(k)}{\partial \boldsymbol{X}(k)} \text{(协态方程)}$$

$$\frac{\partial H(k)}{\partial \boldsymbol{U}(k)} = 0 \text{(极值条件)}$$

$$\boldsymbol{\lambda}(N) = \frac{\partial \Phi(N)}{\partial \boldsymbol{X}(N)} \text{(协态方程的终端条件)}$$

综上所述,得到使性能指标 J 取极值的必要条件如下。

(1) $\boldsymbol{X}(k)$,$\boldsymbol{\lambda}(k)$满足下面两个方程。

$$\boldsymbol{X}(k+1) = \boldsymbol{F}(k)$$

$$\boldsymbol{\lambda}(k) = \frac{\partial H(k)}{\partial \boldsymbol{X}(k)}$$

$$k = 0,1,\cdots,N-1$$

(2) $\boldsymbol{X}(k)$,$\boldsymbol{\lambda}(k)$满足下面的终端条件。

$$\boldsymbol{X}(0) = \boldsymbol{X}_0$$

$$\boldsymbol{\lambda}(N) = \frac{\partial \Phi(N)}{\partial \boldsymbol{X}(N)}$$

(3) 极值条件。

$$\frac{\partial H(k)}{\partial \boldsymbol{U}(k)} = 0$$

$$k = 0,1,\cdots,N-1$$

例 7.9 设标量离散系统的状态方程为 $x(k+1)=x(k)+3u(k)$,$k=0,1,2$。试求无约束的控制序列 $u(k)$,$k=0,1,2$,使系统从给定的初态 $x(0)=2$ 转移到终态 $x(N)=0$,并使性能指标

$$J = \frac{1}{2}\sum_{k=0}^{2} u^2(k)$$

取最小值。

解:由已知条件得 $N=3$,相应的哈米尔顿函数为

$$H(k) = \frac{1}{2}u^2(k) + \lambda(k+1)[x(k)+3u(k)]$$

所以

$$\lambda(k) = \frac{\partial H(k)}{\partial x(k)} = \lambda(k+1) = r\text{(常数)}$$

由$\dfrac{\partial H(k)}{\partial u(k)}=0$，得

$$u(k)=-3\lambda(k+1)=-3r$$

由于$\dfrac{\partial^2 H(k)}{\partial^2 u(k)}=1>0$，故$u(k)=-3r$一定使函数$H(k)$取极小值，则系统的状态方程为

$$x(k+1)=x(k)-9r$$

由已知条件得

$$x(1)=x(0)-9r=2-9r$$
$$x(2)=x(1)-9r=2-18r$$
$$x(3)=x(2)-9r=2-27r=0$$

所以

$$r=\frac{2}{27}$$

得到最优控制序列为

$$u(k)=-\frac{2}{9}$$

系统的状态方程为

$$x(k)=2\left(1-\frac{k}{3}\right)$$

性能指标的极小值为$J_{\min}=\dfrac{2}{27}$。

例 7.10　设标量离散系统的状态方程为$x(k+1)=x(k)+2u(k),k=0,1,2$。试求无约束的控制序列$u(k),k=0,1,2$，使系统从给定的初态$x(0)=0$转移到终态$x(N)$，并使性能指标

$$J=x(3)+\frac{1}{2}\sum_{k=0}^{2}u^2(k)$$

取最小值。

解：由已知条件得$N=3$，相应的哈米尔顿函数为

$$H(k)=\frac{1}{2}u^2(k)+\lambda(k+1)[x(k)+2u(k)]$$

所以

$$\lambda(k)=\frac{\partial H(k)}{\partial x(k)}=\lambda(k+1)=r(\text{常数})$$

由$\lambda(N)=\dfrac{\partial \Phi(N)}{\partial x(N)}$，得

$$\lambda(3)=\frac{\partial x(3)}{\partial x(3)}=1$$

则

$$\lambda(k)=1$$

由$\dfrac{\partial H(k)}{\partial u(k)}=0$，得

$$u(k)=-2\lambda(k+1)=-2$$

由于$\frac{\partial^2 H(k)}{\partial^2 u(k)}=1>0$,故$u(k)=-2$一定使函数$H(k)$取极小值。故最优控制序列为$u(k)=-2$。

系统的状态方程为

$$x(k+1)=x(k)-4$$

由已知条件得

$$x(1)=x(0)-4=-4$$
$$x(2)=x(1)-4=-8$$
$$x(3)=x(2)-4=-12$$

系统的状态方程为

$$x(k)=-4k$$

性能指标的极小值$J_{\min}=-6$。

例 7.11 设标量离散系统的状态方程为$x(k+1)=2x(k)+2u(k)$,$k=0,1,2$。试求无约束的控制序列$u(k)$,$k=0,1,2$,使系统从给定的初态$x(0)=0$转移到终态$x(N)$,并使性能指标

$$J=x(3)+\frac{1}{2}\sum_{k=0}^{2}u^2(k)$$

取最小值。

解:由已知条件得$N=3$,相应的哈米尔顿函数为

$$H(k)=\frac{1}{2}u^2(k)+\lambda(k+1)[2x(k)+2u(k)]$$

所以

$$\lambda(k)=\frac{\partial H(k)}{\partial x(k)}=2\lambda(k+1)$$

由$\lambda(N)=\frac{\partial \Phi(N)}{\partial x(N)}$,得

$$\lambda(3)=\frac{\partial x(3)}{\partial x(3)}=1$$

则

$$\lambda(3)=1,\quad \lambda(2)=2\lambda(3)=2,\quad \lambda(1)=2\lambda(2)=4$$

由$\frac{\partial H(k)}{\partial u(k)}=0$,得

$$u(k)=-2\lambda(k+1)$$

由于$\frac{\partial^2 H(k)}{\partial^2 u(k)}=1>0$,故$u(k)=-2\lambda(k+1)$一定使函数$H(k)$取极小值,故最优控制序列为$u(k)$。则

$$u(0)=-2\lambda(1)=-8$$
$$u(1)=-2\lambda(2)=-4$$
$$u(2)=-2\lambda(3)=-2$$

由系统的状态方程 $x(k+1)=2x(k)+2u(k)$，得

$$x(1)=2x(0)+2u(0)=-16$$
$$x(2)=2x(1)+2u(1)=-40$$
$$x(3)=2x(2)+2u(2)=-84$$

性能指标的极小值 $J_{\min}=-42$。

7.5.2 离散动态规划法

动态规划是在20世纪50年代由贝尔曼建立起来的，最初的目的是简化求解多级决策过程，至今在许多领域已经获得了广泛的应用。

一个 N 步的最优决策(控制)序列具有这样的性质：决策序列对于由初始决策所形成的状态来说都必须构成一个最优决策序列。

若有一个初态为 $\boldsymbol{X}(0)$ 的 N 步决策过程，其最优序列为 $\boldsymbol{U}(0),\boldsymbol{U}(1),\cdots,\boldsymbol{U}(N-1)$，那么，对于以状态 $\boldsymbol{X}(1)$ 为初态的 $N-1$ 步决策过程来说，决策 $\boldsymbol{U}(1),\boldsymbol{U}(2),\cdots,\boldsymbol{U}(N-1)$ 必定是最优的，这就是最优性原理。

设离散系统的状态方程为

$$\boldsymbol{X}(k+1)=\boldsymbol{F}(k),\quad k=0,1,\cdots,N-1$$

系统由初始状态 $\boldsymbol{X}(0)$ 转移到终端状态 $\boldsymbol{X}(N)$ 的过程如图7.13所示，每一步的输出 $\boldsymbol{X}(k+1)$ 同输入 $\boldsymbol{X}(k)$ 有关，也同决策阶段的决策有关。

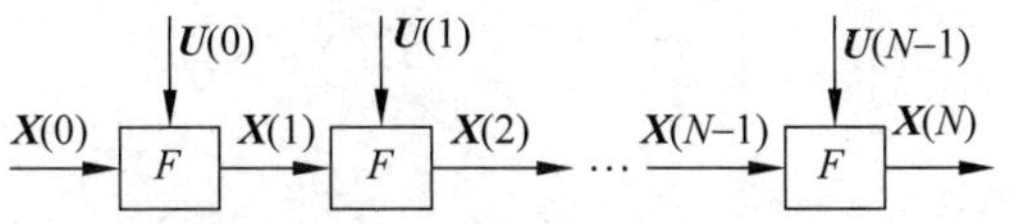

图7.13 多阶段决策过程

多阶段决策过程优化问题的一般提法是：对于一个 N 步决策过程

$$\boldsymbol{X}(k+1)=\boldsymbol{F}(k),\quad k=0,1,\cdots,N-1$$

选择决策向量序列 $\boldsymbol{U}(0),\boldsymbol{U}(1),\cdots,\boldsymbol{U}(N-1)$，使系统从任意给定的初态 $\boldsymbol{X}(0)=\boldsymbol{X}_0$ 转移到终态 $\boldsymbol{X}(N)$，并使 N 步代价函数(或称性能指标)

$$J=\Phi(N)+\sum_{k=0}^{N-1}L(k)$$

最小。式中 $\boldsymbol{X}(k)$ 为 n 维状态向量，$\boldsymbol{U}(k)$ 为 m 维控制向量，$\boldsymbol{F}$ 为 n 维向量函数，Φ 和 L 都是连续可微的数量函数。假设初始时刻 $k=0$，终端时刻 $k=N$ 固定，始端状态固定，即 $\boldsymbol{X}(0)=X_0$，终端状态 $\boldsymbol{X}(N)$ 自由，$\boldsymbol{U}(k)$ 无约束。

这是一个 N 步决策问题，就是要选择 N 步最优控制序列 $\boldsymbol{U}(0),\boldsymbol{U}(1),\cdots,\boldsymbol{U}(N-1)$，使系统能够从初态 $\boldsymbol{x}(0)=\boldsymbol{x}_0$ 出发，沿着最优轨线 $\boldsymbol{X}(1),\boldsymbol{X}(2),\cdots,\boldsymbol{X}(N)$ 一步一步地转移，并能使性能指标最小。即

$$J_{\min}=\min_{\boldsymbol{U}(0),\cdots,\boldsymbol{U}(N-1)}\{L(0)+\cdots+L(N-1)+\Phi(N)\}$$

现在按反方向用递推法来求极小值。假设系统已经转移到 $\boldsymbol{X}(N-1)$，需要确定控制 $\boldsymbol{U}(N-1)$，使系统继续转移到终态 $\boldsymbol{X}(N)$，并使该步转移过程中的性能指标最小，可表示为

$$J_{\min}=\min_{\boldsymbol{U}(0),\cdots,\boldsymbol{U}(N-2)}\left\{L(0)+\cdots+L(N-2)+\min_{\boldsymbol{u}(N-1)}[L(N-1)+\Phi(N)]\right\}$$

由于 $\boldsymbol{X}(N)=\boldsymbol{F}(N-1)$，所以

$$\Phi(N)=\Phi[\boldsymbol{F}(N-1)]$$

则系统性能指标还可以表示为

$$J_{\min}=\min_{\boldsymbol{U}(0),\cdots,\boldsymbol{U}(N-2)}\left\{L(0)+\cdots+L(N-2)+\min_{\boldsymbol{U}(N-1)}\{L(N-1)+\Phi[\boldsymbol{F}(N-1)]\}\right\}$$

设 $s(N)=\Phi(N)=\Phi[\boldsymbol{F}(N-1)]$

$$s(N-1)=\min_{\boldsymbol{U}(N-1)}\{L(N-1)+\Phi[\boldsymbol{F}(N-1)]\}$$

则

$$s(N-1)=\min_{\boldsymbol{U}(N-1)}\{L(N-1)+s(N)\}$$

所以，系统性能指标可以表示为

$$J_{\min}=\min_{\boldsymbol{U}(0),\cdots,\boldsymbol{U}(N-2)}\{L(0)+\cdots+L(N-2)+s(N-1)\}$$

假设系统已经转移到 $\boldsymbol{X}(N-2)$，需要确定控制 $\boldsymbol{U}(N-2)$，使系统继续转移到终态 $\boldsymbol{X}(N)$，并使该步转移过程中的性能指标最小，可表示为

$$J_{\min}=\min_{\boldsymbol{U}(0),\cdots,\boldsymbol{U}(N-3)}\left\{L(0)+\cdots+L(N-3)+\min_{\boldsymbol{U}(N-2)}[L(N-2)+s(N-1)]\right\}$$

设 $s(N-2)=\min\limits_{\boldsymbol{U}(N-2)}\{L(N-2)+s(N-1)\}$，则系统性能指标可以表示为

$$J_{\min}=\min_{\boldsymbol{U}(0),\cdots,\boldsymbol{U}(N-3)}\{L(0)+\cdots+L(N-3)+s(N-2)\}$$

同理，可得

$$s(N-3)=\min_{\boldsymbol{U}(N-3)}\{L(N-3)+s(N-2)\}$$

$$\vdots$$

$$s(0)=\min_{\boldsymbol{U}(0)}\{L(0)+s(1)\}$$

则系统性能指标表示为 $J_{\min}=s(0)$。

根据上述递推关系，就可以一步一步地将最优控制序列 $\boldsymbol{U}(0),\boldsymbol{U}(1),\cdots,\boldsymbol{U}(N-1)$ 求出来。下面给出最优性原理的简要证明。

用反证法。假设控制序列 $\boldsymbol{U}(0),\boldsymbol{U}(1),\cdots,\boldsymbol{U}(N-1)$ 是最优控制序列，$s(0)$ 是相应的性能指标的最小值。如果控制序列 $\boldsymbol{U}(1),\boldsymbol{U}(2),\cdots,\boldsymbol{U}(N-1)$ 对 $\boldsymbol{X}(1)$ 来说不是最优控制序列，$s(1)$ 也不是相应的性能指标的最小值，那么，就必然存在另一个控制序列 $\boldsymbol{U}'(1),\boldsymbol{U}'(2),\cdots,\boldsymbol{U}'(N-1)$ 为最优控制序列，其相应的性能指标最小值为 $s'(1)$，使得 $s'(1)<s(1)$，那么，在 $s(0)$ 中用 $s'(1)$ 来代替 $s(1)$ 时，就会使 $s(0)$ 变小，这与假设相矛盾，这就说明了最优性原理的正确性。

从以上可以看到，如果只需要确定 N 步过程中的后面任意 $N-k$ 步过程的最优控制序列和相应的性能指标的最小值，即如果以任意第 k 步的状态 $\boldsymbol{X}(k)$ 作为初始状态来确定最优控制序列 $\boldsymbol{U}(k),\boldsymbol{U}(k+1),\cdots,\boldsymbol{U}(N-1)$，使系统转移到终态 $\boldsymbol{X}(N)$，并使后面的 $N-k$ 步过程的性能指标取最小值，那么，根据以上所述，就可容易地得出这种情况下的递推关系式为

$$s(k)=\min_{\boldsymbol{u}(k)}\{L(k)+s(k+1)\}$$

取 $k=0,1,\cdots,N-1$ 就可很方便地进行递推计算，求出最优控制序列 $\boldsymbol{U}(0),\boldsymbol{U}(1),\cdots,\boldsymbol{U}(N-1)$。

例 7.12 设标量离散系统的状态方程为 $x(k+1)=x(k)+3u(k)$，$k=0,1,2$。试求无约束的控制序列 $u(k)$，$k=0,1,2$，使系统从给定的初态 $x(0)=2$ 转移到终态 $x(N)=0$，并使性能指标

$$J=\frac{1}{2}\sum_{k=0}^{2}u^2(k)$$

取最小值。

解：由已知条件得 $N=3$，$\Phi(N)=0$，则 $s(3)=\Phi(N)=0$，由于 $x(3)=0$，可设

$$s(3)=rx(3)\quad (r\ \text{为常数})$$

所以

$$\begin{aligned} s(2)&=\min_{u(2)}\left\{\frac{1}{2}u^2(2)+s(3)\right\}\\ &=\min_{u(2)}\left\{\frac{1}{2}u^2(2)+rx(3)\right\}\\ &=\min_{u(2)}\left\{\frac{1}{2}u^2(2)+r[x(2)+3u(2)]\right\} \end{aligned}$$

则有

$$\frac{\partial\left\{\frac{1}{2}u^2(2)+r[x(2)+3u(2)]\right\}}{\partial u(2)}=u(2)+3r=0$$

$$u(2)=-3r$$

$$s(2)=\frac{9}{2}r^2+r[x(2)-9r]=-\frac{9}{2}r^2+[x(1)+3u(1)]r$$

$$\begin{aligned} s(1)&=\min_{u(1)}\left\{\frac{1}{2}u^2(1)+s(2)\right\}\\ &=\min_{u(1)}\left\{\frac{1}{2}u^2(1)-\frac{9}{2}r^2+[x(1)+3u(1)]r\right\} \end{aligned}$$

$$\frac{\partial\left\{\frac{1}{2}u^2(1)-\frac{9}{2}r^2+[x(1)+3u(1)]r\right\}}{\partial u(1)}=u(1)+3r=0$$

$$u(1)=-3r$$

$$s(1)=[x(1)-9r]r=-9r^2+[x(0)+3u(0)]r$$

$$\begin{aligned} s(0)&=\min_{u(0)}\left\{\frac{1}{2}u^2(0)+s(1)\right\}\\ &=\min_{u(0)}\left\{\frac{1}{2}u^2(0)-9r^2+[x(0)+3u(0)]r\right\} \end{aligned}$$

$$\frac{\partial\left\{\frac{1}{2}u^2(0)-9r^2+[x(0)+3u(0)]r\right\}}{\partial u(0)}=u(0)+3r=0$$

$$u(0)=-3r$$

$$s(0)=2r-\frac{27}{2}r^2$$

$$x(1)=x(0)+3u(0)=2-9r$$

$$x(2)=x(1)+3u(1)=2-18r$$

$$x(3)=x(2)+3u(2)=2-27r=0$$

$$r=\frac{2}{27},\quad u(k)=-\frac{2}{9}$$

$$J_{\min}=s(0)=2r-\frac{27}{2}r^2=\frac{2}{27}$$

例 7.13 设标量离散系统的状态方程为 $x(k+1)=x(k)+2u(k)$,$k=0,1,2$,试求无约束的控制序列 $u(k)$,$k=0,1,2$,使系统从给定的初态 $x(0)=0$ 转移到终态 $x(N)$,并使性能指标

$$J=x(3)+\frac{1}{2}\sum_{k=0}^{2}u^2(k)$$

取最小值。

解:由已知条件得 $N=3$,$\Phi(N)=x(3)$

$$s(3)=\Phi(3)=x(3)=x(2)+2u(2)$$

$$s(2)=\min_{u(2)}\left\{\frac{1}{2}u^2(2)+s(3)\right\}$$

$$=\min_{u(2)}\left\{\frac{1}{2}u^2(2)+x(2)+2u(2)\right\}$$

则有

$$\frac{\partial\left[\frac{1}{2}u^2(2)+x(2)+2u(2)\right]}{\partial u(2)}=u(2)+2=0$$

$$u(2)=-2$$

$$s(2)=x(2)-2=x(1)+2u(1)-2$$

$$s(1)=\min_{u(1)}\left\{\frac{1}{2}u^2(1)+s(2)\right\}$$

$$=\min_{u(1)}\left\{\frac{1}{2}u^2(1)+x(1)+2u(1)-2\right\}$$

$$\frac{\partial\left[\frac{1}{2}u^2(1)+x(1)+2u(1)-2\right]}{\partial u(1)}=u(1)+2=0$$

$$u(1)=-2$$

$$s(1)=x(1)-4=x(0)+2u(0)-4$$

$$s(0)=\min_{u(0)}\left\{\frac{1}{2}u^2(0)+s(1)\right\}$$

$$=\min_{u(0)}\left\{\frac{1}{2}u^2(0)+x(0)+2u(0)-4\right\}$$

$$\frac{\partial\left[\frac{1}{2}u^2(0)+x(0)+2u(0)-4\right]}{\partial u(0)}=u(0)+2=0$$

$$u(0)=-2$$

$$s(0)=x(0)-6=-6$$

例 7.14　设标量离散系统的状态方程为 $x(k+1)=2x(k)+2u(k),k=0,1,2$。试求无约束的控制序列 $u(k),k=0,1,2$,使系统从给定的初态 $x(0)=0$ 转移到终态 $x(N)$,并使性能指标

$$J=x(3)+\frac{1}{2}\sum_{k=0}^{2}u^2(k)$$

取最小值。

解:由已知条件得 $N=3,\Phi(N)=x(3)$

$$s(3)=\Phi(3)=x(3)=2x(2)+2u(2)$$

$$s(2)=\min_{u(2)}\left\{\frac{1}{2}u^2(2)+s(3)\right\}$$

$$=\min_{u(2)}\left\{\frac{1}{2}u^2(2)+2x(2)+2u(2)\right\}$$

则有

$$\frac{\partial\left[\frac{1}{2}u^2(2)+2x(2)+2u(2)\right]}{\partial u(2)}=u(2)+2=0$$

$$u(2)=-2$$

$$s(2)=2x(2)-2=4x(1)+4u(1)-2$$

$$s(1)=\min_{u(1)}\left\{\frac{1}{2}u^2(1)+s(2)\right\}$$

$$=\min_{u(1)}\left\{\frac{1}{2}u^2(1)+4x(1)+4u(1)-2\right\}$$

$$\frac{\partial\left[\frac{1}{2}u^2(1)+4x(1)+4u(1)-2\right]}{\partial u(1)}=u(1)+4=0$$

$$u(1)=-4$$

$$s(1)=4x(1)-10=8x(0)+8u(0)-10$$

$$s(0)=\min_{u(0)}\left\{\frac{1}{2}u^2(0)+s(1)\right\}$$

$$=\min_{u(0)}\left\{\frac{1}{2}u^2(0)+8x(0)+8u(0)-10\right\}$$

$$\frac{\partial\left[\frac{1}{2}u^2(0)+8x(0)+8u(0)-10\right]}{\partial u(0)}=u(0)+8=0$$

$$u(0)=-8$$

$$s(0)=8x(0)-42=-42$$

习题 7

1. 某控制系统如图 7.14 所示,设 $r(t)=1(t)$,$r(t)=t$,$\dot{x}(0)=0$,采样周期 $T=1\text{s}$。试按单变量输出反馈法求数字控制器 $D(z)$,使系统为无稳态误差、无波纹最少拍系统。

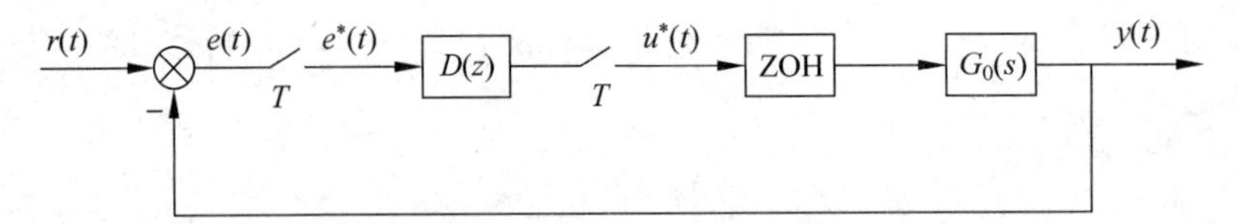

图 7.14 第 1 题图

2. 针对第 1 题,试按多变量输出反馈法求数字控制器 $D(z)$。

3. 设控制对象的状态方程为

$$\begin{bmatrix}\dot{x}_1(t)\\ \dot{x}_2(t)\\ \dot{x}_3(t)\\ \dot{x}_4(t)\end{bmatrix}=\begin{bmatrix}1 & 1 & -5 & -1\\ 0 & -2 & 0 & 0\\ 2 & 1 & -6 & -1\\ -2 & -1 & 2 & -3\end{bmatrix}\begin{bmatrix}x_1(t)\\ x_2(t)\\ x_3(t)\\ x_4(t)\end{bmatrix}+\begin{bmatrix}1 & 1\\ 0 & 2\\ 0 & 2\\ 0 & -1\end{bmatrix}\begin{bmatrix}u_1(t)\\ u_2(t)\end{bmatrix}$$

$$\begin{bmatrix}y_1(t)\\ y_2(t)\end{bmatrix}=\begin{bmatrix}3 & 2 & -3 & 3\\ 1 & 2 & 1 & 3\end{bmatrix}\begin{bmatrix}x_1(t)\\ x_2(t)\\ x_3(t)\\ x_4(t)\end{bmatrix}$$

使用零阶保持器,采样周期 $T=0.1\text{s}$,$\boldsymbol{R}(t)=\boldsymbol{R}_0$,其中

$$\boldsymbol{R}_0=\begin{bmatrix}1\\ 1\end{bmatrix}$$

试按多变量输出反馈法求数字控制器 $D(z)$,使系统为无稳态误差、无波纹最少拍系统。

4. 设控制对象的输出与输入之间的拉普拉斯变换关系为

$$\begin{bmatrix}y_1(s)\\ y_2(s)\end{bmatrix}=\begin{bmatrix}\dfrac{1}{s+2} & \dfrac{2}{s+2}\\ \dfrac{1}{s+1} & \dfrac{1}{s}\end{bmatrix}\begin{bmatrix}u_1(s)\\ u_2(s)\end{bmatrix}$$

使用零阶保持器,采样周期 $T=1\text{s}$,$\boldsymbol{R}(t)=\boldsymbol{R}_0$,其中

$$\boldsymbol{R}_0=\begin{bmatrix}1\\ 1\end{bmatrix}$$

试按输出反馈法求数字控制器 $D(z)$,使系统为无稳态误差、无波纹最少拍系统。

5. 若要求多变量输出反馈控制系统为无稳态误差、无波纹最少拍系统,采样周期 $T=1\text{s}$,使用零阶保持器,试对如下两种情况推导数字控制器 $D(z)$ 的表达式。

(1) $\boldsymbol{R}(t)=\boldsymbol{R}_1$

(2) $\boldsymbol{R}(t)=\boldsymbol{R}_2t^2/2$

其中

$$\boldsymbol{R}_1=\boldsymbol{R}_2=\begin{bmatrix}1\\ \vdots\\ 1\end{bmatrix}$$

6. 试将多变量输出反馈控制系统的如下三种情况下的数字控制器 $D(z)$，用统一表达式表示。

(1) $\boldsymbol{R}(t)=\boldsymbol{R}_0$

(2) $\boldsymbol{R}(t)=\boldsymbol{R}_1 t$

(3) $\boldsymbol{R}(t)=\boldsymbol{R}_2 t^2/2$

其中

$$\boldsymbol{R}_0=\boldsymbol{R}_1=\boldsymbol{R}_2=\begin{bmatrix}1\\ \vdots\\ 1\end{bmatrix}$$

7. 设控制对象(原系统)的状态空间方程为

$$\boldsymbol{X}(k+1)=\begin{bmatrix}3 & -2\\ 1 & 0\end{bmatrix}\boldsymbol{X}(k)+\begin{bmatrix}1\\ 2\end{bmatrix}\boldsymbol{U}(k)$$

$$\boldsymbol{Y}(k)=\begin{bmatrix}0 & 1\end{bmatrix}\boldsymbol{X}(k)$$

试用极点配置法确定状态反馈矩阵 $\boldsymbol{K}$，使状态反馈闭环系统的特征值为 0.4 和 0.7，并画出状态反馈系统框图。

8. 针对第 7 题的原系统，求全阶观测器的补偿器 $\boldsymbol{G}$，要求观测器的特征值为 0.1 和 0.3，并画出带观测器的状态反馈系统的框图。

9. 设原系统(控制对象)的状态方程为

$$\boldsymbol{X}(k+1)=\begin{bmatrix}0.7 & -1\\ 0 & 0.9\end{bmatrix}\boldsymbol{X}(k)+\begin{bmatrix}1\\ 1\end{bmatrix}\boldsymbol{U}(k)$$

要求最优状态反馈闭环系统的性能指标为

$$J=\Delta V[\boldsymbol{X}(k)]=\min$$

试用 Liapunov 法求最优状态反馈矩阵 $\boldsymbol{K}$，并画出状态反馈系统的框图。

10. 设原系统(控制对象)的传递函数为

$$\frac{Y(s)}{U(s)}=\frac{1}{s(s+2)}$$

采样周期 $T=1\mathrm{s}$，使用零阶保持器，试求 $N=3$ 时的最小能量控制序列。

第8章 复杂控制规律系统设计

在计算机控制系统中除了单回路控制系统外，还存在一些复杂控制规律的计算机控制系统，例如串级控制、前馈控制、纯滞后补偿控制等。本章介绍一些复杂控制规律的计算机控制系统的设计方法。

8.1 纯滞后补偿控制系统设计

在许多控制系统中，特别是过程控制系统中，由于物料能量的传递或能量物质的转换，使系统中较小的被控制量往往具有纯滞后特性，从自动控制理论可知，滞后特性的存在对自动控制系统是极其不利的，它使系统中控制决策的适应性降低甚至失效，造成控制系统的稳定性下降，或者根本不能稳定。

在工业生产中，大多数过程对象含有较大的纯滞后特性，被控对象存在的纯滞后时间使系统的稳定性降低，动态性能变坏，如容易引起超调和持续的振荡，对象的纯滞后特性给控制器的设计带来困难。一般地，当对象的纯滞后时间 τ 与对象的惯性时间常数 T_m 之比超过 0.5 时，采用常规的 PID 控制很难获得良好的控制性能。具有纯滞后特性的对象属于比较难以控制的一类对象，对其控制需要采用特殊处理方法。因此，对于滞后被控对象的控制问题多年来一直是自动控制领域中的一个值得关注的问题，对此，许多人做过深入的研究。

一般来说，这类对象对快速性要求是次要的，而对稳定性、不产生超调量的要求是主要的。基于此，人们提出了多种设计方法，比较有代表性的方法有纯滞后补偿控制——大林(Dahlin)算法和史密斯(Smith)预估算法。

8.1.1 大林算法

针对被控对象具有纯滞后的过程控制，1968 年美国 IBM 公司的大林(E. B. Dahlin)提出了一种控制算法，这就是众所周知的大林算法。

大林算法要求在选择闭环 Z 传递函数时，采用相当于连续一阶惯性环节的 $W(z)$ 来代替最少拍多项式。如果对象有纯滞后，则 $W(z)$ 还应包含有同样的纯滞后环节(即要求闭环控制系统的纯滞后时间等于被控制对象的纯滞后时间)。

设在图 8.1 所示的计算机控制系统中，连续时间的被控对象 $G_0(s)$ 是带有纯滞后的一阶或二阶惯性环节，即

$$G_0(s)=\frac{k\mathrm{e}^{-qs}}{\tau_1 s+1} \quad 或 \quad G_0(s)=\frac{k\mathrm{e}^{-qs}}{(\tau_1 s+1)(\tau_2 s+1)}$$

其中 q 为纯滞后时间，为简单起见，假定被控对象的纯滞后时间为采样周期的整数倍，即 $q=NT$（N 为正整数），τ_1、τ_2 为被控对象的惯性时间常数，k 为放大倍数。许多实际工程系统都可以用这两类传递函数近似表示。

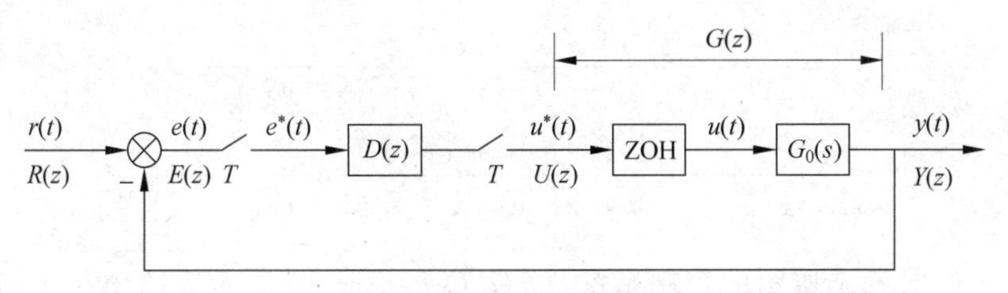

图 8.1 计算机控制系统

不论是对一阶惯性对象还是对二阶惯性对象，大林算法的设计目标是要设计一个合适的数字控制器，使闭环传递函数相当于一个纯滞后环节和一个惯性环节的串联，其中纯滞后环节的滞后时间与被控对象的纯滞后时间完全相同，这样就能保证使系统不产生超调量，同时保证其稳定性。整个闭环系统的传递函数为

$$W(s)=\frac{\mathrm{e}^{-NTs}}{\tau s+1}$$

其中 τ 为整个闭环系统的惯性时间常数。

1. 数字控制器的基本形式

假定系统中采用的保持器为零阶保持器，采用加零阶保持器的 Z 变换，则与 $W(s)$ 相对应的整个闭环系统的闭环 Z 传递函数为

$$W(z)=\mathcal{Z}\left[\frac{1-\mathrm{e}^{-Ts}}{s}\frac{\mathrm{e}^{-NTs}}{\tau s+1}\right]=\frac{(1-\mathrm{e}^{-T/\tau})z^{-(N+1)}}{1-\mathrm{e}^{-T/\tau}z^{-1}}$$

由此，可得出大林算法所设计的控制器 $D(z)$ 为

$$D(z)=\frac{W(z)}{[1-W(z)]G(z)}=\frac{(1-\mathrm{e}^{-T/\tau})z^{-(N+1)}}{[1-\mathrm{e}^{-T/\tau}z^{-1}-(1-\mathrm{e}^{-T/\tau})z^{-(N+1)}]G(z)}$$

其中

$$G(z)=\mathcal{Z}\left[\frac{1-\mathrm{e}^{-Ts}}{s}G_0(s)\right]$$

综上所述，针对被控对象的不同的形式，要想得到同样性能的系统，就应采用不同的数字控制器 $D(z)$。

1）被控对象为含有纯滞后的一阶惯性环节

设 $G_0(s)=\dfrac{k\mathrm{e}^{-NTs}}{\tau_1 s+1}$，则

$$\begin{aligned}G(z)&=\mathcal{Z}\left[\frac{1-\mathrm{e}^{-Ts}}{s}G_0(s)\right]\\&=\mathcal{Z}\left[\frac{k(1-\mathrm{e}^{-Ts})\mathrm{e}^{-NTs}}{s(\tau_1 s+1)}\right]\end{aligned}$$

$$=\frac{k(1-\mathrm{e}^{-T/\tau_1})z^{-(N+1)}}{1-\mathrm{e}^{-T/\tau_1}z^{-1}}$$

于是得到数字控制器为

$$\begin{aligned}D(z)&=\frac{W(z)}{[1-W(z)]G(z)}\\&=\frac{(1-\mathrm{e}^{-T/\tau})z^{-(N+1)}}{[1-\mathrm{e}^{-T/\tau}z^{-1}-(1-\mathrm{e}^{-T/\tau})z^{-(N+1)}]G(z)}\\&=\frac{(1-\mathrm{e}^{-T/\tau})(1-\mathrm{e}^{-T/\tau_1}z^{-1})}{k(1-\mathrm{e}^{-T/\tau_1})[1-\mathrm{e}^{-T/\tau}z^{-1}-(1-\mathrm{e}^{-T/\tau})z^{-(N+1)}]}\end{aligned}$$

例 8.1 如图 8.1 所示的控制系统，设 $G_0(s)=\frac{5\mathrm{e}^{-Ts}}{0.5s+1}$，希望的闭环 Z 传递函数为 $W(s)=\frac{\mathrm{e}^{-Ts}}{s+1}$，采样周期 $T=0.5\mathrm{s}$，求数字控制器 $D(z)$。

解：根据已知条件可得 $N=1,\tau_1=0.5\mathrm{s},\tau=1\mathrm{s},k=5$，则

$$D(z)=\frac{0.125(1-0.368z^{-1})}{1-0.607z^{-1}-0.393z^{-2}}$$

2）被控对象为含有纯滞后的二阶惯性环节

设 $G_0(s)=\frac{k\mathrm{e}^{-NTs}}{(\tau_1 s+1)(\tau_2 s+1)}$，则

$$\begin{aligned}G(z)&=\mathcal{Z}\left[\frac{1-\mathrm{e}^{-Ts}}{s}G_0(s)\right]\\&=\mathcal{Z}\left[\frac{k(1-\mathrm{e}^{-Ts})\mathrm{e}^{-NTs}}{s(\tau_1 s+1)(\tau_2 s+1)}\right]\\&=\frac{k(c_1+c_2z^{-1})z^{-(N+1)}}{(1-\mathrm{e}^{-T/\tau_1}z^{-1})(1-\mathrm{e}^{-T/\tau_2}z^{-1})}\end{aligned}$$

其中 $c_1=1+\frac{\tau_1\mathrm{e}^{-T/\tau_1}-\tau_2\mathrm{e}^{-T/\tau_2}}{\tau_2-\tau_1}$，$c_2=\mathrm{e}^{-T(1/\tau_1+1/\tau_2)}+\frac{\tau_1\mathrm{e}^{-T/\tau_1}-\tau_2\mathrm{e}^{-T/\tau_2}}{\tau_2-\tau_1}$。

于是得到数字控制器为

$$\begin{aligned}D(z)&=\frac{W(z)}{[1-W(z)]G(z)}\\&=\frac{(1-\mathrm{e}^{-T/\tau})z^{-(N+1)}}{[1-\mathrm{e}^{-T/\tau}z^{-1}-(1-\mathrm{e}^{-T/\tau})z^{-(N+1)}]G(z)}\\&=\frac{(1-\mathrm{e}^{-T/\tau})(1-\mathrm{e}^{-T/\tau_1}z^{-1})(1-\mathrm{e}^{-T/\tau_2}z^{-1})}{k(c_1+c_2z^{-1})[1-\mathrm{e}^{-T/\tau}z^{-1}-(1-\mathrm{e}^{-T/\tau})z^{-(N+1)}]}\end{aligned}$$

例 8.2 如图 8.1 所示的控制系统，设 $G_0(s)=\frac{2\mathrm{e}^{-Ts}}{(0.1s+1)(0.4s+1)}$，希望的闭环 Z 传递函数为 $W(s)=\frac{\mathrm{e}^{-Ts}}{0.4s+1}$，采样周期 $T=0.4\mathrm{s}$，求数字控制器 $D(z)$。

解：根据已知条件可得 $N=1,\tau_1=0.1\mathrm{s},\tau_2=0.4\mathrm{s},\tau=0.4\mathrm{s},k=2$，则

$$D(z)=\frac{0.612(1-0.0183z^{-1})(1-0.368z^{-1})}{(1-0.924z^{-1})(1-0.368z^{-1}-0.632z^{-2})}$$

2. 振铃现象及其消除方法

直接用上述控制算法构成闭环控制系统时，人们发现数字控制器输出 $u(k)$ 会以 1/2 采样频率大幅度上下摆动。这种现象称为振铃(Ringing)现象。

振铃现象与被控对象的特性、闭环时间常数、采样周期、纯滞后时间的大小等有关。振铃现象中的振荡是衰减的，并且由于被控对象中惯性环节的低通特性，使得这种振荡对系统的输出几乎无任何影响，但是振铃现象却会增加执行机构的磨损。

振铃现象与前面所介绍的最少拍有纹波系统中的纹波是不一样的。纹波是由于控制器输出一直是振荡的，影响到系统的输出在采样时刻之间一直有纹波。在有交互作用的多参数控制系统中，振铃现象还有可能影响到系统的稳定性，所以，在系统设计中，应设法消除振铃现象。

可引入振铃幅度(Ringing Amplitude，RA)来衡量振荡的强烈程度。RA 的定义为：在单位阶跃信号的作用下，数字控制器 $D(z)$ 的第 0 次输出与第 1 次输出之差。

设数字控制器 $D(z)$ 可表示为

$$D(z)=kz^{-N}\frac{1+b_1z^{-1}+b_2z^{-2}+\cdots}{1+a_1z^{-1}+a_2z^{-2}+\cdots}=kz^{-N}Q(z)$$

其中

$$Q(z)=\frac{1+b_1z^{-1}+b_2z^{-2}+\cdots}{1+a_1z^{-1}+a_2z^{-2}+\cdots}$$

那么，数字控制器 $D(z)$ 输出幅度的变化完全取决于 $Q(z)$。在单位阶跃信号作用下的输出为

$$\begin{aligned}\frac{Q(z)}{1-z^{-1}}&=\frac{1+b_1z^{-1}+b_2z^{-2}+\cdots}{1+(a_1-1)z^{-1}+(a_2-a_1)z^{-2}+\cdots}\\&=1+(b_1-a_1+1)z^{-1}+(b_2-a_2+a_1)z^{-2}+\cdots\end{aligned}$$

根据振铃的定义，可得

$$\mathrm{RA}=1-(b_1-a_1+1)=a_1-b_1$$

例 8.3 对于下面各数字控制器，分别求 RA。

(1) $D(z)=\dfrac{1}{1+z^{-1}}$

(2) $D(z)=\dfrac{1}{1+0.5z^{-1}}$

(3) $D(z)=\dfrac{1}{(1+0.5z^{-1})(1-0.2z^{-1})}$

(4) $D(z)=\dfrac{1-0.5z^{-1}}{(1+0.5z^{-1})(1-0.2z^{-1})}$

解：

(1) $a_1=1, b_1=0$，所以 $\mathrm{RA}=1-0=1$

(2) $a_1=0.5, b_1=0$，所以 $\mathrm{RA}=0.5-0=0.5$

(3) $a_1=0.3, b_1=0$，所以 $RA=0.3-0=0.3$

(4) $a_1=0.3, b_1=-0.5$，所以 $RA=0.3-(-0.5)=0.8$

由例 8.3 可以看出，产生振铃现象的原因是数字控制器 $D(z)$ 在 Z 平面上位于 $z=-1$ 附近有极点。当 $z=-1$ 时，振铃现象最严重。在单位圆内离 $z=-1$ 越远，振铃现象越弱，在单位圆内右半面的极点会减弱振铃现象，而在单位圆内右半面的零点会加剧振铃现象。由于振铃现象容易损坏系统的执行机构，因此，应设法消除振铃现象。

大林提出了一个消除振铃的简单可行的方法，就是先找出造成振铃现象的因子，然后令该因子中的 $z=1$，这样就相当于取消了该因子产生振铃的可能性，根据终值定理，这样处理后，不会影响输出的稳态值。

下面分析被控对象含纯滞后的一阶或二阶惯性环节振铃的消除方法。

1) 被控对象为含有纯滞后的一阶惯性环节

被控对象为含有纯滞后的一阶惯性环节的大林算法求得的数字控制器为

$$D(z)=\frac{(1-e^{-T/\tau})(1-e^{-T/\tau_1}z^{-1})}{k(1-e^{-T/\tau_1})[1-e^{-T/\tau}z^{-1}-(1-e^{-T/\tau})z^{-(N+1)}]}$$

其振铃幅度为

$$RA=e^{-T/\tau_1}-e^{-T/\tau}$$

若 $\tau \geqslant \tau_1$，则 $RA \leqslant 0$，无振铃现象；若 $\tau < \tau_1$，则 $RA > 0$，有振铃现象。

数字控制器 $D(z)$ 可表示为

$$D(z)=\frac{(1-e^{-T/\tau})(1-e^{-T/\tau_1}z^{-1})}{k(1-e^{-T/\tau_1})[1+(1-e^{-T/\tau})(z^{-1}+z^{-2}+\cdots+z^{-N})](1-z^{-1})}$$

可能引起振铃现象的因子是

$$1+(1-e^{-T/\tau})(z^{-1}+z^{-2}+\cdots+z^{-N})$$

显然，当 $N=0$ 时，该因子不会引起振铃。

当 $N=1$ 时，则有极点 $z=-(1-e^{-T/\tau})$，如果 $\tau \ll T$，则 $z \to -1$，将有严重的振铃现象。令该因子中 $z=1$，此时消除振铃后的数字控制器为

$$D(z)=\frac{(1-e^{-T/\tau})(1-e^{-T/\tau_1}z^{-1})}{k(1-e^{-T/\tau_1})(2-e^{-T/\tau})(1-z^{-1})}$$

当 $N=2$ 时，则有极点

$$z=-\frac{1}{2}(1-e^{-T/\tau})\pm j\frac{1}{2}\sqrt{4(1-e^{-T/\tau})-(1-e^{-T/\tau})^2}$$

$$|z|=\sqrt{1-e^{-T/\tau}}$$

因此，如果 $\tau \ll T$，则 $z \to -\frac{1}{2}j \pm \frac{\sqrt{3}}{2}$，$|z| \to 1$，将有严重的振铃现象。令该因子中 $z=1$，此时消除振铃后的数字控制器为

$$D(z)=\frac{(1-e^{-T/\tau})(1-e^{-T/\tau_1}z^{-1})}{k(1-e^{-T/\tau_1})(3-2e^{-T/\tau})(1-z^{-1})}$$

如果要消除全部可能引起振铃的因子，则消除振铃后的数字控制器为

$$D(z)=\frac{(1-\mathrm{e}^{-T/\tau})(1-\mathrm{e}^{-T/\tau_1}z^{-1})}{k(1-\mathrm{e}^{-T/\tau_1})(N+1-N\mathrm{e}^{-T/\tau})(1-z^{-1})}$$

2）被控对象为含有纯滞后的二阶惯性环节

被控对象为含有纯滞后的二阶惯性环节的大林算法求得的数字控制器为

$$D(z)=\frac{(1-\mathrm{e}^{-T/\tau})(1-\mathrm{e}^{-T/\tau_1}z^{-1})(1-\mathrm{e}^{-T/\tau_2}z^{-1})}{k(c_1+c_2z^{-1})[1-\mathrm{e}^{-T/\tau}z^{-1}-(1-\mathrm{e}^{-T/\tau})z^{-(N+1)}]}$$

有极点 $z=-c_2/c_1$，当 $T\to 0$ 时，$z\to -1$，将有严重的振铃现象，振铃幅度为

$$\mathrm{RA}=\frac{c_2}{c_1}-\mathrm{e}^{-T/\tau}+\mathrm{e}^{-T/\tau_1}+\mathrm{e}^{-T/\tau_2}$$

当 $T\to 0$ 时，$\mathrm{RA}\to 2$，令该因子中 $z=1$，此时消除振铃后的数字控制器为

$$D(z)=\frac{(1-\mathrm{e}^{-T/\tau})(1-\mathrm{e}^{-T/\tau_1}z^{-1})(1-\mathrm{e}^{-T/\tau_2}z^{-1})}{k(1-\mathrm{e}^{-T/\tau_1})(1-\mathrm{e}^{-T/\tau_2})[1-\mathrm{e}^{-T/\tau}z^{-1}-(1-\mathrm{e}^{-T/\tau})z^{-(N+1)}]}$$

在某种条件下，仍然还可能存在振铃现象，数字控制器 $D(z)$ 可表示为

$$D(z)=\frac{(1-\mathrm{e}^{-T/\tau})(1-\mathrm{e}^{-T/\tau_1}z^{-1})(1-\mathrm{e}^{-T/\tau_2}z^{-1})}{k(1-\mathrm{e}^{-T/\tau_1})(1-\mathrm{e}^{-T/\tau_2})[1+(1-\mathrm{e}^{-T/\tau})(z^{-1}+z^{-2}+\cdots+z^{-N})](1-z^{-1})}$$

这种可能性取决于因子

$$1+(1-\mathrm{e}^{-T/\tau})(z^{-1}+z^{-2}+\cdots+z^{-N})$$

如果要消除全部可能引起振铃的因子，则消除振铃后的数字控制器为

$$D(z)=\frac{(1-\mathrm{e}^{-T/\tau})(1-\mathrm{e}^{-T/\tau_1}z^{-1})(1-\mathrm{e}^{-T/\tau_2}z^{-1})}{k(1-\mathrm{e}^{-T/\tau_1})(1-\mathrm{e}^{-T/\tau_2})(N+1-N\mathrm{e}^{-T/\tau})(1-z^{-1})}$$

显然，这是一种更安全的算法，这样构成的数字控制器 $D(z)$ 会使整个系统的过渡过程变慢，调节时间将会有所增加。

3. 大林算法的模拟化设计

设模拟闭环控制系统如图 8.2 所示，其中被控对象为含纯滞后的一阶或二阶惯性环节。

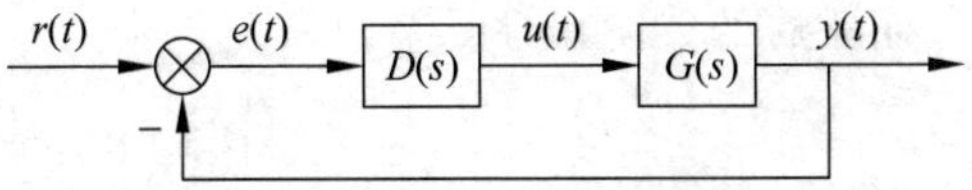

图 8.2 模拟闭环控制系统

设被控对象的传递函数为

$$G(s)=\frac{k_p\mathrm{e}^{-qs}}{\tau_1 s+1}\quad 或\quad G(s)=\frac{k_p\mathrm{e}^{-qs}}{(\tau_1 s+1)(\tau_2 s+1)}$$

其中 q 为纯滞后时间，则其闭环传递函数为

$$W(s)=\frac{D(s)G(s)}{1+D(s)G(s)}$$

其模拟控制器为

$$D(s)=\frac{W(s)}{[1-W(s)]G(s)}$$

按大林算法的设计目标，希望闭环传递函数为

$$W(s)=\frac{e^{-qs}}{\tau s+1}$$

当被控对象为含纯滞后的一阶惯性环节时，可得到模拟控制器为

$$D(s)=\frac{W(s)}{[1-W(s)]G(s)}=\frac{\tau_1 s+1}{k_p(\tau s+1-e^{-qs})}=\frac{U(s)}{E(s)}$$

则

$$(\tau s+1-e^{-qs})U(s)=\frac{1}{k_p}(\tau_1 s+1)E(s)$$

于是，在零初始条件下，得到微分方程为

$$\tau\frac{du(t)}{dt}+u(t)-u(t-q)=\frac{1}{k_p}\left[\tau_1\frac{de(t)}{dt}+e(t)\right]$$

简便起见，设纯滞后时间 q 为采样周期 T 的整数倍，即 $q=NT$，N 为整数。如果用前向差分来近似微分，采样周期 T 足够小，则可得到差分方程为

$$\tau\frac{u(k)-u(k-1)}{T}+u(k-1)-u(k-N-1)=\frac{1}{k_p}\left[\tau_1\frac{e(k)-e(k-1)}{T}+e(k-1)\right]$$

整理后得到

$$\frac{\tau}{T}u(k)+\left(1-\frac{\tau}{T}\right)u(k-1)-u(k-N-1)=\frac{1}{k_p}\left[\frac{\tau_1}{T}e(k)+\left(1-\frac{\tau_1}{T}\right)e(k-1)\right]$$

取 Z 变换为

$$\frac{\tau}{T}U(z)+\left(1-\frac{\tau}{T}\right)z^{-1}U(z)-z^{-(N+1)}U(z)=\frac{1}{k_p}\left[\frac{\tau_1}{T}E(z)+\left(1-\frac{\tau_1}{T}\right)z^{-1}E(z)\right]$$

整理后得到的就是按大林算法设计目标设计的模拟控制器 $D(s)$ 的离散化形式

$$D(z)=\frac{U(z)}{E(z)}=\frac{1-\left(1-\frac{T}{\tau_1}\right)z^{-1}}{k_p\frac{\tau}{\tau_1}\left[1-\left(1-\frac{T}{\tau}\right)z^{-1}-\frac{T}{\tau}z^{-(N+1)}\right]}$$

同样，当被控对象为含纯滞后的二阶惯性环节时有

$$D(z)=\frac{U(z)}{E(z)}=\frac{\left[1-\left(1-\frac{T}{\tau_1}\right)z^{-1}\right]\left[1-\left(1-\frac{T}{\tau_2}\right)z^{-1}\right]}{k_p\frac{\tau(T-\tau_1-\tau_2)}{\tau_1\tau_2}z^{-1}\left[1-\left(1-\frac{T}{\tau}\right)z^{-1}-\frac{T}{\tau}z^{-(N+1)}\right]}$$

与前面设计的数字控制器 $D(z)$ 比较，可以看出，当 $T\ll\tau$ 时，$e^{-T/\tau}\approx 1-T/\tau$，当 $T\ll\tau_1$ 时，$e^{-T/\tau_1}\approx 1-T/\tau_1$，这样就得到模拟控制器 $D(s)$ 的离散化形式 $D(z)$。也就是说，当采样周期 T 相对于惯性时间足够小时，可以采用该控制算法。经实践发现，当 $T\leqslant 0.2\tau_1$ 并且 $T\leqslant 0.4\tau$ 时，其控制算法就能很好地工作并得到满意的控制性能。

例 8.4 已知被控对象的传递函数为

$$G(s)=\frac{2e^{-Ts}}{0.5s+1}$$

要求希望闭环传递函数为

$$W(s)=\frac{e^{-Ts}}{0.4s+1}$$

采样周期 $T=0.1$s，用模拟化法求 $D(z)$。

解：由已知条件知，$k_p=2, N=1, \tau_1=0.5$s，$\tau=0.4$s。可以看出，$T=0.1\leqslant 0.2\tau_1=0.1$ 且 $T=0.1\leqslant 0.4\tau=0.16$。因此，可求出数字控制器 $D(z)$ 为

$$D(z)=\frac{1-\left(1-\frac{T}{\tau_1}\right)z^{-1}}{k_p\frac{\tau}{\tau_1}\left[1-\left(1-\frac{T}{\tau}\right)z^{-1}-\frac{T}{\tau}z^{-(N+1)}\right]}=\frac{0.625(1-0.8z^{-1})}{(1-z^{-1})(1+0.125z^{-1})}$$

4．大林算法与 PID 算法间的关系

在第 5 章介绍的 PID 算法中的数字控制器 $D(z)$ 的形式为

$$D(z)=\frac{U(z)}{E(z)}=K_P\left[1+\frac{T}{T_I}\frac{1}{1-z^{-1}}+\frac{T_D}{T}(1-z^{-1})\right]$$

若被控对象为含有纯滞后的一阶惯性环节，则在大林算法中消除振铃后的数字控制器为

$$D(z)=\frac{(1-e^{-T/\tau})(1-e^{-T/\tau_1}z^{-1})}{k(1-e^{-T/\tau_1})(N+1-Ne^{-T/\tau})(1-z^{-1})}$$

经等价变换得

$$D(z)=\frac{(1-e^{-T/\tau})}{k(e^{T/\tau_1}-1)(N+1-Ne^{-T/\tau})}\left(1+\frac{e^{T/\tau_1}-1}{1-z^{-1}}\right)$$

通过比较可得

$$\begin{cases}K_P=\dfrac{(1-e^{-T/\tau})}{k(e^{T/\tau_1}-1)(N+1-Ne^{-T/\tau})}\\ T_I=\dfrac{T}{e^{T/\tau_1}-1}\end{cases}$$

若被控对象为含有纯滞后的二阶惯性环节，则在大林算法中消除振铃后的数字控制器为

$$D(z)=\frac{(1-e^{-T/\tau})(1-e^{-T/\tau_1}z^{-1})(1-e^{-T/\tau_2}z^{-1})}{k(1-e^{-T/\tau_1})(1-e^{-T/\tau_2})(N+1-Ne^{-T/\tau})(1-z^{-1})}$$

经等价变换得

$$D(z)=\frac{(1-e^{-T/\tau})(e^{T/\tau_1}+e^{T/\tau_2}-2)}{k(e^{T/\tau_1}-1)(e^{T/\tau_2}-1)(N+1-Ne^{-T/\tau})}\left[1+\frac{(e^{T/\tau_1}-1)(e^{T/\tau_2}-1)}{(e^{T/\tau_1}+e^{T/\tau_2}-2)(1-z^{-1})}+\frac{1-z^{-1}}{e^{T/\tau_1}+e^{T/\tau_2}-2}\right]$$

通过比较可得

$$\begin{cases} K_{\mathrm{P}}=\dfrac{(1-\mathrm{e}^{-T/\tau})(\mathrm{e}^{T/\tau_1}+\mathrm{e}^{T/\tau_2}-2)}{k(\mathrm{e}^{T/\tau_1}-1)(\mathrm{e}^{T/\tau_2}-1)(N+1-N\mathrm{e}^{-T/\tau})} \\ T_{\mathrm{I}}=\dfrac{T(\mathrm{e}^{T/\tau_1}+\mathrm{e}^{T/\tau_2}-2)}{(\mathrm{e}^{T/\tau_1}-1)(\mathrm{e}^{T/\tau_2}-1)} \\ T_{\mathrm{D}}=\dfrac{T}{(\mathrm{e}^{T/\tau_1}+\mathrm{e}^{T/\tau_2}-2)} \end{cases}$$

由此可见,如果大林算法数字控制器 $D(z)$ 中只保留一个 $z=1$ 极点,而其余的极点都作为可能引起振铃的极点被取消,就可得到典型的 PID 控制算法。如果按照不同对象的具体情况,有分析地取消振铃极点,那么大林算法就能够得到比 PID 算法更好的控制效果。因此,对于被控对象含有较大纯滞后时间的系统,通常不使用 PID 控制,而采用大林算法。

在第 5 章中介绍过模拟化整定数字 PID 控制器的参数,如扩充临界比例度法和扩充响应曲线法,也可以通过大林算法进行 PID 控制器参数的整定。利用当 $x\to 0$ 时,$\mathrm{e}^x\to 1+x$ 的关系,则当采样周期 T 足够小时,有

$$\begin{cases} K_{\mathrm{P}}=\dfrac{T/\tau}{k(T/\tau_1)(1+NT/\tau)}=\dfrac{\tau_1}{k(\tau+q)} \\ T_{\mathrm{I}}=\dfrac{T}{T/\tau_1}=\tau_1 \end{cases}$$

其中 $q=NT$ 为被控对象的纯滞后时间。同样可得到

$$\begin{cases} K_{\mathrm{P}}=\dfrac{(T/\tau)(T/\tau_1+T/\tau_2)}{k(T/\tau_1)(T/\tau_2)(1+NT/\tau)}=\dfrac{\tau_1+\tau_2}{k(\tau+q)} \\ T_{\mathrm{I}}=\dfrac{T(T/\tau_1+T/\tau_2)}{(T/\tau_1)(T/\tau_2)}=\tau_1+\tau_2 \\ T_{\mathrm{D}}=\dfrac{T}{(T/\tau_1+T/\tau_2)}=\dfrac{\tau_1\tau_2}{\tau_1+\tau_2} \end{cases}$$

用大林算法来整定 PI 或 PID 控制器的参数时,如果含纯滞后时间的被控对象的传递函数已知,即已知 k,τ_1,τ_2,q,就可以直接计算 $T_{\mathrm{I}},T_{\mathrm{D}}$,不再变动(由于与 τ 无关),只要对 τ 和 K_{P} 进行调试和选择即可。

8.1.2 史密斯预估算法

史密斯预估算法也是一种纯滞后补偿控制算法。该算法对具有较大的纯滞后时间的控制系统是比较有效的,也是在控制系统中较普遍采用的算法。史密斯预估算法需要实现一个时间延迟元件,该延迟元件的迟后时间等于被控对象的纯滞后时间,用模拟装置实现它很困难,但用计算机就很容易实现了。

1. 史密斯补偿原理

设被控对象含纯滞后闭环控制系统如图 8.3 所示。

图中被控对象的传递函数为

$$G(s)=G_0(s)\mathrm{e}^{-\tau s}$$

其中 τ 为纯滞后时间,$G_0(s)$ 是被控对象传递函数中不包含纯滞后时间部分的传递函数,

$D(s)$为串联控制器的传递函数。

系统的闭环传递函数为

$$W(s)=\frac{Y(s)}{R(s)}=\frac{D(s)G_0(s)\mathrm{e}^{-\tau s}}{1+D(s)G_0(s)\mathrm{e}^{-\tau s}}$$

在$W(s)$的分母中包含纯滞后环节，它降低了系统的稳定性。如果τ足够大，那么系统将是不稳定的，因此这种串联控制器$D(s)$很难使系统得到满意的控制性能，这就是含大纯滞后过程难以控制的本质。

为了提高控制质量，需要引入一个与被控对象并联的补偿器，该补偿器被称为史密斯预估器$D_B(s)$，带有史密斯预估器的系统如图8.4所示。

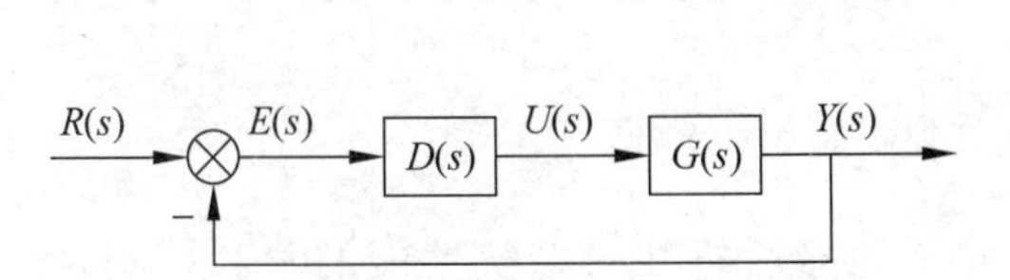

图8.3 被控对象含纯滞后闭环控制系统

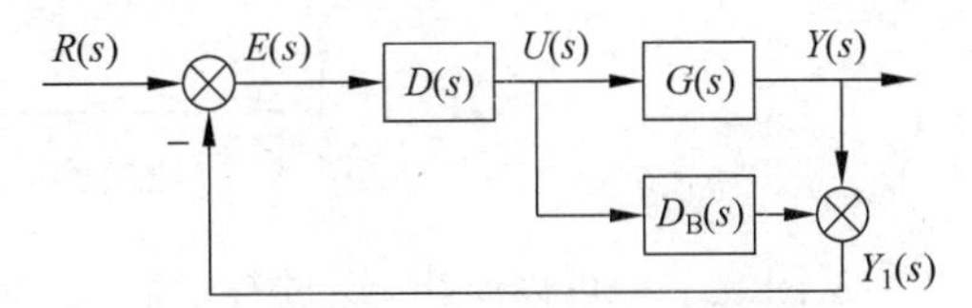

图8.4 带有史密斯预估器的系统

由图8.4可知，经补偿后控制量$U(s)$与反馈量$Y_1(s)$之间的传递函数为

$$\frac{Y_1(s)}{U(s)}=G_0(s)\mathrm{e}^{-\tau s}+D_B(s)$$

如果希望用补偿器$D_B(s)$能完全补偿被控对象的纯滞后时间的影响，则应满足

$$\frac{Y_1(s)}{U(s)}=G_0(s)$$

于是得到补偿器$D_B(s)$为

$$D_B(s)=G_0(s)(1-\mathrm{e}^{-\tau s})$$

这样，引入补偿器后，系统中等效对象的传递函数就不含纯滞后环节，相应的闭环控制系统如图8.5所示。

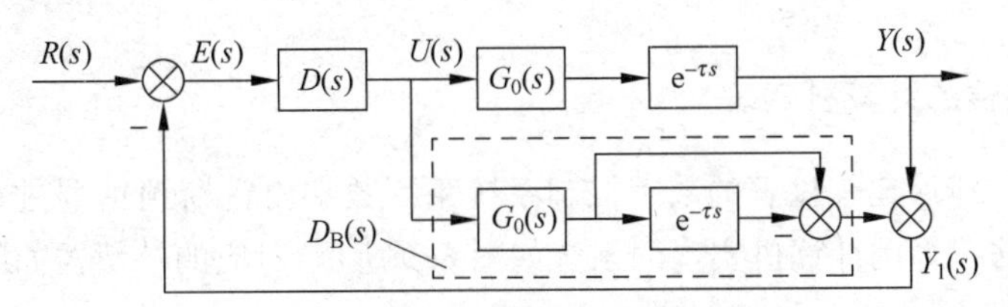

图8.5 纯滞后补偿闭环控制系统

实际上补偿器(或史密斯预估器)并不是并联在被控对象上的，而是反向并在控制器$D(s)$上的，因而实际纯滞后补偿控制系统如图8.6所示。

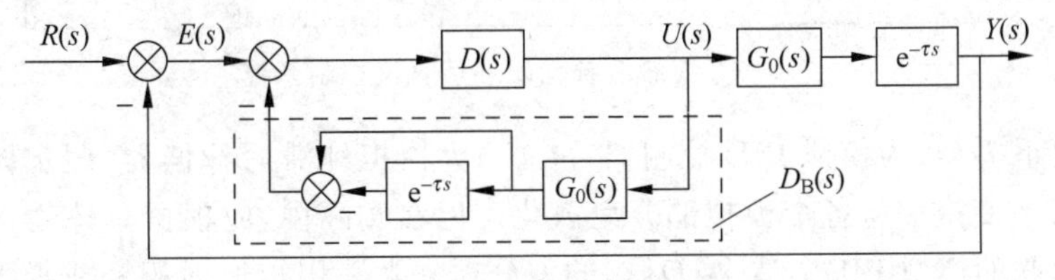

图8.6 实际纯滞后补偿控制系统

图8.6中虚线框为补偿器 $D_{B}(s)$，它与 $D(s)$ 共同构成带纯滞后补偿的控制器，则对应的传递函数 $D_{C}(s)$ 为

$$D_{C}(s)=\frac{U(s)}{E(s)}=\frac{D(s)}{1+D(s)G_{0}(s)(1-e^{-\tau s})}$$

于是纯滞后补偿控制系统的闭环传递函数为

$$W(s)=\frac{D(s)G_{0}(s)}{1+D(s)G_{0}(s)}e^{-\tau s}$$

相应的等效图如图8.7所示。

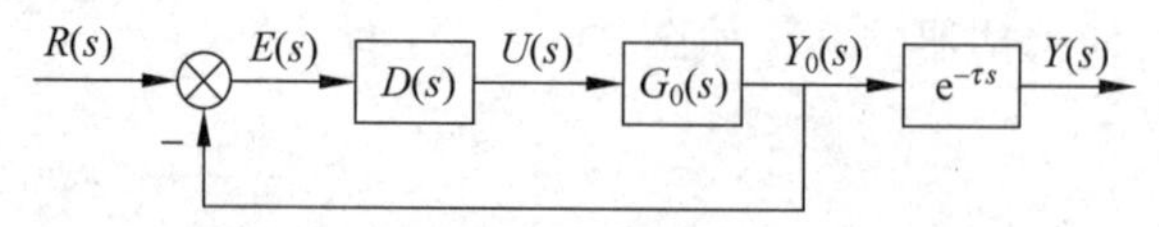

图8.7　纯滞后补偿闭环控制系统等效图

从图8.7中可以看出，经过补偿后，已经消除了纯滞后特性对系统性能的不利影响，因为纯滞后环节已经在闭环控制回路之外，因而不会影响闭环系统的稳定性。由拉普拉斯变换的位移定理可知，纯滞后特性只是将 $y_{0}(t)$ 的时间坐标推移了一个时间 τ 而得到 $y(t)$，其形状是完全相同的，如图8.8所示。

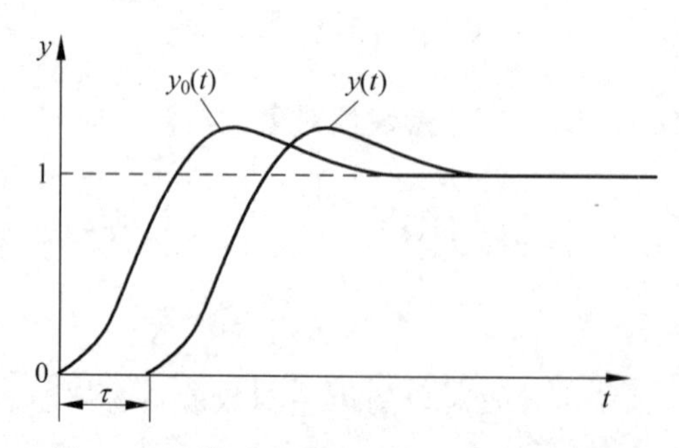

图8.8　纯滞后补偿闭环控制系统输出特性

2. 纯滞后补偿的计算机实现

对被控对象纯滞后比较显著的数字控制系统采用数字史密斯预估器进行补偿，是一种既简单又经济的方法。采用计算机实现的系统如图8.9所示，对应的补偿器如图8.10所示。

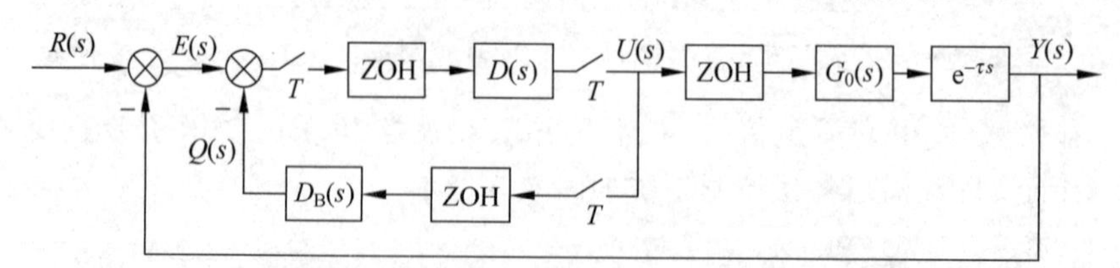

图8.9　纯滞后补偿闭环计算机控制系统

通常情况下 $D(s)$ 为模拟PID控制器，$D_{B}(s)$ 为模拟纯滞后补偿器，假定图中都采用加零阶保持器的Z变换法将各个模拟部分离散化。但在实际中，应根据具体情况选用离散化方法，例如，串联的模拟PID控制器 $D(s)$ 的积分项常常采用矩形面积和或梯形面积和来代

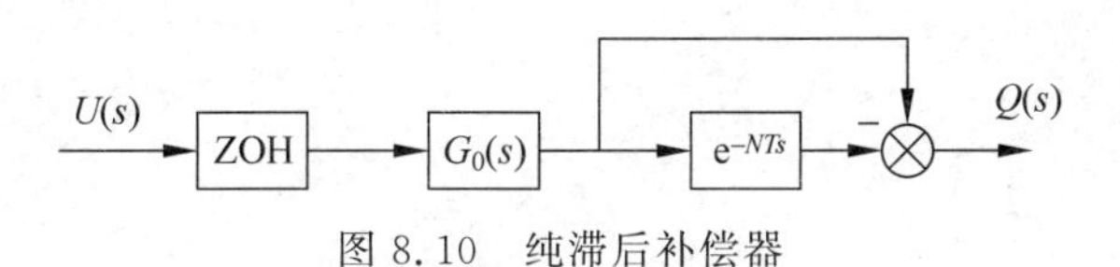

图 8.10 纯滞后补偿器

替，它的微分项可以用后向差分来代替，而且 PID 控制算法常用增量式或积分分离式又或不完全微分式等，在实际应用中，应根据具体情况而定。

1）被控对象为含纯滞后的一阶惯性环节

设被控对象的传递函数为

$$G(s)=\frac{k\mathrm{e}^{-NTs}}{\tau_1 s+1}$$

其中 k 为增益系数，τ_1 为惯性时间常数，NT 为纯滞后时间，N 为整数。则对应的纯滞后补偿器 $D_{\mathrm{B}}(z)$ 为

$$D_{\mathrm{B}}(z)=\mathcal{Z}\left[\frac{1-\mathrm{e}^{-Ts}}{s}\frac{k}{\tau_1 s+1}(1-\mathrm{e}^{-NTs})\right]=(1-z^{-N})\frac{b_1 z^{-1}}{1-a_1 z^{-1}}$$

式中

$$\begin{cases}a_1=\mathrm{e}^{-T/\tau_1}\\ b_1=k(1-\mathrm{e}^{-T/\tau_1})\end{cases}$$

上式可表示成

$$D_{\mathrm{B}}(z)=\frac{Q(z)}{U(z)}=\frac{Q(z)}{P(z)}\frac{P(z)}{U(z)}=(1-z^{-N})\frac{b_1 z^{-1}}{1-a_1 z^{-1}}$$

令

$$\begin{cases}\dfrac{Q(z)}{P(z)}=1-z^{-N}\\ \dfrac{P(z)}{U(z)}=\dfrac{b_1 z^{-1}}{1-a_1 z^{-1}}\end{cases}$$

则可得到纯滞后补偿器的控制算法为

$$\begin{cases}p(k)=a_1 p(k-1)+b_1 u(k-1)\\ q(k)=p(k)-p(k-N)\end{cases}$$

2）被控对象为含纯滞后的二阶惯性环节

设被控对象的传递函数为

$$G(s)=\frac{k\mathrm{e}^{-NTs}}{(\tau_1 s+1)(\tau_2 s+1)}$$

其中 k 为增益系数，τ_1、τ_2 为惯性时间常数，NT 为纯滞后时间，N 为整数。则对应的纯滞后补偿器 $D_{\mathrm{B}}(z)$ 为

$$D_{\mathrm{B}}(z)=\mathcal{Z}\left[\frac{1-\mathrm{e}^{-Ts}}{s}\frac{k}{(\tau_1 s+1)(\tau_2 s+1)}(1-\mathrm{e}^{-NTs})\right]=(1-z^{-N})\frac{b_1 z^{-1}+b_2 z^{-2}}{1-a_1 z^{-1}-a_2 z^{-2}}$$

式中

$$\begin{cases} a_1 = e^{-T/\tau_1} + e^{-T/\tau_2} \\ a_2 = -e^{-T(1/\tau_1+1/\tau_2)} \\ b_1 = k\left(1 + \dfrac{\tau_1 e^{-T/\tau_1} - \tau_2 e^{-T/\tau_2}}{\tau_2 - \tau_1}\right) \\ b_2 = k\left(e^{-T(1/\tau_1+1/\tau_2)} + \dfrac{\tau_1 e^{-T/\tau_1} - \tau_2 e^{-T/\tau_2}}{\tau_2 - \tau_1}\right) \end{cases}$$

上式可表示成

$$D_B(z) = \frac{Q(z)}{U(z)} = \frac{Q(z)}{P(z)}\frac{P(z)}{U(z)} = (1 - z^{-N})\frac{b_1 z^{-1} + b_2 z^{-2}}{1 - a_1 z^{-1} - a_2 z^{-2}}$$

令

$$\begin{cases} \dfrac{Q(z)}{P(z)} = 1 = z^{-N} \\ \dfrac{P(z)}{U(z)} = \dfrac{b_1 z^{-1} + b_2 z^{-2}}{1 - a_1 z^{-1} - a_2 z^{-2}} \end{cases}$$

则可得到纯滞后补偿器的控制算法为

$$\begin{cases} p(k) = a_1 p(k-1) + a_2 p(k-2) + b_1 u(k-1) + b_2 u(k-2) \\ q(k) = p(k) - p(k-N) \end{cases}$$

3) 被控对象为含纯滞后的一阶惯性环节与积分环节

设被控对象的传递函数为

$$G(s) = \frac{k e^{-NTs}}{s(\tau_1 s + 1)}$$

其中 k 为增益系数，τ_1 为惯性时间常数，NT 为纯滞后时间，N 为整数。则对应的纯滞后补偿器 $D_B(z)$ 为

$$D_B(z) = \mathcal{Z}\left[\frac{1 - e^{-Ts}}{s}\frac{k}{s(\tau_1 s + 1)}(1 - e^{-NTs})\right] = (1 - z^{-N})\frac{b_1 z^{-1} + b_2 z^{-2}}{1 - a_1 z^{-1} - a_2 z^{-2}}$$

式中

$$\begin{cases} a_1 = 1 + e^{-T/\tau_1} \\ a_2 = -e^{-T/\tau_1} \\ b_1 = k(T - \tau_1 + \tau_1 e^{-T/\tau_1}) \\ b_2 = k(\tau_1 - T e^{-T/\tau_1} - \tau_1 e^{-T/\tau_1}) \end{cases}$$

上式可表示成

$$D_B(z) = \frac{Q(z)}{U(z)} = \frac{Q(z)}{P(z)}\frac{P(z)}{U(z)} = (1 - z^{-N})\frac{b_1 z^{-1} + b_2 z^{-2}}{1 - a_1 z^{-1} - a_2 z^{-2}}$$

令

$$\begin{cases} \dfrac{Q(z)}{P(z)} = 1 = z^{-N} \\ \dfrac{P(z)}{U(z)} = \dfrac{b_1 z^{-1} + b_2 z^{-2}}{1 - a_1 z^{-1} - a_2 z^{-2}} \end{cases}$$

则可得到纯滞后补偿器的控制算法为

$$\begin{cases} p(k)=a_1 p(k-1)+a_2 p(k-2)+b_1 u(k-1)+b_2 u(k-2) \\ q(k)=p(k)-p(k-N) \end{cases}$$

8.1.3 纯滞后信号的产生

由前面的分析可知，纯滞后补偿器的差分方程都存在 $p(k-N)$ 项，也即存在纯滞后信号。因此，纯滞后信号的产生对纯滞后补偿器是非常重要的，也是要解决的首要问题。纯滞后信号可以由存储单元产生，也可以用近似方法产生。

1. 存储单元法

为了产生纯滞后信号，需要在内存中开设 $N+1$ 个存储单元来存储 $p(k)$ 的历史数据，其中 $N\approx\tau/T$，所以 N 应取大于且接近 τ/T 的整数，τ 为纯滞后时间，T 为采样周期。存储单元的结构如图 8.11 所示。

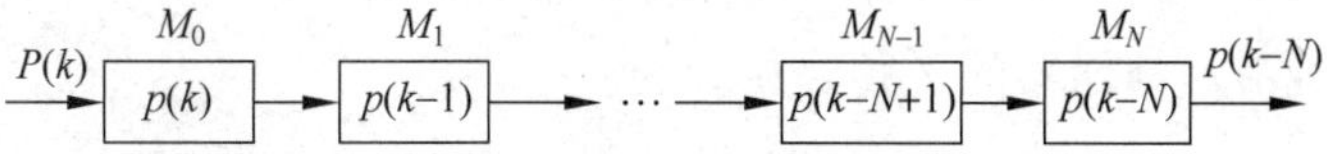

图 8.11 存储单元法产生纯滞后信号

在存储单元 $M_0,M_1,\cdots,M_{N-1},M_N$ 中分别存放数据 $p(k),p(k-1),\cdots,p(k-N+1)$，$p(k-N)$，在每次采样读入之前，首先把各个存储单元原来的数据依次移入下一个存储单元。例如，把 M_{N-1} 单元的数据 $p(k-N+1)$ 移入 M_N 单元中，成为下一个采样周期内的数据 $p(k-N)$，……，把 M_0 单元的数据移入 M_1 单元中，成为下一个采样周期内的数据 $p(k-1)$，最后把当前的采样值 $p(k)$ 存入单元 M_0。这样，每次在 M_N 单元中的输出数据 $p(k)$ 就是信号滞后 N 拍的数据 $p(k-N)$。

存储单元法的优点是精度高，只要选用适当的存储单元的字长，便可获得足够高的精度，但是，存储单元法需要占用一定的内存容量，而且 N 越大，占用的内存容量就越大。

2. 二项式近似法

对于纯滞后特性可以用 n 阶的二项式近似，表示为

$$\mathrm{e}^{-\tau s}=\lim_{n\to\infty}\left[\frac{1}{1+\tau s/n}\right]^n$$

取 $n=2$，则

$$\mathrm{e}^{-\tau s}\approx\frac{1}{1+0.5\tau s}\frac{1}{1+0.5\tau s}$$

纯滞后补偿器的 Z 传递函数为

$$D_{\mathrm{B}}(z)=\mathcal{Z}\left[\frac{1-\mathrm{e}^{-Ts}}{s}G_0(s)\left(1-\frac{1}{1+0.5\tau s}\frac{1}{1+0.5\tau s}\right)\right]$$

相应的纯滞后补偿器如图 8.12 所示。

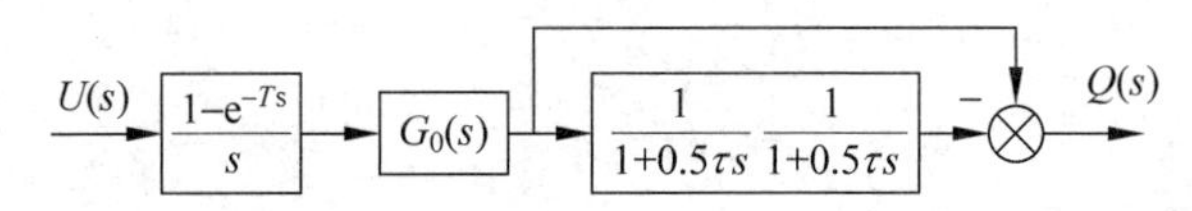

图 8.12 二项式近似的纯滞后补偿器

3. 多项式近似法

对于纯滞后特性可以用多项式近似，表示为

$$e^{-\tau s} \approx \frac{1+b_1(\tau s)+b_2(\tau s)^2+\cdots+b_m(\tau s)^m}{1+a_1(\tau s)+a_2(\tau s)^2+\cdots+a_n(\tau s)^n}$$

取一阶近似

$$e^{-\tau s}=\frac{1-0.5\tau s}{1+0.5\tau s}$$

取二阶近似

$$e^{-\tau s}=\frac{1-0.5\tau s+0.125(\tau s)^2}{1+0.5\tau s+0.125(\tau s)^2}$$

二阶多项式纯滞后补偿器的 Z 传递函数为

$$D_B(z)=\mathcal{Z}\left[\frac{1-e^{-Ts}}{s}G_0(s)\left(1-\frac{1-0.5\tau s+0.125(\tau s)^2}{1+0.5\tau s+0.125(\tau s)^2}\right)\right]$$

相应的二阶多项式近似的纯滞后补偿器如图 8.13 所示。

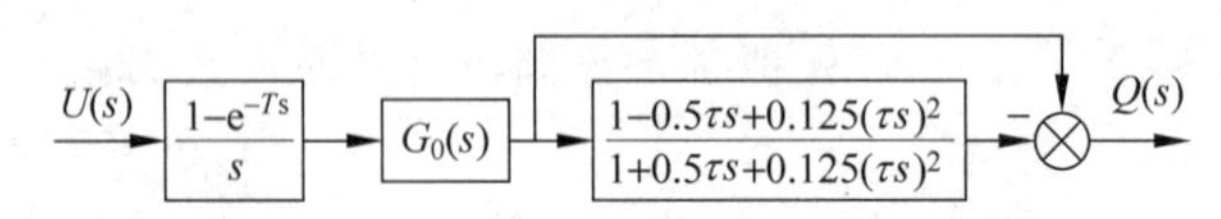

图 8.13 二阶多项式近似的纯滞后补偿器

8.2 串级控制系统设计

对于某些复杂的控制对象，如果只用一个控制回路难以使系统的性能满足要求，在这种情况下，常采用多个控制回路，这就是串级控制。

串级控制是在单参数、单回路 PID 调节的基础上发展起来的一种控制方式，它可以较简易地解决几个因素影响同一个被控变量的相关问题。在串级控制系统中，有主回路、副回路之分，主回路一般仅一个，而副回路可以是一个或多个。主回路的输出作为副回路设定值修正的依据，副回路的输出作为真正的控制量作用于对象。

为了便于建立串级控制的概念，首先观察一个燃气加热炉的炉温自动控制系统，如图 8.14 所示。

控制目的是使炉温维持稳定。如果燃气管道中压力是恒定的，为了维持加热炉温度恒定，只需测量出料实际温度，用它与温度设定值比较，利用二者的偏差控制燃气管道上的阀门。当燃气总管道压力恒定时，阀位与燃气流量保持一定的比例关系，一定的阀位对应一定的流量，在进出料数量保持稳定时，就对应一定的加热炉温度。但实际上燃气总管道同时向许多加热炉供应燃气，燃气压力将随负荷的变化而变化，此时燃气管道阀门位置与燃气流量

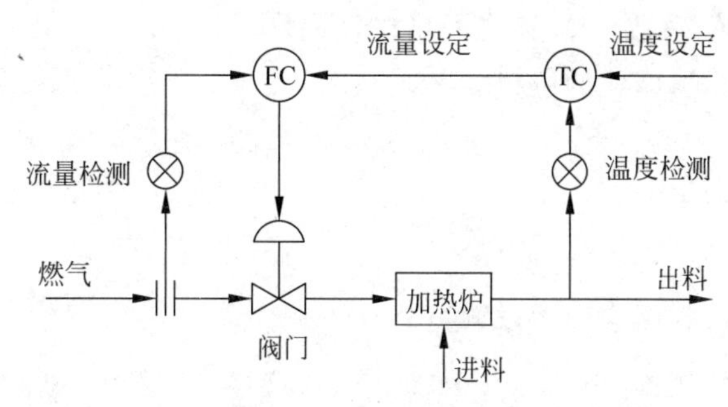

图 8.14 燃气加热炉的炉温自动控制系统

不再呈单值关系。在采用单回路控制时，燃气压力的变化引起流量的变化，随之引起加热炉温度的变化，只有在炉温发生偏离后才会引起调整。由于控制时间的滞后，上述系统若仅靠一个主控回路不能获得满意的控制效果。解决的方法是增加一个控制燃气流量的副回路，副回路管道短，滞后时间短，自成闭环，它能保证流量的恒定，由它直接控制阀门开度，控制很及时。为了使阀门受到温度的控制，使温度控制器的输出成为流量控制器的给定值，主控制回路在系统中根据温度的实际要求来确定应有的流量设定值。这样不论是流量的变化或者是其他原因引起温度的变化，都通过流量控制器对阀门进行控制，这种结构的系统称为串级控制系统。

典型的串级控制系统如图 8.15 所示。

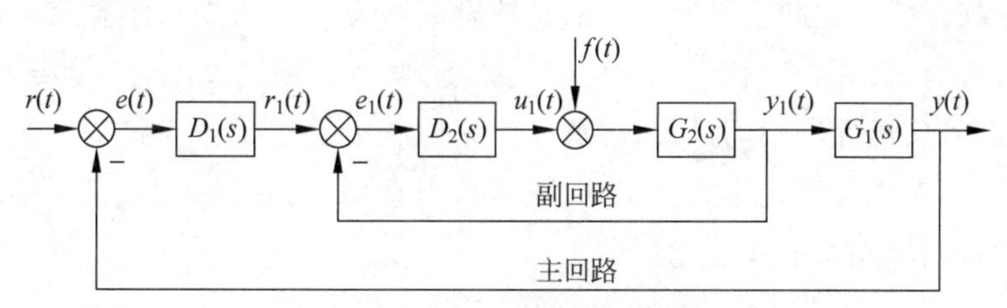

图 8.15 典型的串级控制系统

图 8.15 中主对象 $G_1(s)$ 相当于加热炉的温度，副对象 $G_2(s)$ 相当于流过阀门的煤气流量，$D_1(s)$ 对应温度控制器，$D_2(s)$ 对应流量控制器。$G_1(s)$ 与 $D_1(s)$ 组成系统的主回路，$G_2(s)$ 与 $D_2(s)$ 组成副回路。

通常控制器 $D_1(s)$ 采用 PID 控制，$D_2(s)$ 采用纯比例控制或 PI 控制，较少采用 PID 控制。对副回路还常采用微分先行 PID 控制。在用计算机实现模拟主控制器 $D_1(s)$ 和副回路控制器 $D_2(s)$ 时，可以采用第 5 章介绍的离散化方法将 $D_1(s)$ 和 $D_2(s)$ 进行离散化。

由图 8.15 可知，主回路控制器的输出是副回路的给定值，在一般情况下，串级控制系统的算法是从外面的回路向内依次进行计算，其计算步骤如下。

(1) 计算主回路的偏差 $e(k)$。

$$e(k)=r(k)-y(k)$$

其中，$r(k)$ 为主回路的设定值，上面例子中为出料温度的设定值；$y(k)$ 为主回路的被控参数(例中为温度)。

(2) 计算主回路控制算式的增量输出 $\Delta r_1(k)$。

$$\Delta r_1(k)=K_P[\Delta e(k)]+K_I e(k)+K_D[\Delta e(k)-\Delta e(k-1)]$$

其中,K_P 为主回路比例系数;K_I 为主回路积分系数;K_D 为主回路微分系数。

(3) 计算主回路控制算式的位置输出 $r_1(k)$。

$$r_1(k)=r_1(k-1)+\Delta r_1(k)$$

(4) 计算副回路的偏差 $e_1(k)$。

$$e_1(k)=r_1(k)-y_1(k)$$

(5) 计算副回路控制算式的增量输出 $\Delta u_1(k)$。

$$\Delta u_1(k)=K'_P[\Delta e_1(k)]+K'_I e_1(k)+K'_D[\Delta e_1(k)-\Delta e_1(k-1)]$$

其中,$\Delta u_1(k)$为作用于阀门的控制增量;K'_P为副回路比例系数;K'_I为副回路积分系数;K'_D为副回路微分系数。

(6) 计算副回路控制算式的位置输出 $u_1(k)$。

$$u_1(k)=u_1(k-1)+\Delta u_1(k)$$

在上述步骤(3),计算主控制器的位置输出(即副回路的设定)时,也可采用下列改进的算法

$$r_1(k)=r_1(k-1)+\begin{cases}\delta\Delta r_1(k) & |\Delta r_1(k)|>\varepsilon \\ \Delta r_1(k) & |\Delta r_1(k)|\leqslant\varepsilon\end{cases}$$

式中,δ 与 ε 都是根据具体对象确定的系数。δ 总是选择小于 1,它们在控制过程中可随时按要求加以更换。引入这两个系数的目的是使副回路设定值的变化不要过于"激烈",即当主回路输出过大时,引入 δ 以抑制系统的变化幅度,防止因激励过大而使系统工作不正常。

对于主、副对象惯性较大的系统,还可以在副回路中采用微分先行的算法,即在副被控参数采样输入后,先进行不完全微分运算,然后再引至副回路的输入端。图 8.16 表示副回路微分先行的串级控制系统。

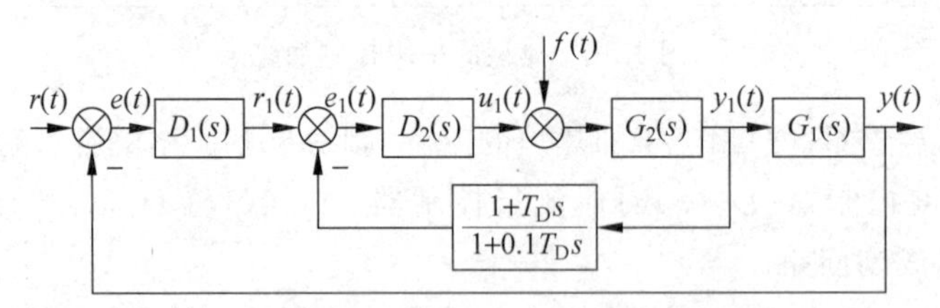

图 8.16 副回路微分先行的串级控制系统

串级控制有以下主要优点:

(1) 副回路可减弱扰动 $f(t)$对被控制量 $y(t)$的影响。

(2) 副回路可减弱 $G_2(s)$中的参数、大的惯性时间或大的纯滞后特性对被控制量 $y(t)$ 的影响。

(3) 副回路可减弱 $G_2(s)$中的非线性对被控制量 $y(t)$的影响。

这些优点就是控制理论中的反馈校正的优点,因为副回路就是反馈校正回路。目前,串级副控调节器也有按照希望的闭环 Z 传递函数来设计,设副回路如图 8.17 所示。

副回路中广义对象的 Z 传递函数为

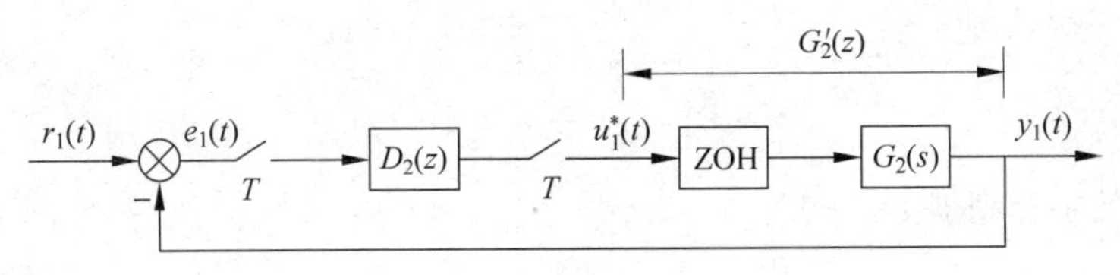

图 8.17 副回路

$$G_2'(z)=\mathcal{Z}\left[\frac{1-\mathrm{e}^{-Ts}}{s}G_2(s)\right]$$

则对应闭环 Z 传递函数为

$$W_1(z)=\frac{Y_1(z)}{R_1(z)}=\frac{D_2(z)G_2'(z)}{1+D_2(z)G_2'(z)}$$

可得到副回路数字控制器为

$$D_2(z)=\frac{W_1(z)}{G_2'(z)[1-W_1(z)]}$$

若副回路系统的闭环 Z 传递函数 $W_1(z)$ 是根据系统的性能指标要求确定的，那么相应的副回路数字控制器 $D_2(z)$ 也就确定了。因此，必须根据被控对象的特性，合理地选择副回路系统的闭环 Z 传递函数 $W_1(z)$。根据实践经验可选择

$$W_1(z)=\frac{Y_1(z)}{R_1(z)}=z^{-n}$$

其中 n 为 $G_2'(z)$ 的分母最高阶数。因此，副回路是一个最少拍控制系统。

应当指出，通常主回路与副回路的采样周期是不同的，它们之间要相差 3 倍以上，以免主副回路之间相互干扰和共振。

例 8.5 对于图 8.17 所示的副回路，设 $G_2(s)=\frac{1}{\tau s+1}$，试确定副回路数字控制器 $D_2(z)$。

解：副回路中广义对象的 Z 传递函数为

$$G_2'(z)=\mathcal{Z}\left[\frac{1-\mathrm{e}^{-Ts}}{s}G_2(s)\right]=\frac{1-\mathrm{e}^{-T/\tau}}{z-\mathrm{e}^{-T/\tau}}$$

可选闭环 Z 传递函数为

$$W_1(z)=\frac{Y_1(z)}{R_1(z)}=z^{-1}$$

则可得副回路数字控制器 $D_2(z)$ 为

$$D_2(z)=\frac{W_1(z)}{G_2'(z)[1-W_1(z)]}=\frac{1-\mathrm{e}^{-T/\tau}z^{-1}}{(1-\mathrm{e}^{-T/\tau})(1-z^{-1})}$$

例 8.6 对于图 8.17 所示的副回路，设 $G_2(s)=\frac{\mathrm{e}^{-NTs}}{\tau s+1}$，试确定副回路数字控制器 $D_2(z)$。

解：副回路中广义对象的 Z 传递函数为

$$G_2'(z)=\mathcal{Z}\left[\frac{1-\mathrm{e}^{-Ts}}{s}G_2(s)\right]=\frac{1-\mathrm{e}^{-T/\tau}}{z^N(z-\mathrm{e}^{-T/\tau})}=\frac{(1-\mathrm{e}^{-T/\tau})z^{-(N+1)}}{1-\mathrm{e}^{-T/\tau}z^{-1}}$$

可选闭环 Z 传递函数为

$$W_1(z)=\frac{Y_1(z)}{R_1(z)}=z^{-(N+1)}$$

则可得副回路数字控制器 $D_2(z)$为

$$D_2(z)=\frac{W_1(z)}{G_2'(z)[1-W_1(z)]}=\frac{1-\mathrm{e}^{-T/\tau}z^{-1}}{(1-\mathrm{e}^{-T/\tau})[1-z^{-(N+1)}]}$$

8.3 前馈控制系统设计

前面介绍的控制规律其特点都是被控制量在干扰的作用下必须先偏离设定值，然后通过对偏差的测量，产生相应的控制作用，去抵消干扰的影响。显然，控制作用往往落后于干扰的作用，如果干扰不断出现，则系统总是跟在干扰作用后面被动。此外，一般工业控制对象总存在一定的容量滞后或纯滞后，从干扰产生到被控参数发生变化需要一定的时间，而从控制量的改变到被控参数的变化，也需一定的时间。所以，干扰产生以后，要使被控参数恢复到给定值需要相当长的时间，滞后越大，被控参数的波动幅度也越大，偏差持续的时间也越长。对于有大幅度干扰出现的对象，一般反馈控制往往满足不了生产的要求。

所谓前馈控制，实质上是一种直接按照扰动量而不是按偏差进行校正的控制方式，即当影响被控参数的干扰一出现，控制器就直接根据所测的扰动的大小和方向按一定规律去控制，以抵消该扰动量对被控参数的影响。在控制算式及参数选择恰当时，可以使被控参数不会因干扰作用而产生偏差，所以它比反馈控制要及时得多。

图 8.18 所示为一个热交换器前馈控制示意图，加热蒸汽通过热交换器与排管内的被加热液料进行热交换，要求使液料出口温度 T 维持某一定值。

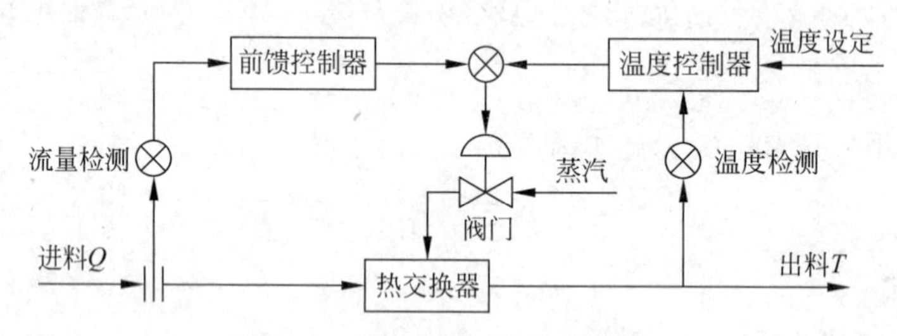

图 8.18 热交换器前馈控制示意图

采用温度调节器通过安装在蒸汽管路上的调节阀来加以控制，但这种控制是不太理想的，因为引起温度改变的因素(扰动)很多，假设其中最主要的扰动是被加热液料的流量 Q，如果排管很长、热交换器容量较大、滞后现象严重，导致控制很不及时，效果就不太理想。如果对主要干扰流量 Q 采用前馈控制，就能及时补偿流量 Q 的干扰，改善系统的动态特性。

在前馈控制系统中，为了便于分析，扰动 $f(t)$的作用通道可以看作有两条：一条是扰动通道，扰动作用 $F(s)$通过对象的扰动通道 $G_f(s)$引起出料温度的变化为 $Y_1(s)$；另一条是控制通道，扰动作用 $F(s)$通过前馈控制器 $D_f(s)$和对象控制通道 $G(s)$引起出料温度的变化为 $Y_2(s)$。前馈控制部分的框图如图 8.19 所示。

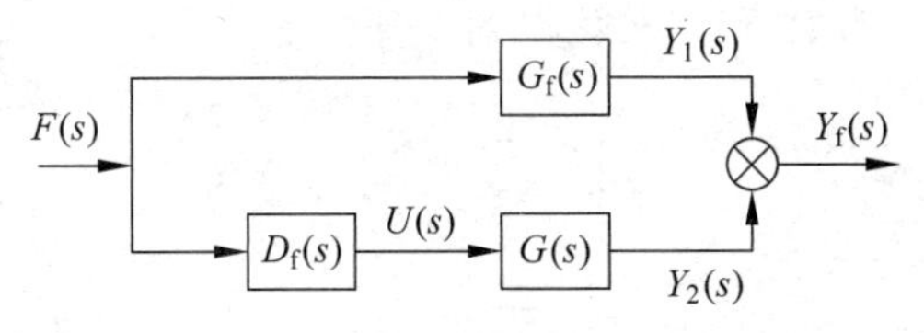

图 8.19 前馈控制部分的框图

图中，$G_f(s)$为干扰通道的传递函数，$G(s)$为控制通道的传递函数，$D_f(s)$为前馈控制补偿器的传递函数。

被控变量为$Y(s)$，对应于图 8.18 中出口液料温度 T 的变化量，干扰量为 $F(s)$，对应于入口液料流量 Q 的变化量，$U(s)$为前馈控制补偿器的输出。

假设扰动变量 $F(s)$及控制变量$U(s)$对被控变量 $Y_f(s)$的作用可以线性叠加(一般工业对象可以认为符合这一假设)，获得系统对扰动 $F(s)$完全补偿的前馈算式 $D_f(s)$，可由下列方程求得

$$\begin{aligned} Y_f(s) &= Y_1(s) + Y_2(s) \\ &= G_f(s)F(s) + D_f(s)G(s)F(s) \\ &= [G_f(s) + D_f(s)G(s)]F(s) \end{aligned}$$

显然，完全补偿的条件是：当 $F(s)\neq 0$ 时 $Y_f(s)=0$，即

$$G_f(s) + D_f(s)G(s) = 0$$

前馈控制补偿器的传递函数应为

$$D_f(s) = -\frac{G_f(s)}{G(s)}$$

这就是理想的前馈控制算式，它是扰动通道和控制通道的传递函数之比，式中负号表示控制作用方向与干扰作用方向相反。

在应用前馈控制时，关键是必须了解对象各个通道的动态特性。通常它们需要用高阶微分方程或差分方程来描述，处理起来较复杂。目前工程上结合其他措施大都采用一个具有纯滞后的一阶或二阶惯性环节来近似描述被控对象各个通道的动态持性。实践证明，这种近似处理的方法是可行的。

设对象的干扰通道和控制通道的传递函数分别为

$$G_f(s) = \frac{k_1}{T_1 s + 1}e^{-\tau_1 s}, \quad G(s) = \frac{k_2}{T_2 s + 1}e^{-\tau_2 s}$$

式中 τ_1、τ_2 为相应通道的滞后时间，则对应的前馈控制器为

$$D_f(s) = \frac{U(s)}{F(s)} = \frac{k_1(T_2 s + 1)}{k_2(T_1 s + 1)}e^{-(\tau_1-\tau_2)s} = k_f\frac{T_2 s + 1}{T_1 s + 1}e^{-\tau s}$$

式中

$$k_f = \frac{k_1}{k_2}, \quad \tau = \tau_1 - \tau_2$$

对应的微分方程为

$$T_1\frac{\mathrm{d}u(t)}{\mathrm{d}t} + u(t) = k_f\left[T_2\frac{\mathrm{d}f(t-\tau)}{\mathrm{d}t} + f(t-\tau)\right]$$

如果采样频率足够高，可对微分方程进行离散化得到差分方程。设纯滞后时间 τ 为采

样周期 T 的整数倍,即 $\tau=NT$,则离散化得到差分方程为

$$T_1\frac{u(k)-u(k-1)}{T}+u(k)=k_f\left[T_2\frac{f(k-N)-f(k-N-1)}{T}+f(k-N)\right]$$

整理得

$$u(k)=\frac{T_1}{T+T_1}u(k-1)+k_f\frac{T+T_2}{T+T_1}f(k-N)+k_f\frac{T_2}{T+T_1}f(k-N-1)$$

按前面介绍的要实现完全补偿,在很多情况下只有理论意义,实际上是做不到的。一方面是因为要完全补偿必须有对象的精确的数学模型,实际上只能得到近似的模型;另一方面,如果控制通道传递函数中包含的滞后时间比干扰通道的滞后时间长,那就没有实现完全补偿的可能。

为了获得满意的效果,工程上广泛将前馈控制与反馈控制结合起来使用,构成大家共知的前馈-反馈控制系统。这样,既发挥了前馈控制对待定扰动有强烈抑制的特点,又保留了反馈控制能克服各种干扰和对控制效果最终检验的长处,相应的结构如图 8.20 所示。

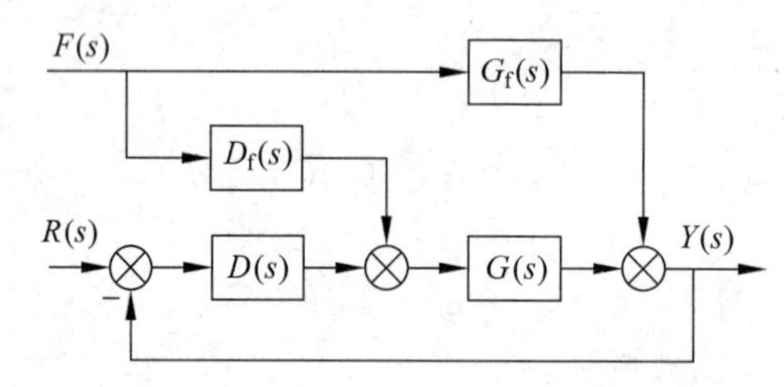

图 8.20 前馈-反馈控制系统框图

根据这个框图,可以写出被控参数 $Y(s)$ 对干扰 $F(s)$ 的闭环传递函数($R(s)=0$),即

$$\begin{aligned}Y(s)&=F(s)G_f(s)+[F(s)D_f(s)-Y(s)D(s)]G(s)\\&=F(s)G_f(s)+F(s)D_f(s)G(s)-Y(s)D(s)G(s)\end{aligned}$$

式中 $F(s)G_f(s)$ 为干扰对被控参数的影响;$F(s)D_f(s)G(s)$ 为前馈通道的控制作用;$Y(s)D(s)G(s)$ 为反馈通道的控制作用。

得到干扰作用下的闭环传递函数为

$$W_f(s)=\frac{Y(s)}{F(s)}=\frac{G_f(s)+D_f(s)G(s)}{1+D(s)G(s)}$$

在完全补偿情况下,应使 $F(s)\neq 0$ 时 $Y_f(s)=0$,即

$$D_f(s)=-\frac{G_f(s)}{G(s)}$$

由此可得出结论:把单纯的前馈控制与反馈控制结合起来时对于主要干扰,原来的前馈控制算式不变。

归纳起来,前馈-反馈控制的优点在于:

(1) 在前馈控制的基础上设置反馈控制,可以大大简化前馈控制系统,只需对影响被控参数最显著的干扰进行补偿,而对其他许多次要的干扰,可依靠反馈予以克服,这样既保证了精度,又简化了系统。

(2) 反馈回路的存在,降低了对前馈控制算式精度的要求。如果前馈控制不是很理想,不能做到完全补偿干扰对被控参数的影响时,则前馈-反馈控制系统与单纯的前馈系统相

比，被控参数的影响要小得多。对前馈控制的精度要求降低，为工程上实现较简单的前馈控制创造了条件。

(3) 在反馈系统中提高反馈控制的精度与系统稳定性有矛盾，往往为了保证系统的稳定性，而不能实现高精度的控制，而前馈-反馈控制则可实现控制精度高、稳定性好和控制及时的作用。

(4) 反馈控制的存在，提高了前馈控制模型的适应性。

在实际工作中，如果对象的主要干扰频繁而又剧烈，而生产过程对被控参数的控制精度要求又很高，这时可采用前馈-串级控制，图 8.21 示出了这种系统的框图。由于串级系统的副回路对进入它的干扰有较强的克服能力，同时前馈控制作用又及时，因此，这种系统的优点是能同时克服进入前馈回路和进入串级副回路的干扰对被控参数的影响。此外，还由于前馈算式的输出不直接加在调节阀上，而作为副控器的给定值，这样便降低了对阀门特性的要求。实践证明，这种前馈-串级控制系统可以获得很高的控制精度，在计算机控制系统中常被采用。

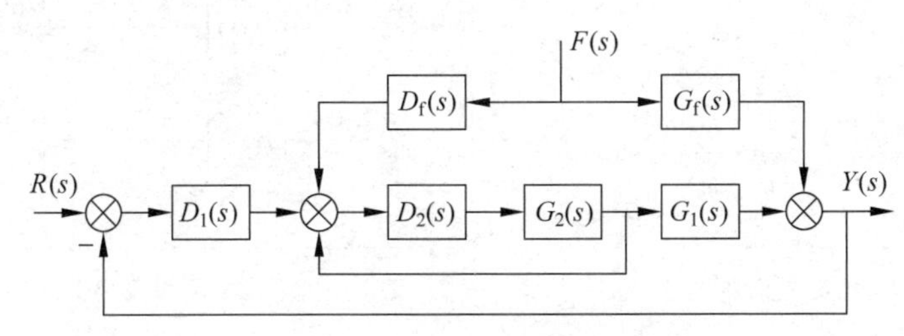

图 8.21 前馈-串级控制系统框图

下列几种情况采用前馈控制比较有利：

(1) 当系统中存在干扰幅度大、频率高且可测而不可控时，由于干扰对被控参效的影响显著，反馈控制难以克服，而工艺上对被控参数又要求十分严格，可引入前馈控制来改善系统的质量。

(2) 当主要干扰无法用串级控制使其包围在副回路时，采用前馈控制比串级控制能获得更好的效果。

(3) 当对象干扰通道和控制通道的时间常数相差不大时，引入前馈控制可以很好地改善系统的控制质量。

但是，当干扰通道的时间常数比控制通道的时间常数大得多时，反馈控制已可获得良好的控制效果，这时只有对控制质量要求很高时，才有必要引入前馈控制。如果干扰通道的时间常数比控制通道的时间常数小得多，由于干扰对被控参数的影响十分迅速，以致即使前馈控制器的输出迅速达到最小或最大（这时调节阀全开或全关）也无法完全补偿干扰的影响，这时使用前馈控制效果不佳。

8.4 解耦控制系统设计

在早期的过程控制中，着重于单回路、单变量的调节，变量间的相互关联问题考虑得少。随着炼油、化工、轧钢等生产过程的迅速发展，对过程控制的要求越来越高，在一个生产设备中往往需要设置若干个控制回路来稳定各个被控变量。在不少情况下，几个控制回路之间可能相互关联、相互耦合，因而构成了多输入多输出的相关控制系统，由于这种耦合，使得系统的性能很差，过程长久不能稳定。例如图 8.22 所示的某锅炉液位和蒸汽压力控制系统存在着耦合关系。

锅炉控制系统中，液位系统的液位是被控量，给水量是控制变量，蒸汽压力系统的蒸汽压力是被控量，燃料是控制变量。这两个系统之间存在着耦合关系，例如，当蒸汽负荷增加时，会使液位下降，压力下降，进而造成给水量增加，燃料量增加；而当蒸汽负荷减少时，会使液位升高，压力增加，进而造成燃料量减少，给水量减少。

图 8.23 所示为两输入两输出的相互耦合系统，从图中可以看出 $U_1(s)$ 不仅对 $Y_1(s)$ 有影响，而且对 $Y_2(s)$ 也有影响，同样，$U_2(s)$ 不仅对 $Y_2(s)$ 有影响，而且对 $Y_1(s)$ 也有影响，因此，必须消除这种耦合给系统带来的影响。

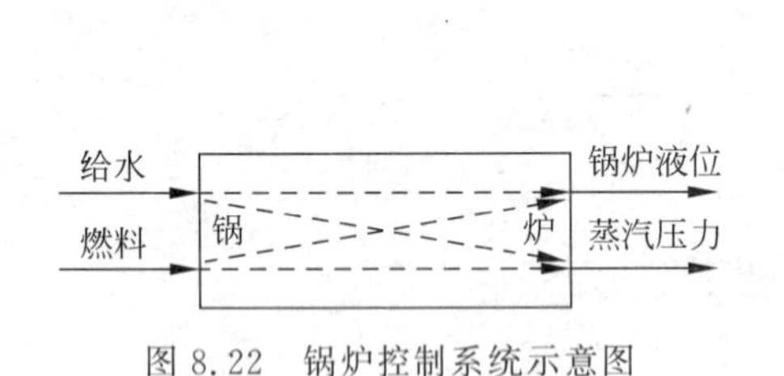

图 8.22 锅炉控制系统示意图

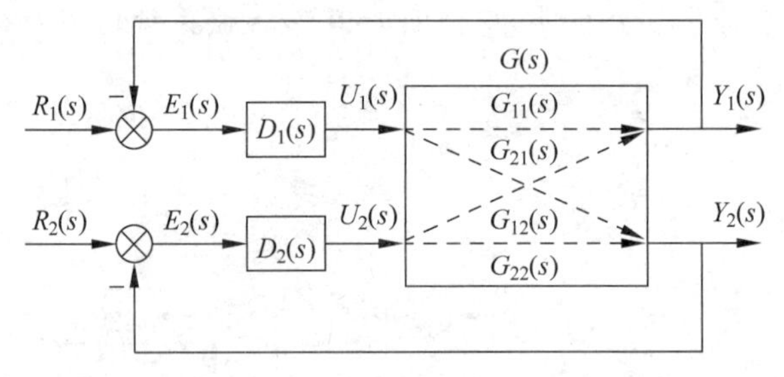

图 8.23 两输入两输出的相互耦合系统

8.4.1 解耦控制原理

由图 8.23 可知，耦合系统之间的相互影响，是由于控制对象 $G(s)$ 中的 $G_{12}(s)$ 和 $G_{21}(s)$ 不为零所产生的。为了消除耦合的影响，需要引入一个解耦控制器 $F(s)$，如图 8.24 所示。

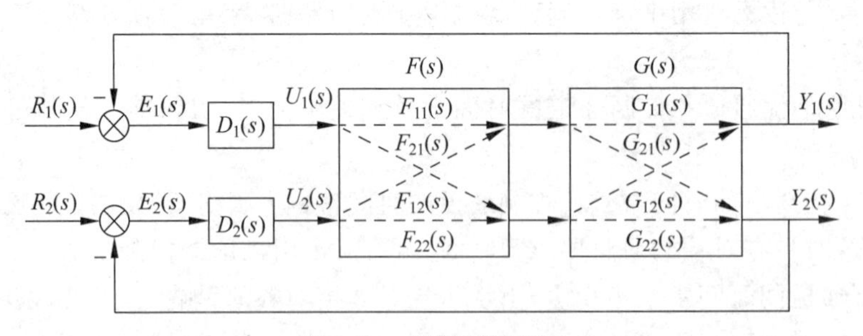

图 8.24 解耦控制系统

解耦控制器 $F(s)$ 由 $F_{11}(s)$、$F_{12}(s)$、$F_{21}(s)$ 和 $F_{22}(s)$ 组成。解耦控制器的作用就是通过 $F_{21}(s)$ 使得串联控制器 $D_1(s)$ 的输出 $U_1(s)$ 只控制 $Y_1(s)$，而不影响 $Y_2(s)$。同样，通过 $F_{12}(s)$ 使得串联控制器 $D_2(s)$ 的输出 $U_2(s)$ 只控制 $Y_2(s)$，而不影响 $Y_1(s)$。经过解耦以后，构成两个相互独立的无耦合影响的系统，解耦后的等效图如图 8.25 所示。

一般情况下，多变量的解耦控制系统如图 8.26 所示。

其中 $\boldsymbol{R}(s)$ 为 n 维输入向量；$\boldsymbol{Y}(s)$ 为 n 维输出向量；$\boldsymbol{E}(s)=\boldsymbol{R}(s)-\boldsymbol{Y}(s)$，为 n 维误差

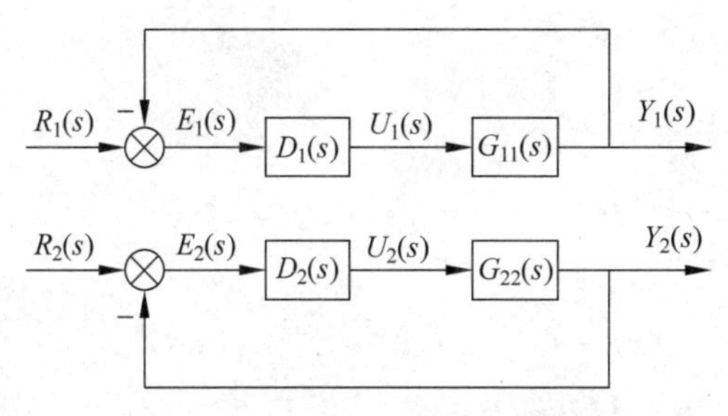

图 8.25　等效的解耦控制系统

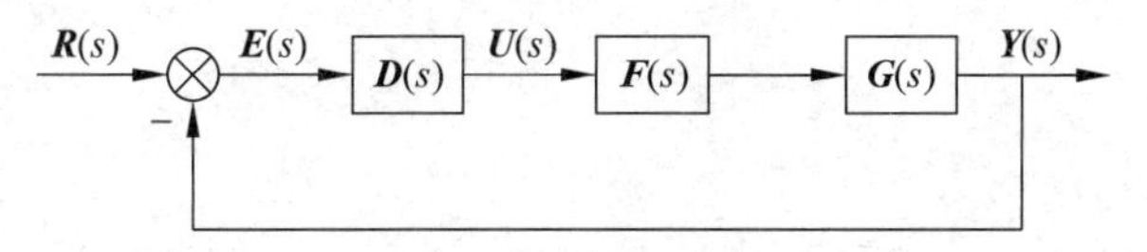

图 8.26　多变量解耦控制系统

向量；$\boldsymbol{D}(s)$为 $n\times n$ 维串联控制器传递函数矩阵；$\boldsymbol{G}(s)$为被控对象的 $n\times n$ 维传递函数矩阵，$\boldsymbol{F}(s)$为解耦控制器的 $n\times n$ 维传递函数矩阵。

设系统的开环传递函数矩阵为 $\boldsymbol{G}_C(s)$($n\times n$ 维)，闭环传递函数矩阵为 $\boldsymbol{W}(s)$($n\times n$ 维)，则有

$$\boldsymbol{G}_C(s)=\boldsymbol{D}(s)\boldsymbol{F}(s)\boldsymbol{G}(s)$$

$$\boldsymbol{W}(s)=[\boldsymbol{I}+\boldsymbol{G}_C(s)]^{-1}\boldsymbol{G}_C(s)$$

对于多输入多输出系统，要求各个控制回路相互独立无耦合作用，则要求系统闭环传递函数为对角阵，即

$$\boldsymbol{W}(s)=\begin{bmatrix} W_{11}(s) & 0 & \cdots & 0 \\ 0 & W_{22}(s) & \cdots & 0 \\ \vdots & \vdots & \ddots & \vdots \\ 0 & 0 & \cdots & W_{nn}(s) \end{bmatrix}$$

由于闭环传递函数 $\boldsymbol{W}(s)$为对角阵，因此要求系统开环传递函数 $\boldsymbol{G}_C(s)$也为对角阵。又因为控制器 $\boldsymbol{D}(s)$也为对角阵，所以，需要求 $\boldsymbol{F}(s)\boldsymbol{G}(s)$为对角阵。

设计要求是根据被控制对象的传递函数 $\boldsymbol{G}(s)$，设计一个解耦控制器 $\boldsymbol{F}(s)$使得 $\boldsymbol{F}(s)\boldsymbol{G}(s)$也为对角阵。

8.4.2　解耦控制器设计

现在以两个输入两个输出耦合系统为例，说明解耦控制器的设计方法。

1. 对角阵法

根据解耦要求，即 $\boldsymbol{F}(s)\boldsymbol{G}(s)$为对角阵，则有

$$\begin{bmatrix} G_{11}(s) & G_{12}(s) \\ G_{21}(s) & G_{22}(s) \end{bmatrix}\begin{bmatrix} F_{11}(s) & F_{12}(s) \\ F_{21}(s) & F_{22}(s) \end{bmatrix}=\begin{bmatrix} G_{11}(s) & 0 \\ 0 & G_{22}(s) \end{bmatrix}$$

则

$$\boldsymbol{F}(s)=\begin{bmatrix} F_{11}(s) & F_{12}(s) \\ F_{21}(s) & F_{22}(s) \end{bmatrix}$$

$$=\begin{bmatrix} G_{11}(s) & G_{12}(s) \\ G_{21}(s) & G_{22}(s) \end{bmatrix}^{-1}\begin{bmatrix} G_{11}(s) & 0 \\ 0 & G_{22}(s) \end{bmatrix}$$

$$=\begin{bmatrix} \dfrac{G_{11}(s)G_{22}(s)}{G_{11}(s)G_{22}(s)-G_{21}(s)G_{12}(s)} & \dfrac{-G_{22}(s)G_{12}(s)}{G_{11}(s)G_{22}(s)-G_{21}(s)G_{12}(s)} \\ \dfrac{-G_{11}(s)G_{21}(s)}{G_{11}(s)G_{22}(s)-G_{21}(s)G_{12}(s)} & \dfrac{G_{11}(s)G_{22}(s)}{G_{11}(s)G_{22}(s)-G_{21}(s)G_{12}(s)} \end{bmatrix}$$

2. 单位阵法

设 $\boldsymbol{F}(s)\boldsymbol{G}(s)=\boldsymbol{I}$,则有

$$\boldsymbol{F}(s)=\boldsymbol{G}^{-1}(s)=\begin{bmatrix} \dfrac{G_{22}(s)}{G_{11}(s)G_{22}(s)-G_{21}(s)G_{12}(s)} & \dfrac{-G_{12}(s)}{G_{11}(s)G_{22}(s)-G_{21}(s)G_{12}(s)} \\ \dfrac{-G_{21}(s)}{G_{11}(s)G_{22}(s)-G_{21}(s)G_{12}(s)} & \dfrac{G_{11}(s)}{G_{11}(s)G_{22}(s)-G_{21}(s)G_{12}(s)} \end{bmatrix}$$

3. 补偿法

应用补偿原理,引入解耦补偿器 $F_1(s)$、$F_2(s)$消除 $U_1(s)$对 $Y_2(s)$以及 $U_2(s)$对 $Y_1(s)$的相互影响,如图 8.27 所示。

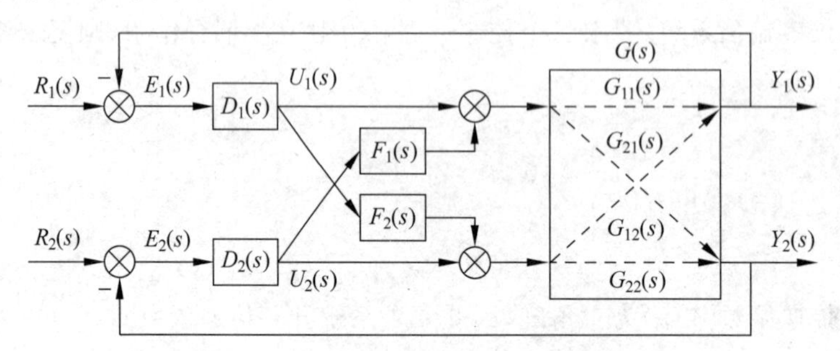

图 8.27 补偿解耦控制系统

$$Y_1(s)=G_{11}(s)U_1(s)+G_{11}(s)F_1(s)U_2(s)+G_{12}(s)F_2(s)U_1(s)+G_{12}(s)U_2(s)$$
$$=[G_{11}(s)+G_{12}(s)F_2(s)]U_1(s)+[G_{12}(s)+G_{11}(s)F_1(s)]U_2(s)$$
$$Y_2(s)=G_{22}(s)U_2(s)+G_{22}(s)F_2(s)U_1(s)+G_{21}(s)F_1(s)U_2(s)+G_{21}(s)U_1(s)$$
$$=[G_{21}(s)+G_{22}(s)F_2(s)]U_1(s)+[G_{22}(s)+G_{21}(s)F_1(s)]U_2(s)$$

由上式可见,要消除 $U_1(s)$对 $Y_2(s)$以及 $U_2(s)$对 $Y_1(s)$的相互影响,则要求

$$G_{12}(s)+G_{11}(s)F_1(s)=0$$
$$G_{21}(s)+G_{22}(s)F_2(s)=0$$

于是得到解耦补偿器为

$$F_1(s)=-\frac{G_{12}(s)}{G_{11}(s)}$$

$$F_2(s)=-\frac{G_{21}(s)}{G_{22}(s)}$$

以上三种方法所求得的解耦控制器是模拟控制器，要用计算机实现时，用离散化方法将其离散化即可。

习题 8

1. 过程控制中被称为复杂控制规律的主要有哪些？各有什么特点？
2. 针对系统纯滞后提出史密斯预估的主要思路是什么？
3. 试述串级控制系统的工作原理。
4. 试述前馈控制的工作原理和前馈控制器的控制规律。
5. 为什么前馈控制器经常与其他控制方式相结合使用？
6. 大林算法的主要特点是什么？
7. 什么是振铃现象？振铃是如何引起的？如何消除？
8. 试述多变量解耦控制原理。
9. 试述产生纯滞后信号的方法，比较其优缺点。
10. 已知串级控制系统中，副控对象为

$$G_2(s)=\frac{1}{5s+1}$$

采用零阶保持器，采样周期 $T=1\text{s}$，试按预期的闭环特性设计副控控制器。

11. 已知被控对象为

$$G_0(s)=\frac{5}{(s+1)(10s+1)}\mathrm{e}^{-0.1s}$$

希望闭环传递函数为

$$W(s)=\frac{1}{s+1}\mathrm{e}^{-0.1s}$$

试用大林算法设计数字控制器，并画出闭环系统图。

12. 若控制对象为

$$G_0(s)=\frac{K}{(as+1)(bs+1)}\mathrm{e}^{-\tau s}$$

试分析计算机纯滞后补偿控制的算法步骤。

13. 已知被控对象为

$$G_0(s)=\frac{10}{5s+1}\mathrm{e}^{-10s}$$

设采样周期 $T=1\text{s}$，试求出纯滞后补偿控制算法。

第9章 预测控制系统设计

预测控制是一种基于模型的先进控制技术，它是20世纪70年代出现的一类新型计算机优化控制算法，是一种基于过程模型的控制算法。自20世纪70年代以来，人们除了加强对生产过程的建模、系统辨识、自适应控制、鲁棒性控制等研究外，开始打破传统控制思想的束缚，试图根据工业过程的特点，寻找一种对模型要求低、在线计算方便、控制综合效果好的新型算法。在这样的背景下，预测控制技术应运而生。因此，预测控制不是某一种统一理论的产物，是工业实践中逐渐发展起来的。

9.1 概述

预测控制是根据过程的历史信息判断将来的输入和输出，它注重的是模型函数，对于状态方程、传递函数、阶跃响应都可作为预测模型，根据性能函数计算将来的控制动作，采用多步测试、滚动优化和反馈校正等控制策略，因而控制效果好，适用于控制不易建立精确数学模型且比较复杂的工业生产过程，它的应用已扩展到诸如化工、石油、电力、冶金、机械、国防、轻工等各领域。

从原理上说，只要具有预测功能的被控对象模型，无论采用什么描述形式，都可以作为预测模型。在预测控制中，注重的是模型功能，而不是结构形式，因此，预测控制改变了现代控制理论对模型结构较严格的要求，更着眼于根据功能要求、按最方便途径建立多样性的模型。

预测控制中的优化目标不是采用一成不变的全局最优化目标，而是采用滚动式的有限时域优化策略，即在每一时刻兼顾全局理想优化的同时对包含系统存在的时变不确定性局域优化目标函数不断进行更新，下一时刻则根据系统当前控制输入后的响应效果确定下一个有限时域优化策略。因此，滚动优化不是一次性离线运算，而是反复在线运行的，这种时变性虽然在每一时刻只能得到全局的次优解，但却能使模型失配、时变与干扰等引起的不确定性得到及时补偿，始终将新优化目标函数与系统现实状态相吻合，保证优化的实际效果。

预测控制中，把系统输出的动态预估问题分为预测模型的输出预测和基于偏差的预测校正两个部分。由于预测模型只是对被控对象动态特性的粗略描述，而实际系统中通常存在非线性、时变性、模型失配与随机干扰等因素，因此，预测模型不可能与实际对象完全相符,预测模型的输出与实际系统的输出之间必然存在偏差,将这种偏差进行在线校正,构成具有负反馈环节的系统,从而提高预测控制的鲁棒性。

近年来,越来越多的学者将预测控制的方法应用于经济管理领域,并取得了不少理论成果,其中以供应链管理领域为代表。由于生产过程的全球化趋势越来越明显,各厂商之间的联系也越来越紧密,为了获得竞争优势和获取最大利润,各生产商、销售商、原料供应商需要紧密联系,今后的竞争不再是企业之间的竞争,而是供应链与供应链之间的竞争。控制领域的一些学者发现供应链管理中有相当一部分与控制系统有很多类似的特点,例如,追求库存的稳定、最大的经济效益和最小的消耗等,而且还可以把订单量看作操作变量,把库存量看作被控变量。一些学者考虑对供应链管理设计 MPC 控制器,Tzafestas 等人首次在供应链管理中引入预测控制算法,而后,Perea-Lopez 等人根据一些合理的假设建立了整个供应链中不同特点单位的模型,并根据这些模型提出预测控制算法。目前,学者提出了很多关于供应链问题的预测控制算法,已成为预测控制研究中的一个新的热点。

虽然预测控制算法的种类多、表现形式多种多样,但各类预测控制算法都建立在预测模型、滚动优化、反馈校正三个基本原理基础上。图 9.1 为预测控制系统结构简图。

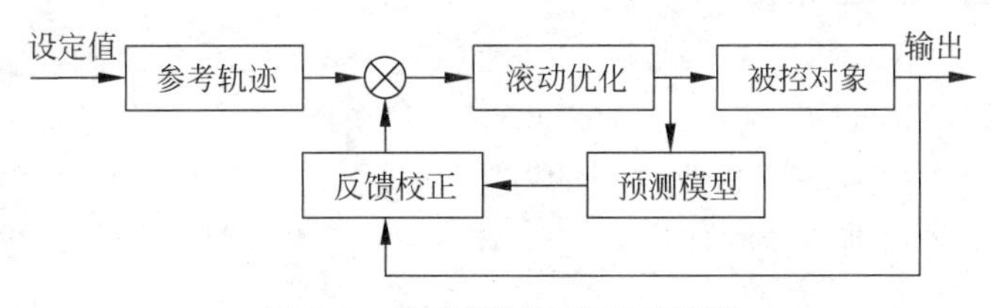

图 9.1 预测控制系统结构简图

1. 预测模型

预测控制是一种基于模型的控制算法,这一模型称为预测模型,其功能就是根据对象的历史信息和未来输入预测其未来输出;其特点是只注重模型的功能,不注重模型的结构形式,只要具有预测功能的模型,无论其具有什么样的表现形式,均可作为预测模型。对象的脉冲响应、阶跃响应这类非参数模型可以直接作为预测模型使用,状态方程、传递函数这类传统的数学模型也可作为预测模型。此外,非线性模型、模糊辨识模型、神经网络模型等只要具备上述功能,也可作为预测模型使用。

2. 滚动优化

预测控制实质是一种优化算法,它是通过某一性能指标的最优来取得未来的控制作用。性能指标的形式广泛,如可取对象输出在未来的采样点上跟踪某一期望轨迹的方差为最小,也可以要求控制能量为最小而同时保持输出在某一给定范围等。在每一个采样时刻,优化性能指标仅涉及从该时刻起未来有限的时间,到下一个采样时刻,这一优化时段同时向前推移。因此,预测控制在每一时刻都有一个相对于该时刻的优化性能指标,不同时刻优化性能指标的相对形式是相同的,但其绝对形式则是不同的。因此,在预测控制中,优化不是一次离线进行的,而是在线反复进行的,这就是滚动优化的含义。

3. 反馈校正

采用预测模型的过程控制算法通常只能粗略描述对象的动态特性,而实际系统中存在着非线性、时变、模型失配、干扰等因素,其预测输出可能出现与系统的实际输出不完全一致的情况。为了防止模型失配或环境干扰引起控制对理想状态的偏离,并不是把这些控制作用逐一全部实施,而只是实现本时刻的控制作用。到下一采样时刻,首先监测对象的实际输出,并通过各种反馈策略修正预测模型或加以补偿,然后再进行新的优化。滚动优化只有建立在反馈校正的基础上,才能体现出它的优越性,反馈校正的形式可以多种多样,无论采用何种校正形式,预测控制都把优化建立在系统实际的基础上,并力图在优化时对系统未来的动态行为做出较准确的预测。因此,预测控制是一种闭环控制算法。

综上所述,预测控制作为一种新的计算机控制算法,它综合利用历史信息和模型信息,对目标函数不断进行滚动优化,并根据实际测得的对象输出进行修正或补偿预测模型。这种控制策略更加适用于复杂的工业过程,并在复杂的工业过程中获得了广泛的应用。

9.2 模型算法控制

模型算法控制(Model Algorithmic Control,MAC)最早是由 Richalet 等在 20 世纪 60 年代末应用于锅炉和精馏塔等工业过程的控制。20 世纪 70 年代末,Mehra 等对 Richalet 等的工作进行了总结和进一步的理论研究。MAC 包括四个部分:预测模型、反馈校正、参考轨迹和滚动优化。

1. 预测模型

MAC 的预测模型为系统的单位脉冲响应。设线性对象在单位脉冲信号作用下的响应在采样时刻 $jT(j=1,2,3,\cdots)$ 的采样值为 h_j,对于渐进稳定系统有 $\lim\limits_{j\to\infty} h_j=0$,总可以找到有限的脉冲序列 $h_j(j=1,2,3,\cdots,N)$ 作为近似的预测模型,也就是当 $j\geqslant N$ 时,$h_j\approx 0$,如图 9.2 所示。

根据线性系统叠加原理,模型可描述为

$$y_m(k)=\sum_{j=1}^{N}h_j u(k-j)$$

其中,$y_m(k)$ 表示模型输出,$u(k)$ 为控制量,h_j 为预测模型脉冲响应系数。

从 k 时刻开始共 P 步的预测输出为

$$y_m(k+i)=\sum_{j=1}^{N}h_j u(k+i-j)\quad i=1,2,\cdots,P$$

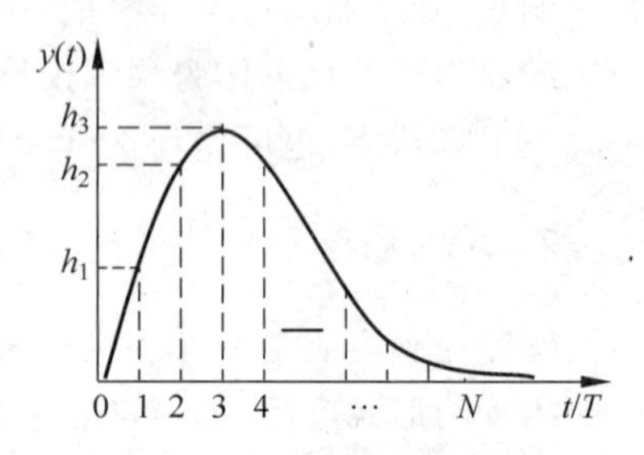

图 9.2 单位脉冲响应曲线

上式可分为 k 时刻之前的输出和 k 时刻以及之后的预测输出两部分,即

$$y_m(k+i)=\sum_{j=i+1}^{N}h_j u(k+i-j)+\sum_{j=1}^{i}h_j u(k+i-j)\quad i=1,2,\cdots,P$$

其中 $u(k-N),u(k-N+1),\cdots,u(k-1)$ 为已知的控制量,$u(k),u(k+1),\cdots,u(k+P-1)$ 为待确定的控制量。

2. 反馈校正

前面得到的预测模型没有考虑模型误差和干扰的作用，不能保证系统的实际输出与期望输出接近，通常都是采用 k 时刻预测值与实际值的偏差来对预测模型进行近似校正，即

$$y_c(k+i)=y_m(k+i)+[y(k)-y_m(k)]$$

表示成向量形式为

$$\boldsymbol{Y}_c=\boldsymbol{HU}+\boldsymbol{H}_1\boldsymbol{U}_1+\boldsymbol{Y}-\boldsymbol{Y}_m$$

其中

$$\boldsymbol{Y}_c=[y_c(k+1)\quad y_c(k+2)\quad \cdots \quad y_c(k+P)]^{\mathrm{T}}$$

$$\boldsymbol{U}=[u(k)\quad u(k+1)\quad \cdots \quad u(k+P-1)]^{\mathrm{T}}$$

$$\boldsymbol{Y}=[y(k)\quad y(k)\quad \cdots \quad y(k)]_{P\times 1}^{\mathrm{T}}$$

$$\boldsymbol{Y}_m=[y_m(k)\quad y_m(k)\quad \cdots \quad y_m(k)]_{P\times 1}^{\mathrm{T}}$$

$$\boldsymbol{U}_1=[u(k-1)\quad u(k-2)\quad \cdots \quad u(k-N+1)]^{\mathrm{T}}$$

$$\boldsymbol{H}=\begin{bmatrix} h_1 & 0 & 0 & \cdots & 0 \\ h_2 & h_1 & 0 & \cdots & 0 \\ \vdots & \vdots & \vdots & \ddots & \vdots \\ h_P & h_{P-1} & h_{P-2} & \cdots & h_1 \end{bmatrix}$$

$$\boldsymbol{H}_1=\begin{bmatrix} h_2 & h_3 & \cdots & h_{N-P+1} & h_{N-P+2} & \cdots & h_{N-1} & h_N \\ h_3 & h_4 & \cdots & h_{N-P+2} & h_{N-P+3} & \cdots & h_N & 0 \\ \vdots & \vdots & \ddots & \vdots & \vdots & \ddots & \vdots & \vdots \\ h_{P+1} & h_{P+2} & \cdots & h_N & 0 & \cdots & 0 & 0 \end{bmatrix}$$

3. 参考轨迹

在 k 时刻的参考轨迹可由其未来采样时刻的值 $y_r(k+i)$ 来描述，通常取一阶指数形式，即

$$y_r(k+i)=y(k)+[r-y(k)]\left(1-\mathrm{e}^{-\frac{iT}{\tau}}\right)$$

其中，r 为设定值，T 为采样周期，τ 为时间常数。若令 $\alpha=\mathrm{e}^{-\frac{iT}{\tau}}$，则上式可表示为

$$y_r(k+i)=(1-\alpha^i)r+\alpha^i y(k)$$

可见，τ 越小 α 也越小，参考轨迹就能越快达到设定值。

表示成向量形式为

$$\boldsymbol{Y}_r=\boldsymbol{\alpha}_1 y(k)+\boldsymbol{\alpha}_2\boldsymbol{r}$$

其中

$$\boldsymbol{Y}_r=\left[y_r(k+1)\quad y_r(k+2)\quad \cdots \quad y_r(k+P)\right]^{\mathrm{T}}$$

$$\boldsymbol{\alpha}_1=\left[\alpha\quad \alpha^2\quad \cdots \quad \alpha^P\right]^{\mathrm{T}}$$

$$\boldsymbol{\alpha}_2=\left[1-\alpha\quad 1-\alpha^2\quad \cdots \quad 1-\alpha^P\right]^{\mathrm{T}}$$

4. 滚动优化

在 MAC 中 k 时刻的优化目标就是求解 M 个控制量,使未来 P 个时刻的预测输出尽可能接近由参考轨迹确定期望输出。其优化目标可以表示为

$$J=\sum_{i=1}^{P}q_i[y_c(k+i)-y_r(k+i)]^2+\sum_{j=1}^{M}r_j[u(k+j-1)]^2$$

其中,P 为优化时域长度,q_i 和 r_j 为加权系数,$M(M\leqslant P\leqslant N)$为控制时域。

由于 $M\leqslant P$,意味着$(k+M-1)$时刻以后控制量不再改变,即

$$u(k+i)=u(k+M-1),\quad i=M,M+1,\cdots,P-1$$

系统的优化目标可以表示成向量形式为

$$J=\boldsymbol{E}^{\mathrm{T}}\boldsymbol{QE}+\boldsymbol{U}^{\mathrm{T}}\boldsymbol{RU}$$

其中

$$\begin{aligned}\boldsymbol{E}&=\boldsymbol{Y}_r-\boldsymbol{Y}_c\\&=\boldsymbol{\alpha}_1y(k)+\boldsymbol{\alpha}_2\boldsymbol{r}-(\boldsymbol{HU}+\boldsymbol{H}_1\boldsymbol{U}_1+\boldsymbol{Y}-\boldsymbol{Y}_m)\end{aligned}$$

$$\boldsymbol{U}=\begin{bmatrix}u(k) & u(k+1) & \cdots & u(k+M-1)\end{bmatrix}^{\mathrm{T}}$$

$$\boldsymbol{Q}=\begin{bmatrix}q_1 & 0 & \cdots & 0\\0 & q_2 & \cdots & 0\\\vdots & \vdots & \ddots & \vdots\\0 & 0 & \cdots & q_P\end{bmatrix}$$

$$\boldsymbol{R}=\begin{bmatrix}r_1 & 0 & \cdots & 0\\0 & r_2 & \cdots & 0\\\vdots & \vdots & \ddots & \vdots\\0 & 0 & \cdots & r_M\end{bmatrix}$$

由$\partial J/\partial u=0$,得

$$\boldsymbol{U}=(\boldsymbol{H}^{\mathrm{T}}\boldsymbol{QH}+\boldsymbol{R})^{-1}\boldsymbol{H}^{\mathrm{T}}\boldsymbol{Q}\{\boldsymbol{\alpha}_2[r-y(k)]-\boldsymbol{H}_1\boldsymbol{U}_1+\boldsymbol{Y}_m\}$$

模型控制算法的结构图如图 9.3 所示。

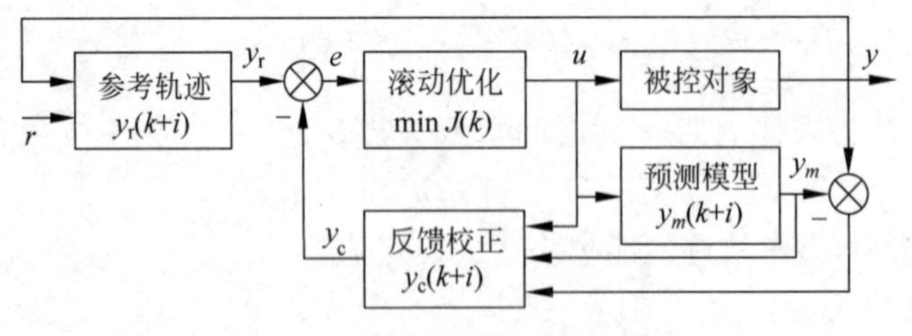

图 9.3 模型控制算法的结构图

9.3 动态矩阵控制

动态矩阵控制(DMC)算法是在工业过程中应用最为广泛的预测控制算法之一,早在 20 世纪 70 年代,它就成功地应用在炼油、化工等行业的过程控制中。DMC 是一种基于对象阶

跃响应的预测控制算法，因而适用于渐近稳定的线性对象。对于弱非线性对象，可在工作点处首先线性化；对于不稳定对象，可先用常规 PID 控制使其稳定，然后再使用 DMC 算法。DMC 算法包括预测模型、反馈校正和滚动优化三个部分。

1. 预测模型

DMC 算法中采用对象的阶跃响应作为预测模型，设线性对象在单位阶跃信号作用下的响应在采样时刻 $jT(j=1,2,3,\cdots)$ 的采样值为 a_j，对于渐进稳定系统有 $\lim\limits_{j\to\infty} a_j = a_s$，总可以找到有限的序列 $a_j(j=1,2,3,\cdots,N)$ 作为近似的预测模型，也就是当 $j\geqslant N$ 时，$a_N = a_{N+}1=\cdots\approx a_s$，响应曲线如图 9.4 所示。

系统在任意时刻 k 的模型可描述为

$$y_m(k)=\sum_{j=1}^{\infty} a_j \Delta u(k-j)$$

其中，$y_m(k)$ 表示系统 k 时刻模型输出，$\Delta u(k-j)=u(k-j)-u(k-j-1)$ 为控制增量，a_j 为预测模型阶跃响应系数。

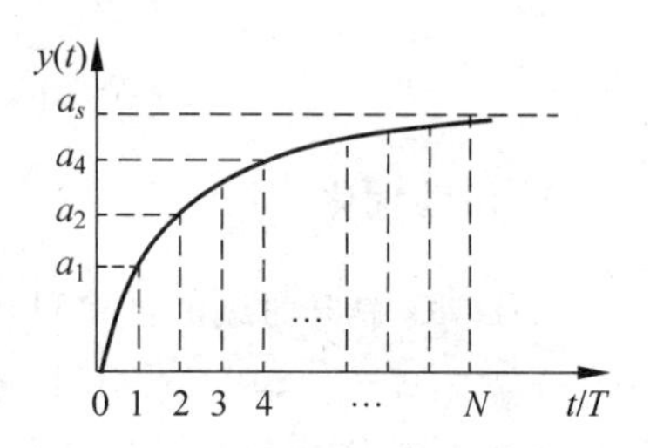

图 9.4 单位阶跃响应曲线

根据线性系统比例叠加原理，设当前时刻为 k，从 k 时刻开始共 P 步的预测输出为

$$y_m(k+i)=\sum_{j=1}^{\infty} a_j \Delta u(k+i-j) \quad i=1,2,\cdots,P$$

假定从 $(k-N)$ 到 $(k-1)$ 时刻加入的控制增量为 $\Delta u(k-N),\Delta u(k-N+1),\cdots,\Delta u(k-1)$，$(k-N)$ 以前时刻的控制增量为 0，则上式可分为 k 时刻之前的输出和 k 时刻以及之后的预测输出两部分，即

$$y_m(k+i)=\sum_{j=i+1}^{N} a_j \Delta u(k+i-j)+\sum_{j=1}^{i} a_j \Delta u(k+i-j) \quad i=1,2,\cdots,P$$

其中 $\Delta u(k-N),\Delta u(k-N+1),\cdots,\Delta u(k-1)$ 为已知的控制增量，$\Delta u(k),\Delta u(k+1),\cdots,\Delta u(k+P-1)$ 为待确定的控制增量。

2. 反馈校正

前面得到的预测模型没有考虑模型误差和干扰的作用，不能保证系统的实际输出与期望输出接近，通常都是采用 k 时刻预测值与实际值的偏差来对预测模型进行近似校正，即

$$y_c(k+i)=y_m(k+i)+[y(k)-y_m(k)]$$

设控制时域为 $M(M\leqslant P\leqslant N)$，$M$ 时刻以后的控制增量序列为 0，即 $\Delta u(k+M)=\Delta u(k+M+1)=\cdots=0$。上式表示成向量形式为

$$\boldsymbol{Y}_c=\boldsymbol{A}\Delta\boldsymbol{U}+\boldsymbol{A}_1\Delta\boldsymbol{U}_1+\boldsymbol{Y}-\boldsymbol{Y}_m$$

其中

$$\boldsymbol{Y}_c=[y_c(k+1) \quad y_c(k+2) \quad \cdots \quad y_c(k+P)]^{\mathrm{T}}$$

$$\Delta\boldsymbol{U}=[\Delta u(k) \quad \Delta u(k+1) \quad \cdots \quad \Delta u(k+M-1)]^{\mathrm{T}}$$

$$\boldsymbol{Y}=[y(k) \quad y(k) \quad \cdots \quad y(k)]_{P\times 1}^{\mathrm{T}}$$

$$\boldsymbol{Y}_m=[y_m(k) \quad y_m(k) \quad \cdots \quad y_m(k)]_{P\times 1}^{\mathrm{T}}$$

$$\Delta \boldsymbol{U}_1 = \begin{bmatrix} \Delta u(k-1) & \Delta u(k-2) & \cdots & \Delta u(k-N+1) \end{bmatrix}^{\mathrm{T}}$$

$$\boldsymbol{A} = \begin{bmatrix} a_1 & 0 & 0 & \cdots & 0 \\ a_2 & a_1 & 0 & \cdots & 0 \\ \vdots & \vdots & \vdots & \ddots & \vdots \\ a_M & a_{M-1} & a_{M-2} & \cdots & a_1 \\ \vdots & \vdots & \vdots & \ddots & \vdots \\ a_P & a_{P-1} & a_{P-2} & \cdots & a_{P-M+1} \end{bmatrix}$$

$$\boldsymbol{A}_1 = \begin{bmatrix} a_2 & a_3 & \cdots & a_{N-P+1} & a_{N-P+2} & \cdots & a_{N-1} & a_N \\ a_3 & a_4 & \cdots & a_{N-P+2} & a_{N-P+3} & \cdots & a_N & 0 \\ \vdots & \vdots & \ddots & \vdots & \vdots & \ddots & \vdots & \vdots \\ a_{P+1} & a_{P+2} & \cdots & a_N & 0 & \cdots & 0 & 0 \end{bmatrix}$$

3. 滚动优化

在 DMC 中 k 时刻的优化目标就是确定从 k 时刻起的 M 个控制增量 $\Delta u(k), \Delta u(k+1), \cdots, \Delta u(k+M-1)$,在其作用下,使未来 P 个时刻的预测输出尽可能接近由参考轨迹确定期望输出。其优化目标可以表示为

$$J = \sum_{i=1}^{P} q_i [y_c(k+i) - y_r(k+i)]^2 + \sum_{j=1}^{M} r_j [\Delta u(k+j-1)]^2$$

其中,P 为优化时域长度,q_i 和 r_j 为加权系数,M 为控制时域,$y_c(k+i)$为预测值,$y_r(k+i)$为期望值。

由于 $M \leqslant P$,意味着$(k+M-1)$时刻以后控制量不再改变,即

$$u(k+i) = u(k+M-1) \quad i = M, M+1, \cdots, P-1$$

系统的误差可以表示成向量形式为

$$J = \boldsymbol{E}^{\mathrm{T}} \boldsymbol{Q} \boldsymbol{E} + \Delta \boldsymbol{U}^{\mathrm{T}} \boldsymbol{R} \Delta \boldsymbol{U}$$

其中

$$\boldsymbol{Y}_r = \begin{bmatrix} y_r(k+1) & y_r(k+2) & \cdots & y_r(k+P) \end{bmatrix}^{\mathrm{T}}$$

$$\boldsymbol{E} = \boldsymbol{Y}_r - \boldsymbol{Y}_c$$

$$\boldsymbol{Q} = \begin{bmatrix} q_1 & 0 & \cdots & 0 \\ 0 & q_2 & \cdots & 0 \\ \vdots & \vdots & \ddots & \vdots \\ 0 & 0 & \cdots & q_P \end{bmatrix}$$

$$\boldsymbol{R} = \begin{bmatrix} r_1 & 0 & \cdots & 0 \\ 0 & r_2 & \cdots & 0 \\ \vdots & \vdots & \ddots & \vdots \\ 0 & 0 & \cdots & r_M \end{bmatrix}$$

由$\partial J / \partial \Delta u = 0$,得

$$\Delta \boldsymbol{U} = (\boldsymbol{A}^{\mathrm{T}} \boldsymbol{Q} \boldsymbol{A} + \boldsymbol{R})^{-1} \boldsymbol{A}^{\mathrm{T}} \boldsymbol{Q} [\boldsymbol{Y}_r - \boldsymbol{A}_1 \Delta \boldsymbol{U}_1 - \boldsymbol{Y} + \boldsymbol{Y}_m]$$

通过上式可得到 $\Delta u(k), \Delta u(k+1), \cdots, \Delta u(k+M-1)$,在 DMC 算法中只是取其中即

时的控制增量 $\Delta u(k)$得到控制量 $u(k)=u(k-1)+\Delta u(k)$，每次实际需要的是 $\Delta \boldsymbol{U}$ 中的第一个分量 $\Delta u(k)$。

设

$$\begin{aligned}\boldsymbol{D}^{\mathrm{T}} &= \begin{bmatrix} d_1 & d_2 & \cdots & d_P \end{bmatrix} \\ &= \begin{bmatrix} 1 & 0 & \cdots & 0 \end{bmatrix} (\boldsymbol{A}^{\mathrm{T}}\boldsymbol{Q}\boldsymbol{A} + \boldsymbol{R})^{-1}\boldsymbol{A}^{\mathrm{T}}\boldsymbol{Q}\end{aligned}$$

为控制参数向量，则

$$\Delta u(k) = \boldsymbol{D}^{\mathrm{T}}[\boldsymbol{Y}_{\mathrm{r}} - \boldsymbol{A}_1 \Delta \boldsymbol{U}_1 - \boldsymbol{Y} + \boldsymbol{Y}_m]$$

习题 9

1. 预测控制由哪几部分组成？各部分有何作用？
2. 简述预测控制的特点。

第10章 智能控制系统设计

长期以来,自动控制科学已对整个科学技术的理论和实践做出了重要的贡献,并为人类的生产、经济、社会、工作和生活带来巨大的利益。然而,科学技术的发展和进步对控制科学提出了新的更高的要求,传统的控制理论在应用中遇到了不少难题,要解决这些难题,不仅需要发展控制理论与方法,而且需要开发与应用计算机科学与工程的最新成果。

人工智能的产生和发展正在为自动控制系统的智能化提供有力的支持,其发展促进自动控制向更高的水平——智能控制发展,智能控制是采用各种智能化技术实现复杂系统的控制目标,是一种具有强大生命力的新型自动控制技术,反映了当代自动控制的发展趋势,成为自动控制的一个新的里程碑。本章主要介绍模糊控制、专家控制和人工神经网络控制系统的设计。

10.1 模糊控制系统设计

经典控制理论和现代控制理论都是建立在被控对象精确模型基础上的控制理论,但实际上,许多工业被控对象或过程常常具有非线性、时变性、变结构、多层次、多因素以及各种不确定性等,难以建立精确的数学模型。即使对一些复杂对象能建立起数学模型,模型也往往过于复杂,既不利于设计也难以实现有效控制,传统的控制理论和单纯数学解析结构,难以表达和处理有关被控对象的一些不确定信息,不能利用人的经验知识、技巧和直觉推理,难以对复杂系统进行有效的控制。20 世纪 60 年代,美国控制论专家 Zadeh 创立了模糊集合论,为解决复杂系统的控制问题提供了有力的数学工具。

10.1.1 模糊控制原理

模糊控制是以模糊集合化、模糊语言变量及模糊逻辑推理为基础的一种计算机数字控制。从线性控制与非线性控制的角度分类,模糊控制是一种非线性控制;从控制器的智能性看,模糊控制属于智能控制的范畴,而且它已成为目前实现智能控制的一种重要而有效的形式。

1. 模糊控制系统的组成

模糊控制属于计算机数字控制的一种形式,因此,模糊控制系统的组成类似于一般的数字控制系统,其框图如图 10.1 所示。

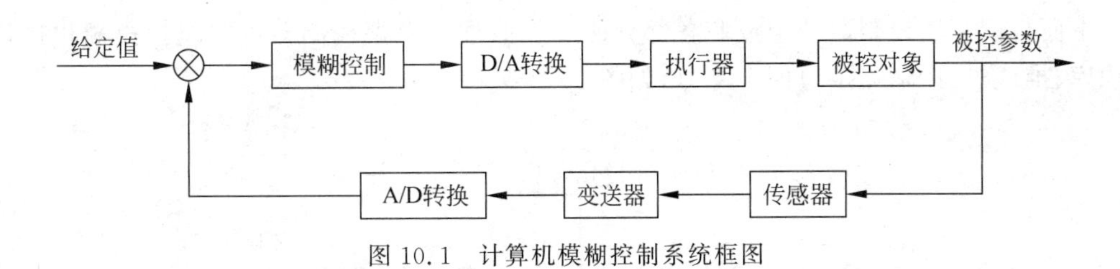

图 10.1　计算机模糊控制系统框图

模糊控制系统一般可分为五个组成部分：

1）模糊控制器

它是整个系统的核心，主要完成输入量的模糊化、模糊关系运算、模糊决策以及决策结果的非模糊化处理（精确化）等重要过程。可以说，一个模糊控制系统性能指标的优劣在很大程度上取决于模糊控制器的“聪明”程度。

由于被控对象的不同，以及对系统静态、动态特性的要求和所应用的控制规则（或策略）各异，可以构成各种类型的控制器。如在经典控制理论中，用运算放大器加上阻容网络构成的 PID 控制器和由前馈、反馈环节构成的各种串并联校正器。在现代控制理论中，设计的有限状态观测器、自适应控制器、解耦控制器、鲁棒控制器等。而在模糊控制理论中，则采用基于模糊控制知识表示和规则推理的语言型“模糊控制器”，这也是模糊控制系统区别于其他自动控制系统的特点所在。

2）输入输出接口

模糊控制器通过输入输出接口从被控对象获取数字信号量，并将模糊控制器决策的输出数字信号经过数模（D/A）转换，将其转变为模拟信号，然后送给被控对象。在 I/O 接口装置中，除 A/D、D/A 转换外，还包括必要的电平转换电路。

3）执行机构

执行机构包括交流电动机、直流电动机、伺服电动机、步进电动机、气动调节阀和液压电动机以及液压缸等。

4）被控对象

它可以是一种设备或装置以及它们的群体，也可以是一个生产的、自然的、社会的、生物的或其他各种的状态转移过程。这些被控对象可以是确定的或模糊的、单变量的、有滞后或无滞后的，也可以是线性的或非线性的、定常的或时变的，以及具有强耦合和干扰等多种情况。对于那些难以建立精确数学模型的复杂对象，更适宜采用模糊控制。

5）传感器

传感器是将被控对象或各种过程的被控制量转换为电信号（模拟或数字）的一类装置。被控制量往往是非电量，如位移、速度、加速度、温度、压力、流量、浓度、湿度等。传感器在模糊控制系统中占有十分重要的地位，它的精度往往直接影响整个控制系统的精度，因此，在选择传感器时，应注意选择精度高且稳定性好的传感器。

2. 模糊控制原理概述

模糊控制系统与通常的计算机控制系统的主要区别是采用了模糊控制器。模糊控制器是模糊控制系统的核心，一个模糊系统的性能优劣，主要取决于模糊控制器的结构，所采用的模糊规则、合成推理算法以及模糊决策的方法等因素。

下面讨论模糊控制器的组成和各部分的工作原理。模糊控制器主要包括模糊化接口、知识库、推理机、清晰化接口四个部分，如图 10.2 所示。

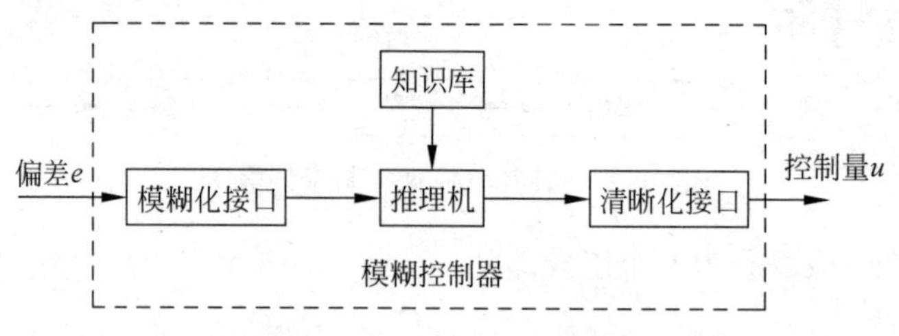

图 10.2 模糊控制器的组成

1) 模糊化接口

模糊控制器的确定量输入必须经过模糊化接口模糊化后，转换成一个模糊矢量才能用于模糊控制，具体可按模糊化等级进行模糊化。如，设 x 的基本论域为$[a,b]$(即 x 在$[a,b]$间取值)，将其变换成$[-X,X]$区间的连续量 y，使用如下公式

$$y=\frac{2X}{b-a}\left(x-\frac{a+b}{2}\right)$$

假设偏差 e 所取的模糊集的论域为$[-e_0,e_0]$，经上式变换再离散化后得到的区间是$[-n,n]$，n 为整数。同样，偏差变化 e_c 的模糊集的论域经上式变换再离散化后得到的区间是$[-m,m]$，m 为整数。在实际应用中不宜划分过细，一般取 $X=6$ 即可满足要求，再将$[-6,6]$区间模糊化为七级或八级，相应的模糊量用模糊语言表示如下：

在-6 附近称为负大，记为 NB；

在-4 附近称为负中，记为 NM；

在-2 附近称为负小，记为 NS；

在 0 附近称为适中，记为 Z0；

在 2 附近称为正小，记为 PS；

在 4 附近称为正中，记为 PM；

在 6 附近称为正大，记为 PB。

其模糊子集为{NB,NM,NS,Z0,PS,PM,PB}。

或者表示如下：

在-6 附近称为负大，记为 NB；

在-4 附近称为负中，记为 NM；

在-2 附近称为负小，记为 NS；

稍小于零称为负零，记为 N0；

稍大于零称为正零，记为 P0；

在 2 附近称为正小，记为 PS；

在 4 附近称为正中，记为 PM；

在 6 附近称为正大，记为 PB。

其模糊子集为{NB,NM,NS,N0,P0,PS,PM,PB}。

对于偏差 e 的模糊子集 $e=$\{NB,NM,NS,N0,P0,PS,PM,PB\}，各个模糊变量不同等级的隶属度值如表 10.1 所示。

表 10.1　模糊子集 e 的模糊变量不同等级的隶属度值

模糊变量	等级													
	−6	**−5**	**−4**	**−3**	**−2**	**−1**	**−0**	**+0**	**1**	**2**	**3**	**4**	**5**	**6**
PB	0	0	0	0	0	0	0	0	0	0	0.1	0.4	0.8	1
PM	0	0	0	0	0	0	0	0	0	0.2	0.7	1	0.7	0.2
PS	0	0	0	0	0	0	0	0.3	0.8	1	0.5	0.1	0	0
P0	0	0	0	0	0	0	0	1	0.6	0.1	0	0	0	0
N0	0	0	0	0	0.1	0.6	1	0	0	0	0	0	0	0
NS	0	0	0.1	0.5	1	0.8	0.3	0	0	0	0	0	0	0
NM	0.2	0.7	1	0.7	0.2	0	0	0	0	0	0	0	0	0
NB	1	0.8	0.4	0.1	0	0	0	0	0	0	0	0	0	0

同样，对于偏差变化 e_c 的模糊子集 e={NB,NM,NS,Z0,PS,PM,PB}，各个模糊变量不同等级的隶属度值如表 10.2 所示。

表 10.2　模糊子集 e_c 的模糊变量不同等级的隶属度值

模糊变量	等级												
	−6	**−5**	**−4**	**−3**	**−2**	**−1**	**0**	**1**	**2**	**3**	**4**	**5**	**6**
PL	0	0	0	0	0	0	0	0	0	0.1	0.4	0.8	1
PM	0	0	0	0	0	0	0	0	0.2	0.7	1	0.7	0.2
PS	0	0	0	0	0	0	0	0.9	1	0.7	0.2	0	0
Z0	0	0	0	0	0	0.5	1	0.5	0	0	0	0	0
NS	0	0	0.2	0.7	1	0.9	0	0	0	0	0	0	0
NM	0.2	0.7	1	0.7	0.2	0	0	0	0	0	0	0	0
NL	1	0.8	0.7	0.4	0.1	0	0	0	0	0	0	0	0

2）知识库

知识库由数据库和规则库两部分组成。数据库所存放的是所有输入输出变量的全部模糊子集的隶属度矢量值，若论域为连续域，则为隶属度函数。对于以上例子，需将表 10.1 和表 10.2 中内容存放于数据库，在规则推理的模糊关系方程求解过程中，向推理机提供数据。但要说明的是，输入变量和输出变量的测量数据集不属于数据库存放范畴。

规则库就是用来存放全部模糊控制规则的，在推理时为推理机提供控制规则。模糊控制器的规则是基于专家知识或手动操作经验来建立的，它是按人的直觉推理的一种语言表示形式。模糊规则通常由一系列的关系词连接而成，如 if then、else、also、end、or 等。关系词必须经过"翻译"，才能将模糊规则数值化。如果某模糊控制器的输入变量为 e（误差）和 e_c（误差变化），它们相应的语言变量为 E 与 E_C。对于控制变量 U 给出模糊规则，例如：

R_1：if E is NB and E_C is NB then U is PB

R_2：if E is NB and E_C is NM then U is PB

R_3：if E is NB and E_C is NS then U is PB

R_4：if E is NB and E_C is Z0 then U is PB

R_5：if E is NB and E_C is PS then U is PM

R_6: if E is NB and E_C is PM then U is Z0

R_7: if E is NB and E_C is PB then U is Z0

R_8: if E is NM and E_C is BN then U is PB

…

通常把 if … 部分称为“前提部”;而 then … 部分称为“结论部”,语言变量 E 与 E_C 为输入变量,而 U 为输出变量。

模糊控制规则如表 10.3 所示。

表 10.3 模糊控制规则

E	E_C						
	NB	**NM**	**NS**	**Z0**	**PS**	**PM**	**PB**
NB	PB	PB	PB	PB	PM	Z0	Z0
NM	PB	PB	PB	PB	PM	Z0	Z0
NS	PM	PM	PM	PM	0	NS	NS
N0	PM	PM	PS	Z0	NS	NM	NM
P0	PM	PM	PS	Z0	NS	NM	NM
PS	PS	PS	Z0	NM	NM	NM	NM
PM	Z0	Z0	NM	NB	NB	NB	NB
PB	Z0	Z0	NM	NB	NB	NB	NB

3) 推理机

推理机是模糊控制器中,根据输入模糊量和知识库(数据库、规则库)完成模糊推理,并求解模糊关系方程,从而获得模糊控制量的功能部分。模糊控制规则也就是模糊决策,它是人们在控制生产过程中的经验总结。这些经验可以写成下列形式:

“如果 A 则 B”型,也可以写成 if A then B;

“如果 A 则 B 否则 C”型,也可以写成 if A then B else C;

“如果 A 且 B 则 C”型,也可以写成 if A and B then C。

对于更复杂的系统,控制语言可能更复杂。例如,“如果 A 且 B 且 C 则 D”等。

单输入单输出的控制系统的控制决策可用“如果 A 则 B”语言来描述,即若输入为 A_1,输出为 B_1,则有

$$B_1 = A_1 \cdot R = A_1 \cdot (A \times B)$$

双输入单输出的控制系统的控制决策可用“如果 A 且 B 则 C”型控制语言来描述。若输入为 B_1、A_1,输出为 C_1,则有

$$C_1 = (A_1 \times B_1) \cdot R = (A_1 \times B_1) \cdot (A \times B \times C)$$

确定一个控制系统的模糊规则就是要求得模糊关系 R,而模糊关系 R 的求得又取决于控制的模糊语言。

4) 清晰化接口

通过模糊决策所得到的输出是模糊量,要进行控制必须经过清晰化接口将其转换成精确量。经常采用下面三种方法,将其转换成精确的执行量。

（1）最大隶属度判决法。

若对应的模糊决策的模糊集 C 中，元素 $u^* \in U$，隶属函数 $\mu_C(u^*)$ 满足

$$\mu_C(u^*) \geqslant \mu_C(u), \quad u \in U$$

则取 u^*（精确量）作为输出控制量。

如果这样的隶属度最大点 u^* 不唯一，就取它们的平均值作为输出执行量。这种方法简单、易行、实时性好，但它概括的信息量少。

（2）加权平均原则。

该方法的输出控制量 u^* 的值由下式来决定

$$u^* = \frac{\sum_i \mu_C(u_i) u_i}{\sum_i \mu_C(u_i)}$$

也可以选择加权系数 K_i，其计算公式为

$$u^* = \frac{\sum_i K_i u_i}{\sum_i K_i}$$

加权直接影响着系统的响应特性，因此该方法可以通过修改加权系数，以改善系统的响应特性。

（3）中位数判决法。

在最大隶属度判决法中，只考虑了最大隶属数，而忽略了其他信息的影响。中位数判决法是将隶属函数曲线与横坐标所围成的面积平均分成两部分，以分界点所对应的论域元素 u_i 作为判决输出。

10.1.2 模糊控制器设计

模糊逻辑控制器简称为模糊控制器，其控制规则是以模糊条件语句描述的语言控制规则为基础的，因此，模糊控制器又称为模糊语言控制器。模糊控制器是模糊控制系统的核心，因而在模糊控制系统设计中怎样设计和调整模糊控制器及其参数是一项很重要的工作。一般来说，设计模糊控制器主要包括以下几项内容：

（1）确定模糊控制器的输入变量和输出变量（即控制量）；

（2）设计模糊控制器的控制规则；

（3）确定模糊化和非模糊化（又称清晰化）的方法；

（4）选择模糊控制器的输入变量及输出变量的论域并确定模糊控制器的参数；

（5）编制模糊控制算法的应用程序；

（6）合理选择模糊控制算法的采样时间。

1. 模糊控制器的结构设计

模糊控制器的结构设计是指确定模糊控制器的输入变量和输出变量。究竟选择哪些变量作为模糊控制器的信息量，还必须深入研究在手动控制过程中人如何获取、输出信息，因为模糊控制器的控制规则归根到底还是要模拟人脑的思维决策方式。

在确定性自动控制系统中,通常将具有一个输入变量和一个输出变量(即一个控制量和一个被控制量)的系统称为单变量系统(Single Input Single Output,SISO),而将多于一个输入输出变量的系统称为多变量控制系统(Multiple Input Multiple Output,MIMO)。在模糊控制系统中,也可以类似地分别定义为“单变量模糊控制系统”和“多变量模糊控制系统”。所不同的是模糊控制系统往往把一个被控制量(通常是系统输出量)的偏差、偏差变化以及偏差变化率作为模糊控制器的输入。因此,从形式上看,这时输入量应该是3个,但人们也习惯于称它为单变量模糊控制系统。

1) 单输入单输出结构

在单输入单输出系统中,受人类控制过程的启发,一般可设计成一维或二维模糊控制器。在极少情况下,才有设计成三维控制器的要求。这里所讲的模糊控制器的维数,通常是指其输入变量的个数。

(1) 一维模糊控制器。

这是一种最为简单的模糊控制器,其输入和输出变量均只有一个。假设模糊控制器输入变量为 x,输出变量为 y,相对应的语言变量为 x 和 y,此时的模糊规则(x 一般为控制误差,y 为控制量)为

$$R_1: \text{if } x \text{ is } A_1 \text{ then } y \text{ is } B_1$$
$$\vdots$$
$$R_n: \text{if } x \text{ is } A_n \text{ then } y \text{ is } B_n$$

这里,$A_1,\cdots,A_n$ 和 $B_1,\cdots,B_n$ 均为输入输出论域上的模糊子集。这类模糊规则的模糊关系为

$$R(x,y)=\bigcup_{i=1}^{n} A_i \times B_i$$

(2) 二维模糊控制器。

这里的二维指的是模糊控制器的输入变量有 x_1 和 x_2 两个,而控制器的输出只有一个 y,相对应的语言变量为 x_1、x_2 和 y。这类模糊规则的一般形式为

$$R_i: \text{if } x_1 \text{ is } A_i^1 \text{ and } x_2 \text{ is } A_i^2 \text{ then } y \text{ is } B_i$$

这里,A_i^1、A_i^2 和 B_i 均为论域上的模糊子集。这类模糊规则的模糊关系为

$$R(x,y)=\bigcup_{i=1}^{n} (A_i^1 \times A_i^2) \times B_i$$

在实际系统中,x_1 一般取为误差,x_2 一般取为误差变化率,y 一般取为控制量。

2) 多输入多输出结构

工业过程中的许多被控对象比较复杂,往往具有一个以上的输入和输出变量。设二输入 x_1 和 x_2,三输出 y_1、y_2 和 y_3,相对应的语言变量为 x_1、x_2、y_1、y_2 和 y_3 以该二输入三输出结构为例,则有

$$R_i: \text{if } (x_1 \text{ is } A_i^1 \text{ and } x_2 \text{ is } A_i^2) \text{ then } (y_1 \text{ is } B_i^1 \text{ and } y_2 \text{ is } B_i^2 \text{ and } y_3\ is\ B_i^3)$$

由于人对具体事物的逻辑思维一般不超过三维,因而很难对多输入多输出系统直接提取控制规则。例如,已有样本数据(x_1,x_2,y_1,y_2,y_3),则可将之变换为(x_1,x_2,y_1),(x_1,x_2,y_2),(x_1,x_2,y_3)。这样,首先把多输入多输出系统转化为多输入单输出的结构形式,然后用单输入单输出系统的设计方法进行模糊控制器设计。这样做,不仅设计简单,而且经人

们的长期实践检验，也是可行的，这就是多变量控制系统的模糊解耦问题。

2. 模糊控制规则的设计

控制规则的设计是设计模糊控制器的关键，一般包括三部分设计内容：选择描述输入输出变量的词集、定义各模糊变量的模糊子集及建立模糊控制器的控制规则。

1）选择描述输入输出变量的词集

模糊控制器的控制规则表现为一组模糊条件语句，在条件语句中描述输入输出变量状态的一些词汇（如“正大”“负小”等）的集合，称为这些变量的词集（也称为变量的模糊状态）。如何选取变量的词集，还是研究一下人在日常生活中和在人机系统中对各种事物的变量的语言描述。一般说来，人们总是习惯于把事物分为三个等级，如事物的大小可分为大、中、小；运动的速度可分为快、中、慢；年龄的大小可分为老、中、青；人的身高可分为高、中、矮；产品的质量可分为好、中、次。所以，一般都选用“大、中、小”三个词汇来描述模糊控制器的输入输出变量的状态。由于人的行为在正、负两个方向的判断基本上是对称的，将大、中、小再加上正、负两个方向并考虑变量的零状态，共有七个词汇，即

{负大，负中，负小，零，正小，正中，正大}

一般用英文字头缩写为：

{NB，NM，NS，Z0，PS，PM，PB}

对误差的变化这个输入变量，在选择描述其状态的词汇时，常常将“零”分为“正零”和“负零”，以表示误差的变化在当前是“增加”趋势还是“减少”趋势。于是词集又增加了负零（N0）和正零（P0）。

描述输入输出变量的词汇都具有模糊特性，可用模糊集合来表示，因此，模糊集合的确定问题就转化为求取模糊集合隶属函数的问题。

2）定义各模糊变量的模糊子集

定义一个模糊子集，实际上就是要确定模糊子集隶属函数曲线的形状。将确定的隶属函数曲线离散化，就得到了有限个点上的隶属度，便构成了一个相应的模糊变量的子集。图 10.3 所示的隶属函数曲线表示论域 X 中的元素 x 对模糊变量 A 的隶属程度。

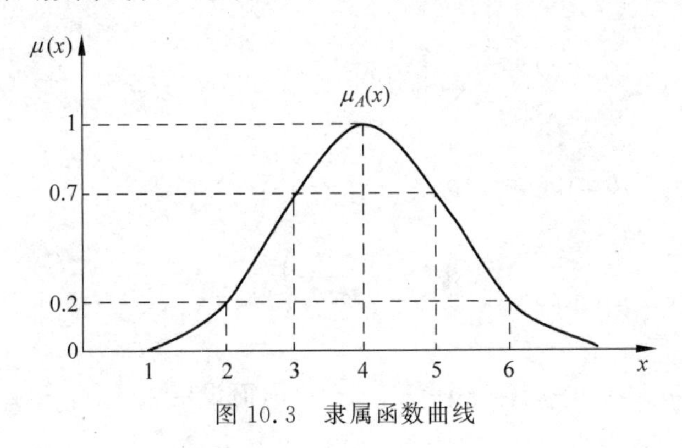

图 10.3　隶属函数曲线

设 $X=\{-6,-5,-4,-3,-2,-1,0,1,2,3,4,5,6\}$，则有

$$\mu_A(2)=\mu_A(6)=0.2;\ \mu_A(3)=\mu_A(5)=0.7;\ \mu_A(4)=1$$

论域 X 内除 $x=2$、3、4、5、6 外各点的隶属度均取为零，则模糊变量 A 的模糊子集为

$$A=\frac{0.2}{2}+\frac{0.7}{3}+\frac{1}{4}+\frac{0.7}{5}+\frac{0.2}{6}$$

不难看出,确定了隶属函数曲线后,就很容易定义出一个模糊变量的模糊子集。

实验研究结果表明,用正态型模糊变量来描述人进行控制活动时的模糊概念是适宜的。因此,可以分别给出误差 e、误差变化速率 r 及控制量 u 的七个语言值{NB,NM,NS,Z0,PS,PM,PB}的隶属函数。

(1) 对论域 E 而言,设 $0<e_1<e_2<e_3<e_4$,有

$$\mu_{\mathrm{PSe}}(x)=\begin{cases}1 & 1<x\leqslant e_1\\ \exp\left[-\left(\dfrac{x-e_1}{\sigma_{\mathrm{e}}}\right)^2\right] & x>e_1\end{cases}$$

$$\mu_{\mathrm{PMe}}(x)=\begin{cases}\exp\left[-\left(\dfrac{x-e_2}{\sigma_{\mathrm{e}}}\right)^2\right] & 0<x<e_2\\ 1 & e_2\leqslant x\leqslant e_3\\ \exp\left[-\left(\dfrac{x-e_3}{\sigma_{\mathrm{e}}}\right)^2\right] & x>e_3\end{cases}$$

$$\mu_{\mathrm{PBe}}(x)=\begin{cases}\exp\left[-\left(\dfrac{x-e_4}{\sigma_{\mathrm{e}}}\right)^2\right] & 0<x<e_4\\ 1 & x\geqslant e_4\end{cases}$$

当 $x<0$ 时,取 $\mu_{\mathrm{PSe}}(x)=\mu_{\mathrm{PMe}}(x)=\mu_{\mathrm{PBe}}(x)=0$,而设定

$$\mu_{\mathrm{Oe}}(x)=\begin{cases}0 & x\neq 0\\ 1 & x=0\end{cases}$$

$$\mu_{\mathrm{NSe}}(x)=\mu_{\mathrm{PSe}}(-x)$$

$$\mu_{\mathrm{NMe}}(x)=\mu_{\mathrm{PMe}}(-x)$$

$$\mu_{\mathrm{NBe}}(x)=\mu_{\mathrm{PBe}}(-x)$$

(2) 对于论域 R 而言,设 $0<r_1<r_2<r_3$,有

$$\mu_{\mathrm{PSr}}(x)=\begin{cases}1 & 0<x<r_1\\ \exp\left[-\left(\dfrac{x-r_1}{\sigma_{\mathrm{r}}}\right)^2\right] & x\geqslant r_1\end{cases}$$

$$\mu_{\mathrm{PMr}}(x)=\exp\left[-\left(\frac{x-r_2}{\sigma_{\mathrm{r}}}\right)^2\right] \quad x>0$$

$$\mu_{\mathrm{PBr}}(x)=\begin{cases}\exp\left[-\left(\dfrac{x-r_3}{\sigma_{\mathrm{r}}}\right)^2\right] & 0<x<r_3\\ 1 & x\geqslant r_3\end{cases}$$

当 $x<0$ 时,取 $\mu_{\mathrm{PSr}}(x)=\mu_{\mathrm{PMr}}(x)=\mu_{\mathrm{PBr}}(x)=0$,而设定

$$\mu_{\mathrm{Or}}(x)=\begin{cases}0 & x\neq 0\\ 1 & x=0\end{cases}$$

$$\mu_{\mathrm{NSr}}(x)=\mu_{\mathrm{PSr}}(-x)$$

$$\mu_{\mathrm{NMr}}(x)=\mu_{\mathrm{PMr}}(-x)$$

$$\mu_{\mathrm{NBr}}(x)=\mu_{\mathrm{PBr}}(-x)$$

(3) 对于论域U而言,设$0<u_1<u_2<u_3$,有

$$\mu_{\mathrm{PSu}}(x)=\exp\left[-\left(\frac{x-u_1}{\sigma_{\mathrm{u}}}\right)^2\right]\quad x>0$$

$$\mu_{\mathrm{PMu}}(x)=\exp\left[-\left(\frac{x-u_2}{\sigma_{\mathrm{u}}}\right)^2\right]\quad x>0$$

$$\mu_{\mathrm{PBu}}(x)=\exp\left[-\left(\frac{x-u_3}{\sigma_{\mathrm{u}}}\right)^2\right]\quad x>0$$

当$x<0$时,取

$$\mu_{\mathrm{Ou}}(x)=\begin{cases}0 & x\neq 0\\ 1 & x=0\end{cases}$$

$$\mu_{\mathrm{NSu}}(x)=\mu_{\mathrm{PSu}}(-x)$$

$$\mu_{\mathrm{NMu}}(x)=\mu_{\mathrm{PMu}}(-x)$$

$$\mu_{\mathrm{NBu}}(x)=\mu_{\mathrm{PBu}}(-x)$$

上述论域E、R、U上的七个模糊变量均是假定为正态型模糊变量,其正态函数为

$$F(x)=\exp\left[-\left(\frac{x-a}{\sigma}\right)^2\right]$$

其中参数σ的大小直接影响隶属函数曲线的形状,而隶属函数曲线的形状的不同会导致不同的控制特性。图10.4所示的三个模糊于集A、B、C的隶属函数曲线的形状不同,显然,模糊子集A形状尖一些,它的分辨率高,其次是B,最低的是C。如果输入误差变量在模糊子集A、B、C的支集上变化相同,由它们所引起的输出的变化是不同的。容易看出,由A所引起的输出变化最剧烈,其次是B,再次是C。

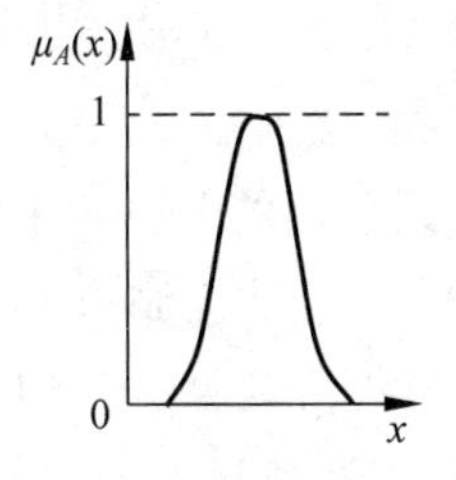

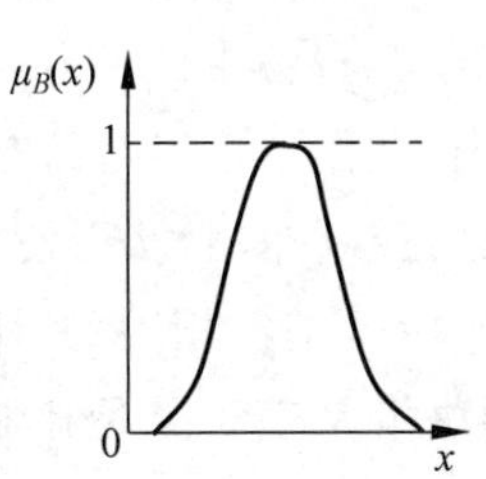

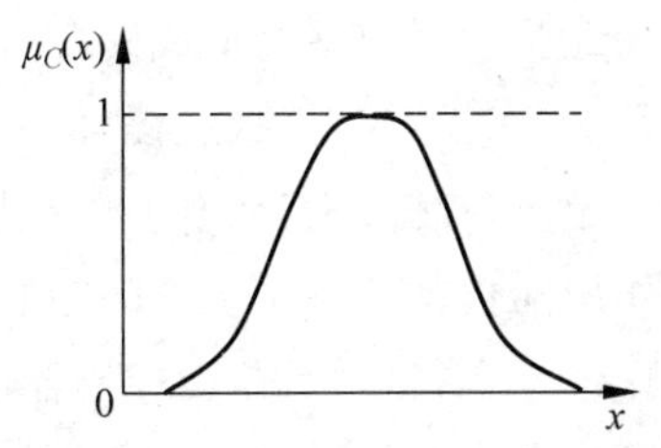

图10.4　不同分辨率的隶属函数曲线

上述分析表明,隶属函数曲线形状较尖的模糊子集其分辨率较高,控制灵敏度也较高。相反,隶属函数曲线形状较缓,控制特性也较平缓,系统稳定性较好。因此,在选择模糊变量的模糊集的隶属函数时,在误差较大的区域采用低分辨率的模糊集,在误差较小的区域采用较高的分辨率的模糊集,当误差接近于零时,选用高分辨率的模糊集。

上面仅就描述某一模糊变量的模糊子集的隶属函数曲线形状问题进行了讨论,下面对同一模糊变量(例如误差或误差的变化等)的各个模糊子集(如负大、负中、……、零、……、正中、正大)之间的相互关系及其对控制性能影响问题做进一步分析。

从自动控制的角度,希望一个控制系统在要求的范围内都能够很好地实现控制。模糊控制系统设计时也要考虑这个问题。因此,在选择描述某一模糊变量的各个模糊子集时,要

使它们在论域上的分布合理，即它们应该较好地覆盖整个论域。在定义这些模糊子集时，要注意使论域中任何一点对这些模糊子集的隶属度的最大值不能太小，否则会在这样的点附近出现不灵敏区，以至造成失控，使模糊控制系统控制性能变坏。

适当地增加各模糊变量的模糊子集论域中的元素个数，如一般论域中的元素个数的选择均不低于13个，而模糊子集总数通常选7个，当论域中元素总数为模糊子集总数的2～3倍时，模糊子集对论域的覆盖程度较好。此外，各模糊子集之间相互也有影响，如图10.5所示。

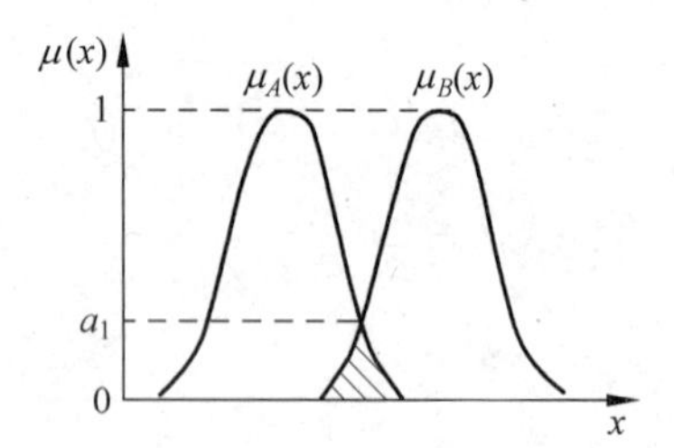

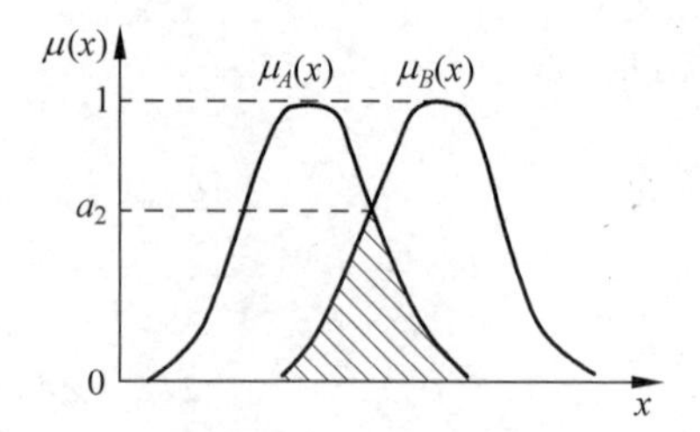

图10.5 两个隶属函数曲线的重叠相交程度

a_1、a_2分别为两种情况下两个模糊子集A和B的交集的最大隶属度，显然a_1小于a_2，可用a值大小来描述两个模糊子集之间的影响程度，当a值较小时控制灵敏度较高，而当a值较大时模糊控制器鲁棒性较好，即控制器具有较好的适应对象特性参数变化的能力。a值取得过小或过大都是不利的，一般选取a值为0.4～0.8，a值过大时造成两个子集难以区分，使控制的灵敏度显著降低。

3) 建立模糊控制器的控制规则

模糊控制器的控制规则基于手动控制策略，而手动控制策略又是人们通过学习、试验以及长期经验积累而逐渐形成的，存储在操作者头脑中的一种技术知识集合。手动控制过程一般是通过对被控对象(过程)的一些观测，操作者再根据已有的经验和技术知识，进行综合分析并做出控制决策，调整加到被控对象的控制作用，从而使系统达到预期的目标。手动控制的作用同自动控制系统中的控制器的作用是基本相同的，所不同的是手动控制决策是基于操作经验和技术知识，而控制器的控制决策是基于某种控制算法的数值运算。利用模糊集合理论和语言变量的概念，可以把用语言归纳的手动控制策略上升为数值运算，于是可以采用计算机完成这个任务，从而代替人的手动控制，实现所谓的模糊自动控制。

要建立模糊控制器的控制规则，就是要利用语言来归纳手动控制过程中所使用的控制策略。手动控制策略一般都可以用if then形式的条件语句来加以描述。常见的模糊控制语句及其对应的模糊关系R概括如下：

(1) if A then B

$$R=A\times B$$

(2) if A then B else C

$$R=(A\times B)+(\bar{A}\times C)$$

(3) if A and B then C

$$R=(A\times B)\cdot(B\times C)$$

(4) if A or B and C or D then E

$$R=[(A+B)\times E]\cdot[(C+D)\times E]$$

(5) if A then B and if A then C

$$R=(A\times B)\cdot(A\times C)$$

(6) if A then B or if A then C

$$R=A\times B+A\times C$$

例 10.1 设有一控制水槽中的水位系统,设液位的误差为 e,液位误差的变化为 r,进水阀门的开度变化为 u。假设 r 和 u 的语言变量 R 和 U 的词集均为

{NB,NM,NS,Z0,PS,PM,PB}

并选取 e 的语言变量 E 的词集为

{NB,NM,NS,N0,P0,PS,PM,PB}

得到如表 10.3 所示的模糊控制规则。

从表 10.3 可以发现,当误差为负大而误差变化为正时,系统输出已有减少误差的趋势,为了尽快消除误差且又不出现超调现象,应取较小的控制量。因此,有"误差为负大且误差变化为正小时,控制量的变化应取正中"。同理,有"误差为负大且误差变化为正大或正中时,控制量不宜再增加,应取控制量的变化为 0",以免出现超调。

上述选取控制量变化的原则是:当误差大或较大时,选择控制量以尽快消除误差为主;而当误差较小时,选择控制量要以防止超调,保证系统的稳定性为主。

4) 清晰化

模糊控制器的输出是一个模糊量,这个模糊量不能用于控制执行机构,还需要把这个模糊量转换为一个精确量,这种转换过程称为清晰化,或者称为非模糊化,也称为判决。清晰化的目的是根据模糊推理的结果,求得最能反映控制量的真实分布。目前常用的方法有三种,即最大隶属度判决法、加权平均原则和中位数判决法。

(1) 最大隶属度判决法。

该方法是选择模糊子集中隶属度最大的元素称为控制量。若对应的模糊决策的模糊集为 C,则决策(所确定的精确量)u^* 应满足

$$\mu_C(u^*)\geqslant\mu_C(u),\quad u\in U$$

这种判决方法的优点是简单易行,缺点是它概括的信息量较少,因为这样做完全排除了其他一切隶属度较小的元素的影响和作用,并且为了使判决得以实施必须避免控制器输出过程中出现隶属函数曲线为双峰和所有元素的隶属度值都非常小的那种模糊集。

(2) 加权平均法。

这种方法就是依照普通加权平均公式,按下式来计算控制量:

$$u^*=\frac{\sum\mu(u_i)u_i}{\sum\mu(u_i)}$$

(3) 中位数判决法。

对于已知的模糊子集(由模糊合成关系得到的),求得对应的隶属函数曲线,计算出该隶属函数曲线与横坐标所围成的面积,再除以 2,将所得的平分结果作为控制量。这种判决方法综合地考虑了各个点上的情况,充分地利用了模糊子集提供的信息量,但是计算工作比较麻烦。

5）模糊控制器论域及比例因子的确定

众所周知，任何系统的信号都是有界的。在模糊控制系统中，这个有限界一般称为该变量的基本论域，它是实际系统的变化范围。以两输入单输出的模糊控制系统为例，设定误差的基本论域为$[-|e_{max}|,|e_{max}|]$，误差变化率的基本论域为$[-|e_{c\,max}|,|e_{c\,max}|]$，控制量的变化范围为$[-|u_{max}|,|u_{max}|]$。类似地，设误差的模糊论域为

$$E=\{-k,-(k-1),\cdots,0,1,2,\cdots,k\}$$

误差变化率的论域为

$$EC=\{-m,-(m-1),\cdots,0,1,2,\cdots,m\}$$

控制量所取的论域为

$$U=\{-n,-(n-1),\cdots,0,1,2,\cdots,n\}$$

若用α_e，α_c，α_u分别表示误差、误差变化率和控制量的比例因子，则有

$$\alpha_e=k/|e_{max}|$$

$$\alpha_c=m/|e_{cmax}|$$

$$\alpha_u=n/|u_{max}|$$

一般说来，α_e越大，系统的超调越大，过渡过程就越长；α_e越小，则系统变化越慢，稳态精度降低。α_c越大，则系统输出变化率越小，系统变化越慢；若α_c越小，则系统反应越加快，但超调量增大。

6）编写模糊控制器的算法程序

第一步：分别设置输入输出变量及控制量的基本论域，即$e\in[-|e_{max}|,|e_{max}|]$，$e_c\in[-|e_{cmax}|,|e_{cmax}|]$，$u\in[-|u_{max}|,|u_{max}|]$。预置量化常数$\alpha_e$，$\alpha_c$，$\alpha_u$和采样周期$T$。

第二步：判断采样时间是否已到，若时间已到，则转第三步，否则转第二步。

第三步：启动A/D转换，进行数据采集和数字滤波等。

第四步：计算e和e_c，并判断它们是否已超过上(下)限值，若已超过，则将其设定为上(下)限值。

第五步：按给定的输入比例因子α_e，α_c量化(模糊化)并由此查询控制表。

第六步：查得控制量的量化值清晰化后，乘上适当的比例因子α_u，若u已超过上(下)限值，则设置为上(下)限值。

第七步：启动D/A转换，作为模糊控制器实际模拟量输出。

第八步：判断控制时间是否已到，若是则停止，否则，转第二步。

10.2 专家控制系统设计

专家控制系统是基于知识的智能控制，它是人工智能、专家系统、自动控制、模糊技术相结合的产物。它利用专家系统的推理机制决定控制方法的灵活选用，实现解析规律与启发式逻辑的结合、知识模型与控制模型结合。它模仿人的智能行为，采取有效的控制策略，从而使控制性能的满意实现成为可能。专家控制技术对复杂的被控制对象或过程尤为必要，因而对于各种实际的工业控制具有广泛的应用前景。

所谓专家控制，是指将专家系统的理论和技术与控制理论方法和技术相结合，仿效专家

的智能,实现对较为复杂问题的控制。

10.2.1 专家控制系统基本原理

专家系统与控制理论相结合,尤其是启发式推理与反馈控制理论相结合,形成了专家控制系统。专家控制系统的出现,改变了传统的控制系统设计中单纯依靠数学模型的局面,使知识模型与数学模型相结合,知识信息处理技术与控制技术相结合,是人工智能与控制理论方法和技术相结合的典型产物。

1. 专家控制系统与专家系统的区别

根据一般的定义,专家控制系统是应用专家系统的理论与技术,模拟人类专家的控制知识与经验建造的控制系统。因此,它与通常的专家系统有以下两点重要的区别。

(1) 通常的专家系统只对专门领域的问题进行咨询工作,它的推理是以知识为基础的,其推理结果一般用于辅助用户的决策;而专家控制系统则要求能独立和自动地对控制作用做出决策,它的功能一定要具有连续的可靠性、足够的抗干扰性。

(2) 通常的专家系统一般都是以离线方式工作的,对系统运行速度没有很高的要求;而专家控制系统则要求在线动态地采集数据、处理数据,进行推理和决策,对过程进行及时的控制,因此一定要具有使用的灵活性和控制的实时性。

与一般专家系统相比,专家控制系统要特别强调实时性,要求实时控制专家系统做到:

(1) 能确切地表达与时间有关的知识;

(2) 存储可显示,能方便地在线修改基本的控制知识;

(3) 能进行时序推理、并行推理和非单调推理;

(4) 能控制任意的随时间变化的非线性过程;

(5) 具有中断处理能力,可处理可能发生的异步事件;

(6) 允许用户与系统交互对话,及时获得过程的各种信息,以便对系统进行实时、在线诊断;

(7) 与常规的控制器和其他应用软件有良好的接口。

实时控制专家系统的知识表示应包括时间知识、深层知识、通用知识和元知识等。

目前在专家智能控制系统中应用广泛的主要有三种类型的专家控制系统:①实时专家控制;②控制系统辅助设计专家系统;②实时故障诊断与控制专家系统。它们与前面介绍的专家系统有很大的差别。虽然专家控制系统是基于专家系统建立起来的,但它与专家系统的主要区别是,专家控制系统在实时控制时必须:

(1) 将操作人员从系统的环路中撤走(一般专家系统中操作人员作为系统的组成部分,通过人机对话完成操作)。

(2) 建立自动的实时数据采集子系统,需将传感器的输出信息做预处理。

(3) 根据可利用的环境信息(对象模型),综合适当的控制算法。被控对象的模型可以是预知的,也可以在线辨识。推理机制要求做到离线和在线推理,并具有递阶结构的推理过程。

2. 专家控制系统的结构

一般控制专家系统的基本结构如图 10.6 所示。

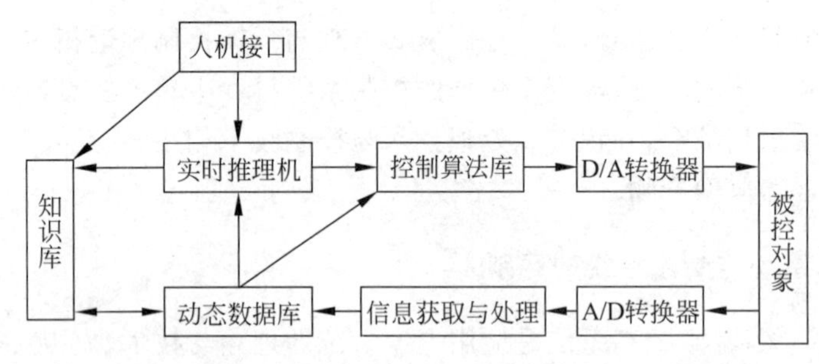

图 10.6　一般专家控制系统结构的基本结构

1）知识库

知识库由事实集、控制规则和经验数据等构成。事实集主要包括被控对象的有关知识，如结构、类型及特征、参数变化范围等。控制规则有自适应、自学习、参数自调整等方面的规则。经验数据包括被控对象的参数变化范围、控制参数的调整范围及其限幅值、传感器的静动态特性、系统误差、执行机构的特征、控制系统的性能指标以及由控制专家给出或由实验总结出的经验公式。

2）控制算法库

控制算法库存放控制策略及控制方法，如 PID、PI、Fuzzy、神经控制（NC）、预测控制算法等，是直接基本控制方法集。

3）实时推理机

实时推理机根据一定的推理策略（正向推理）从知识库中选择有关知识，对控制专家提供的控制算法、事实、证据以及实时采集的系统特性数据进行推理，直到得出相应的最佳控制决策，用决策的结果指导控制作用。

4）信息获取与处理

信息获取主要是通过闭环控制系统的反馈信息及系统的输入信息，获取控制系统的误差及误差变化量、系统的特征信息（如超调量、上升时间等）。信息处理包括必要的特征识别、滤波措施等。

5）动态数据库

动态数据库用来存放系统推理过程中用到的数据、中间结果、实时采集与处理的数据。在设计专家控制系统时应根据生产所遇到的被控系统复杂程度建造相应的知识模型、推理策略及控制算法集。

对于一些被控对象，考虑到对其控制性能指标、可靠性、实时性及对性能价格比的要求，可以将专家控制系统简化成一个专家控制器。对于一些复杂系统，可以采用多级实时专家控制（组织级、协调级、基本实时控制级）构成。

在智能控制系统中，专家控制系统有时也称为基于知识的控制系统。根据专家系统方法和原理设计的控制器称为基于知识控制器。按照基于知识控制器在整个智能控制系统中的作用，专家控制系统分为直接专家控制系统和间接专家控制系统两类。

当基于知识控制器直接影响被控对象时，这种控制叫作直接专家控制，如图 10.7 所示。当基于知识控制器仅仅间接影响控制系统时，这类控制称作间接专家控制系统或监控专家控制，如图 10.8 所示。

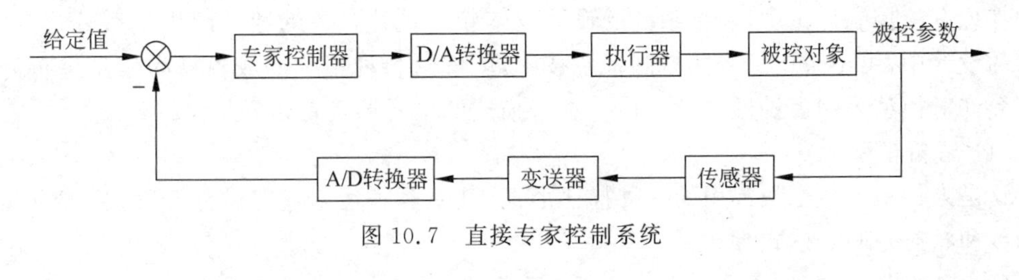

图 10.7 直接专家控制系统

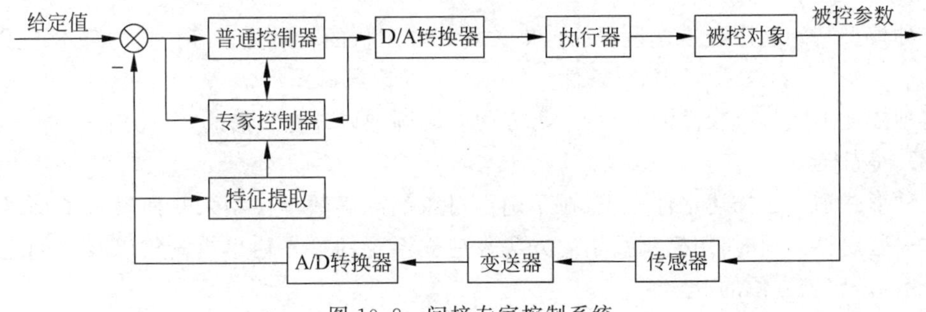

图 10.8 间接专家控制系统

不论哪种专家控制器的设计都必须解决以下几个问题：

(1) 如何解决好知识的获取问题以及如何进行实时性的搜索以解决实时控制问题；

(2) 用什么知识表示方法描述一个系统的特征知识；

(3) 怎样从传感器数据中获取和识别定性的知识；

(4) 如何把定性推理的结果量化成执行器定量的控制信号；

(5) 如何将过程的深层与浅层知识合理地结合起来，构造知识库，有效地自动修改知识库；

(6) 如何进行专家控制系统的稳定性、可控性分析；

(7) 怎样获取控制知识和学习规则；

(8) 如何建造通用的满足过程控制的专家开发工具。

10.2.2 专家控制系统设计

由于专家控制器在模型的描述上采用多种形式，就必然导致其实现方法的多样性。虽然构造专家控制器的具体方法各不相同，但归结起来，其实现方法可分为两类：一类是保持专家控制器的结构特征，但其知识库的规模小，推理机构简单；另一类是以某种控制算法(例如 PID 算法)为基础，引入专家系统技术，以提高原控制器的决策水平。专家控制器结构简单，研制周期短，实时性好，具有广阔的应用前景。

1. 专家控制系统的设计原则

根据专家控制系统的特点及要求，可以进一步提出控制器的设计原则。

1）多样化的模型描述

在整个设计过程中，对被控对象和控制器的模型描述不应局限于单纯的解析模型，应该采用多样化的形式进行描述。

在现有的控制理论中，控制系统的设计仅依赖于被控对象的数学解析模型。在专家控制器的设计中，由于采用了专家控制系统技术，能够对各种精确的或模糊的信息进行处理，因而允许对模型采用多种形式的描述。这些描述的主要形式有如下几种。

(1) 解析模型。

这是人们最熟悉也最常用的一种描述形式，其主要表达方式有微分方程、积分方程、传递函数和状态空间表达式等。

(2) 规则模型。

这种模型特别适用于描述过程的因果关系和非解析的映射关系等。它的基本形式为：

if （条件） then （结论或操作）

这种描述形式具有较高的灵活性，可方便对规则加以补充或修改。

(3) 模糊模型。

这种形式适用于描述定性知识，在不确定对象的准确数学模型未知而且只掌握了被控过程的一些定性知识时，用模糊数学的方法来建立系统的输入输出模糊集以及它们之间的模糊关系，是比较方便的。

(4) 离散事件模型。

这种模型适用于动态离散事件系统，同时也在复杂系统的设计和分析方面得到更多的运用。

(5) 基于模型的模型。

对于基于模型的专家系统，其知识库含有不同的模型，包括心理模型(如神经网络模型和视觉知识模型等)和物理模型，而且通常是定性模型。这种描述形式能够进行离线预计算，减少在线计算，产生简化模型使之与执行的任务逐一匹配。

此外，还有其他的描述形式，如用谓词逻辑来建立系统的因果模型、用符号矩阵来建立系统的联想记忆模型等。

总之，在专家控制器的设计过程中，应根据不同情况选择恰当的描述形式，以便更好地反映过程特性，增强系统的信息处理能力。

2）在线处理的灵巧性

在专家控制器的设计过程中，在线信息的处理与利用非常重要。在信息存储方面，针对做出控制决策有意义的特征信息进行记忆，对过时的信息则加以遗忘；在信息处理方面，应把数值计算与运算结合起来；在信息利用方面，应对各种反映过程特性的特征信息加以提取和利用，不要只参考误差和误差的一阶导数。具备处理在线信息的灵活性将提高系统的信息处理能力和决策水平。

3）控制策略的灵活性

这是设计专家控制器所应遵循的一条重要原则。当工业对象本身发生时变或存在现场干扰时，要求控制器采用不同形式的开环与闭环控制器策略，通过在线获取的信息灵活地修改控制器策略或控制器参数，以确保获得优良的控制品质。此外，专家控制器中还应设计能对异常情况进行处理的适应性策略，以增强系统的应变能力。

4）决策机构的递阶性

作为模拟人类为核心的智能控制，其控制器的设计应体现分层的原则，即根据智能水平的不同层次构成分级递阶的决策机构。正如人的神经系统是由大脑、小脑、脑干、脊髓组成的一个分层递阶决策系统一样。

5）推理与决策的实时性

实时性对于工业控制来说是非常重要的，所以对于用于工业过程的专家控制器，为了满足工业过程的实时性要求，知识库的规模不宜过大，推理机构应尽可能简单。

2. 直接专家控制系统的设计

在直接专家控制系统中，专家系统直接给出控制信号，影响被控过程。直接专家控制系统根据测量到的过程信息及知识库中的规则，导出每一采样时刻的控制信号。很明显，在这种情况下，专家系统直接包括在控制回路中，每一采样时刻必须由专家系统给出控制信号，系统方可正常运行。直接专家控制系统的专家控制器的结构如图 10.9 所示。

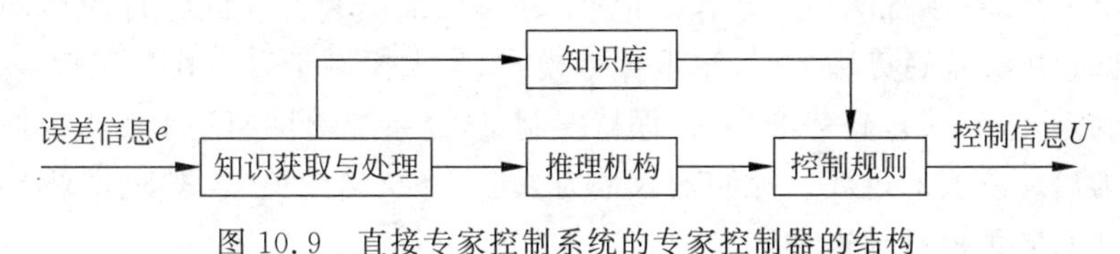

图 10.9　直接专家控制系统的专家控制器的结构

1）知识库建立

在专家控制器的设计过程中，知识的表达是一项重要的内容。一般根据工业控制的特点及实时控制要求，采用产生式规则描述过程的因果关系，并通过带有调整因子的模糊控制规则建立控制规则集。

专家控制器的基础是知识库，知识库存放过程控制的领域知识。经验数据库和学习与适应装置的功能就是根据在线获取的信息，补充或修改知识库内容，改进系统性能，以便提高问题求解能力。

直接专家控制知识模型可用如下形式表示：

$$U=f(E,K,I)$$

其中，f 为智能算子，其基本形式为

$$\text{if } E \text{ and } K \text{ then (if } O \text{ then } U)$$

其中，$E=\{e_1,e_2,\cdots,e_m\}$为控制器输入信息集，$K=\{k_1,k_2,\cdots,k_n\}$为知识库中的经验数据与事实集；$O=\{o_1,o_2,\cdots,o_p\}$为推理机构的输出集；$U=\{u_1,u_2,\cdots,u_n\}$为控制规则输出集。

智能算子 f 的基本含义是：根据输入信息和知识库中的经验数据与规则进行推理，然后根据推理结果 O，输出相应的控制行为 U。f 算子是可解析型和非解析型的结合。为使推理机构能实时地在控制空间搜索到目标，既能保证最大限度地发挥控制作用，又能避免搜索不到目标而导致“失控”，因此建立知识库时必须满足以 E 到 U 的满射。

2）控制知识的获取

控制知识（规则、事实）是从控制专家或专门操作人员的操作过程基础上概括、总结归纳而成的。

例 10.2 某个温度专家控制系统的系统误差曲线如图 10.10 所示,说明温度专家控制规则的获取过程。

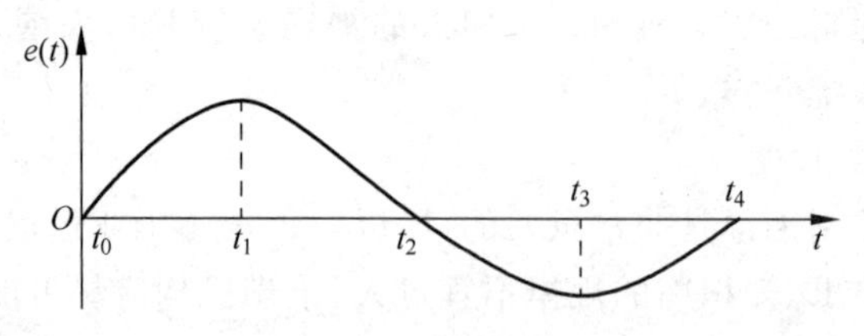

图 10.10 误差曲线

由误差曲线图可得到:

$$e(t)\Delta e(t) > 0,\quad t \in (t_0, t_1) \text{ 或 } t \in (t_2, t_3)$$

$$e(t)\Delta e(t) < 0,\quad t \in (t_1, t_2) \text{ 或 } t \in (t_3, t_4)$$

$e(t)\Delta e(t-1)<0$,在 t_1, t_3 处有极值点,$\Delta e(t)\Delta e(t-1)>0$,无极值点。

根据以上分析,在系统响应远离设定值区域时,可采用开关模式进行控制,使系统快速向设定值回归;在误差趋势增大时,采取比例模式,加大控制量以尽快校正偏差;在极值附近时减小控制量,直到误差趋势渐小时,保持控制量,靠系统惯性回到平衡点。此外,采用强比例控制作为启动阶段的过渡。控制输入量为温度曲线(给定值)与热电偶测量反馈信号,输出量为调功双向可控硅导通率。

选取$\{e(t), e(t)\Delta e(t), \Delta e(t)\Delta e(t-1)\}$作为特征量。控制规则集总结如下:

(1) if $e(t)>M_1$ then $U(t)=U_{max}$

(2) if $e(t)<-M_1$ then $U(t)=0$

(3) if $(e(t)\Delta e(t)>0)$ or $(\Delta e(t)=0$ and $e(t)\neq 0)$ and $|e(t)|\geqslant M_2$ then $U(t)=U(t-1)+K_1K_pe(t)$

(4) if $(e(t)\Delta e(t)>0)$ or $(\Delta e(t)=0$ and $e(t)\neq 0)$ and $|e(t)|<M_2$ then $U(t)=U(t-1)+K_2K_pe(t)$

(5) if $(e(t)\Delta e(t)<0)$ and $(\Delta e(t)\Delta e(t-1)>0$ or $e(t)=0)$ then $U(t)=U(t-1)$

(6) if $e(t)\Delta e(t)<0$ and $\Delta e(t)\Delta e(t-1)<0$ and $|e(t)|\geqslant M_2$ then $U(t)=U(t-1)+K_1K_2K_pe(t)$

(7) if $e(t)\Delta e(t)<0$ and $\Delta e(t)\Delta e(t-1)<0$ and $|e(t)|<M_2$ then $U(t)=U(t-1)+K_2K_pe(t)$

(8) if $M_1<e(t)|<M_2$ then $U(t)=K_3e(t)$

其中,M_1, M_2 为误差界限,K_p, K_3 为比例增益,K_1, K_2 为增益系数。

3) 推理方法的选用

实验表明,推理机制的类型与推理速度是密切相关的,而推理类型的选择又与规则库中的知识结构有关。在实时控制中,必须要在有限的采样周期内将控制信号确定出来。直接专家控制系统可以采用一种逐步改善控制信号精度的推理方式。逐步推理是把专家知识分成一些知识层,不同的知识层用于求解不同精度的解,这样就可以随着知识层的深入而逐步改善问题的解。对于简单的知识结构,可采用以数据驱动的正向推理方法,逐次判别各规则的条件,若满足条件则执行该规则,否则继续搜索。

直接专家控制系统一般用于高度非线性或过程描述困难的场合，传统控制器设计方法在这些场合很难适用。必须指出，直接专家控制系统目前还缺乏一些分析性能的方法，如控制回路的稳定性、一致性分析等。但只要通过基于监控专家系统的严密监控，具有可接受的控制性能和一定学习能力的直接专家控制系统是可以实现的。

3. 间接专家控制系统的设计

基于知识控制器既包含算法又包含逻辑，在这种情况下，系统自然可以按算法和逻辑分离进行构造。系统的最底层可能是简单的 PID、Fuzzy 等算法，然后将这种算法配上自校正、增益自动调度以及监控等。系统根据一些用规则实现的启发性知识，使不同功能算法都能正常运行。这种专家控制系统的最大特点是专家系统间接地对控制信号起作用，我们把这种专家控制系统称为间接专家控制系统。

在间接专家控制系统中，各种高层决策的控制知识和经验被用来间接地控制生产过程或调节被控对象，常规的控制器或调节器受到一个模拟控制工程师智能的专家系统的指导、协调或监督。专家系统技术与常规控制技术的结合可以非常紧密，两者共同作用方能完成优化控制规律、适应环境变化的功能；专家系统的技术也可以用来管理、组织若干常规控制器，为设计人员或操作人员提供辅助决策作用。一般认为，紧密型的间接式专家控制研究具有典型的意义。

典型的间接专家系统的框图如图 10.11 所示。

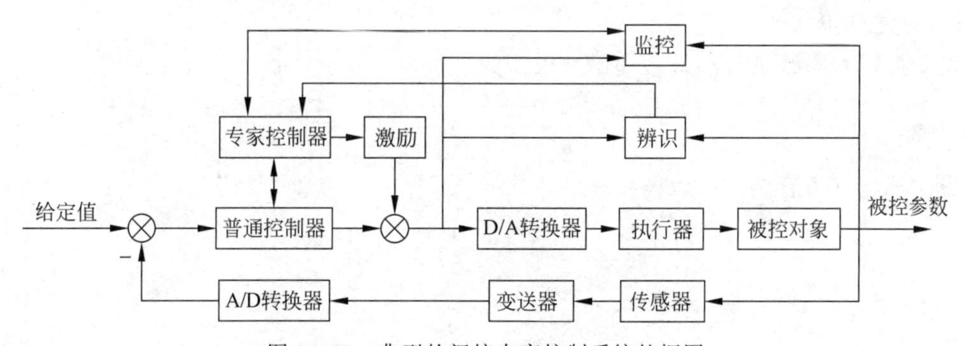

图 10.11 典型的间接专家控制系统的框图

图 10.11 中所示的系统的控制器由一系列的控制算法和估计算法组成，如 PID、PID 校正器、最小二乘递推估计算法、极点配置自校正算法、模型参考自适应算法、Fuzzy 算法等。专家控制器可以用来协调所有算法，根据现场过程响应情况和环境条件，利用知识库中的专家经验规则，决定什么时候使用什么参数启动什么算法。它也可以是一个调参专家，根据知识库中的专家规则，调整 PID 参数及增益等。它还可以调整控制器的结构。系统还可以有监控和分析算法以及改善系统可辨识性的信号生成算法。系统工作时犹如有一个有经验的专家在其结构中，它既可以自如地调度系统，又可回答用户的有关询问。间接专家系统结构形式越来越多，使用范围也越来越广，下面仅介绍一种有代表性的系统——实时专家智能 PID 控制系统。

实时专家智能 PID 控制系统是一种采用知识表达技术建立知识模型和知识库、利用知识推理制定控制决策、知识模型与常规 PID 控制理论的数学模型相结合，模仿专家的智能行为，制定有效的控制策略的智能控制器。这种控制器对环境的变化有较强的自适应性和鲁棒性。

1) 专家系统 PID 控制结构的设计

用专家系统实现智能 PND 控制的过程,实际上是模拟操作人员调节 PID 参数的判断和决策过程,是将数字 PID 控制方法与专家系统融合起来,从模仿人整定参数的推理决策入手,以经典 Ziegler-Nichols 和现代最优控制整定规则为基础,利用实时控制信息和系统输出信息,将其归纳为一系列整定规则,并把整定过程分成预整定和自整定两部分。预整定运用于系统初始投入运行且无法给出 PID 初始参数的场合;自整定运用于系统正常运行时,不必再辨识对象特性和控制参数,只需随对象特性的变化而进行迭代优化的场合。

按上述设计思想,可以把整个系统分成二级控制,由推理机、知识库、数据库、模式识别、辨识过程特性、实时控制部分组成。

整个系统的工作过程是:系统采集输入输出信息并传递给知识库、推理机根据知识库所得信息计算出实际性能指标,并与期望的指标相比较,判断是否需要整定,若需要整定,则推理机构根据采集的信息判断对象的类型,告知知识库启用相应的参数整定算法,计算出新的 PID 参数后投入控制,使控制性能向期望的迫近。

2) 知识模型和知识库的建立

(1) PID 参数的预整定算法。

参数预整定是基于对象动态特性的辨识,估测对象的数学模型,在某种指标下,得到参数 K_P、T_I、T_D,以此作为专家系统投入运行的初始参数。对预整定,采用改进的 Ziegler-Nichols 算法如下。

设受控过程参数估计离散传递函数模型为

$$G(z^{-1})=\frac{Y(z)}{U(z)}=\frac{b_1z^{-1}+b_2z^{-2}+\cdots+b_mz^{-m}}{1+a_1z^{-1}+\cdots+a_mz^{-m}}z^{-d}\triangleq\frac{B(z^{-1})}{A(z^{-1})}z^{-d}$$

设闭环特征方程为

$$D(z^{-1})=1+K_P\frac{B(z^{-1})}{A(z^{-1})}z^{-d}=0$$

即

$$A(z^{-1})+K_PB(z^{-1})z^{-d}=0$$

两边同乘以 z^{m+d} 得

$$D(z^{-1})=z^{m+d}+c_{m+d-1}z^{m+d-1}+\cdots+c_1z+c_0=0$$

式中 $c_i=(a_{m+d-i}+K_Pb_{m-i}),i=0,1,2,\cdots,m+d-1$。

根据根轨迹共轭复数极点与单位圆的交点即为临界振荡点,解下列方程

$$\det(x-y)=0$$

其中

$$y_{m+d-1}=\begin{bmatrix}0&0&\cdots&c_0\\0&\vdots&\vdots&c_1\\\vdots&\vdots&\ddots&\vdots\\c_0&c_1&\cdots&c_{m+d-1}\end{bmatrix}$$

$$x_{m+d-1}=\begin{bmatrix}1 & c_{m+d-1} & \cdots & c_3 & c_2\\ 0 & 1 & \cdots & \cdots & c_3\\ \vdots & \vdots & \ddots & \vdots & \vdots\\ 0 & 0 & \cdots & 1 & c_{m+d-1}\\ 0 & 0 & \cdots & 0 & 1\end{bmatrix}$$

由方程 $\det(x-y)=0$,找出所有解中最小正值,该最小值即为闭环振荡的临界增益 K_c,可求出对应的复数解 $z_c=x_c+jy_c$。根据 Z 变换的定义 $z^{Ts}=e^T(\delta+j\omega)$ 在稳定极限振荡情况下 $\delta=0$,则

$$z=e^{j\omega T}=\cos\omega T+j\sin\omega T$$

与复数解 z 比较可得临界振荡频率为

$$\omega_c=\frac{1}{T}\arctan\frac{Y_c}{Z_c}$$

相应的临界振荡周期为

$$T_c=\frac{2\pi}{\omega_c}=\frac{2\pi T}{\arctan\dfrac{Y_c}{X_c}}$$

得出的临界增益 K_c 和临界周期 T_c 作为调节器的初始预整定值,至此得到一组预整定参数,如表 10.4 所示。

表 10.4 预整定参数

控制方案	K_P	T_I	T_D
PI	$0.45K_c$	$0.85T_c$	
PID	$0.6K_c$	$0.5T_c$	$0.12T_c$

(2) 实时控制规则和参数调整规则的建立。

数学模型与知识模型的结合是构成专家智能 PID 控制的基础,正确处理控制模态的选择与决策推理之间关系是实现理想智能控制的关键。因此,我们根据长期以来人们在 PID 控制应用积累的控制理论和经验知识,为专家智能控制系统的知识库构造出一种广义知识模型(数学模型+知识模型),归纳出控制规则集和参数自校正规则集,以建立起知识库。

归纳出如下控制规则:

$$\{e(t)>M_1R\}\rightarrow u(t)=u_{\max}$$

$$\{e(t)\leqslant -M_1R\}\rightarrow u(t)=u_{\min}$$

$$\{(-R<e(t)<R)\cap(e(t)\dot{e}(t)<0)\cap(|e(t)/\dot{e}(t)|>a_1)\}\rightarrow$$
$$u(t)=u(t-1)+K_P(t)e(t)$$

$$\{(M_2<|e(t)|\leqslant M_3)\cap(e(t)\dot{e}(t)<0)\}\rightarrow\begin{bmatrix}K_P(t)=0.45K_c\\ T_I(t)=0.85T_c\\ T_D(t)=0.12T_c\end{bmatrix}$$

$$\{(M_3<|e(t)|\leqslant M_4)\cap(e(t)\dot{e}(t)<0)\}\rightarrow\begin{bmatrix}K_P(t)=0.6K_c\\ T_I(t)=T_I(t-1)\\ T_D(t)=T_D(t-1)\end{bmatrix}$$

$$\{(|e(t)|<M_5)\cap(|e(t)-e(t-1)|<\varepsilon_1)\}\rightarrow\begin{bmatrix}K_P(t)=0.89K_P(t-1)\\T_I(t)=T_I(t-1)\\T_D(t)=T_D(t-1)\end{bmatrix}$$

$$\{(|e(t)|\leqslant M_5)\cap(|e(t)-e(t-1)|>\varepsilon_1)\}\rightarrow\begin{bmatrix}K_P(t)=0.35K_P(t-1)\\T_I(t)=0.5T_I(t-1)\\T_D(t)=T_D(t-1)\end{bmatrix}$$

$$\{(|e(t)|<M_6)\cap(|e(t)-e(t-1)|<\varepsilon_2)\}\rightarrow\begin{bmatrix}K_P(t)=K_P(t-1)\\T_I(t)=0.5T_I(t-1)\\T_D(t)=T_D(t-1)\end{bmatrix}$$

$$\{(|e(t)|\leqslant M_6)\cap(|e(t)-e(t-1)|<\varepsilon_2)\}\rightarrow\begin{bmatrix}K_P(t)=K_P(t-1)\\T_I(t)=0.85T_I(t-1)\\T_D(t)=T_D(t-1)\end{bmatrix}$$

$$\{(|e(t)|>M_6)\cap(|e(t)|>|e(t-1)|)\}\rightarrow\begin{bmatrix}K_P(t)=K_P(t-1)\\T_I(t)=0.2T_I(t-1)\\T_D(t)=0.12T_D(t-1)\end{bmatrix}$$

$$\{(-R<e(t)\leqslant R)\cap(e(t)\dot{e}(t)<0)\cap(b_1>|e(t)/\dot{e}(t)|)\}\rightarrow u(t)=\mathrm{PI}(K_P(t),T_I(t))$$

$$\{(-R<e(t)<R)\cap(e(t)\dot{e}(t)>0)\}\rightarrow u(t)=\mathrm{PID}(K_P(t),T_I(t),T_D(t))$$

$$\{(|\dot{e}(t)|<a_1)\cap(|\dot{e}(t)|<\varepsilon_1)\}\rightarrow u(t)=u(t-1)+K_P(t)e(t)+T_I(t)\sum_{j=1}^{i}e_j(t)$$

$$\{((u(t-1)>u_{\max})\cup(u(t-1)<u_{\min}))\cap(e(t)<0)\}\rightarrow u(t)=\mathrm{PD}(K_P(t),T_D(t))$$

$$\{(u(t-1)>u_{\max})\cap(e(t)>0)\cup(u(t-1)<u_{\min})\cap(e(t)<0)\}\rightarrow$$

$$u(t)=u(t-1)+K_P(t)e(t)+T_I(t)\sum_{j=1}^{i}e_j(t)+T_D(t)\dot{e}(t)$$

其中,$e(t)$表示系统误差,$\dot{e}(t)$表示误差变化率,对于常数R,$M_1\sim M_6$,ε_1,ε_2,$a_1\sim a_3$,$b_1\sim b_3$及参数均根据要求的性能指标和专家理论知识与经验确定,并在调试过程中修改,以达到期望值。

(3) 推理机控制策略。

本系统在线运行时是采取正向推理,它从原始数据出发向控制目标方向推理,系统首先采集信息模式识别预处理器和知识库提供的一组前提条件事实,然后搜索知识库中与此前提条件相匹配的控制规则,若匹配成功,并是状态目标,则完成该规则结论的一系列控制动作;若不匹配则继续搜索可以匹配的规则,直到达到目标状态为止。

10.3 神经网络控制系统设计

神经网络控制是20世纪80年代以来,在人工神经网络(Artificial Neural Networks,ANN)研究取得的突破性进展基础上发展起来的自动控制领域的前沿学科之一。它是智能控制的一个新的分支，为解决复杂的非线性、不确定、不确知系统的控制问题开辟了一条新的途径。

10.3.1 神经网络的模型与算法

1. 感知器网络

感知器(Perceptron)网络是早期仿生学的研究成果，是罗森布拉特(Rosenblatt)首先提出的一种神经网络模型。早期的研究人员试图用感知器模拟人脑的感知特征，但后来发现感知器的学习能力有很大的局限性，以致曾经有人对它的感知能力和应用前景得出了十分悲观的结论。尽管如此，这种神经网络模型的出现对早期神经网络的研究以及对后来许多神经网络模型的出现，产生了极大的影响。它仍然是一种很有用的神经网络模型。

人眼睛的视网膜由排成矩阵的光传感元件组成，这些传感元件的输出连接到一些神经元。当输入达到一定水平或有一定类型的输入产生时，神经元就给出输出。感知器的基本思想就在于此，即当输入的活动超过一定的内部阈值时，神经元被激活，当输入具有一定的特点时，触发速率也增加。

感知器实际上是一个两层网络，输入层只是一个缓冲层，它的作用是将呈矩阵排列的传感器的输入反射成线性排列，可以用线性或非线性的传递函数来调整输入。

第二层由一组“特征检测器”或“特征单元”组成，它们与输入层可以充分连接，也可以随机连接，这些单元采用线性阈值传递函数。

输出层含有模式识别器，也采用线性阈值传递函数。权重在输入层与特征单元层是固定的，但输出层权重是可“训练”的。

如果中间层的传递函数是线性的，则很容易看出这一层是多余的。

感知器采用有教师示教的学习算法，即用来学习的样本模式的类别是已知的，而且各模式类的样本具有充分的代表性。当依次输入学习样本时，网络以迭代方式根据神经元的实际输出与期望输出的差别对权值进行修正，最终得到希望的权值。具体算法如下：

(1) 设置初始权值 $w_{ji}(m)$。通常，各权值的初始值设置为较小的非零随机数。

(2) 输入新的模式。

(3) 计算神经元的实际输出。设第 k 次输入的模式为 x_k，与第 j 个神经元连接的权矢量为 $w_j(k)=(w_{j1},w_{j2},\cdots,w_{jn+1})^{\mathrm{T}}$，则第 j 个神经元的实际输出为

$$y_j=f\left(\sum_{i=1}^{n+1}w_{ji}x_i\right)$$

式中 f 为双极值阶跃函数，且

$$f(x)=\begin{cases}+1 & x>0\\ -1 & x\geqslant 0\end{cases}$$

(4) 修正权值。设 b_j 为第 j 个神经元的期望输出，则权值按下式修正

$$w_j(k+1)=w_j(k)+\rho[b_j-y_j(k)]x_k$$

(5) 转到(2)。

当全部学习样本都能利用某一次迭代得到的权值正确分类时，学习过程结束。可以证明，当模式类线性可分时，上述算法在有限次迭代后收敛。权矢量的修正量与输入模式 x_k

成正比,比例因子为$\rho[b_j-y_j(k)]$。若ρ的取值太大,则算法可能出现振荡;若ρ的取值太小,则收敛速度会很慢。

2. 多阶层网络与误差逆传播算法

感知器的发明,曾使神经网络的研究迈出了历史性的一步。但是正如前面所述,尽管感知器具有很出色的学习和记忆功能,可由于它只适用于线性模式的识别,因此对非线性模式的识别显得无能为力,甚至不能解决"异或"这样简单的非线性运算问题。虽然人们当时已发现,造成感知器这种缺陷的主要原因是网络无隐含层作为输入模式的"内部表示",并做了在输入层和输出层之间增加一层或多层隐单元的尝试,但是当时还找不到一个适用于多层网络的行之有效的学习规则,甚至对是否存在这样一条规则抱有怀疑。因此,人们对神经网络的发展前途产生了动摇。尽管如此,神经网络本身那种"无穷奥秘"的魅力,仍然吸引着一些致力于这一领域研究的学者。"有志者事竟成",有的研究者另辟蹊径,撇开"阶层"概念,创造出无阶层的全连接型神经元网络,并提出可识别非线性模式的学习规则,其中最著名的就是 Hopfield 神经网络。而另一些研究者通过艰苦的探索和努力,终于在阶层型神经网络的研究中,打开了一条希望的通路,这就是目前应用最广,其基本思想最直观、最容易理解的多阶层神经网络及误差逆传播学习算法,有时也将按这一学习算法进行训练的多阶层神经网络直接称为误差逆传播神经网络,简称 BP 算法。

误差逆传播神经网络是一种具有三层或三层以上的阶层型神经网络。上下层之间各神经元实现全连接,即下层的每个单元与上层的每个单元都实现全连接,而每层各神经元之间无连接。网络按有教师示教的方式进行学习,对学习模式提供给网络神经元的激活值,从输入层经各中间层向输出层传播,在输出层各神经元获得网络的输入响应。在这之后,按减小希望输出与实际输出误差的方向,从输出层经各中间层逐层修正各连接权,最后到输入层,故得名"误差逆传播算法"。随着这种误差逆传播修正的不断进行,网络对输入模式响应的正确率也不断上升。

由于误差逆传播网络及其算法增加了中间隐含层并有相应学习规则可循,因此,使其具有对非线性模式的识别能力。特别是其数学意义明确、步骤分明的学习算法,更使其具有广泛的应用前景。

1) 误差逆传播神经网络(BP)的结构与学习规则

典型的 BP 网络是三层前馈阶层网络,即输入层、隐含层(也称中间层)和输出层。各层之间实行全连接,如图 10.12 所示。

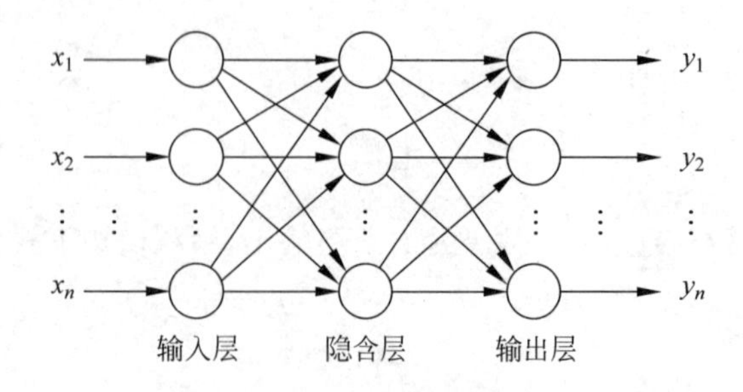

图 10.12 典型 BP 网络模型结构

BP 网络的学习,由四个过程组成：输入模式由输入层经隐含层向输出层的“模式顺传播”过程；网络的希望输出与网络实际输出之差的误差信号由输出层经隐含层向输入层逐层修正连接权的“误差逆传播”过程；由“模式顺传播”与“误差逆传播”的反复交替进行的网络“记忆训练”过程；网络趋向收敛即网络的全局误差趋向极小值的“学习收敛”过程。归结起来为“模式顺传播”→“误差逆传播”→“记忆训练”→“学习收敛”的过程。BP 网络的学习方法也称为广义 δ 规则。

(1) 模式顺传播。

模式顺传播过程是由输入模式提供给网络的输入层开始的输入层各个单元对应于输入模式向量的各个元素。设输入模式向量为 $\boldsymbol{X}_k=(x_1,x_2,\cdots,x_n)$，$k=1,2,\cdots,m$，$m$ 为学习模式个数；输入层单元到隐含层单元的连接权为 v_{hi}，$h=1,2,\cdots,n$，$i=1,2,\cdots,p$；隐含层单元到输出层单元的连接权为 w_{ij}，$i=1,2,\cdots,p$，$j=1,2,\cdots,q$；Q_i 是隐含层单元的阈值，$i=1,2,\cdots p$。

将 $\boldsymbol{X}_k$ 的值送到输入层单元,通过连接权矩阵 $\mathbf{V}$ 送到隐含层单元,产生隐含层单元新的激活值

$$b_i=f\left(\sum_{h=1}^{n}v_{hi}x_h+\theta_i\right)\quad i=1,2,\cdots,p$$

式中 $f(x)=(1+\mathrm{e}^{-x})^{-1}$。

为模拟生物神经元的非线性特性,以 S 函数为神经元的传递函数,计算中间各层单元的输出。S 函数与阶跃函数相比,从形式上看具有“柔软性”；从生理学角度看,一个人对远远低于或高于他智力和知识水平的问题,往往很难产生强烈的思维反应；从数学角度看,S 函数具有可微分性。正是因为 S 函数更接近于生物神经元的信号输出形式,所以选用 S 函数作为 BP 网络的输出函数。同时 BP 学习规则本身也要求网络的输入输出函数是可微分的。S 函数不但具有可微分性,而且具有饱和非线性特性,这又增强了网络的非线性映射能力。

按模式顺传播的思路,计算输出层各单元的输入输出。

$$c_j=f\left(\sum_{i=1}^{p}w_{ij}b_i-r_j\right)\quad j=1,2,\cdots,q$$

式中 w_{ij} 为中间层至输出层的连接权；r_i 为输出层单元阈值；f 为 S 函数。至此,一个输入模式完成了一遍顺传播过程。

(2) 误差逆传播。

误差逆传播的第一步是进行误差计算。误差逆传播过程是由输出层的误差 d_i 向中间层的误差 d_i 传递的过程。

① 计算输出层单元的一般化误差。

$$d_j=c_j(1-c_j)(c_j^k-c_j)\quad j=1,2,\cdots,q$$

式中 c_j^k 为输出层单元 j 的希望输出。

② 计算隐含层单元对于每个 d_i 的误差

$$e_i=b_i(1-b_i)\sum_{j=1}^{q}w_{ij}d_j\quad i=1,2,\cdots,p$$

上式相当于将输出层单元的误差反向传播到隐含层。

③ 调整隐含层到输出层的连接权

$$\Delta w_{ij}=\lambda b_i d_j \quad i=1,2,\cdots,p;\ j=1,2,\cdots,q$$

式中 λ 为学习率,$0<\lambda<1$。

④ 调整输入层到隐含层的连接权

$$\Delta v_{hi}-\beta x_h e_i \quad h=1,2,\cdots,n;\ i=1,2,\cdots,p;\ 0<\beta<1$$

⑤ 调整输出层单元的阈值

$$r_j=\lambda d_j \quad j=1,2,\cdots,q$$

⑥ 调整隐含层单元的阈值

$$\Delta\theta_i=\beta e_i \quad i=1,2,\cdots,p$$

(3) 记忆训练。

所谓记忆训练,是指反复学习的过程,也就是根据教师示教的希望输出与网络实际输出的误差调整连接权的过程。希望输出实际上是对输入模式分类的一种表示,是人为设定的,所以因人而异。随着“模式顺传播”与“误差逆传播”过程的反复进行,网络的实际输出逐渐向各自所对应的希望输出逼近。

对于典型的BP网络,一组训练模式一般要经过数百次乃至几千次的学习过程,才能使网络收敛。

(4) 学习收敛。

学习或者说训练的收敛就是网络全局误差趋向于极小值的过程。在学习过程中有时会发现,当学习反复进行到一定次数以后,虽然网络的实际输出与希望输出还存在很大的误差,但无论再如何学习下去,网络全局误差的减小速度都变得十分缓慢,或者根本不再变化。这种现象就是因网络收敛于局部极小点所致。因此,BP网络的收敛过程,很可能在遇到局部极小点便被“冻结”,而无法最终收敛于全局最小点,也就无法对学习模式准确记忆。导致BP网络这一缺陷的原因是BP学习规则同Madaline算法类似,采用了按误差函数梯度下降的方向进行收敛,如图10.13所示。

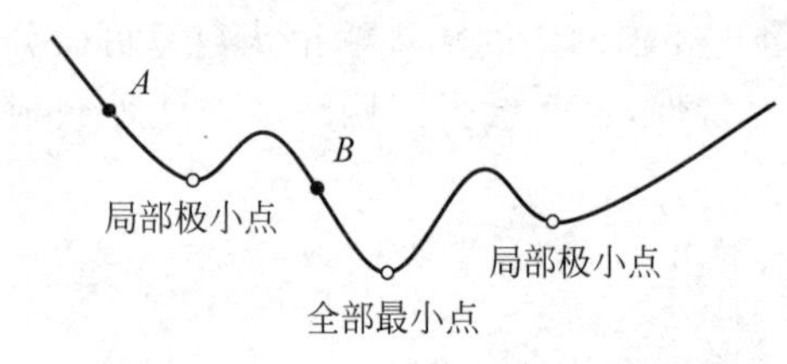

图 10.13 误差函数梯度下降示意图

梯度下降学习法,有些像高山滑雪运动员总是在寻找坡度最大的地段向下滑行。当他处于 A 点位置时,沿最大坡度路线下降,到达局部极小点,则停止滑行;如果他是从 B 点开始向下滑行,则最终他将到达全局最小点。由此可知,BP网络的收敛依赖于学习模式的初始位置。适当改变BP网络中间层的单元个数,或给每个连接权加上一个很小的随机数,都有可能使收敛过程避开局部极小点。但是保证网络收敛于全局最小点的有效办法是随机学习算法。

2) 网络学习算法的改进

BP网络的一个严重缺点是收敛太慢,它影响了该网络在许多方面的实际应用。为此,许多人对BP网络的学习算法进行了广泛的研究,提出了许多改进的算法。

(1) 引入动量项。

上述标准BP算法实质上是一种简单的最快速下降静态寻优算法,在修正 $\boldsymbol{W}(k)$ 时,只是按 k 时刻的负梯度方向进行修正,而没有考虑以前积累的经验,即以前时刻的梯度方向,

从而常常使学习过程发生振荡而收敛缓慢。为此,有人提出了如下的改进算法

$$\boldsymbol{W}(k+1)=\boldsymbol{W}(k)+\alpha[(1-\eta)\boldsymbol{D}(k)+\eta\boldsymbol{D}(k-1)]$$

式中$\boldsymbol{W}(k)$既可表示单个的连接权系数,也可表示连接权向量(其元素为连接权系数);$\boldsymbol{D}(k)=-\partial\boldsymbol{E}/\partial\boldsymbol{W}(k)$为$k$时刻的负梯度;$\boldsymbol{D}(k-1)$为$k-1$时刻的负梯度;$\alpha>0$为学习率;$\eta$为动量项因子,$0\leqslant\eta<1$。

该方法所加入的动量项实质上相当于阻尼项,它减少了学习过程的振荡,改善了收敛性,这是目前应用比较广泛的一种改进算法。

(2) 变步长法。

一阶梯度法寻优收敛较慢的一个重要原因是α不好选择。若选得太小,则收敛太慢;若选得太大,则有可能修正得过头,导致振荡甚至发散。下面给出的这个变步长法即是针对这个问题而提出的。算法为

$$\begin{aligned}&\boldsymbol{W}(k+1)=\boldsymbol{W}(k)+\alpha(k)\boldsymbol{D}(k)\\&\alpha(k)=2^{\lambda}\alpha(k-1)\\&\lambda=\operatorname{sgn}[\boldsymbol{D}(k)\boldsymbol{D}(k-1)]\end{aligned}$$

这里$\boldsymbol{W}(k)$表示某个连接权系数。上面的算法说明,当连续两次迭代其梯度方向相同时,表明下降太慢,这时可使步长加倍;当连续两次迭代其梯度方向相反时,表明下降过头,这时可使步长减半。当需要引入动量项时,上述算法的第二项可修改如下:

$$\boldsymbol{W}(k+1)=\boldsymbol{W}(k)+\alpha(k)[(1-\eta)\boldsymbol{D}(k)+\eta\boldsymbol{D}(k-1)]$$

10.3.2 神经网络控制系统的设计

神经网络用于控制,主要是为了解决复杂的非线性、不确定、不确知系统的控制问题。由于神经网络具有模拟人的部分智能的特性(主要是具有学习能力和自适应性),使神经网络控制能对变化的环境具有自适应性,且成为基本上不依赖于模型的一类控制。因此,神经网络控制已成为“智能控制”的一个新的分支。

1. 神经自校正控制

自校正控制是一种由辨识器将对象参数进行在线估计,用调节器(或控制器)实现参数的自动整定相结合的自适应控制技术,可用于结构已知而参数未知但恒定的随机系统,也可用于结构已知而参数缓慢时变的随机系统。但传统的自校正控制,是将被控对象用线性或线性化模型进行辨识,对于复杂的非线性系统的自校正控制,则难以实现,因此,具有一定的局限性。

1) 神经自校正控制结构

神经自校正控制结构如图10.14所示,它由如下两个回路组成:

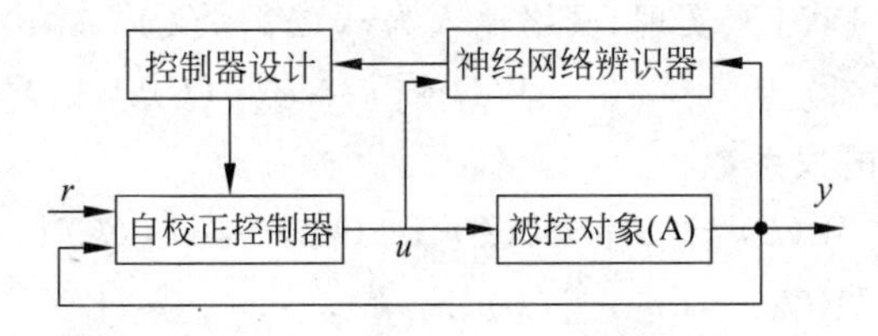

图10.14 神经自校正控制框图

(1) 自校正控制器与被控对象构成的反馈回路;

(2) 神经网络辨识器与控制器设计构成的回路,以得到控制器的参数。

神经网络可见辨识器与自校正控制器的在线设计,是自校正控制实现的关键。

设被控对象为

$$y(k+1)=g[y(k),\cdots,y(k-n+1);u(k),\cdots,u(k-m+1)]+$$
$$\varphi[y(k),\cdots,y(k-n+1);u(k),\cdots,u(k-m+1)]u(k) \quad n\geqslant m$$

式中,u、y 分别为对象的输入和输出,r 为控制系统的输入,$g[\cdot]$、$\varphi[\cdot]$为非零函数。

若 $g[\cdot]$、$\varphi[\cdot]$已知,根据“确定性等价原则”,控制器的控制算法为

$$u(k)=\frac{r(k+1)-g[\cdot]}{\varphi[\cdot]}$$

此时,控制系统的输出 $y(k)$能精确地跟踪输入 $r(k)$。

若 $g[\cdot]$、$\varphi[\cdot]$未知,则通过在线训练神经网络辨识器,使其逐渐逼近被控对象,此时,由神经网络辨识器的 $Ng[\cdot]$、$N\varphi[\cdot]$代替 $g[\cdot]$、$\varphi[\cdot]$,则控制器的输出为

$$u(k)=\frac{r(k+1)-Ng[\cdot]}{N\varphi[\cdot]}$$

式中,$Ng[\cdot]$、$N\varphi[\cdot]$分别为组成辨识器的非线性动态神经网络。

2) 神经网络辨识器

为使问题简化,考虑如下一阶被控对象:

$$y(k+1)=g[y(k)]+\varphi[y(k)]u(k)$$

神经网络辨识器如图 10.15 所示。

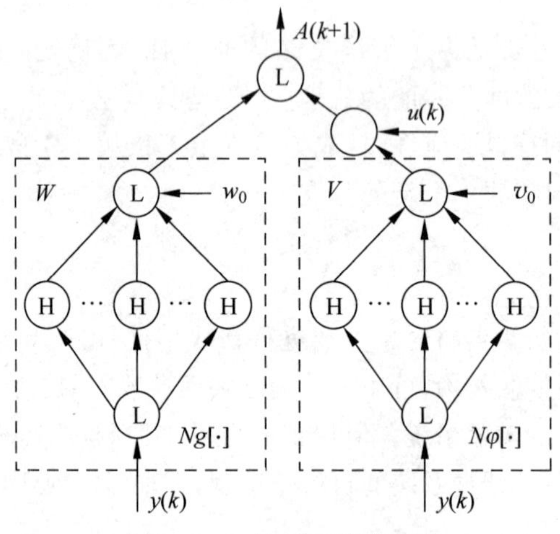

图 10.15 神经网络辨识器

由两个三层非线性 DNTT 实现,网络输入为$\{y(k),u(k)\}$,输出为

$$A(k+1)=Ng[y(k);W(k)]+N\varphi[y(k);V(k)]u(k)$$

式中,W、V 为两个网络的权系数。

$$W(k)=[w_0,w_1(k),w_2(k),\cdots,w_{2p}(k)]$$
$$V(k)=[v_0,v_1(k),v_2(k),\cdots,v_{2p}(k)]$$

其中,p 为隐层非线性节点数;$w_0=Ng[0,W]$;$v_0=N\varphi[0,V]$。

图 10.15 中,Ⓛ为线性节点;Ⓗ为非线性节点,每一网络各为 p 个,所用非线性作用函数为

$$f(x)=\frac{e^{x}-e^{-x}}{e^{x}+e^{-x}}$$

则控制系统的输出为

$$y(k+1)=g[y(k)]+\varphi[y(k)]\left\{\frac{r(k+1)-Ng[\cdot]}{N\varphi[\cdot]}\right\}$$

可见,只有当 $Ng[\cdot]\to g[\cdot]$ 与 $N\varphi[\cdot]\to\varphi[\cdot]$ 时,才能使 $y(k)\to r(k)$。

设准则函数为

$$E(k)=\frac{1}{2}[r(k+1)-y(k+1)]^{2}=\frac{1}{2}e^{2}(k+1)$$

神经网络辨识的训练过程,即权系的调整过程为

$$W(k+1)=W(k)+\Delta W(k)$$
$$V(k+1)=V(k)+\Delta V(k)$$

用 BP 学习算法

$$\Delta w_i(k)=-\eta_w\frac{\partial E(k)}{\partial w_i(k)}=-\eta_w\frac{\varphi[y(k)]}{N\varphi[y(k)]}\left\{\frac{\partial Ng[y(k);W(k)]}{\partial w_i(k)}\right\}e(k+1)$$

$$\Delta v_i(k)=-\eta_v\frac{\partial E(k)}{\partial v_i(k)}=-\eta_v\frac{\varphi[y(k)]}{N\varphi[y(k)]}\left\{\frac{\partial N\varphi[y(k);V(k)]}{\partial v_i(k)}\right\}e(k+1)u(k)$$

则

$$w_i(k+1)=w_i(k)-\eta_w\frac{\mathrm{sgn}\{\varphi[y(k)]\}}{N\varphi[y(k)]}\left\{\frac{\partial Ng[y(k);W(k)]}{\partial w_i(k)}\right\}e(k+1)$$

$$v_i(k+1)=v_i(k)-\eta_v\frac{\mathrm{sgn}\{\varphi[y(k)]\}}{N\varphi[y(k)]}\left\{\frac{\partial N\varphi[y(k);V(k)]}{\partial v_i(k)}\right\}e(k+1)u(k)$$

式中,$\eta_w>0$ 和 $\eta_v>0$,它们决定着神经网络辨识器收敛于被控对象的速度。

以上所描述的非线性被控对象的神经自校正控制系统如图 10.16 所示。

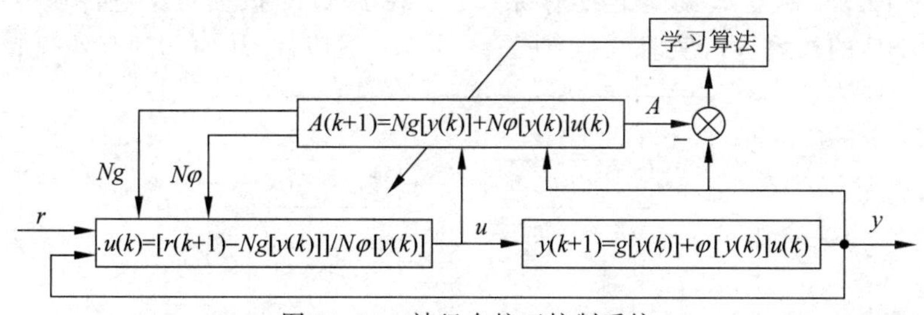

图 10.16 神经自校正控制系统

例 10.3 被控对象具有非线性时变特性,仿真模型为

$$\begin{cases}y(k+1)=0.8\sin(y(k))+1.2u(k) & 0<k<200\\ y(k+1)=0.8\sin(y(k))+y(k)/7+1.2u(k) & k\geqslant 200\end{cases}$$

系统输入为

$$\begin{cases}r(k)=1 & 0<k<100,k\geqslant 300\\ r(k)=-1 & 100\leqslant k<300\end{cases}$$

作用于被控对象的扰动为

$$\begin{cases} v(k)=0.04 & k=50 \\ v(k)=0 & k\neq 50 \end{cases}$$

则神经网络辨识器的模型为

$$A(k+1)=Ng[y(k);W(k)]+1.2u(k)$$

选非线性作用函数为

$$f(x)=\frac{1-\mathrm{e}^{-x}}{1+\mathrm{e}^{-x}}$$

权值调整算法为

$$W(k+1)=W(k)-\eta\frac{\partial E(k)}{\partial W(k)}+\beta[W(k)-W(k-1)]$$

设隐含层节点的输出 $o(k)$,输入至隐含层、隐含层至输出连接权分别为${}^1W$、${}^2W$,则有

$$^2w_i(k+1)={}^2w_i(k)+\eta e(k+1)o_i(k)+\beta[{}^2w_i(k)-{}^2w_i(k-1)]$$

$$^1w_i(k+1)={}^1w_i(k)+\eta e(k+1)f'[x_i(k)][{}^2w_i(k)]y(k)+$$
$$\beta[{}^1w_i(k)-{}^1w_i(k-1)]$$

经反复设计,仿真检验,最终取$-0.03\leqslant{}^1w_i(0),{}^2w_i(0)\leqslant0.03$ 的随机数,$w_0=0,\eta=0.5$,$\beta=0.4$。

2. 神经 PID 控制

PID 控制是工业过程控制中最常用的一种控制方法,这是因为 PID 控制器结构简单、实现容易,且能对相当一些工业对象(或过程)进行有效的控制。但常规 PID 控制的局限性在于:当被控对象具有复杂的非线性特性时,难以建立精确的数学模型,且由于对象和环境的不确定性,往往难以达到满意的控制效果。神经 PID 控制是针对上述问题而提出的一种控制策略。

神经 PID 控制结构如图 10.17 所示,其中有两个神经网络:NNI(系统在线辨识器)和 NNC(自适应 PID 控制器)。系统的工作原理是:在 NNI 对被控对象进行在线辨识的基础上,通过对 NNC 的权系进行实时调整,使系统具有自适应性,从而达到有效控制的目的。

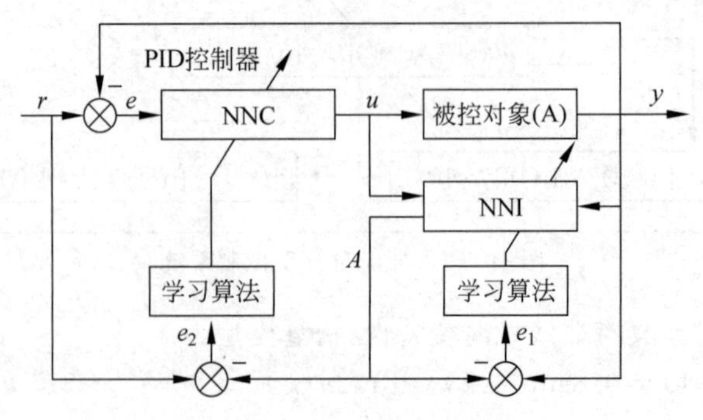

图 10.17 神经 PID 控制结构

1) 神经网络辨识器

设被控对象为

$$y(k+1)=g[y(k),\cdots,y(k-n+1),u(k),\cdots,u(k-m+1)]\quad n\geqslant m$$

$g[\cdot]$未知，由神经网络 NNI 进行在线辨识，采用串并联结构，由 DTNN 实现；网络的输入是被控对象的输入输出序列$\{u(k),y(k)\}$，NNI 中的前馈网络用多层 BP 网实现，这里设用三层。

BP 网络的输入为

$$\begin{aligned}\mathrm{IN} &= [I_1(k), I_2(k), \cdots, I_{n+m}(k)] \\ &= [y(k), \cdots, y(k-n+1), u(k), \cdots, u(k-m+1)] \quad N = n+m\end{aligned}$$

式中，$u(k) = I_{n+1}(k)$。

隐含层第 i 节点的输出为

$$o_i(k) = f[x_i(k)]$$

$$x_i(k) = \sum_{j=0}^{N} {}^1w_{ij} I_j(k) \quad j = 1,2,\cdots,N$$

式中，$I_0(k)=1$，${}^1w_{io}(k)$为阈值。

令 $u(k)=I_{n+1}(k)$至第 i 个隐节点的权为${}^1w_{iu}$。又

$$f(x) = \frac{1-\mathrm{e}^{-x}}{1+\mathrm{e}^{-x}}$$

网络的输出为

$$A(k+1) = \sum_{i=0}^{p} w_i o_i(k)$$

式中，$o_0(k)=1$，p 是隐含层节点的个数。

设准则函数为

$$E_1(k) = \frac{1}{2}[y(k+1) - A(k+1)]^2 = \frac{1}{2} e_1^2(k+1)$$

网络权值的调整算法用具有阻尼项的 BP 算法，可得

$$\Delta^2 w_i(k) = -\eta_1 \frac{\partial E_1(k)}{\partial w_i'(k)} = \eta_1 e_1(k+1) o_i(k) + \beta \Delta^2 w_i(k)$$

$$\Delta^1 w_{ij}(k) = -\eta_1 e_1(k+1) f'[x_i(k)][{}^2w_i(k)] I_j(k) + \beta \Delta^1 w_{ij}(k)$$

式中

$$\Delta^2 w_i(k) = {}^2w_i(k) - {}^2w_i(k-1)$$

$$\Delta^1 w_{ij}(k) = {}^1w_{ij}(k) - {}^1w_{ij}(k-1)$$

2）神经 PID 控制器

设控制系统的输入、输出采样序列为 $r(k)$、$y(k)$，PID 控制的基本算式为

$$u(k) = k_{\mathrm{P}} e(k) + k_{\mathrm{I}} \sum_{j=0}^{k} e(j) + k_{\mathrm{D}}[e(k) - e(k-1)]$$

式中，$u(k)$为控制器的输出；$e(k)=r(k)-y(k)$为系统误差；k_{P}、k_{I}、k_{D} 分别为比例、积分、微分系数。

神经 PID 控制器，采用线性神经元(NNC)，其输入为

$$\begin{cases} c_1(k) = e(k) \\ c_2(k) = \sum_{j=0}^{k} e(j) \\ c_3(k) = e(k) = e(k-1) \end{cases}$$

输出为

$$u(k)=v_1c_1(k)+v_2c_2(k)+v_3c_3(k)$$

式中,v_1、v_2、v_3 为 NNC 的权值。

设准则函数为

$$E_2(k)=\frac{1}{2}[r(k+1)-A(k+1)]^2=\frac{1}{2}e_2^2(k+1)$$

则 NNC 网络权值调整算法用梯度下降法,为

$$\begin{aligned}\Delta v_i(k)&=-\eta_2\frac{\partial E_2(k)}{\partial v_i(k)}\\&=\eta_2e_2(k+1)\frac{\partial A(k+1)}{\partial v_i(k)}\\&=\eta_2e_2(k+1)\frac{\partial A(k+1)}{\partial u(k)}\frac{\partial u(k)}{\partial v_i(k)}\end{aligned}$$

可得

$$\frac{\partial u(k)}{\partial v_i(k)}=c_i(k)$$

代入上式,则

$$\Delta v_i(k)=\eta_2e_2(k+1)c_i\frac{\partial A(k+1)}{\partial u(k)}$$

则得到

$$\begin{aligned}\frac{\partial A(k+1)}{\partial u(k)}&=\sum\frac{\partial A(k+1)}{\partial o_i(k)}\frac{\partial o_i(k)}{\partial x_i(k)}\frac{\partial x_i(k)}{\partial u(k)}\\&=\sum{}^2w_i(k)f'[x_i(k)][{}^1w_{iu}(k)]\end{aligned}$$

例 10.4 被控对象具有非线性特性,仿真模型为

$$y(k+1)=0.8\sin(y(k))+1.2u(k)$$

神经网络辨识器模型、结构及作用函数等,与例 10.3 相同。

控制器取 PD 控制算法

$$u(k)=v_1c_1(k)+v_3c_3(k)$$

且

$$\frac{\partial A(k+1)}{\partial u(k)}=1.2$$

得到控制器的训练算法为

$$\Delta v_i(k)=1.2\eta_2e_2(k+1)c_i(k)$$

取 $\eta_1=\eta_2=0.4, v_1(0)=0.9, v_3(0)=0.2$。

习题 10

1. 什么是模糊性?试举例说明。
2. 模糊控制器由哪几部分组成?每部分的作用是什么?

3. 模糊控制器的设计包括哪些内容？

4. 专家控制系统由哪几部分组成？各部分有何作用？

5. 专家控制系统的理论基础是什么？

6. 对专家控制系统有哪些要求？应遵循哪些设计原则？

7. 专家控制系统有哪几种类型，各类型有何区别？

8. 有哪些比较有名的人工神经网络及算法？试举例介绍。

9. 考虑语言变量 hot，若定义为

$$\mu_{\text{hot}}(x)=\begin{cases}0 & 0\leqslant x<50\\ \left[1+(x-10)^{-2}\right]^{-1} & 50\leqslant x<100\end{cases}$$

试确定"Not so hot""Very hot""More or less hot"的隶属函数。

10. 对某种产品的质量进行抽查评估，现随机选出 5 个产品 x_1、x_2、x_3、x_4、x_5 进行检验，它们的质量分别为：

$$x_1=80, x_2=72, x_3=65, x_4=98, x_5=53$$

这就确定了一个模糊集合 Q，表示该组产品的"质量水平"这个模糊概念的隶属程度。试写出该模糊集。

11. 假定某个具有线性激励函数的神经网络，即对于每个神经元，其输出为常数 c 乘以其输入权值之和。

(1) 设该网络有隐含层，对于给定的权 W，写出输出层单元的输出值，此值以权 W 和输入层 I 为函数，而对隐含层的输出没有明显的叙述。试证明：存在一个不含隐含单位的网络能够计算上述函数。

(2) 对于具有任何隐含层数的网络重复上述计算，从中给出线性激励函数的结论。

计算机控制系统设计与实现

通过前面的介绍，已经掌握了计算机控制系统各部分的工作原理、硬件和软件组成以及控制算法，因而具备了设计计算机控制系统的条件。本章概略叙述系统设计的要求、特点，讨论系统设计的内容、步骤，然后通过应用实例，使读者掌握如何设计一个满足一定要求的计算机控制系统。

11.1 计算机控制系统设计原则

计算机控制系统设计是一个理论知识与工程实际相结合的综合运用过程，它不仅需要控制理论、电子技术、计算机软硬件、传感器和接口技术等方面的知识，还必须具备一定的生产工艺知识，以及工业现场实际动手调试的能力。

由于系统被控对象的不同，要求计算机实现的控制功能也不同，因此它的组成规模及构成方式也是灵活多样的，但系统设计的基本方法和主要步骤大体上是相同的，即系统总体方案设计、计算机的选择、控制算法的确定、硬件设计和软件设计。一个成功的计算机控制系统还必须在设计时考虑系统工作的可靠性。因此，计算机控制系统的抗干扰技术也是一个在设计和调试时必须解决的工程实际问题。

对于不同的控制对象，系统设计具体要求是不同的，但设计的基本要求是大体相同的。具体表现在以下方面。

1. 系统应具有优良的操作性能

操作性能好，包括两个含义，即使用方便和维修容易。这个要求对控制系统来说是很重要的，硬件和软件设计时都要考虑这个问题。在配置软件时，就应考虑配置什么样的软件才能降低对操作人员专业知识的要求。应用程序是由用户自己编制或修改的，如果应用程序采用机器语言直接编写，显然是十分麻烦的，应尽可能采用汇编语言，配上高级语言，以使用户便于掌握。在硬件配置方面，应该考虑使系统的控制开关不能太多、太复杂，而且操作顺序要简单等。

故障一旦发生，应易于排除，这是系统设计时必须考虑的。从软件角度讲，最好配置查错程序或诊断程序，以便在故障发生时用程序来查找故障发生的部位，从而缩短排除故障的时间。硬件方面，零部件的配置应便于操作人员维修。

2. 通用性好、便于扩充

一个计算机控制系统，一般可以控制多个设备和不同的过程参数，但各个设备和控制对象的要求是不同的，而且控制设备还有更新，控制对象还有增减。系统设计时应考虑能适应各种不同设备和各种不同控制对象，使系统不必大改动就能很快适应新的情况。这就要求系统的通用性要好，能灵活地进行扩充。

要使控制系统达到这样的要求，设计时必须使系统设计标准化，并尽可能采用通用的系统总线结构(如S-100、多总线等)，以便在需要扩充时，只要增加插件板就能实现。接口部件最好采用通用的LSI接口芯片，在速度允许的情况下，尽可能把接口硬件部分的操作功能用软件来实现。

系统设计时各项设计指标留有一定的余量，这也是扩充的一个条件。如CPU的工作速度、电源功率、内存容量、输入输出通道等指标，均应留有一定余量。

3. 可靠性高

可靠性高是计算机控制系统设计最重要的一个基本要求。一旦系统出现故障将造成整个生产过程的混乱，引起严重后果。因此在计算机控制系统设计时，通常应考虑后援手段，如配备常规控制装置或手动控制装置做后备。通常可直接采用多台计算机组成热备份(备份机与控制机同时工作但不介入控制，一旦主控制机有故障就切换到备份机上)或冷备份(备份机处于待工作状态，一旦主控机有故障就启动备份机投入工作)等工作方式来提高系统的可靠性。

目前生产过程控制的一个发展方向是采用集散控制系统。集散控制系统是分级分布控制方案，是以多台微处理器为核心的基本控制器分别控制各被控对象，而上一级计算机则进行监督和管理。这种分散控制的系统可使故障对整个系统的影响减至最小，从而大大提高了系统的可靠性。

除以上基本要求外，其他如系统的精度、速度、控制装置的体积、操作台合理的布置以及系统的性能价格比等，对不同的系统均有特定的要求，也应引起足够重视。

4. 实时性好

工业控制机的实时性，表现在对内部和外部的事件能及时地响应，并做出相应的处理，不丢失信息、不延误操作。计算机处理事件一般分为两类：一类是定时事件，如数据的定时采集、运算控制等；另一类是随机事件，如事故、报警等。对于定时事件，系统设置时钟，保证能及时处理。对于随机事件，系统设置中断，并根据故障的轻重缓急，预先分配中断级别，一旦事故发生，保证优先处理紧急故障。

5. 设计周期要短，价格要便宜

计算机应用技术发展迅速，各种新技术和产品不断出现，在满足精度、速度和其他性能要求的前提下，应缩短设计周期和尽可能采用价格低的元器件，以降低整个控制系统的费用。

11.2 计算机控制系统设计步骤

计算机控制系统设计虽然随控制对象、设备种类、控制方式、规模大小等而有所差异,但系统设计的基本内容和主要步骤是大体相同的。

在设计计算机控制系统之前,设计人员首先应该估计引入的必要性,应在对系统性能的改善程度、成本、可靠性、可维护性以及应用计算机前后的经济效益等进行综合考虑的基础上,决定是否采用计算机控制。

1. 研究被控对象,确定控制任务

在进行系统设计之前,首先应该调查、分析被控对象及其工作过程,熟悉其工艺流程,并根据实际应用中存在的问题提出具体的控制要求,确定所设计的系统应该完成的任务。最后,采用工艺图、时序图、控制流程等描述控制过程和控制任务,确定系统应该达到的性能指标,从而形成设计任务说明书,并经使用方的确认,作为整个控制系统设计的依据。

在这一阶段的工作中,设计人员应该解决的另一个重要问题就是通过综合分析确认是否有必要采用计算机控制,分析的内容包括采用计算机控制之后,系统性能能否改善、改善的程度、系统成本、可靠性、可维护性及经济效益等。

2. 确定系统整体方案

一般设计人员在调查、分析被控对象后,已经形成系统控制的基本思路或初步方案。一旦确定了控制任务,就应依据设计任务书的技术要求和已做过的初步方案,开展系统的总体设计。总体设计包括以下内容。

1) 确定系统的性质和结构

根据系统的任务,确定系统的性质是数据采集处理系统还是对象控制系统。如果是对象控制系统,应根据系统性能指标要求,决定采用开环控制还是闭环控制。

2) 确定执行机构方案

根据被控对象的特点,确定执行机构采用什么方案,如是采用电机驱动、液压驱动还是其他方式驱动,应对多种方案进行比较,综合考虑工作环境、性能、价格等因素择优而用。

3) 控制系统总体"黑箱"设计

所谓"黑箱"设计,就是根据控制要求,将完成控制任务所需的各功能单元、模块以及控制对象,采用框图表示,从而形成系统的总体框图。在这种总体框图上,只能体现各单元与模块的输入输出信号、功能要求以及它们之间的逻辑关系,而不知道"黑箱"的具体结构实现;各功能单元既可以是一个软件模块,也可以采用硬件电路实现。

4) 控制系统层次以及硬件、软件功能划分

根据控制要求、任务的复杂度、控制对象的地域分布等,确定整个系统是采用直接数字控制(DDC)还是采用计算机监督控制(SCC)或者采用分布式控制,并划分各层次应该实现的功能。

同时,综合考虑系统的实时性、整个系统的性能价格比等,对硬件和软件功能进行划分,以决定哪些功能由硬件实现,哪些功能由软件来完成。一般采用硬件实现时速度比较快,可

以节省 CPU 的大量时间，但系统比较复杂，灵活性差，价格也比较高；采用软件实现比较灵活，价格便宜，但要占用 CPU 更多的时间。所以，一般在 CPU 时间允许的情况下，尽量采用软件实现。如果系统控制回路较多，CPU 任务较重，或某些软件设计比较困难时，则可考虑用硬件完成。

在总体方案设计完成后，形成了系统组成的粗线条框图结构、硬件与软件划分等文件，供详细设计使用，以此作为进一步设计的依据。

3. 建立数学模型，确定控制算法

对任何一个具体的控制系统的设计，首先应建立该系统的数学模型。数学模型是系统动态特性的数学表达式，它反映了系统输入、内部状态和输出之间的关系，它为计算机进行计算处理提供了依据，由它推出控制算法。控制算法正确与否直接影响控制系统的品质，因此正确地确定控制算法是系统设计中的重要工作之一。

随着控制理论和计算机控制技术的不断发展，控制算法越来越多。在系统设计时，根据设计的控制对象和不同的控制性能指标要求以及所选用的计算机的处理能力来选定一种控制算法。

一般来说，在硬件系统确定后，计算机控制系统的控制效果的优劣，主要取决于采用的控制策略和控制算法是否合适，而很多控制算法是基于模型的，因此首先应建立对象与系统其他部分的数学模型。

所谓数学模型就是系统动态特性的数学表达式，它反映了系统输入、内部状态和输出之间的逻辑与数量关系，为系统的分析、综合或设计提供了依据。确定数学模型，既可以根据过程进行的机理和生产设备的具体结构，通过对物料平衡和能量平衡等关系的分析计算，予以推导计算；也可以通过现场实验测量的方法，如飞升曲线法、正弦法、临界比例度法、伪随机信号法（即统计相关法）等，详见有关资料。

每个特定的控制对象均有其特定的控制要求和规律，必须选择与之相适应的控制策略和控制算法，否则就会导致系统的品质不好，甚至会出现系统不稳定、控制失败的现象。随着控制理论和计算机控制技术的发展，可以选用的控制策略和控制算法越来越多，如控制策略有比值控制、双交叉控制、前馈控制、串级控制、自治控制、寻优控制、自适应控制、学习控制等，控制算法有大林算法、PID 控制算法、Smith 预估控制算法、快速无纹波控制算法等。在选择控制算法和控制策略时，应该注意以下几点。

（1）针对具体的控制对象和控制指标要求，选择合适的控制策略和控制算法，以满足控制速度、控制精度和系统稳定性等方面的要求。例如，要求快速跟随的系统可以选用最小拍无差的直接设计算法；对于具有纯滞后的对象最好选用大林算法或 Smith 纯滞后补偿算法；对于随机系统应选用随机控制算法；当模型中参数难以确定或波动较大时，可以采用自适应方法控制等。

（2）各种控制方法提供了一套通用的算法公式，但应用于具体对象控制时应该有分析地选用，在某些情况下可以进行必要的修改与补充。例如，采用 PID 调节规律数字化的方法设计数字控制器时，如果效果不理想，可进行适当的修改，如加上乒乓控制，使得系统具有更好的快速性；加上模糊控制，使系统具有良好的快速性和较小的超调量等。

控制的实时性是计算机控制系统的一个基本要求，如果所选控制策略和算法过于复杂，

一方面使得系统的设计、实现、调试等比较困难；另一方面增加了CPU运算量，可能难以满足实时性要求。因此，可以根据需要将算法和对象模型做某些合理的简化，忽略某些次要因素如小惯性环节、小延迟环节等，以降低软件复杂度、提高实时性。

4. 硬件的设计

1）确定过程的输入输出通道及其处理方式

一般在完成系统总体设计后，过程的输入输出通道及其处理方式就已基本确定，但最终确定则要等到控制算法选定之后，因为某些算法需要检测过程的一些内部参数。在确定过程通道时，应着重考虑以下几点。

（1）确定需要检测哪些开关量、哪些模拟量。

（2）根据检测参数，选择检测元件或仪表。

（3）确定需要系统提供哪些开关量、哪些模拟量及数字量输出。

（4）确定输入输出通道采用串行操作还是并行操作。

（5）确定输入输出通道的数据传输速率及数据流量。

（6）确定输入输出通道的处理方式，即是采用顺序处理，还是采用随机处理；是采用中断方式处理，还是采用查询方式或DMA方式处理等。

（7）确定模拟量输入输出通道的字长。

2）计算机系统选择

在明确了控制任务，确定了控制算法和所需过程通道的形式、数量及其处理方式之后，就应该选择需要的计算机系统。可供选择的计算机系统配置方案，一般有以下几种。

（1）购买现成的计算机系统。

控制系统的监督控制计算机(SCC计算机)或分级控制系统中的上位监控管理计算机，一般采用这种方案。许多计算机控制系统把控制任务和管理任务集中由一台计算机完成，也应采用这种方案。采用现成的计算机系统比较方便，可以节省大量的计算机基本系统的硬件设计和调试工作，而且许多硬件厂商生产与之配套的输入输出模板系列，使得通道的设计工作得以简化。同时，也为软件设计提供了方便，既可以采用高级语言编程，也可以采用汇编语言编程，软件的开发、测试手段也比较完善。采用这种方案时，应考虑如下一些问题。

- 根据可靠性要求等，决定采用普通计算机还是采用工业控制计算机。
- 确定系统应该具有多大内存容量。
- 是否需要配置外部存储器以及配置多大的外存容量。
- 需要配置何种外部设备。
- 确定CPU的型号和时钟速度。
- 是否能提供需要的中断处理能力。
- 结合软件设计，确定需要配置哪些系统软件和应用软件等。

（2）采用标准的功能模块产品构成系统。

标准模块系列是按一定的总线标准和技术规范生产的印制电路板产品(如STD总线模块)，每一个印制电路板(称为模块)具有一定的功能，如STD系列的CPU模板构成计算机最小系统、并行I/O模板实现开关量的输入输出、模拟量I/O模板实现A/D和D/A功能等。各模块的尺寸一般是相同的，将同一总线标准的一些功能模块用相应的系统总线连接起来，就可以构成一个满足要求的计算机系统。

采用这种方案的优点是：

- 对系统设计人员的技术熟练程度要求较低。
- 构成系统灵活，配置较合理。
- 检测、调试、开发比较容易。
- 可以共享大量的硬件和软件资源，有利于缩短研制周期。
- 可用通用模板构成标准系统，再开发特殊的专用模板，使得通用性和专用性得到统一。

(3) 用芯片从头设计计算机系统。

在通用系统无法满足要求时，往往采用这种方案，即用微处理器、EPROM、RAM和各种接口器件等自行设计计算机系统的方法。除掉所设计的系统应考虑接口与通道的扩充之外，主要注意以下几个问题。

- 微处理器的字长。微处理器的字长直接影响其数据处理能力和运算速度。一般来说，字长越大，对数据处理越有利，但辅助电路的复杂性和系统成本增加，因此应该针对具体的对象和要求，综合考虑，恰当选择。在过程控制领域，一般选择8位或16位的微处理器就足以满足控制要求。
- 微处理器的速度。微处理器的速度影响控制运算处理的速度，如果系统控制任务多、控制算法复杂，就应考虑采用速度较高的微处理器。速度的选择与字长的选择应一并考虑。对于同一算法、同一精度要求，当微处理器的字长短时，就要采用多字节运算，完成控制和计算的时间就会增长，为保证控制的实时性，就必须选用执行速度快的微处理器。
- 微处理器的寻址范围。寻址范围反映了微处理器可以扩充的存储器空间和I/O空间的大小，如果系统需要存储的数据量大、需要扩充的I/O端口数量多，则应选择寻址范围大的微处理器。
- 微处理器的指令系统和寻址方式。一般情况下，微处理器的指令系统越完善，指令条数和寻址方式越多，其针对特定操作的指令也必然增多。这可使处理速度加快，编程方便灵活，程序长度减少。对于计算机控制系统来说，尤其要求微处理器具有丰富的逻辑判断指令、数学运算指令和外部设备控制指令。
- 微处理器的内部结构。微处理器的内部结构也是影响系统性能的重要因素，它包括内部寄存器的种类和数量、是否具有内部存储器及其容量、是否包含内部定时/计数电路、是否有片内的I/O接口电路等。MCS-51系列的8751单片机具有21个特殊功能寄存器、两个片内定时/计数器、128字节的内部数据RAM和约4KB片内EPROM，这就可以使得访问外部存储器的次数减少，从而加快了执行速度，而且需要扩充的外部电路减少，甚至完全不需要外部电路，从而简化了系统。
- 微处理器的中断系统。计算机控制系统的一个重要指标是具有实时控制性能，它包括两层含义：一是在系统正常运行时的实时控制能力，为保证实时控制，除了选择速度较快的微处理器外，往往对某些变化速度较快的信号或较重要的信号采用中断方式处理；二是在发生故障时具有紧急处理的能力，一般是将故障信号(如掉电信号)作为系统最高级中断源。因此，要求微处理器具有完善的中断系统，提供足够的中断源，复杂的中断管理方式等。

3）过程通道及接口设计

一台计算机与系统中其他计算机、计算机与控制系统中的仪器设备以及被控对象之间交换信息，均要通过接口电路和输入输出通道来进行。因此，任何一个计算机控制系统都要有输入输出通道和相应的接口电路，在选择计算机系统时就应综合考虑计算机系统的接口扩展问题。

如果系统的计算机采用现成的计算机系统或采用标准模块构成，则可以购置相应的接口模板，来完成开关量、数字量、模拟量的输入输出功能和系统通信功能等。当然，所购买的模板是为通用目的设计的，可能无法完全满足特定系统的要求，这时要么根据所用计算机系统的标准自行设计，要么对所购模板进行改进或扩充。要注意的问题有：

(1) 开关量、数字量的输入，应考虑电平转换、去抖动及与计算机接口等问题。

(2) 开关量、数字量的输出，应解决与计算机接口、功率驱动等问题。

(3) 模拟量的输入，应考虑信号的标度变换、滤波、线性化处理等是由硬件完成，还是由软件完成；信号是否需要电平变换和放大；转换精度和速度能否满足要求；如何与计算机接口等。

(4) 模拟量的输出，主要考虑转换精度、转换速度、输出放大、计算机接口等。

(5) 计算机之间、计算机与一些智能仪表或装置的联络是通过串行通信实现的，设计串行通道与接口主要考虑传输速率、传输距离、误码率等，必要时可以采用网络通信。

4）控制台设计

在计算机控制系统中，为便于人机交互操作，通常都要设计一个现场操作人员使用的控制台。控制台一般不能用计算机所带的键盘代替，因为现场的操作人员不了解计算机的硬件和软件，一旦误操作就可能发生事故。因此，一般要单独设计一个操作员控制台，它应该具有下列功能。

(1) 有一组或几组数据输入键(数字键或拨码开关等)，用于输入或更新给定值、修改控制器参数或其他必要的数据。

(2) 有一组或几组功能键或转换开关，用于转换工作方式、起动/停止系统或完成某种特定的功能。

(3) 有数据显示装置，用于显示状态参数及指示故障等。

(4) 控制台上应有一个“紧急”按钮，以便在发生故障或事故时停止系统的运行、转入故障处理。

(5) 结合软件设计，使得控制台上的各种开关、按钮、键盘、指示灯以及显示装置上的数据和状态等具有明确的含义和作用。在软件设计时，充分考虑容错处理，使得控制台的操作既方便又安全可靠，即使操作失误也不会引起严重后果。

5）可靠性设计

在控制系统硬件设计的每一步，均应考虑系统运行现场的复杂、恶劣环境而采取提高系统可靠性的措施，如在系统电源、输入输出通道采取抗干扰措施，为了防止强电信号破坏计算机系统而采取光电隔离或变压器隔离措施，为了提高系统的平均无故障时间(MTTR)而采取冗余设计，以及为系统实时故障诊断而附加一些测试电路等。

6）硬件调试

在硬件设计的每一个阶段，均应边设计边调试边修改，包括进行元器件测试、电路模块调试、子系统调试等。不应幻想硬件系统各部分设计、制作完毕后,组装在一起就能够满足要求。同时,问题发现得越早,对全系统的设计、研制的影响就越小,付出的代价也越小。

5. 软件的设计

在计算机控制系统中,计算机除控制生产过程外,还要管理生产过程,一旦硬件系统确定了,整个系统的性能主要取决于软件的设计。控制系统对控制软件的要求如下。

- 实时性。软件应该在对象允许的时间间隔内完成控制运算和处理,特别是对多回路系统的实时性问题更应该引起高度重视。为提高系统实时性,可以对实时性要求高的数据采集、控制运算和控制输出用汇编语言编程处理,对实时性高或重要的信号或任务采用中断方式处理,并对控制算法和控制模型做合理的简化、对某些由软件实现的输入信号线性化工作采用表驱动处理等,以提高软件的运算速度。
- 可靠性。计算机控制系统的可靠性不仅依赖于硬件的高度可靠性,软件的可靠性同样非常重要。一般软件应该提供系统故障诊断功能,诊断功能一部分嵌入实时控制软件,在系统控制运行时进行实时的故障诊断,并做必要的处理;同时,也应该提供专门的诊断软件,以便系统发生故障时做详细的故障检测与定位。
- 容错性。操作人员使用系统时,经常会发生误操作现象,软件应能做相应处理,保证系统的安全。对于系统的一些错误,如串行通信发生误码,能够识别、容错。软件设计时,必须充分考虑容错设计,如针对可能发生的串行通信误码,采取冗余码传送,并在发生误码时采取重新发送等措施。
- 使用方便性。必须从软件角度提供友好的人机接口,如在显示装置上提供操作提示功能、帮助功能、演示功能等,使得系统的操作方便灵活。
- 可读性。设计的软件应该简洁、明了、可读,采用结构化的模块式设计,提供完备的软件设计说明书和使用说明书,以便于软件的使用、维护和进一步改进。
- 简洁性。由于集成电路的集成越来越高、价格也越来越低,一般设计计算机控制系统时,很少需要考虑软件占用的内存容量问题。但在某些场合,如要求控制装置具有很小的体积时,就必须考虑压缩软件代码占用的内存容量,以便使用尽可能少的存储器芯片。

1) 选择编程语言

在软件设计前、首先应针对具体的控制要求,选择合适的编程语言。

(1) 汇编语言。

汇编语言是面向具体处理器的,使用它能够具体描述控制运算和处理的过程,紧凑地使用内存,对内存和I/O空间的分配比较清楚,能够充分发挥硬件的性能,所编软件运算速度快、实时性好,所以主要用于过程信号的检测、控制计算和控制输出的处理。与高级语言相比,汇编语言编程效率低、移植性差,一般不用于系统界面设计和系统管理功能的设计中。

(2) 高级语言。

采用高级语言编程的优点是编程效率高,不必了解计算机的指令系统和内存分配等问题,其计算公式与数学公式相近等。其缺点是编制的源程序经过编译后,可执行的目标代码比完成同样功能的汇编语言的目标代码长得多,一方面占用内存量增多,另一方面使得执行时间增加很多,往往难于满足实时性的要求。高级语言一般用于系统界面和管理功能的设计。

(3) 混合语言。

针对汇编语言和高级语言各自的优缺点,可以采用混合语言编程,即系统的界面和管理功能等采用高级语言编程,而实时性要求高的控制功能则采用汇编语言编程。一般汇编语言实现的控制功能模块由高级语言调用,从而兼顾了实时性和复杂的界面等的实现方便性的要求。

2) 软件设计步骤

同硬件设计一样,软件设计也是一个边设计边调试的过程,它主要有以下步骤。

(1) 问题定义。问题定义阶段需要明确软件应该完成哪些任务、与硬件电路如何配合以及出错处理方法等,并绘制软件总体流程框图。

(2) 细化设计。细化设计就是对总体流程框图进行自顶向下的划分,逐步定义软件的各级功能模块,并进行底层模块的详细设计,最终形成详细的软件流程框图。

(3) 编制源程序。即按照细化的软件流程框图,编制软件的源代码。

(4) 形成可执行代码。对源程序进行汇编、编译以及必要的连接,生成计算机可执行的目标代码。

(5) 调试。采用设置断点、单步追踪等手段检验软件各个模块的功能及整个软件的正确性。

6. 系统仿真与调试

硬件详细设计和软件详细设计完成后,就可以进行系统的总装,然后进入系统整体调试和仿真阶段。

1) 实验室硬件联调

在系统总装后,首先要进行实验室条件下的硬件系统联调。如果硬件系统联调没有通过,软件联调就无法进行。事实上,正如硬件详细设计中所讲,并非是总装过后才进行硬件调试,而是边装边调。系统硬件的联调,可借助开发系统进行。

2) 实验室软件联调

在硬件联调成功后,就可以进行实验室条件的软件联调。在软件联调过程中,不但会发现软件错误,也会发现一些在硬件调试阶段未发现的硬件故障或设计缺陷,并予以修改。

3) 实验室系统仿真

在硬件联调和软件联调完成后,还应在实验室条件下进行全系统的硬件、软件统调,也即通过模拟被控对象、控制系统工作的实际环境等,研究、分析系统性能,这就是所谓的系统仿真。

在实验室进行的系统仿真试验,应该尽量是全物理或半物理仿真。工作状态或试验条件越接近真实情况,仿真的效果越好。对于纯数据采集系统,可以做到全物理仿真;而对于控制系统,要做到全物理仿真几乎是不可能的,因为不能将化学反应塔、隧道窑这一类对象移到实验室中。因此,控制系统仿真一般是半物理仿真,即采用计算机(不是控制系统中的计算机)仿真实现被控对象的数学模型,再加上一些简单装置,即可模拟被控对象。

通过仿真试验,可以评价控制系统性能,发现硬件和软件缺陷,并予以修改。

7. 现场安装调试

控制系统运到现场,经检查并安装正确后,即可投入试运行和调试。一般系统运行正常并试运行一段时间后,即可组织验收工作。

11.3　计算机控制系统输入输出通道设计

在计算机控制系统中,为了实现对生产过程的控制,要将生产现场的各种被测参数转换成计算机能够接受的形式后再送入计算机进行运算处理,处理后的结果还须变换成适合于对生产进行控制的信号量。因此,在计算机和生产过程之间,必须设置信息的变换和传递装置,这种装置称为输入输出过程通道,它在计算机控制系统中起着重要的作用。

11.3.1　过程输入输出通道的组成与功能

根据过程信息的性质及传送方向,过程通道包括模拟量输入通道、模拟量输出通道、数字量输入通道和数字量输出通道。要对工业现场实现控制,就必须对它的运行状态进行检测。模拟量输入通道和数字量(开关量)输入通道就是为此而设置的两种检测通道。生产过程的被调参数(一般包括压力、流量、温度、液面高度等)一般都是随时间变化的模拟量,通过检测元件和传感器,可以把它们转换成模拟电流或电压。由于计算机只能识别数字量,故模拟电信号必须通过模拟量输入通道变换成相应的数字信号,才能送入计算机,而生产现场的两态开关、电平的高低、脉冲量等数字或开关信号,则须通过数字量输入通道输入计算机。

计算机控制生产现场的控制通道也有两种,即模拟量输出通道及数字量输出通道。计算机输出的控制信号是以数字形式给出的,有的生产过程的执行元件要求提供模拟电流或电压,故应采用模拟量输出通道实现;有的执行元件只要求提供数字量或开关量,故应采用数字量输出通道。可见,过程通道是计算机和工业生产过程(控制对象)相互交换信息的桥梁。

11.3.2　过程输入输出通道的控制方式

1. 过程输入输出通道与CPU交换的信息类型

过程输入输出通道与CPU交换的信息类型有如下三种。

- 数据信息。反映生产现场的参数及状态的信息,它包括数字量、开关量和模拟量。
- 状态信息。又叫应答信息、握手信息,它反映过程通道的状态,如准备就绪信号等。
- 控制信息。用来控制过程通道的启动和停止等信息,如三态门的打开和关闭、触发器的启动等。

在过程输入输出通道中,必须设置一个与CPU联系的接口电路,传送数据信息、状态信息和控制信息。

2. 过程通道的编址方式

由于计算机控制系统一般都有多个过程输入输出通道,因此需对每一个过程输入输出通道安排地址。过程通道编址方式有如下两种。

1) 过程通道与存储器独立编址方式

这种编址方式将存储器地址空间和过程通道地址空间分开设置,互不影响。地址总线配合存储器操作信号实现存储器的访问控制,地址总线与I/O操作信号配合则可访问过程通道。实现这种编址方式的CPU分别有存储器访问和I/O访问的指令及相应的控制信号。

2) 过程通道与存储器统一编址方式

这种编址方式又称存储器映像方式,它把所有的I/O端口都当作存储单元一样对待,对I/O端口进行输入输出操作跟对存储单元进行读写操作方式相同,只是地址不同。

3. CPU对过程通道的控制方式

计算机的外围设备及过程通道种类繁多,它们的传送速率又很不相同。因此输入输出产生复杂的定时问题,也就是CPU采用什么控制方式向过程通道输入和输出数据。常用的控制方式有如下三种。

1) 程序查询方式

数据在CPU和输入输出通道之间的传送采用程序控制,传送前必须查询I/O通道的状态,准备就绪则传送,反之则等待。

2) 中断控制方式

采用中断控制方式时,CPU与I/O通道处于并行工作方式。当CPU与I/O通道需要传送数据时,CPU启动I/O通道,I/O通道准备好后便发出一个控制信号向CPU申请中断,CPU响应中断后进行数据传送。

3) 直接存储器存取(DMA)方式

DMA方式是一种完全由硬件完成输入输出操作的工作方式。在这种方式下,I/O通道和存储器之间不通过CPU而直接进行数据交换。

4. 过程通道接口设计应考虑的问题

在实时控制系统中,输入通道实质上是一个信息检测-变换-传递-输入的通道,输出通道实际上是信息变换-传递-输出的通道。两类通道通过计算机这个信息处理中心有机地构成一个完整的控制系统,因此过程通道必须通过接口电路来实现与CPU的信息交换。接口电路起着连接过程通道与CPU的桥梁作用,它的基本任务有:

- 控制信息的传递路径。即根据控制的任务在众多的信息源中进行选择,以确定该信息传送的路径和目的地。
- 控制信息传送的顺序。计算机控制的过程就是执行程序的过程,为确保进程正确无误,接口电路应根据控制程序的要求,适时地发出一组有序的门控信号。

在过程通道接口电路设计中应解决以下问题:

- 触发方式。有序的门控信号的主要作用就是严格遵循系统工作时序要求,适时对系统中某个或某些特定部件发出开启或关闭信号,这必然涉及同步触发和异步触发的方式。所谓同步触发是指系统的许多相关部件或功能块在同一门控信号作用下完成要求的操作,例如系统的复位信号就是确保系统中各相关部件或功能块回到初始状态的同步信号，异步触发则指各相关部件或功能块不需要在同一信号控制下完成自己的操作。接口电路中的各相关部件或功能块，其内部各单元在外部的同步信号作用下，要完成许多操作，这些操作可以是同步的，也可以是异步的，但必须要满足时序要求。因此，计算机控制系统是一种复合的触发方式，在同步触发中隐含异步触发，在异步触发中隐含同步触发，但其触发方式和触发时机必须遵循系统的工作时序。

- 时序。控制逻辑的结构有组合控制逻辑与存储控制逻辑两种类型，不管哪种类型都要严格遵守规定的操作步骤，每一个操作步骤又都是在一组有序的控制信号驱动下实现的。所以接口电路设计，首先要根据系统运行的要求标出每个控制信号发生的时间顺序和相互之间的时间差，以及与系统时钟的关系画出时序图，然后根据时序图来确定逻辑电路结构。
- 负载能力。一旦控制逻辑确定后，系统能否可靠运行与器件的选择关系密切，器件的选择除了要考虑电平的摆幅、数值、延时外，还应考虑器件所带负载是否匹配。

11.3.3 输入通道

在计算机控制系统中，被控对象所提供的信息是纷繁复杂的，其种类、性质及大小等各不相同。因此，利用计算机对生产过程进行控制时，不能简单地直接将计算机和被控对象相连接，而必须通过某种装置将生产现场的各种被测参数转换成计算机能够接受的信息，以供计算机进行分析、判断并做出处理。这种在计算机与生产过程之间由起着转换信息并向计算机传送作用的装置组成的信号路径，称为输入通道。

1. 模拟量输入通道

模拟量输入通道的任务是将模拟量输入信号进行变换、采样、放大、模-数（A/D）转换，转换成二进制数字量输入计算机。图 11.1 是多路模拟量输入通道的一般组成框图。

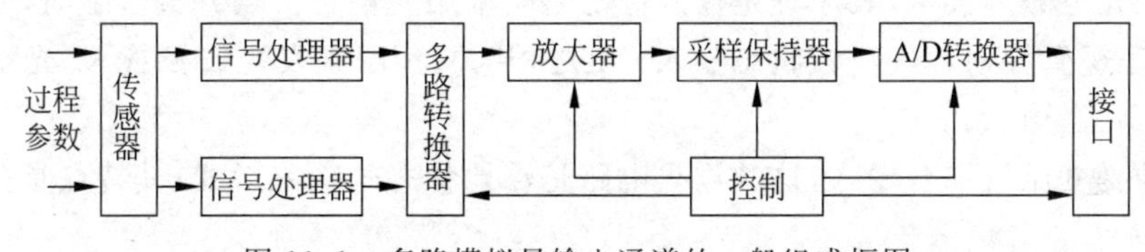

图 11.1 多路模拟量输入通道的一般组成框图

由图 11.1 可知，模拟量输入通道一般由传感器、信号处理器、多路转换器、放大器、采样保持器和 A/D 转换器组成。根据应用要求的不同，模拟量输入通道可以有不同的结构形式。

传感器的作用是检测被测点处的各种非电量参数，并将其转换成电量。

信号处理器根据需要可包括信号放大、滤波功能、隔离功能、电平转换、非线性补偿、电流/电压转换等功能。

多路转换器可将输入信号按顺序切换到放大器的输入端。

放大器是将传感器输出的微弱电信号放大到 A/D 转换器所需要的电平。一般选用可编程增益放大器。

采样保持器一是保证 A/D 转换过程中被转换的模拟量保持不变,以提高转换精度;二是可将多个相关的检测点在同一时刻的状态量保持下来,以供分时转换和处理,确保各检测量在时间上的一致性。若模拟输入电压信号变化缓慢,且在 A/D 转换精度之内,则采样保持器可省去不用。

A/D 转换器可将模拟信号转换成数字信号,以便计算机能够接受。

2. 数字量输入通道

数字量输入通道主要由两态信息转换电路和接口电路组成。两态信息转换电路的作用是将生产现场的两态信息转换成 TTL 电平信号,通过 I/O 接口电路传送到计算机系统。根据现场信号的不同,有的两态信息转换电路应能消除开关机械抖动的影响,有的应能与强电信号隔离,防止各种干扰。

数字量输入通道的功能在于把那些来自现场的断续变化的两态信号进行适当的处理,转换为计算机能够接收的数字信号。这种通道可简称为 DI(Digital Input)通道。根据输入的数字量的性质,又可分为开关量输入、脉冲量输入、中断输入、数字编码输入等具体通道。

1) 开关量输入通道

开关量输入设备类型很多,其信号必须预先经过防抖、隔离、整型等处理,使其转换成 TTL 电平后方可送入计算机。

(1) 防抖动输入电路。

开关和继电器触点等在闭合和断开时,常存在抖动问题,即由于机械触点的弹性作用开关闭合不会马上稳定地接通,在断开时也不会一下子断开,通断瞬间产生一连串的颤动。

(2) 防干扰输入电路。

现场开关与计算机输入接口之间,一般均有很长的传输线。因此,为了提高系统的可靠性,防止高电压以及干扰信号的引入,一般输入端采用隔离技术。常见的隔离技术有如下两种。

一种是光电隔离技术,其原理是输入输出之间采用光耦合。当开关合上时,发光二极管点亮,光敏三极管导通,对应"0"状态输入;反之,开关打开,则发光二极管灭,光敏三极管截止,对应"1"状态输入。

另一种是变压器耦合输入,这种输入电路是浮地状态的输入形式,其特点是抗共模干扰能力强。

(3) 其他。

实际上的输入信号总存在着噪声的成分,且由于无接触式传感器的输出也非理想的开关特性,而是具有一定的线性过波。因此,为了消除噪声及改善特性,常接入具有迟滞特性的整型电路,此电路多使用施密特触发器。此外,考虑到计算机与外设的速度匹配,输入通道中还应接入锁存器等。总之,开关量通道功能的设置,应根据现场信号的具体情况而定。

2) 脉冲量输入通道

在生产过程中,有些参数是频率连续变化的脉冲量。例如,可利用现场测量仪表输出的脉冲数量的测定来计量某一物理量,如轧制厚度、油路的流量等。同样,根据现场信号的情况,脉冲量输入通道可由电平转换、光电隔离器、整形器、多路转换开关、缓冲计数器、锁存器等组成。某些特殊的数字量被引入计算机的中断请求线上,则成为中断输入。

3）中断输入通道

当现场有些重要开关信号，如设备故障、参数越限等，需要计算机立即响应并做出处理时，则必须采用中断输入通道。

4）数字编码输入通道

这种输入一般采用编码器，将输入量（如位移）转换成数字量，而采用的代码通常为格雷码。因此，在实际应用系统中，需要将格雷码电信号转换成二进制代码，有时还需加电平转换器等。

3. 输入通道的特点

（1）准确获取生产过程中的信息是输入通道的首要任务，故输入通道总是靠近被控对象。

（2）现场信息的获取一般离不开传感器或敏感元件。

（3）输入通道的类型取决于现场信号的性质及传感器输出电量的类型。由此，通道可分为模拟量输入通道和数字量输入通道（包括开关量、脉冲量等）。

（4）输入通道的结构形式不唯一，应根据应用要求做出选择。

（5）输入通道结构组成的难易有随机性，其组成除与环境有关外，还取决于传感器输出信号的种类及大小。如有无电流-电压转换、小信号的放大、采样保持器等配置的选择。

（6）输入通道的环境无主观选择余地。由于环境条件的恶劣，干扰大量存在，故通道常采用频率式（或数字式）传感器及串行传感方式，同时，抗干扰设计为输入通道设计中的一个重要内容。

综上可见，输入通道的设计过程实质上是根据应用需要选择通道结构及组成的过程。输入通道设计的好坏直接影响整个计算机控制系统性能的优劣。

11.3.4 输出通道

设立输入通道的作用在于将被控对象的各种信息转换成计算机可以接受的信息，以供计算机处理。而计算机处理后产生的相应的控制命令或控制量，也必须转换成相应的物理量才能对被控对象实施控制。这种由可将计算机发出的控制指令（或控制量）进行转换并能传送给执行机构的装置构成的信号路径，称为输出通道。

1. 模拟量输出通道

模拟量输出通道的任务是把计算机输出的数字量变换成模拟量，这个任务主要由数-模转换器来完成。对于模拟量输出通道，要求可靠性高、满足一定的精度，还必须具有保持的功能。在许多场合要求具有多路模拟量输出通道。对于多路模拟量输出通道的结构形式，主要取决于输出保持器的构成方式。输出保持器的作用主要是在新的控制信号到来前，使本次控制信号维持不变。保持器一般有数字保持和模拟保持两种方案，这就决定了模拟量输出通道的两种基本结构形式。

1）独立数-模（D/A）转换器形式

如图 11.2 所示，在这种形式中，CPU 和通道之间通过独立的接口缓冲器传送信息，因此这是数字保持的方案。它的优点是转速速度快、工作可靠，每条输出通路相互独立，不会由于某一路 D/A 故障而影响其他通路的工作。但使用了较多的 D/A 转换器，成本较高，随着大规模集成电路技术发展,成本将不成问题。

2) 共用数-模转换器的形式

如图 11.3 所示,因为共用一个数-模转换器,故它必须在 CPU 控制下分时工作,即依次把 D/A 转换器转换成的模拟电压(或电流),通过多路模拟开关传送给输出采样保持器,这种结构节省了 D/A 转换器。但因为分时工作,只适用于通道数量多且速率要求不高的场合。

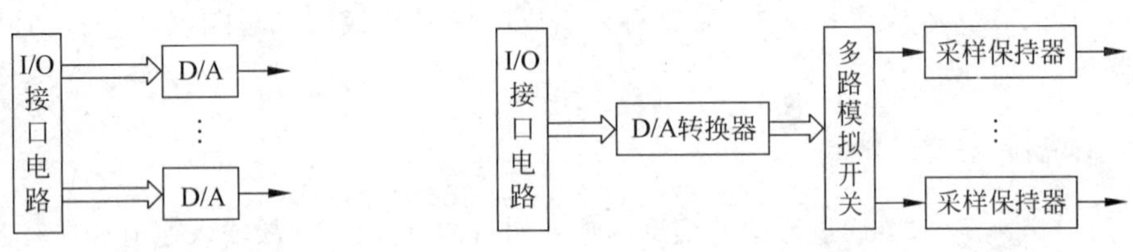

图 11.2 独立的多通道 D/A 转换结构图

图 11.3 多通道共享 D/A 的结构框图

2. 数字量输出通道

数字量输出通道的任务是根据计算机输出的数字信号去控制电接点的通断或数字式执行器的起停等,简称 DO(Digital Output)通道。根据被控对象的不同,其输出的数字控制信号的形态及相应的配置也不相同。其中,最为常用的数字控制信号是开关和脉冲量信号。

数字量输出通道中,由于许多执行机构往往需要开关量的控制信号。这时,CPU 可以通过 I/O 接口电路直接对执行机构进行控制,也可以通过半导体开关或机械式继电器接点的开闭去控制。数字量输出通道的关键往往是要解决执行机构的功率驱动问题。

在应用中,有些执行器(如步进电机)需要按一定的时间顺序来启动和关闭,这类元件需采用一系列电脉冲来控制。这种将计算机发出的控制指令转变成一系列按时间关系连续变化的开关动作的输出通道可称为脉冲量输出通道,它一般具有可编程功能和定时中断等。

3. 输出通道的特点及相应要解决的问题

输出通道的特点及相应要解决的问题主要有以下几点。

(1) 数字量输出,模拟量控制。计算机输出的信息是数字量,而被控对象往往要求的是模拟量。因此,这种通道中须解决数-模(D/A)或频-模(F/V)转换等问题。

(2) 小信号输出,大功率控制。计算机输出的信号一般为 TTL 电平,而控制对象要求的往往是大功率信号。因此,输出通道中要解决执行机构的功率驱动问题。

(3) 由于输出通道靠近具有强电环境的大功率外设,环境恶劣,故干扰较为严重。为此,必须采取隔离等措施来抑制干扰。

(4) 计算机处理快速,而执行机构动作相对缓慢。因此,在通道配置上要解决速度匹配的问题。

11.4 计算机控制系统抗干扰技术

计算机控制系统大多用于工业控制现场,条件复杂恶劣,干扰频繁。干扰严重影响控制系统的可靠性和稳定性。环境的特殊要求计算机控制系统必须有极高的抗干扰能力。所谓干扰，就是有用信号以外的噪声或造成计算机系统的设备不能正常工作的破坏因素。干扰的产生往往由多种因素决定，干扰的抑制是一个复杂的理论和技术问题，实践性较强。为此，必须分析干扰的来源，研究对于不同的干扰源采用哪些相应的行之有效的抑制或消除干扰的措施，重视接地、布线和供电方面的抗干扰技术，重视 CPU 可靠运行的抗干扰技术，像应用软件中对数字信号的数据处理技术。

11.4.1　干扰的来源

计算机控制系统运行环境的各种干扰主要表现在以下几个方面。

1. 恶劣的供电条件

工业现场大功率设备很多，大功率设备的起停，特别是大感性负载的起停会造成电网的严重污染，使得电网电压大幅度涨落。工业电网电压的过压或欠压常常达到额定电压的±15%以上，这种状况有时长达几分钟、几小时，甚至更长时间。由于大功率开关的通断、电机的起停、电焊操作等原因，电网上常常地出现几百伏，甚至几千伏的尖脉冲干扰。

2. 严重的噪声环境

除了电网引入的严重干扰以外，通过控制系统开关量输入输出通道和模拟量输入输出通道引入的干扰也非常严重。在工业现场，这些输入和输出的信号线和控制线多达几百条甚至几千条，其长度往往达几百米或几千米，因此不可避免地将干扰引入计算机系统。当有大的电气设备漏电、接地系统不完善，或者测量部件绝缘不好，都会使通道中直接串入很高的共模电压或差模电压；各通道的线路如果同处一根电缆中或绑扎在一起，各路间会通过电磁感应而产生相互间的干扰，尤其是将 0～15V 的信号与交流 220V 的电源线同套在一根长达几百米的管中时，干扰更为严重。这种彼此感应产生的干扰的表现形式仍然是在通道中形成共模或差模电压，轻者会使测量的信号发生误差，重者会使有用信号完全淹没。有时这种通过感应产生的干扰电压会达到几十伏以上，使计算机根本无法工作。多路信号通常要通过多路开关和保持器等进行数据采集后送入计算机，若多路开关和保持器性能不好，当干扰信号幅度较高时也会出现邻近通道信号间的串扰，这种串扰会使有用信号失真。

此外，还有来自空间的干扰，如太阳及其他天体辐射的电磁波，广播电台或通信发射台发出的电磁波，周围电气设备如电机、变压器、中频炉、可控硅逆变电源等发出的电干扰和磁干扰，气象条件、空中雷电，甚至地磁场的变化也会引起干扰。这些空间辐射干扰有时会使计算机不能正常工作。

3. 其他

工业环境的温度、湿度、灰尘、腐蚀性气体及其他损害，均会影响计算机控制系统的可靠性。

以上所述，在工业环境中运行的计算机控制系统，必须解决对恶劣环境的适应性问题，并采用各种措施提高其可靠性。这主要从电源、屏蔽、接地和各种抗干扰技术以及可靠性技术等方面予以解决。

11.4.2 干扰的抑制方法

1. 接地技术

将电路、单元与充作信号电位公共参考点的一个等位点或等位面实现低阻抗连接,称为接地。接地的目的通常有两个:一是为了安全,即安全接地;二是为了给系统提供一个基准电位,并给高频干扰提供低阻通路,即工作接地。前一系统的基准电位必须是大地电位,后一系统的基准电位可以是大地电位,也可以不是。通常把接地面视作电位处处为零的等位体,并以此为基准测量信号电压。但是,无论何种接地方式,公共按地面(或公共地线)都有一定的阻抗(包括电阻和感抗),当有电流流过时,地线上要产生电压降,加之地线还可能与其他引线构成环路,从而成为干扰的因素。

不同的地线有不同的处理技术,下面介绍几种常用的接地处理原则及技术。

1) 接地方式

"安全接地"一般均采用一点接地方式。"工作接地"依工作电流频率不同而有一点接地和多点接地两种。低频时,因地线上的分布电感并不严重,故往往采用一点按地;高频情况下,由于电感分量大,为减少引线电感,故采用多点接地。频带很宽时,常采用一点接地和多点接地相结合的混合接地方式。

2) 浮地系统和接地系统

浮地系统是指设备的整个地线系统和大地之间无导体连接,它是以悬浮的地作为系统的参考电平。

浮地系统的优点是不受大地电流的影响,系统的参考电平随着高电压的感应而相应提高。机内器件不会因高压感应而击穿。其应用实例较多,如飞机、军舰和宇宙飞船上的电子设备都是浮地的。

浮地系统的缺点是:对设备与地的绝缘电阻较高,一般要求大于50MΩ,否则会导致击穿。另外,当附近有高压设备时,通过寄生电容耦合,外壳带电,不安全。而且外壳会将外界干扰传输到设备内部,降低系统抗干扰性能。

接地系统是指设备的整个地线系统和大地通过导体直接连接。由于机壳接地,为感应的高频干扰电压提供了泄放的通道,对人员比较安全,也有利于抗干扰。但由于机内器件参考电压不会随感应电压升高而升高,可能会导致器件被击穿。

3) 交流地与直流地分开

交流地与直流地分开后,可以避免由于地电阻把交流电力线引进的干扰传输到装置的内部,保证装置内的器件安全和电路工作的可靠性、稳定性。值得注意的是,有的系统中各个设备并不是都能做到交直流分开,补救的办法是加隔离变压器等措施。

4) 模拟地与数字地分开

由于数字地悬浮于机柜,增加了对有模拟量放大器的干扰感应,同时为避免脉冲逻辑电路工作时的突变电流通过地线对模拟量的共模干扰,应将模拟电路的地和数字电路的地分开,接在各自的地线汇流排上,然后再将模拟地的汇流排通过2～4μF的电容在一点接到安全地的接地点。对模拟量来说,实际是一个直流浮地交流共地的系统。

5）印制电路板的地线安排

在安排印制电路板地线时，首先要尽可能加宽地线，以降低地线阻抗。其次，要充分利用地线的屏蔽作用。在印制电路板边缘用较粗的印制电路板地线环包整块板子，并作为地线干线，自板边向板中延伸，用其隔离信号线，这样既可减少信号间串扰，也便于板中元器件就近接地。

6）屏蔽地

对于电场屏蔽，由于主要是解决分布电容问题，所以应接大地；对于磁场屏蔽，应采用高导磁材料使磁路闭合，且应接大地；对于电磁场干扰，因采用低阻金属材料制成屏蔽体，屏蔽体以接大地为宜；对于高增益放大器，一般要用金属罩屏蔽起来。为了消除放大器与屏蔽层之间的寄生电容影响，应将屏蔽体与放大器的公共端连接起来。

如果信号电路采用一点接地方式，则低频电缆的屏蔽层也应一点接地。当系统中有一个不接地的信号源和一个接地的（不管是否真正接大地）放大器相连时，输入端的屏蔽应接到放大器的公共端。反之，当接地的信号源与不接地的放大器相连时，应把放大器的输入端接到信号源的公共端。

2. 屏蔽技术

对于电磁辐射干扰和电磁感应干扰，切断或削弱它们传播途径的最有效的措施就是屏蔽技术。按需屏蔽的干扰场的性质，屏蔽可分为电场屏蔽、电磁屏蔽和磁场屏蔽三种。

1）电场屏蔽

电场屏蔽的作用是抑制电路之间由于分布电容的耦合而产生的电场干扰。电场屏蔽一般是利用低电阻金属材料的屏蔽层和外罩，使其内部的电力线不传到外部，同时外部的电力线也不影响其内部。实际应用中，盒形屏蔽优于板状屏蔽，全密封的优于有窗孔和有缝隙的，屏蔽体的厚度一般由结构需要决定。

2）电磁屏蔽

电磁屏蔽主要用来防止高频电磁场对电路的影响。电磁屏蔽包括对电磁感应干扰及电磁辐射干扰的屏蔽，它是采用低电阻的金属材料作为屏蔽层。电磁屏蔽就是利用屏蔽罩在高频磁场的作用下，会产生反方向的涡流磁场与原磁场抵消而削弱高频磁场的干扰，又因屏蔽罩接地，也可实现电场屏蔽。由于电磁屏蔽是利用了屏蔽罩上的感生涡流，因而屏蔽罩的厚度对于屏蔽效果影响不大，而屏蔽罩是否连续却直接影响到感生涡流的大小，也即影响到屏蔽效果的好坏。如果在金属体上垂直于电流方向上开缝，就没有屏蔽效应，原则上屏蔽体越严密越好。因此，电磁屏蔽层的接缝应注意良好的焊接与密封，通风孔与操作孔应尽量开小。

3）磁场屏蔽

对于低频磁场干扰，用上述电磁屏蔽方法往往难以奏效，一般采用高导磁率材料作为屏蔽体，利用其磁阻较小的特点，给干扰磁通提供一个低磁阻通路，使其限制在屏蔽体内。为了有效地进行磁场屏蔽，必须采用诸如坡莫合金之类的材料，同时要省一定的厚度，或者采用相互具有一定间隔的两个或多个同心磁屏蔽罩效果更好。

3. 隔离技术

隔离的实质是切断共地耦合通道，抑制因地环路引入的干扰。隔离是将电气信号转变为电、磁、光及其他物理量作为中间量,使两侧的电流回路相对隔离又能实现信号的传递,如图 11.4 所示。

图 11.4(a)采用变压器隔离,用于无直流分量的信号。因变压器线间分布电容较大,故应在一次、二次侧加屏蔽层,并将它接二次侧的接地处。

图 11.4(b)采用继电器隔离,常用于数字系统。继电器把引入的信号线隔断,而传输的信号通过触点传递给后面的回路。其缺点是感励磁线圈工作频率不高、触点抖动、有接触电阻及寿命短等。

图 11.4(c)采用光电耦合器隔离。中间环节借助于半导体二极管的光发射和光敏半导体的光接收来进行工作,因而在电气上输入和输出是完全隔离的,且信号单向传输,输出信号与输入信号无相互影响,共模抑制比大、无触点、响应速度快(纳秒级)、寿命长、体积小、耐冲击,是一种理想的开关元件。其缺点是过载能力有限,存在非线性及稳定性与时间、温度有关等现象。而光电耦合器的应用,克服了以上缺点并能适用于模拟系统。

模拟电路的抗干扰隔离技术还可将模拟信号变为数字信号,然后采用数字系统的某种电位隔离方法,特别是光电隔离法,最后由 A/D 转换器复原。

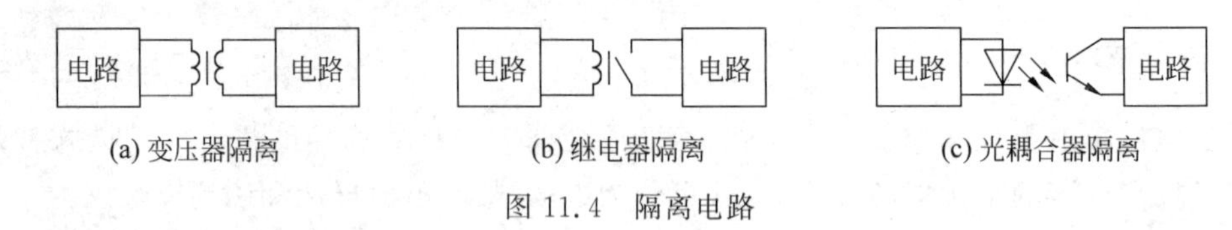

(a) 变压器隔离　　(b) 继电器隔离　　(c) 光耦合器隔离

图 11.4　隔离电路

4. 串模干扰的抑制

串模干扰(又称常态干扰、正相干扰)是干扰电压和信号电压串联叠加于负载或放大电路的输入端,它常常表现为通道一个输入端对另一个输入端电压变化的干扰。抗串模干扰的技术措施有:

(1) 合理选用信号线。

应采用金属屏蔽线、双绞线或屏蔽双绞线作为信号线,以抑制由于分布电感和分布电容引起的串模干扰。

(2) 在信号电路中加装滤波器。

信号滤波器是一个选频电路,其功能是让指定频段信号通过,将其余频段的信号衰减。利用低通滤波器可将低频有用的信号从高频干扰电压中分离出来,利用高通滤波器可从高频脉冲中滤除工频干扰。

(3) 选择合适的 A/D 转换器。

由于叠加在被测信号上的串模干扰一般为对称性的交变干扰电压,故可采用积分式或双积分式的 A/D 转换器。因为这种转换方式的 A/D 转换器是将采样时间内输入信号电压的平均值转换成数字量的,所以可使叠加在被测信号上的对称交变干扰电压在积分过程中相互抵消。

(4) 采用调制解调技术。

当有用信号与干扰信号的频谱相互交错时,通常的滤波电路很难将其分开,这时可采用调制解调技术。选用远离干扰频谱的某一特定频率对信号进行调制,然后再进行传输,传输途中混入的各种干扰很容易被滤波环节滤除,被调制的有用信号经软硬件解调后,恢复原来的有用信号频谱。

(5) 用光电耦合器隔离干扰。

(6) 配备高质量的稳压电源。

5. 共模干扰的抑制

共模干扰(又称共态干扰、同相干扰)表现为通道两信号端相对于零电位参考点所共有的干扰电压,包括交流和直流两种电压。共模干扰只有转换成串模干扰才会影响系统。可以选择隔离技术,使共模干扰不能构成回路。对于由共模干扰转换过来的并且已叠加在有用信号上的串模干扰,可用前面介绍的抗串模干扰的方法来滤除。

6. 电源噪声的抑制

实践说明,电源的干扰是计算机控制系统的主要干扰,抑制这种干扰的主要措施有以下几个方面。

1) 电源变压器的屏蔽

对电源变压器设置合理的屏蔽(静电屏蔽和电磁屏蔽)是一种十分有效而简单的抗干扰措施。在计算机控制和数据采集系统中,常将电源变压器的原、副边分别加以屏蔽,屏蔽层是用铜或铝箔统成,两端绝缘,原、副边的屏蔽分别接到各自一侧的“地”。原边屏蔽通常与铁心同时接地。在要求更高的场合,可采用层间也加屏蔽的结构。

2) 交流稳压器

交流稳压器主要用于克服电网电压波动对系统的影响;同时,由于交流稳压器中有电感线圈,对干扰也有一定的抑制作用。传统的交流稳压器只能对付电源的慢变化,目前已有很多种能对付电源瞬间变化的净化技术产品,较好地解决了问题。

3) 隔离变压器

考虑到高频噪声通过变压器主要不是靠初、次级线圈的互感耦合,而是靠初、次级间寄生电容的耦合,因此,应采用隔离变压器或超隔离变压器,以提高抗共模干扰的能力。

4) 低通滤波器

采用低通滤波器能抑制电网侵入的外部高频干扰。低通滤波器可让50Hz的工频信号无衰减地通过,而滤去高于50Hz的高次谐波。直流侧也可采用双T滤波器,以消除50Hz工频干扰。其优点是结构简单,对固定频率的干扰滤波效果好。

5) 采用分散独立功能块供电

在每个系统功能模块上用三端稳压集成块(如7805、7905、7812、7912等)组成稳压电源。每个功能块单独对电压过载进行保护,不会因某块稳压电源故障而使整个系统破坏,减少了公共阻抗的相互耦合,大大提高了供电的可靠性,也有利于电源散热。

7. 提高软件可靠性

软件可靠性技术,主要有以下两个方面的内容。

1) 通过软件提高系统的可靠性

提高整个系统的可靠性,不仅要提高元器件质量、采用硬件可靠性技术,而且还应该采取软件可靠性措施。

系统应该有实时自诊断软件模块,以便在系统运行过程中及时检测可能发生的故障或错误,对能够自动处理的问题可以采取自动修复等措施予以处理,对无法自动处理的故障或错误则可以通过报警来通知人工检修,对极限情况采取报警的同时应关闭系统的输出。这种自诊断工作往往需要硬件予以支持,因此系统硬件设计阶段就应充分考虑这一内容。

对于系统输入通道的信号,采取重复读取的方式处理,必要时应进行滤波处理,以去除干扰的作用。

为防止干扰使得系统输出通道的信号发生变化,即使控制运算所得的输出量的值没有变化,也应在每一工作循环都刷新控制输出,以防因干扰而改变。

对于系统通信通道,要在传输的数据上增加冗余的错误校验位或校验和等,以便接收端能够确认数据是否在传输过程中发生错误。对关键的数据,还应采取重复发送、互相应答等方式进行传送。

硬件冗余技术、"看门狗"抗干扰技术等往往也需要软件配合实现。这时,软件的任务是在发生故障时保护现场、切换故障装置、恢复现场、重入控制循环等。

2) 提高软件自身的可靠性

在计算机控制系统中,软件的可靠性占有重要地位。提高软件自身的可靠性,应该从以下几个方面入手。

(1) 改进软件设计的管理工作。

软件编制开发是一项复杂的脑力劳动,它有自己独有的特点。进行软件总体设计时,应对任务进行周密细致的调查研究,制订严格的计划;对整个软件任务进行分析,将其分解成相对独立的若干功能模块,并明确每个模块的任务、功能及与其他模块的接口方式;软件应该具有良好的可读性和可装配性,软件的设计说明、测试记录等资料必须完整保存,以便进一步改进、完善。

(2) 采取结构化的设计方法。

不仅软件总体上采取模块化结构,每一功能模块也应采取自顶向下的结构化设计,使软件的逻辑清晰,以便于软件的扩充、修改、调试,并可以提高模块的通用性,减少重复工作。

(3) 合理选择编程语言和工具。

如果条件允许,在选择编程语言时,应优先考虑采用高级编程语言,这可以使得编程人员写出语义明确的语句代码。目前,随着软件技术的不断发展,已经出现了可以帮助、引导编程者开发应用软件的自动编程工具,使用这类工具既可以提高编程效率,又可以减少人为错误。

(4) 养成良好的编程习惯。

在编制软件时,应该尽量少用或不用全程变量,避免一个模块有多个入口或出口;变量的命名也非常重要,应避免使用语义含混的简单符号,而应使变量的名称与其功能乃至类型相对应。

(5) 软件验证工具和技术的研究。

一个高质量的软件在初步编制完毕后还需要进行大量的工作来验证其正确性,这一工作的费用约占全部软件成本的一半。传统的软件验证方法只是验证原设计的要求和所完成的功能,这并不能全面验证软件的可靠性,因此最近又提出了以软件结构为对象(而不是以功能为对象)的验证方法,要验证全部软件,在验证过程中应使用每个结构元素;只要对软件做了修改,就必须重新测试软件中的每个结构元素。完成结构验证后,对可能残留的错误,应针对错误的原因进行追溯和测试。

需要指出的是,任何软件都不可能一次就成功,而是通过测试-修改-再测试过程的反复进行,才逐步予以完善的,因此,软件测试应遵循先测试各子程序,再测试模块,最后进行整个软件系统联调的步骤进行。这样可以及早发现问题并修改,也可降低测试工作量和费用。

11.5 计算机控制系统应用实例

在工农业生产或科学实验中,温度是极为普遍又极为重要的热工参数之一。为了保证生产过程正常、安全地进行,提高产品的质量和数量,以及减轻工人的劳动强度、节约能源,对加热用的各种电炉要求在一定条件下保持恒温,不能随电源电压波动或炉内物体而变化;或者有的电炉的炉温根据工艺要求按照某个指定的升温或保温规律而变化等。因此,在工农业生产或科学试验中常常对温度不仅要不断地测量,而且还要进行控制。电阻炉炉温的控制,根据工艺的要求不同而有所变化,但大体上可归纳为以下几个过程。

(1) 自由升温段,即根据电阻炉自身的条件对升温速度没有控制的自然升温过程。

(2) 恒速升温段,即要求炉温上升的速度按某一斜率进行。

(3) 保温段,即要求在这一过程中炉温基本保持不变。

(4) 慢速降温段,即要求炉温下降的速度按某一斜率进行。

(5) 自由降温段。

每一段都有时间的要求,如图 11.5 所示。

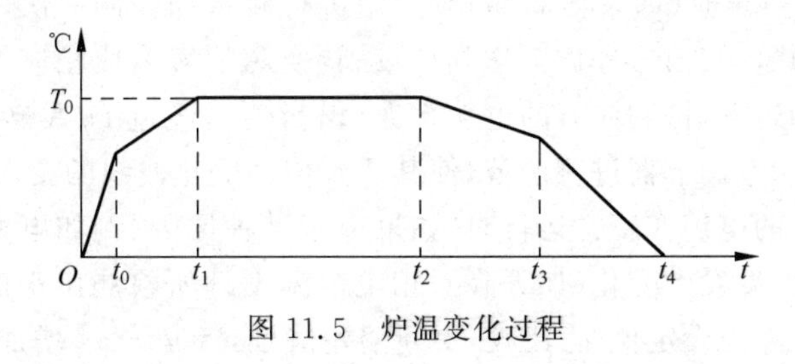

图 11.5 炉温变化过程

1. 工艺要求

要求电阻炉炉内的温度,应按图 11.6 所示的规律变化。

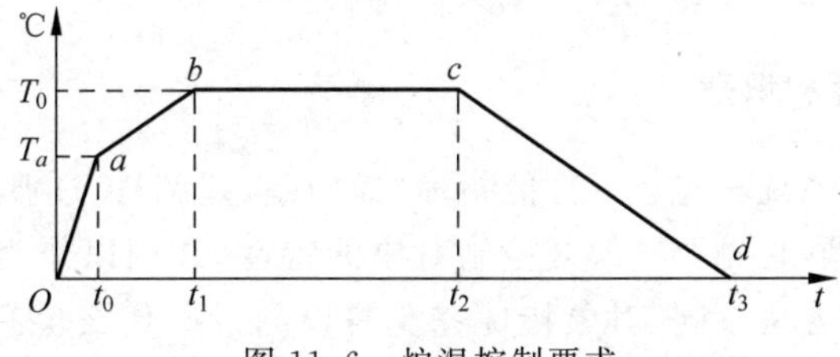

图 11.6 炉温控制要求

从室温 t_0 开始到 a 点为自由升温段,当温度到达 a 点(即 T_a 点)时,进入系统调节。从 b 点到 c 点为保温段,要始终在系统控制之下,以保证所需的炉内温度的精度。加工结束,即由 c 点到 d 点为自然降温段。保温段的时间为 50～100 分钟。炉温变化曲线对各项品质指标的要求如下。

过渡过程时间:即从升温开始到进入保温段的时间 $t_1 \leqslant 100$ 分钟。

超调量:即升温过程的温度最大值(T_M)与保温值(T_0)之差与保温值之比。

$$\sigma = \frac{T_M - T_0}{T_0} \leqslant 10\%$$

静态误差:即当温度进入保温段后的实际温度值(T)与保温值(T_0)之差与保温值之比。

$$e_V = \frac{T - T_0}{T_0} \leqslant \pm 2\%$$

温度保温值的变化范围为 50～100℃。设保温值为 100℃。

2. 系统的组成和基本工作原理

本电阻炉炉温自动控制系统框图如图 11.7 所示。

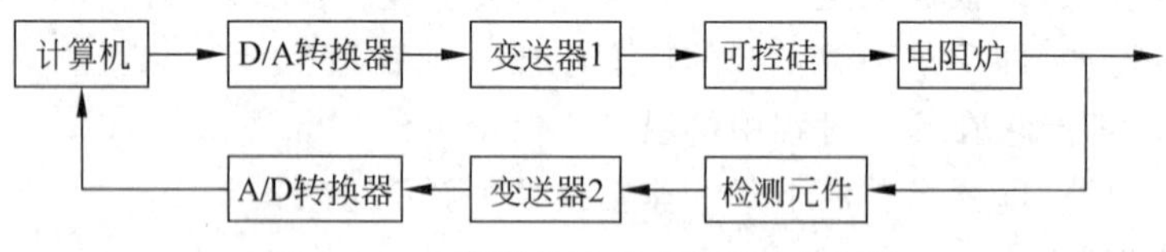

图 11.7 电阻炉炉温自动控制系统框图

控制过程:计算机定时(即采样周期)对炉温进行测量和控制一次,炉内温度是由一铂电阻温度计来进行测量,其信号经放大送到 A/D 转换芯片转换成相应的数字量后,再送入计算机中进行判别和运算,得到应有的电功率数(增量值),经过 D/A 转换芯片转换成模拟量信号,供给可控硅功率调节器进行调节,使其达到炉温变化曲线的要求。

当设定某一温度的电炉在正常运行时,如果由于某种原因(例如电源电压的波动、周围环境温度变化等)使炉温发生变化(如下降),铂电阻温度计所检测出来的温度信号 u_i 将下跌,把 u_i 送入计算机内与设定值 u_0 比较,得到偏差信号 $e = u_i - u_0$ 增加,于是经过放大后,使可控硅控制角前移,使输出电压 u_D 增加,温度随之增加,因而补偿了刚才的下降,电阻炉又重新在一个新的平衡温度下运行。另外,如果供给可控硅整流装置的电源电压升高,则会使整流电压 u_D 升高,电炉炉温升高,铂电阻温度计检测出的信号 u_i 升高,使偏差信号 e 下降来促使 u_D 下降,补偿由于电源电压升高对炉温的影响。

3. 对象特性的测量和识别

为了设计出一个控系统获得较好性能指标(如静差、超调量、过渡过程时间、上升时间和稳定余量)的数字控制器,首先要了解被控制对象的特性,并用以作为设计自动控制系统的依据。根据所用的设计方法不同,对象特性究竟需要测量些什么也有所不同。若采用 PID 调节规律,那就要知道传递函数,因此就得测量对象的传递函数(包括它的各个参数)。对于一些常见的确定性系统,我们可以利用动特性(飞升曲线)来识别传递函数。具体步骤是将所测得的飞升曲线和几种标准传递函数的飞升曲线进行比较，并确定该对象应属于哪一种典型的传递函数，然后再由飞升曲线求出这一类传递函数所有的参数。下面结合本电阻炉传递函数的求取来说明。

1）对象模型的归纳

尽管在生产过程中，有各种各样需要进行调节的对象表面上看来性能很不同，但是那些物理或化学性质绝无相似的对象，在归结成微分方程或传递函数后却常常会发现它们互相之间有共同之处，往往方程形式完全相同，所差的仅是参数和输入输出的信号。据此，可以将对象的模型作一归纳。

设对象的输入信号为 $u(t)$，输出信号为 $y(t)$。它们对应的象函数为 $U(s)$ 和 $Y(s)$，它的传递函数为

$$W(s)=\frac{Y(s)}{U(s)}$$

根据描述对象特性所用微分方程的阶数不同，对象可分一阶或二阶。至于阶数高于二阶的由于实际计算、分析参数有困难而用纯滞后的一、二阶方程来近似代替，因此实际对象模型的基本形式常取如下几种。

（1）一阶对象。

对象的微分方程为

$$T\dot{y}(t)+y(t)=Ku(t)$$

则它的传递函数为

$$W(s)=\frac{K}{Ts+1}$$

它的飞升曲线如图 11.8 所示。一般幅值的阶跃信号输入时，输出稳态值除以输入幅度值即为放大倍数 K，输出从起始值到达 0.632 稳态值的时间即为时间常数 T。

（2）纯滞后的一阶对象。

这种对象的微分方程为

$$T\dot{y}(t)+y(t)=Ku(t-\tau)$$

则它的传递函数为

$$W(s)=\frac{K\mathrm{e}^{-\tau s}}{Ts+1}$$

它的飞升曲线如图 11.9 所示。它与图 11.8 的唯一区别在于起始有一段纯滞后。

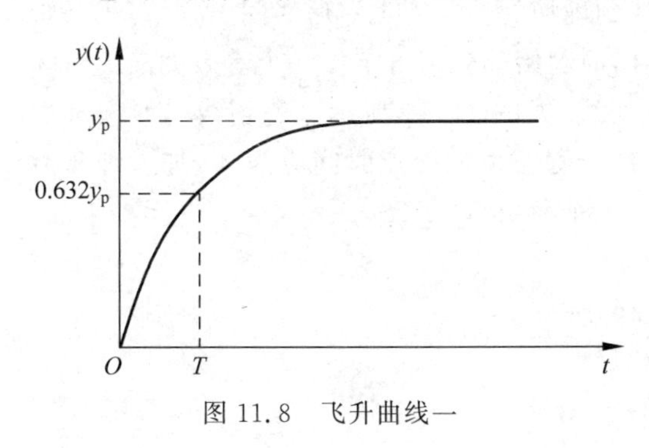

图 11.8　飞升曲线一

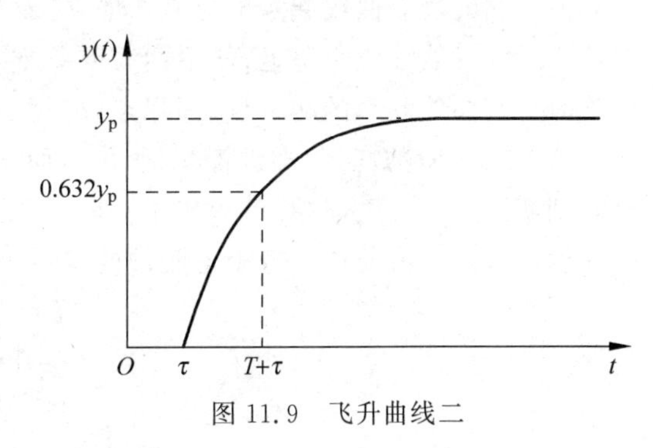

图 11.9　飞升曲线二

除了上述两种基本形式外,还有二阶对象、带纯滞后的二阶对象以及其他一些对象,电阻炉一般都属一阶对象和带纯滞后的一阶对象。

2) 飞升曲线的测量

在实际测量对象的飞升曲线时,一般均只能在较窄的动态范围中进行。因为输入阶跃信号若从零开始常会有很大的非线性。但阶跃信号也不能取得过小,否则干扰对测量结果误差的影响就相对增加。

测量的方法是:它在稳定控制信号作用下系统有一个稳定的输出,然后突然在输入端加一幅度适宜的阶跃控制信号。输出对应也有一个变化部分,此即为输出的飞升曲线,如图 11.10 所示。当然它所对应的输入也就是这个突然附加的阶跃信号。

若将飞升曲线单独画出,即为图 11.8 所示。利用上述同样的方法测得的电阻炉炉温的飞升曲线如图 11.11 所示。

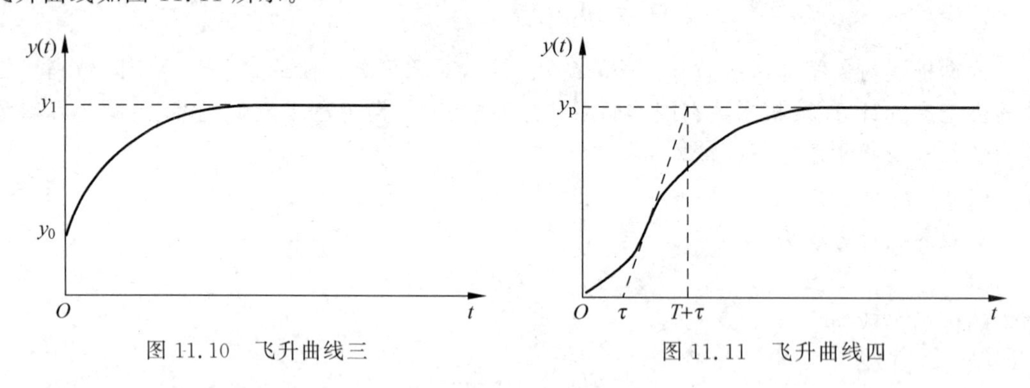

图 11.10 飞升曲线三　　图 11.11 飞升曲线四

将上述所测得的飞升曲线与典型传递函数的飞升曲线比较,可知图 11.10 是一阶对象的飞升曲线,而图 11.11 是带纯滞后的一阶对象。其传递函数是

$$W(s)=\frac{K\mathrm{e}^{-\tau s}}{Ts+1}$$

式中,K 为放大系数,T 为对象时间常数,τ 为对象滞后时间。

3) 一阶对象参数的求取

对于一阶对象的放大倍数 K 可由输出稳态值和输入阶跃信号幅值的比值求得。输出从起始值到达 0.632 倍稳态值的时间即为对象时间常数。而对象滞后时间 τ 可直接从图中测量。

但实测的飞升曲线起始部分有弯曲,不易找到确切的位置来定滞后时间,这时可用一阶加纯滞后的虚线曲线来迫近,使后面大部分重合,而起始部分则可定出一个等效的滞后时间 τ,这时可在曲线斜率的转折点(即拐点)处做一切线,如图 11.11 所示。该切线与时间轴的交点认为是一阶的起点,即纯滞后时间 τ,而切线与稳态值的交点时间应为 T,加上纯滞后时间则实测为 $\tau+T$。这样就求出了一阶对象的三个参数 K、T、τ。

设所得的飞升曲线求得本电阻炉的参数为

$$T=72(\text{分钟})$$

$$\tau=8(\text{分钟})$$

$$K=330$$

4. 控制规律的选择和参数的计算

计算机参与控制的形式是多种多样的,它取决于控制规律的选择以及受控对象的特性。现仅结合本电阻炉的要求,做如下分析。

根据炉温变化曲线的要求,可将其分为三段来进行控制:自由升温段、保温段和自然降温段。而真正需要电气控制的是前面两个阶段,即自由升温段和保温段。为避免过冲,从室温到80%额定温度为自由升温段,在±20%额定温度时为保温段。在自由升温段中,希望升温越快越好,总是将加热功率全开足,因此得自由升温段控制规律为:当 $T \leqslant 0.8T_0$ 时,选 $K_P=1$;在 $T>0.8T_0$ 后,已较接近需要保温的值 T_0,为此采用保温段控制方程。保温控制方法有多种,如用比例控制,因炉丝所加功率 P 的变化和炉温变化之间存在一段时间延迟,因此当以温差来控制输出时,即比例控制,系统只有在炉温与给定值(保温温度)相等时才停止输出,这时由于炉温变化的延迟性质,炉温并不因输入停止而马上停止上升,从而超过给定位。滞后时间越大,超过结定值也越大。炉温上升到一定高度后,才开始下降并继续下降到小于给定位时,系统才重新输出。同样由于炉温变化滞后于输出,它将继续下降,从而造成温度的上下波动,即所谓振荡。考虑到滞后的影响,调节规律必须加入微分因数,即PD调节。

有了PD调节,系统输出不仅取决于温差的大小,还取决于温差的变化。所以当炉温从自由升温段进入保温段时,炉温还小于给定值,但温差变化较大,由于温差及温差的变化对系统输出都有影响,而在升温过程中,这两项对输出的作用是相反的,因而系统可提前减少或停止输出,使炉温不至于出现过大的超调量,同样在降温过程中也是如此,从而改善了炉温调节的动态品质。积分作用可以提高温度控制的静态精度,适当选择积分的作用,则可在不影响动态性能下提高温度控制的精度。所以保温段控制也可以采用PID控制方法。

(1) PD算法和参数的选定。

在连续系统PD校正的控制量可表示为

$$y(t)=K_P\left[e(t)+T_D\frac{de(t)}{dt}\right]$$

离散算法可表示为

$$y(k)=K_P\left[e(k)+T_D\frac{e(k)-e(k-1)}{T}\right]$$

式中,T 为采样周期,T_D 为微分时间,K_P 为比例系数,$e=u_0-u_i$ 为误差值,u_0 为温度给定值,u_i 为温度反馈值。

实际中算法也可以为

$$y(k)=K_P[u_0(k)-u_i(k)]+K_D\frac{u_i(k)-u_i(k-1)}{T}+M$$

式中,M 是常数项,为稳定时所需要的功率。

根据给定的参数和经验公式,可得

$$K_P=1.2\frac{T_S}{K_S\tau}=1.2\times\frac{72}{330\times 8}=0.0325$$

$$T_D=0.5\tau=0.5\times 8=4$$

$$K_D=K_PT_D=0.0325\times 4=0.13$$

$$K_S=330$$

$$T=1$$
$$M=0.8$$

(2) PID算法和参数选定。

连续系统PID校正的控制量可以表示为

$$y(t)=K_{\mathrm{P}}\left[e(t)+T_{\mathrm{D}}\frac{\mathrm{d}e(t)}{\mathrm{d}t}+\frac{1}{T_{\mathrm{I}}}\int_{0}^{t}e(t)\mathrm{d}t\right]$$

离散算法可表示为(用增量表示)

$$y(k)=y(k-1)+$$
$$K_{\mathrm{P}}\left\{e(k)-e(k-1)+\frac{T}{T_{\mathrm{I}}}e(k)+\frac{T_{\mathrm{D}}}{T}[e(k)-2e(k-1)+e(k-2)]\right\}$$

式中,T为采样周期,T_{I}为微分时间,T_{D}为积分时间,K_{P}为比例系数。

实际中将用到的算法为

$$\begin{cases}y(k)=Ae(k)+q(k-1)+M\\q(k)=y(k)-Be(k)+Ce(k-1)\\e(k)=u_{0}(k)-u_{i}(k)\end{cases}$$

式中

$$A=K_{\mathrm{P}}\left(1+\frac{T}{T_{\mathrm{I}}}+\frac{T_{\mathrm{D}}}{T}\right),\quad B=K_{\mathrm{P}}\left(1+\frac{2T_{\mathrm{D}}}{T}\right),\quad C=K_{\mathrm{P}}\frac{T_{\mathrm{D}}}{T}$$

初值可以取$q(k-1)=0$,$e(k-1)=0$。算法程序中每一步要计算$e(k)$,$y(k)$,$q(k)$。其中,$q(k)$用于下一步计算$y(k)$;M为常数项,为稳定值时所需要的功率。

程序中选用的实际参数为

$$K_{\mathrm{P}}=1.2\frac{T_{\mathrm{S}}}{K_{\mathrm{S}}\tau}=1.2\times\frac{72}{330\times8}=0.0325$$
$$T_{D}=0.5\tau=0.5\times8=4$$
$$T_{\mathrm{I}}=2\tau=2\times8=16$$
$$A=0.0325\times5=0.165$$
$$B=0.0325\times9=0.295$$
$$C=0.0325\times4=0.13$$
$$K_{\mathrm{S}}=330$$
$$T=1$$
$$M=0.8$$

在选定了上述各个参数后,即可进行软件的设计,编制成控制程序。

习题 11

1. 计算机控制系统的总体方案设计通常包含哪些内容?
2. 计算机控制系统的体系结构、系统总线如何选择?
3. 计算机控制系统输入输出通道的作用有哪些?
4. 试说明计算机控制系统干扰的来源。举出三种抗电源干扰的措施。
5. 试说明计算机控制系统输入输出通道的编址方式及特点。

参考文献

[1] SUGENO T. Fuzzy Identification of Systems and Its Applications to Modeling and Control[J]. Readings in Fuzzy Sets for Intelligent Systems,2014:387-403.

[2] LI H,LIU H,GAO H,et al. Reliable Fuzzy Control for Active Suspension Systems with Actuator Delay and Fault[J]. IEEE Transactions on Fuzzy Systems,2012,20(2):342-357.

[3] HUANG J J,CHENG G M,CHI X L,et al. Control Strategy for Main Steam Pressure of Combustion System of Pulverize Coal Boiler[C]. 2012 International Conference on Measurement,Information and Control,Harbin,China,2012:805-808.

[4] WANG C X,ZHOU Z W,LIU M H,et al. Research on Boiler Combustion System with Mechanical Properties Based on Adaptive-Fuzzy-Smith Algorithm Design[C]. Applied Mechanics and Materials. 2014,540:416-419.

[5] SHA X Y. Research on Fuzzy Control of Mine Ventilation Based on Embedded Systems[J]. Applied Mechanics & Materials,2014,686:126-131.

[6] YU F,MENG X,CUI L. Research on Fuzzy PID ILC in Tunnel Vention[J]. Electronic Measurement Technology,2017.

[7] WANG J, WANG F, JIANG Y, et al. Application of Fuzzy PID for the Ventilation and Air Conditioning System of Subway Station[J]. Journal of Computational & Theoretical Nanoscieceals, 2012,128-129(1):811-814.

[8] 何克忠,李伟.计算机控制系统[M].2版.北京:清华大学出版社,2015.

[9] 范立南,李雪飞.计算机控制技术[M].2版.北京:机械工业出版社,2015.

[10] 于海生,等.计算机控制技术[M].2版.北京:机械工业出版社,2016.

[11] 朱玉玺,崔如春,邝小磊.计算机控制技术[M].3版.北京:电子工业出版社,2018.

[12] 丁建强,任晓,卢亚平.计算机控制技术及其应用[M].2版.北京:清华大学出版社,2017.

[13] 万红,唐毅谦,喻晓红,等.计算机控制技术[M].北京:电子工业出版社,2014.

[14] 蓝益鹏.计算机控制技术[M].北京:清华大学出版社,2016.

[15] 周俊.计算机控制技术[M].南京:东南大学出版社,2016.

[16] 周志峰.计算机控制技术[M].北京:清华大学出版社,2014.

[17] 俞光昀.计算机控制技术[M].3版.北京:电子工业出版社,2014.

[18] 毕宏彦,张小栋,刘弹.计算机控制技术[M].西安:西安交通大学出版社,2018.

[19] 李正军.计算机控制系统[M].3版.北京:机械工业出版社,2015.

[20] 于微波,刘克平,张德江.计算机控制系统[M].2版.北京:机械工业出版社,2016.

[21] 王锦标.计算机控制系统[M].3版.北京:清华大学出版社,2018.

[22] 李东生,朱文兴,高瑞.计算机控制系统[M].北京:科学出版社,2019.

[23] 李华,侯涛.计算机控制系统[M].2版.北京:机械工业出版社,2016.

[24] 董宁,陈振.计算机控制系统[M].3版.北京:电子工业出版社,2017.

[25] 康波,李云霞.计算机控制系统[M].2版.北京:电子工业出版社,2015.

[26] 毛志忠,常玉清.先进控制技术[M].北京:科学出版社,2012.

[27] 陈剑雪.先进过程控制技术[M].北京:清华大学出版社,2014.

[28] 刘金琨.智能控制[M].4版.北京:电子工业出版社,2017.

[29] 龚自兴,等.智能控制原理与应用[M].2版.北京:清华大学出版社,2014.

[30] 韦巍.智能控制基础[M].2版.北京：机械工业出版社，2015.
[31] 李人厚.智能控制理论和方法[M].2版.西安：西安电子科技大学出版社，2013.
[32] 李士勇，李研.智能控制[M].北京：清华大学出版社，2016.
[33] 王从庆.智能控制简明教程[M].北京：人民邮电出版社，2016.
[34] 杨婕，王鲁.现代与智能控制技术[M].天津：天津大学出版社，2013.
[35] 范军芳，等.模糊控制[M].北京：国防工业出版社，2017.
[36] 李国勇，杨丽娟.神经·模糊·预测控制及其MATLAB实现[M].4版.北京：电子工业出版社，2017.
[37] 石辛民，郝整清.模糊控制及其MATLAB仿真[M].2版.北京：北京交通大学出版社，2018.
[38] 王晓红.神经网络理论方法及控制技术应用研究[M].北京：水利水电出版社，2017.
[39] 丁宝苍.预测控制的理论与方法[M].2版.北京：机械工业出版社，2017.
[40] 席裕庚.预测控制[M].2版.北京：国防工业出版社，2014.